新課程

実力をつける，実力をのばす

体系数学 2　代数編
パーフェクトガイド

この本は，数研出版が発行するテキスト「新課程　体系数学 2　代数編」に沿って編集されたもので，テキストで学ぶ大切な内容をまとめた参考書です。

テキストに取り上げられたすべての問題の解説・解答に加え，オリジナルの問題も掲載していますので，この本を利用して実力を確かめ，さらに実力をのばしましょう。

【この本の構成】

学習のめあて　そのページの学習目標を簡潔にまとめています。学習が終わったとき，ここに記された事柄が身についたかどうかを，しっかり確認しましょう。

学習のポイント　そのページの学習内容の要点をまとめたものです。

テキストの解説　テキストの本文や各問題について解説したものです。テキストの理解に役立てましょう。

テキストの解答　テキストの練習の解き方と解答をまとめたものです。答え合わせに利用するとともに，答えを間違ったり，問題が解けなかったときに参考にしましょう。
（テキストの確認問題，演習問題の解答は，次の確かめの問題，実力を試す問題の解答とともに，巻末にまとめて掲載しています。）

確かめの問題　テキストの内容を確実に理解するための補充問題を，必要に応じて取り上げています。基本的な力の確認に利用しましょう。

実力を試す問題　テキストで身につけた実力を試す問題です。問題の中には，少しむずかしい問題もありますが，どんどんチャレンジしてみましょう。

この本の各ページは，「新課程　体系数学 2　代数編」の各ページと完全に対応していますので，効率よくそして確実に，学習を行うことができます。

この本が，みなさまのよきガイド役となって，これから学ぶ数学がしっかりと身につくことを願っています。

目　次

この本の目次は，体系数学テキストの目次とぴったり一致しています。

1 代数編の復習問題の解答

テキスト 前見返しの裏

式の計算の復習

1　四則の混じった計算

加法，減法，乗法，除法をまとめて四則といい，四則の混じった計算は，次の順に行う。

累乗，かっこの中 → 乗法，除法
→ 加法，減法

2　単項式の乗法と除法

除法を乗法に直して計算する。

1 (1) $\left(-\frac{1}{2}\right)^2-(-1)^2\times\left(-\frac{3}{4}\right)$

$=\frac{1}{4}-1\times\left(-\frac{3}{4}\right)$

$=\frac{1}{4}+\frac{3}{4}$

$=\mathbf{1}$

(2) $(-42a^2b)\div\frac{7}{2}ab\times\left(-\frac{3}{4}ab^2\right)$

$=(-42a^2b)\times\frac{2}{7ab}\times\left(-\frac{3}{4}ab^2\right)$

$=\frac{(-42)\times2\times(-3)\times a^2b\times ab^2}{7\times4\times ab}$

$=\mathbf{9a^2b^2}$

2 (1) (ア) $3x+7=-9x-5$

$3x+9x=-5-7$

$12x=-12$

よって　$\mathbf{x=-1}$

(イ) $\begin{cases}3x+7\leqq2x+6 & \cdots\cdots ① \\ 5x-8<7x-2 & \cdots\cdots ②\end{cases}$

① を解くと　$x\leqq-1$　……③

② を解くと　$-2x<6$

$x>-3$　……④

③ と ④ の共通範囲を求めて

$\mathbf{-3<x\leqq-1}$

数量関係の復習

1　1次方程式を利用した問題の解き方

[1]　求める数量を文字で表す。

[2]　等しい数量の関係を見つけて，方程式をつくる。

[3]　方程式を解く。

[4]　解が実際の問題に適しているか確かめる。

2　反比例を表す式

比例定数を a とすると　$y=\frac{a}{x}$ $(x\neq0)$

で表される。

(2)　子どもの人数を x 人とすると

$5x+45=7x-9$

これを解くと　$x=27$

あめの個数は　$5\times27+45=180$（個）

これらは問題に適している。

よって，**子どもは 27 人，あめは 180 個**

(3)　a を比例定数とすると　$y=\frac{a}{x}$

$x=6$ のとき $y=-7$ であるから

$-7=\frac{a}{6}$

$a=-42$ から　$y=-\frac{42}{x}$

よって，$x=3$ のとき　$y=-\frac{42}{3}=\mathbf{-14}$

(4)　水そうが空になるのは，排水し始めてから　$100\div2=50$（分後）

よって，定義域は　$\mathbf{0\leqq x\leqq50}$

式は　$\mathbf{y=-2x+100}$

間違わずに，全部の問題を解くことはできましたか。

第1章　式の計算

この章で学ぶこと

1．多項式の計算（6～16ページ）

分配法則を利用して，多項式に単項式をかける計算や，多項式を単項式でわる計算を学びます。
また，おきかえの考え方を利用して，多項式と多項式の乗法の計算を考えます。
さらに，代表的な式の展開を，展開の公式として利用することを学びます。

新しい用語と記号

分配法則，展開

2．因数分解（17～23ページ）

多項式の展開を逆に見ると，1つの多項式を2つの多項式の積の形に表す計算になります。
このように，多項式をいくつかの式の積の形に表す方法について学びます。
因数分解では，多項式の展開の公式をしっかりと理解していることが重要です。
また，複雑な式の因数分解では，おきかえの考え方を利用する，あるいは，1つの文字に着目すると因数分解の見通しがつきやすくなることを学びます。

新しい用語と記号

因数，因数分解，たすきがけ

3．式の計算の利用（24～28ページ）

式の展開や因数分解は，式の計算以外にも，いろいろな場面で活用することができます。
そこで，式の展開や因数分解を利用して，数の計算を簡単に行う方法を考えます。
また，式の計算を利用して，数の性質などを証明する方法についても学びます。

新しい用語と記号

対称式，基本対称式

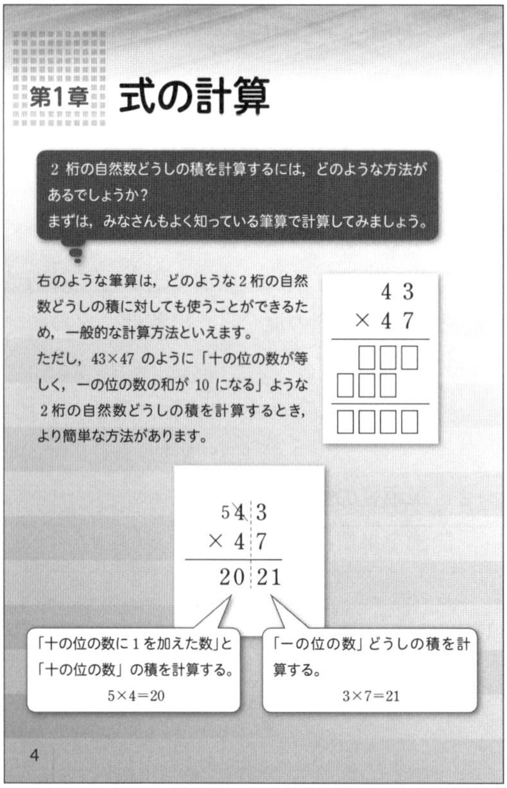
第1章　式の計算

2桁の自然数どうしの積を計算するには，どのような方法があるでしょうか？
まずは，みなさんもよく知っている筆算で計算してみましょう。

右のような筆算は，どのような2桁の自然数どうしの積に対しても使うことができるため，一般的な計算方法といえます。
ただし，43×47 のように「十の位の数が等しく，一の位の数の和が 10 になる」ような2桁の自然数どうしの積を計算するとき，より簡単な方法があります。

$$\begin{array}{r} 43 \\ \times\ 47 \\ \hline \square\square\square \\ \square\square\square\ \ \\ \hline \square\square\square\square \end{array}$$

$$\begin{array}{r} {}^{5}4\,3 \\ \times\ 4\,7 \\ \hline 20\,21 \end{array}$$

「十の位の数に1を加えた数」と「十の位の数」の積を計算する。
5×4＝20

「一の位の数」どうしの積を計算する。
3×7＝21

4

テキストの解説

□数の計算方法

○数の計算には，いくつかの簡単な方法があることが知られている。

○テキストに示した 43×47 を筆算で計算すると，右のようになる。

$$\begin{array}{r} 4\ 3 \\ \times\ \ 4\ 7 \\ \hline 3\ 0\ 1 \\ 1\ 7\ 2\ \ \ \\ \hline 2\ 0\ 2\ 1 \end{array}$$

○その計算結果 2021 は，次のようにして得ることもできる。

① 答えの下2桁は，一の位の数3と7の積にする。

② その上の2桁は，十の位の数4とそれに1をたした数5の積にする。

○この計算は，上の筆算に比べ，とても簡単である。

○このような計算方法は，「十の位の数が等しく，一の位の数の和が 10 になる」ような2桁の自然数どうしの積であれば，いつでも成り立つ。

▌▌テキストの解説▌▌

□ 数の計算方法（前ページの続き）

○もう1つ計算すると次のようになる。

[一般的な方法]

$$
\begin{array}{r}
7\ 8 \\
\times\ 7\ 2 \\
\hline
1\ 5\ 6 \\
5\ 4\ 6 \\
\hline
5\ 6\ 1\ 6
\end{array}
$$

[簡単な方法]

$$
\begin{array}{r}
8 \mid 8 \\
\times\ 7 \mid 2 \\
\hline
56 \mid 16
\end{array}
$$

↑ ↑
8×7 8×2

計算結果は，一致していることがわかる。

□ 数の計算と式の計算

○体系数学1代数編では，次のような数あてゲームを考えた。

① 2桁の数を1つ思い浮かべ，思い浮かべた数の一の位の数を9倍した数を加える。

② ①で求めた数を10でわる。

③ ②で求めた数に，①で加えた数と同じ数をもう一度加える。

その結果は，思い浮かべた2桁の自然数の十の位と一の位の数を交換した数になる。

> 思い浮かべた数が，たとえば47なら，計算結果は74になるね。

○どんな2桁の自然数についても，このことが成り立つ理由は，文字を用いて次のように説明することができる。

○思い浮かべた2桁の自然数を $10x+y$ とする（x は十の位の数，y は一の位の数）。

このとき，①の計算結果は

$$(10x+y)+9y=10x+10y$$

②の計算結果は

$$(10x+10y)\div10=x+y$$

③の計算結果は

$$(x+y)+9y=10y+x$$

$10y+x$ は $10x+y$ の一の位の数と十の位の数を入れかえたものである。

○十の位の数が等しく，一の位の数の和が10となるような2桁の自然数は

ヴィエート（1540−1603）
フランスの数学者

デカルト（1596−1650）
フランスの数学者，哲学者

16世紀から17世紀にかけて，フランスの数学者ヴィエートやデカルトは，私たちが用いるような式や記号を整備しました。特に，ヴィエートはわからない数だけではなく，多項式の係数など，わからない数でない数も文字を用いて表しました。これにより，数学は飛躍的な進歩を遂げました。

5

$$10x+y,\quad 10x+y' \qquad \text{ただし，}\ y+y'=10$$

と表すことができる。

○この章で学ぶことを利用すると，$10x+y$ と $10x+y'$ の積は，次の式で表されることがわかる。

$$100x(x+1)+yy'$$

このとき，yy' は答えの下2桁を表し，$100x(x+1)$ はその上の2桁を表している。

○上で紹介した簡単な方法が正しいことは，この章で式の計算を学ぶことで証明されます。（詳しくは，本書27ページを参照）

□ 文字式の歴史

○体系数学1代数編パーフェクトガイドで述べたように，現在，私たちが用いる式や記号は，16世紀から17世紀にかけて活躍したフランスの数学者ヴィエートやデカルトによって整備されたものである。

○特に，ヴィエートは，多項式の項の係数など，「係数」という言葉を使用して，文字で表した。

1．多項式の計算

学習のめあて

単項式と多項式の乗法の計算ができるようになること。

学習のポイント

単項式と多項式の乗法

単項式と多項式の乗法は，数の場合と同じように，次の **分配法則** を用いて行う。

$$a(b+c)=ab+ac$$

テキストの解説

□分配法則

○数の計算について，次の分配法則が成り立つ。

$$a(b+c)=ab+ac$$
$$(a+b)c=ac+bc$$

○文字は，数を代表して表している。したがって，文字の計算でも，数と同じように，分配法則が成り立つ。

□例1

○単項式と多項式の乗法。分配法則を利用して，多項式の各項に単項式をかける。

○文字も数と同じように考えて，分配法則を用いる。

○(2)　分配法則 $(a+b)c=ac+bc$ を用いた計算。かっこの中は，いくつ項があっても，同じように分配法則が成り立つから，x，$3y$，$-2xy$ のそれぞれに，$-4x$ をかければよい。

○文字式では，数は文字の前に書き，同じ文字の積は指数を用いて累乗の形に表す。

$x\times(-4x) \to (-4)\times x\times x=-4x^2$

また，文字どうしの積は，アルファベットの順に書くことが多い。

$3y\times(-4x) \to 3\times(-4)\times x\times y=-12xy$

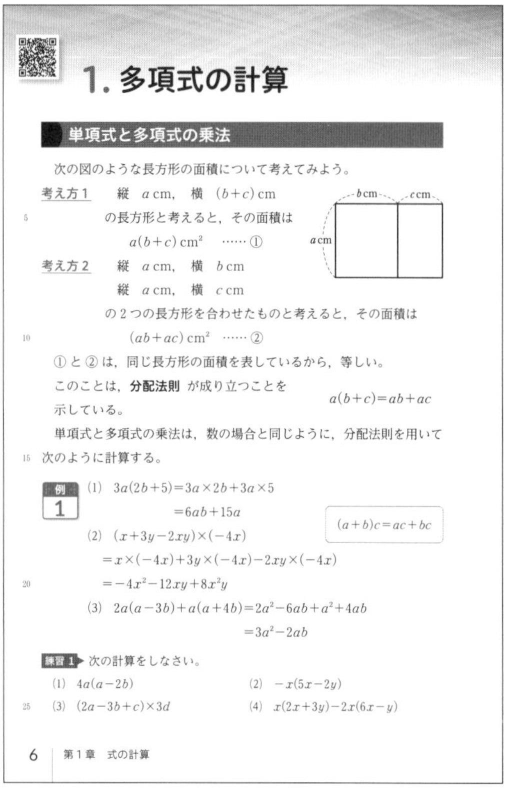

1. 多項式の計算

単項式と多項式の乗法

次の図のような長方形の面積について考えてみよう。

考え方1　縦　a cm，横　$(b+c)$ cm の長方形と考えると，その面積は

$a(b+c)$ cm^2　……①

考え方2　縦　a cm，横　b cm

縦　a cm，横　c cm

の2つの長方形を合わせたものと考えると，その面積は

$(ab+ac)$ cm^2　……②

bcm
ccm
acm

①と②は，同じ長方形の面積を表しているから，等しい。

このことは，**分配法則** が成り立つことを示している。

$a(b+c)=ab+ac$

単項式と多項式の乗法は，数の場合と同じように，分配法則を用いて次のように計算する。

例1

(1)　$3a(2b+5)=3a\times2b+3a\times5$

$=6ab+15a$

(2)　$(x+3y-2xy)\times(-4x)$

$=x\times(-4x)+3y\times(-4x)-2xy\times(-4x)$

$=-4x^2-12xy+8x^2y$

$(a+b)c=ac+bc$

(3)　$2a(a-3b)+a(a+4b)=2a^2-6ab+a^2+4ab$

$=3a^2-2ab$

練習1　次の計算をしなさい。

(1)　$4a(a-2b)$　　(2)　$-x(5x-2y)$

(3)　$(2a-3b+c)\times3d$　　(4)　$x(2x+3y)-2x(6x-y)$

6　第1章　式の計算

○(3)　分配法則を利用し，かっこをはずしてから，同類項をまとめる。

□練習1

○例1にならって計算する。

○単項式の係数の符号が − であるとき，積の符号に注意する。

テキストの解答

練習1　(1)　$4a(a-2b)=4a\times a+4a\times(-2b)$

$=\boldsymbol{4a^2-8ab}$

(2)　$-x(5x-2y)=-x\times5x-x\times(-2y)$

$=\boldsymbol{-5x^2+2xy}$

(3)　$(2a-3b+c)\times3d$

$=2a\times3d-3b\times3d+c\times3d$

$=\boldsymbol{6ad-9bd+3cd}$

(4)　$x(2x+3y)-2x(6x-y)$

$=2x^2+3xy-12x^2+2xy$

$=\boldsymbol{-10x^2+5xy}$

テキスト7ページ

単項式と多項式の除法

多項式を単項式でわる除法について考えてみよう。

式の除法では，数の場合と同じように，わる式の逆数をかければよい。

また，約分できる場合には，できる限り約分しておく。

□÷$\frac{○}{△}$=□×$\frac{△}{○}$
逆数をかける

第1章

例 2

(1) $(12a^2-9a)\div 3a=(12a^2-9a)\times\frac{1}{3a}$　←$3a$ の逆数は $\frac{1}{3a}$

$=\frac{12a^2}{3a}-\frac{9a}{3a}$

$=4a-3$

(2) $(x^2y-3xy^2-2xy)\div\frac{1}{2}xy$　←$\frac{1}{2}xy$ は $\frac{xy}{2}$

$=(x^2y-3xy^2-2xy)\times\frac{2}{xy}$

$=\frac{x^2y\times2}{xy}-\frac{3xy^2\times2}{xy}-\frac{2xy\times2}{xy}$

$=2x-6y-4$

練習 2 次の逆数を求めなさい。

(1) $2x$　(2) $-5ab$　(3) $\frac{xy}{6}$　(4) $-\frac{3}{4}ab$　(5) $-0.5x$

練習 3 次の計算をしなさい。

(1) $(12a^2b+8ab^2)\div4ab$　(2) $(6x^2y-9xy^2)\div(-3xy)$

(3) $(2a^2+6ab)\div\left(-\frac{a}{3}\right)$　(4) $(6x^2+8xy-2x)\div\frac{2}{3}x$

1. 多項式の計算　7

学習のめあて

多項式を単項式でわる除法の計算ができるようになること。

学習のポイント

単項式と多項式の除法

多項式を単項式でわる計算は，多項式にわる単項式の逆数をかけて行う。

約分ができる場合は，できる限り約分する。

テキストの解説

□例 2

○2つの数の積が1になるとき，その一方の数は他方の数の逆数である。

○　$3a\times\frac{1}{3a}=1$，$\frac{1}{2}xy\times\frac{2}{xy}=1$

であるから，$3a$ の逆数は $\frac{1}{3a}$ であり，$\frac{1}{2}xy$ の逆数は $\frac{2}{xy}$ である。特に，$\frac{1}{2}xy$ の逆数を $2xy$ などと誤らないように注意する。

○多項式を単項式でわる除法は，多項式と単項式の乗法の計算と同じである。

$(12a^2-9a)\div3a$
　除法を乗法になおす
$=(12a^2-9a)\times\frac{1}{3a}$
　分配法則を利用する
$=12a^2\times\frac{1}{3a}-9a\times\frac{1}{3a}$
　約分する
$=4a-3$

○同じ文字は同じ数を表しているから，文字も数と同じように約分することができる。数は数どうしで，文字は文字どうしで約分する。

□練習 2

○単項式の逆数を求める。負の数の逆数は負の数であることに注意する。

□練習 3

○多項式を単項式でわる計算。例2と同じように，わる式(単項式)の逆数をわられる式(多項式)の各項にかける。

テキストの解答

練習 2 (1) $\mathbf{\frac{1}{2x}}$

(2) $\frac{1}{-5ab}=-\mathbf{\frac{1}{5ab}}$

(3) $\mathbf{\frac{6}{xy}}$

(4) $-\frac{3}{4}ab=\frac{-3ab}{4}$ であるから，逆数は

$\frac{4}{-3ab}=-\mathbf{\frac{4}{3ab}}$

(5) $-0.5x=-\frac{1}{2}x=\frac{-x}{2}$ であるから，

逆数は　$\frac{2}{-x}=-\mathbf{\frac{2}{x}}$

(練習3の解答は次ページ)

学習のめあて

多項式と多項式の積を計算する仕組みを理解すること。

学習のポイント

展開

単項式と多項式の乗法，あるいは多項式と多項式の乗法において，かっこをはずして単項式の和の形に表すことを，もとの式を **展開** するという。

テキストの解説

□多項式と多項式の乗法

○多項式 $a+b$ と $c+d$ の積 $(a+b)(c+d)$ において，$c+d$ が表す数を1つの文字とみて，これを M とおくと

$$(a+b)(c+d)=(a+b)M$$

○$a+b$ を1つのものとみて N とおくと

$$\begin{aligned}(a+b)(c+d)&=N(c+d)\\&=Nc+Nd\\&=(a+b)c+(a+b)d\\&=ac+bc+ad+bd\end{aligned}$$

計算の結果は，$c+d$ を M とおいた場合と同じになる。

○計算のポイントは，おきかえを利用して，これまでに学んだ計算と結びつけることである。このようなおきかえの考え方は，今後もいろいろな場面で利用される。

テキストの解答

(練習3は前ページの問題)

練習3 (1) $(12a^2b+8ab^2)\div 4ab$

$$\begin{aligned}&=(12a^2b+8ab^2)\times\frac{1}{4ab}\\&=\frac{12a^2b}{4ab}+\frac{8ab^2}{4ab}\\&=\boldsymbol{3a+2b}\end{aligned}$$

多項式の乗法

右の図のような長方形の面積について考えてみよう。

縦 $(a+b)$ cm， 横 $(c+d)$ cm

の長方形と考えると，その面積は

$$(a+b)(c+d)\ \text{cm}^2$$

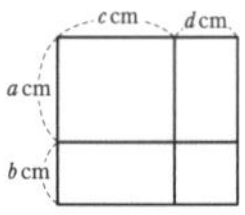

注意 $(a+b)\times(c+d)$ は，記号×を省略して $(a+b)(c+d)$ と表すことが多い。

$(a+b)(c+d)$ の計算において，$c+d$ が表す数を1つの文字とみて，これを M とおくと

$$(a+b)M$$

の計算となる。

これは，多項式と単項式の乗法であるから，分配法則を用いて，次のように計算することができる。

$$\begin{aligned}(a+b)(c+d)&=(a+b)M\\&=aM+bM\end{aligned}$$

ここで，M を $c+d$ に戻すと

$$\begin{aligned}&aM+bM\\&=a(c+d)+b(c+d)\\&=ac+ad+bc+bd\end{aligned}$$

よって

$$\boldsymbol{(a+b)(c+d)=ac+ad+bc+bd}$$

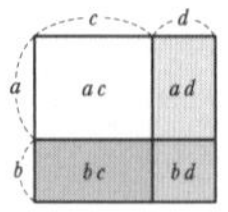

4つの長方形を合わせたものと考えることもできる。

単項式と多項式の乗法，あるいは，多項式と多項式の乗法において，かっこをはずして単項式の和の形に表すことを，もとの式を **展開**(てんかい) するという。

8 第1章 式の計算

(2) $(6x^2y-9xy^2)\div(-3xy)$

$$\begin{aligned}&=(6x^2y-9xy^2)\times\left(-\frac{1}{3xy}\right)\\&=-\frac{6x^2y}{3xy}-\frac{9xy^2\times(-1)}{3xy}\\&=\boldsymbol{-2x+3y}\end{aligned}$$

(3) $(2a^2+6ab)\div\left(-\dfrac{a}{3}\right)$

$$\begin{aligned}&=(2a^2+6ab)\times\left(-\frac{3}{a}\right)\\&=\frac{2a^2\times(-3)}{a}+\frac{6ab\times(-3)}{a}\\&=\boldsymbol{-6a-18b}\end{aligned}$$

(4) $(6x^2+8xy-2x)\div\dfrac{2}{3}x$

$$\begin{aligned}&=(6x^2+8xy-2x)\times\frac{3}{2x}\\&=\frac{6x^2\times 3}{2x}+\frac{8xy\times 3}{2x}-\frac{2x\times 3}{2x}\\&=\boldsymbol{9x+12y-3}\end{aligned}$$

学習のめあて

多項式と多項式の積を展開する計算ができるようになること。

学習のポイント

$(a+b)(c+d)$ の展開

$(a+b)(c+d)$ を展開した式は，次のように，4つの単項式の和の形で表される。

$$(a+b)(c+d)=\overset{①}{ac}+\overset{②}{ad}+\overset{③}{bc}+\overset{④}{bd}$$

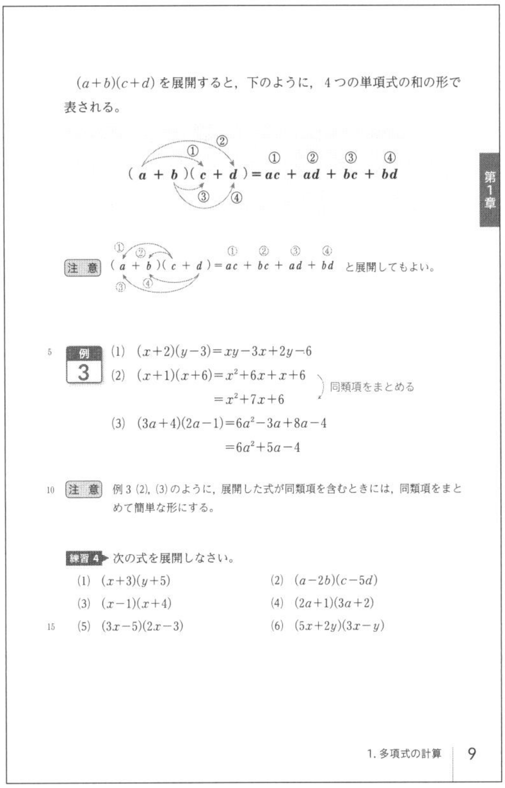

$(a+b)(c+d)$ を展開すると，下のように，4つの単項式の和の形で表される。

$$(a+b)(c+d)=\overset{①}{ac}+\overset{②}{ad}+\overset{③}{bc}+\overset{④}{bd}$$

注意　$(a+b)(c+d)=\overset{①}{ac}+\overset{②}{bc}+\overset{③}{ad}+\overset{④}{bd}$ と展開してもよい。

例 3

(1)　$(x+2)(y-3)=xy-3x+2y-6$

(2)　$(x+1)(x+6)=x^2+6x+x+6$
$=x^2+7x+6$　同類項をまとめる

(3)　$(3a+4)(2a-1)=6a^2-3a+8a-4$
$=6a^2+5a-4$

注意　例3(2)，(3)のように，展開した式が同類項を含むときには，同類項をまとめて簡単な形にする。

練習 4　次の式を展開しなさい。

(1)　$(x+3)(y+5)$　　(2)　$(a-2b)(c-5d)$

(3)　$(x-1)(x+4)$　　(4)　$(2a+1)(3a+2)$

(5)　$(3x-5)(2x-3)$　　(6)　$(5x+2y)(3x-y)$

1. 多項式の計算　9

第1章

テキストの解説

□多項式どうしの積の展開

○多項式の積の展開

$$(a+b)(c+d)=ac+ad+bc+bd$$

において，左辺は右の図の大きな長方形の面積を，右辺は4つの小さな長方形の面積の和を，それぞれ表している。

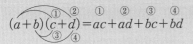

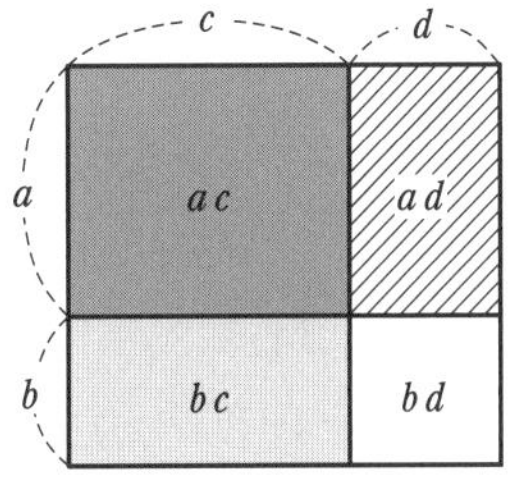

○$a+b$ を N とおいて計算すると，テキストの注意に示した展開式が得られる。

□例 3

○多項式の積の展開。公式にあてはめて考える。

○(1)　公式 $(a+b)(c+d)=ac+ad+bc+bd$ と対比すると，a が x，b が 2，c が y，d が -3 の場合になる。

$$(x+2)(y-3)=\overset{①}{xy}\overset{②}{-3x}\overset{③}{+2y}\overset{④}{-6}$$

○(2)　展開した式は，4つの単項式 x^2，$6x$，x，6 の和の形で表される。
このうち，$6x$ と x は同類項であるから，それらはまとめて簡単な形にする。

○(3)　展開した式の同類項をまとめる。

□練習 4

○多項式の積の展開。展開した式が同類項を含むときは，同類項をまとめる。

テキストの解答

練習 4　(1)　$(x+3)(y+5)=\boldsymbol{xy+5x+3y+15}$

(2)　$(a-2b)(c-5d)$
$=\boldsymbol{ac-5ad-2bc+10bd}$

(3)　$(x-1)(x+4)=x^2+4x-x-4$
$=\boldsymbol{x^2+3x-4}$

(4)　$(2a+1)(3a+2)=6a^2+4a+3a+2$
$=\boldsymbol{6a^2+7a+2}$

(5)　$(3x-5)(2x-3)$
$=6x^2-9x-10x+15$
$=\boldsymbol{6x^2-19x+15}$

(6)　$(5x+2y)(3x-y)$
$=15x^2-5xy+6xy-2y^2$
$=\boldsymbol{15x^2+xy-2y^2}$

テキスト 10 ページ

次のように，かっこの中の項が 3 つ以上の場合でも，分配法則を用いて展開することができる。

例 4

(1) $(4a-b)(a+b-3)$

$=4a(a+b-3)-b(a+b-3)$

$=4a^2+4ab-12a-ab-b^2+3b$

$=4a^2+3ab-b^2-12a+3b$

$a+b-3=M$ とおくと

$(4a-b)M$

$=4aM-bM$

(2) $(3x-4y-2)(5x-y)$

$=3x(5x-y)-4y(5x-y)-2(5x-y)$

$=15x^2-3xy-20xy+4y^2-10x+2y$

$=15x^2-23xy+4y^2-10x+2y$

練習 5 次の式を展開しなさい。

(1) $(a-2b)(a+3b+1)$　(2) $(4x-3y+1)(2x+y)$

(3) $(2a+5b-3)(3a+2b+2)$　(4) $(2x-3y-1)(x-y-2)$

展開の公式

これまでに学んだ分配法則による方法が，式の展開の基本である。次に，代表的な式の展開を，公式として使えるようにしよう。

● $(x+a)(x+b)$ の展開 ●

$(x+2)(x+3)$ を展開したとき，x の係数，および定数項はどのようになるか考えてみよう。

$$(x+2)(x+3)=x^2+3x+2x+2\times3$$
$$=x^2+\underbrace{(2+3)}_{和}x+\underbrace{2\times3}_{積}$$

上の計算より，x の係数は「2 と 3 の和」，定数項は「2 と 3 の積」になっていることがわかる。

10　第 1 章　式の計算

学習のめあて

いろいろな多項式の積を展開することができるようになること。

学習のポイント

いろいろな多項式の積の展開

かっこの中の項が 3 つ以上の場合でも，分配法則を用いて展開することができる。

展開の公式

多項式の展開でよく使われる式を公式としてまとめ，式の形に応じて，公式を利用する。

テキストの解説

□例 4

○おきかえを利用した展開。一方の多項式を 1 つの文字でおきかえて考えると，分配法則を利用して積を計算することができる。

○計算に慣れてきたら，例のように，おきかえを省略して計算を進めるとよい。

□練習 5

○いろいろな多項式の積を展開。

○かっこの中の項が多くなると，計算がめんどうになる。計算間違いをしないように，ていねいに計算をする。

□展開の公式

○代表的な式の展開を，公式として使えるようにする。

○$(x+a)(x+b)$ の展開は，多項式の積の展開で基本となるものである。以後の公式も，この公式をもとに導くことができる。

テキストの解答

練習 5 (1) $(a-2b)(a+3b+1)$

$=a(a+3b+1)-2b(a+3b+1)$

$=a^2+3ab+a-2ab-6b^2-2b$

$\boldsymbol{=a^2+ab-6b^2+a-2b}$

(2) $(4x-3y+1)(2x+y)$

$=4x(2x+y)-3y(2x+y)+1\times(2x+y)$

$=8x^2+4xy-6xy-3y^2+2x+y$

$\boldsymbol{=8x^2-2xy-3y^2+2x+y}$

(3) $(2a+5b-3)(3a+2b+2)$

$=2a(3a+2b+2)+5b(3a+2b+2)$
$\quad-3(3a+2b+2)$

$=6a^2+4ab+4a+15ab+10b^2+10b$
$\quad-9a-6b-6$

$\boldsymbol{=6a^2+19ab+10b^2-5a+4b-6}$

(4) $(2x-3y-1)(x-y-2)$

$=2x(x-y-2)-3y(x-y-2)$
$\quad-1\times(x-y-2)$

$=2x^2-2xy-4x-3xy+3y^2+6y$
$\quad-x+y+2$

$\boldsymbol{=2x^2-5xy+3y^2-5x+7y+2}$

テキスト 11 ページ

一般に，次のことが成り立つ。

$(x+a)(x+b)$ の展開

[1]　$(x+a)(x+b)=x^2+(a+b)x+ab$　（加える／かける）

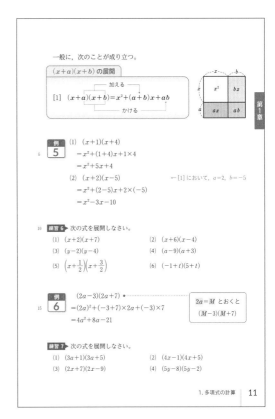

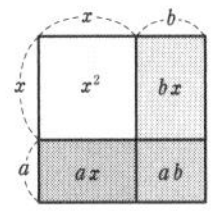

第1章

例 5　(1)　$(x+1)(x+4)$

$=x^2+(1+4)x+1\times4$

$=x^2+5x+4$

(2)　$(x+2)(x-5)$　　←[1] において，$a=2$，$b=-5$

$=x^2+(2-5)x+2\times(-5)$

$=x^2-3x-10$

練習 6▶ 次の式を展開しなさい。

(1)　$(x+2)(x+7)$　　(2)　$(x+6)(x-4)$

(3)　$(y-2)(y-4)$　　(4)　$(a-9)(a+3)$

(5)　$\left(x+\frac{1}{2}\right)\left(x+\frac{3}{2}\right)$　　(6)　$(-1+t)(5+t)$

例 6　$(2a-3)(2a+7)$

$=(2a)^2+(-3+7)\times2a+(-3)\times7$

$=4a^2+8a-21$

（$2a=M$ とおくと　$(M-3)(M+7)$）

練習 7▶ 次の式を展開しなさい。

(1)　$(3a+1)(3a+5)$　　(2)　$(4x-1)(4x+5)$

(3)　$(2x+7)(2x-9)$　　(4)　$(5y-8)(5y-2)$

1. 多項式の計算　11

学習のめあて

公式を利用して，$(x+a)(x+b)$ の形をした式を展開することができるようになること。

学習のポイント

$(x+a)(x+b)$ の展開

公式 $(x+a)(x+b)=x^2+(a+b)x+ab$ を利用して，多項式の積を展開する。

テキストの解説

□例 5

○$(x+a)(x+b)$ の形をした式の展開。展開する式と公式を見比べて，公式の a，b に適する次の数をあてはめる。

(1)　$a\to1$，$b\to4$　　(2)　$a\to2$，$b\to-5$

□練習 6

○(3)，(4)，(6)　x 以外の文字についても，公式は同じように利用できる点に注意する。

□例 6，練習 7

○おきかえの考え方を利用して，公式を利用する。

テキストの解答

練習 6　(1)　$(x+2)(x+7)$

$=x^2+(2+7)x+2\times7$

$=\boldsymbol{x^2+9x+14}$

(2)　$(x+6)(x-4)$

$=x^2+(6-4)x+6\times(-4)$

$=\boldsymbol{x^2+2x-24}$

(3)　$(y-2)(y-4)$

$=y^2+(-2-4)y+(-2)\times(-4)$

$=\boldsymbol{y^2-6y+8}$

(4)　$(a-9)(a+3)$

$=a^2+(-9+3)a+(-9)\times3$

$=\boldsymbol{a^2-6a-27}$

(5)　$\left(x+\frac{1}{2}\right)\left(x+\frac{3}{2}\right)$

$=x^2+\left(\frac{1}{2}+\frac{3}{2}\right)x+\frac{1}{2}\times\frac{3}{2}$

$=\boldsymbol{x^2+2x+\frac{3}{4}}$

(6)　$(-1+t)(5+t)$

$=(t-1)(t+5)$

$=t^2+(-1+5)t+(-1)\times5$

$=\boldsymbol{t^2+4t-5}$

練習 7　(1)　$(3a+1)(3a+5)$

$=(3a)^2+(1+5)\times3a+1\times5$

$=\boldsymbol{9a^2+18a+5}$

(2)　$(4x-1)(4x+5)$

$=(4x)^2+(-1+5)\times4x+(-1)\times5$

$=\boldsymbol{16x^2+16x-5}$

(3)　$(2x+7)(2x-9)$

$=(2x)^2+(7-9)\times2x+7\times(-9)$

$=\boldsymbol{4x^2-4x-63}$

(4)　$(5y-8)(5y-2)$

$=(5y)^2+(-8-2)\times5y+(-8)\times(-2)$

$=\boldsymbol{25y^2-50y+16}$

テキスト 12 ページ

学習のめあて

公式を利用して，$(x+a)^2$，$(x-a)^2$ の形をした式を展開することができるようになること。

学習のポイント

$(x+a)^2$，$(x-a)^2$ の展開

$(x+a)^2=x^2+2ax+a^2$ **（和の平方の公式）**

$(x-a)^2=x^2-2ax+a^2$ **（差の平方の公式）**

を利用して，和の平方の形をした式や差の平方の形をした式を展開する。

テキストの解説

□ $(x+a)^2$，$(x-a)^2$ の展開

○ $(x+a)^2$，$(x-a)^2$ を，$(x+a)(x+b)$ の展開の公式を利用して展開する。

たとえば，$(x+a)^2=(x+a)(x+a)$ の展開式における

x の係数は　　a と a の和　→　$2a$

定数の項は　　a と a の積　→　a^2

○和の平方の公式 $(x+a)^2=x^2+2ax+a^2$ において，a を $-a$ でおきかえると，

左辺は　$(x-a)^2$

右辺は　$x^2+2(-a)x+(-a)^2$

このことからも，差の平方の公式は得られる。

□例 7，練習 8

○和の平方の公式，差の平方の公式を利用した計算。展開する式と公式を見比べて，公式の a に適する数をあてはめる。

□例 8，練習 9

○おきかえの考え方を利用して，和の平方の公式，差の平方の公式を利用する。

テキストの解答

練習 8 (1)　$(x+4)^2=x^2+2\times4\times x+4^2$

$=\boldsymbol{x^2+8x+16}$

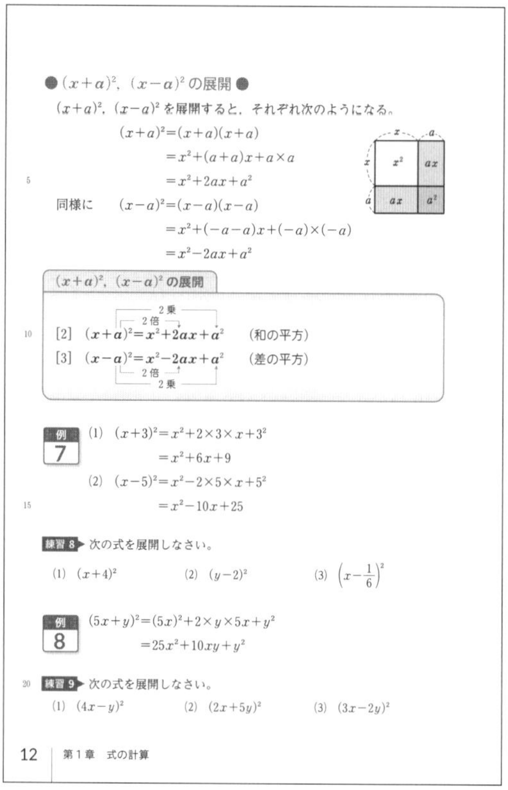

● $(x+a)^2$，$(x-a)^2$ の展開 ●

$(x+a)^2$，$(x-a)^2$ を展開すると，それぞれ次のようになる。

$(x+a)^2=(x+a)(x+a)$

$=x^2+(a+a)x+a\times a$

$=x^2+2ax+a^2$

同様に　$(x-a)^2=(x-a)(x-a)$

$=x^2+(-a-a)x+(-a)\times(-a)$

$=x^2-2ax+a^2$

$(x+a)^2$，$(x-a)^2$ の展開

[2]　$(x+a)^2=x^2+2ax+a^2$　（和の平方）

[3]　$(x-a)^2=x^2-2ax+a^2$　（差の平方）

（2倍，2乗）

例 7　(1)　$(x+3)^2=x^2+2\times3\times x+3^2$

$=x^2+6x+9$

(2)　$(x-5)^2=x^2-2\times5\times x+5^2$

$=x^2-10x+25$

練習 8 ▶ 次の式を展開しなさい。

(1)　$(x+4)^2$　　(2)　$(y-2)^2$　　(3)　$\left(x-\frac{1}{6}\right)^2$

例 8　$(5x+y)^2=(5x)^2+2\times y\times5x+y^2$

$=25x^2+10xy+y^2$

練習 9 ▶ 次の式を展開しなさい。

(1)　$(4x-y)^2$　　(2)　$(2x+5y)^2$　　(3)　$(3x-2y)^2$

12　第 1 章　式の計算

(2)　$(y-2)^2=y^2-2\times2\times y+2^2$

$=\boldsymbol{y^2-4y+4}$

(3)　$\left(x-\frac{1}{6}\right)^2=x^2-2\times\frac{1}{6}\times x+\left(\frac{1}{6}\right)^2$

$=\boldsymbol{x^2-\frac{1}{3}x+\frac{1}{36}}$

練習 9 (1)　$(4x-y)^2=(4x)^2-2\times y\times4x+y^2$

$=\boldsymbol{16x^2-8xy+y^2}$

(2)　$(2x+5y)^2=(2x)^2+2\times5y\times2x+(5y)^2$

$=\boldsymbol{4x^2+20xy+25y^2}$

(3)　$(3x-2y)^2=(3x)^2-2\times2y\times3x+(2y)^2$

$=\boldsymbol{9x^2-12xy+4y^2}$

学習のめあて

公式を利用して，$(x+a)(x-a)$ の形をした式を展開することができるようになること。

学習のポイント

$(x+a)(x-a)$ の展開

$(x+a)(x-a)=x^2-a^2$ **(和と差の積の公式)**

を利用して，和と差の積の形をした式を展開する。

テキストの解説

□ $(x+a)(x-a)$ の展開

○ $(x+a)(x+b)$ の展開の公式において，b に $-a$ をあてはめると

x の係数は　　a と $-a$ の和　→　0

定数の項は　　a と $-a$ の積　→　$-a^2$

このように，和と差の積の公式も，最初に学んだ $(x+a)(x+b)$ の展開の公式から得ることができる。

□例 9，練習 10

○和と差の積の公式を利用した計算。展開する式と公式を見比べて，公式の a に適する数をあてはめる。

□例 10，練習 11

○おきかえの考え方を利用して，和と差の積の公式を利用する。

□展開の公式のまとめ

○式の形に応じて，[1]から[4]の中の適切な公式が利用できるようにする。

テキストの解答

練習 10 (1) $(x+4)(x-4)=x^2-4^2$

$=\boldsymbol{x^2-16}$

(2) $(a-7)(a+7)=a^2-7^2$

$=\boldsymbol{a^2-49}$

●$(x+a)(x-a)$ の展開●

$(x+a)(x-a)$ を展開すると，次のようになる。

$(x+a)(x-a)=x^2+(a-a)x+a\times(-a)$

$=x^2-a^2$

$(x+a)(x-a)$ の展開

[4] $\boldsymbol{(x+a)(x-a)=x^2-a^2}$　(和と差の積)

第1章

例 9　$(x+3)(x-3)=x^2-3^2$

$=x^2-9$

練習 10 ▶ 次の式を展開しなさい。

(1) $(x+4)(x-4)$　　(2) $(a-7)(a+7)$

例 10　$(2a+3b)(2a-3b)=(2a)^2-(3b)^2$

$=4a^2-9b^2$

練習 11 ▶ 次の式を展開しなさい。

(1) $(x+2y)(x-2y)$　　(2) $(4a-5b)(4a+5b)$

(3) $\left(x-\frac{1}{2}y\right)\left(x+\frac{1}{2}y\right)$　　(4) $(b+3a)(3a-b)$

これまでに学んだ展開の公式をまとめると，次のようになる。

[1] $\boldsymbol{(x+a)(x+b)=x^2+(a+b)x+ab}$

[2] $\boldsymbol{(x+a)^2=x^2+2ax+a^2}$

[3] $\boldsymbol{(x-a)^2=x^2-2ax+a^2}$

[4] $\boldsymbol{(x+a)(x-a)=x^2-a^2}$

1. 多項式の計算　13

練習 11 (1) $(x+2y)(x-2y)=x^2-(2y)^2$

$=\boldsymbol{x^2-4y^2}$

(2) $(4a-5b)(4a+5b)=(4a)^2-(5b)^2$

$=\boldsymbol{16a^2-25b^2}$

(3) $\left(x-\dfrac{1}{2}y\right)\left(x+\dfrac{1}{2}y\right)=x^2-\left(\dfrac{1}{2}y\right)^2$

$=\boldsymbol{x^2-\dfrac{1}{4}y^2}$

(4) $(b+3a)(3a-b)=(3a+b)(3a-b)$

$=(3a)^2-b^2$

$=\boldsymbol{9a^2-b^2}$

確かめの問題　解答は本書198ページ

1 次の式を展開しなさい。

(1) $(x-6)(x+8)$　　(2) $(a+3)(a-7)$

(3) $(2a+1)(2a+3)$　　(4) $(4x-5)(4x-1)$

(5) $(a+10)^2$　　(6) $(3x-5y)^2$

(7) $(t+6)(t-6)$　　(8) $(x+4y)(4y-x)$

学習のめあて

$(ax+b)(cx+d)$ や $(a+b+c)^2$ の形をした式を展開することができるようになること。

学習のポイント

$(ax+b)(cx+d)$ の展開

一般化された展開の公式

$(ax+b)(cx+d)=acx^2+(ad+bc)x+bd$

を利用して，多項式の積を展開する。

$(a+b+c)^2$ の展開

おきかえの考え方と，和の平方の公式を利用して，$(a+b+c)^2$ を展開する。

展開の公式の一般化

これまでに学んだ展開の公式を，一般化してみよう。

$(ax+b)(cx+d)$ を展開すると，次のようになる。

$$\begin{aligned}(ax+b)(cx+d)&=ax\times cx+ax\times d+b\times cx+b\times d\\&=acx^2+adx+bcx+bd\\&=acx^2+(ad+bc)x+bd\end{aligned}$$

$(ax+b)(cx+d)$ の展開

[5] $\boldsymbol{(ax+b)(cx+d)=acx^2+(ad+bc)x+bd}$

例 11

$$\begin{aligned}(2x+5)(3x-1)&=2\times3\times x^2+\{2\times(-1)+5\times3\}x+5\times(-1)\\&=6x^2+(-2+15)x-5\\&=6x^2+13x-5\end{aligned}$$

練習 12 次の式を展開しなさい。

(1) $(2x+1)(x+5)$　(2) $(3x-4)(5x+3)$　(3) $(4a-1)(2a-7)$

$(a+b+c)^2$ は，$a+b=M$ とおくと，次のように展開できる。

$$\begin{aligned}(a+b+c)^2&=(M+c)^2\\&=M^2+2Mc+c^2\\&=(a+b)^2+2(a+b)c+c^2\\&=a^2+2ab+b^2+2ac+2bc+c^2\\&=\boldsymbol{a^2+b^2+c^2+2ab+2bc+2ca}\end{aligned}$$

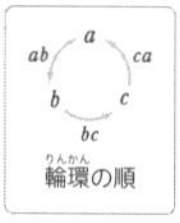

注意 上のような場合，ab，bc，ca の項の順に式を整理することが多い。

練習 13 次の式を展開しなさい。

(1) $(a+b-c)^2$　(2) $(x+2y+3z)^2$

14　第1章　式の計算

テキストの解説

□例 11，練習 12

○公式を利用して，$(ax+b)(cx+d)$ の形をした式を展開する。1 次の項の係数の計算を間違えないように注意する。

□$(a+b+c)^2$ の展開

○既に学んだ公式を利用することを考える。

　$a+b$ を M とおく　→　$(M+c)^2$ の展開

　　　　　　　　　　→　和の平方の公式

○テキストの注意で示したように，展開した式は，ab，bc，ca の項の順に式を整理することが多い。

□練習 13

○おきかえの考え方を利用した展開。

○$(a+b+c)^2=a^2+b^2+c^2+2ab+2bc+2ca$

を，公式として利用することを考えてもよい。

たとえば，(1) は c を $-c$ でおきかえて

$$(a+b-c)^2=a^2+b^2+(-c)^2+2ab+2b(-c)+2(-c)a$$

テキストの解答

練習 12 (1) $(2x+1)(x+5)$

$=2\times1\times x^2+(2\times5+1\times1)x+1\times5$

$=\boldsymbol{2x^2+11x+5}$

(2) $(3x-4)(5x+3)$

$=3\times5\times x^2+\{3\times3+(-4)\times5\}x+(-4)\times3$

$=\boldsymbol{15x^2-11x-12}$

(3) $(4a-1)(2a-7)$

$=4\times2\times a^2+\{4\times(-7)+(-1)\times2\}a+(-1)\times(-7)$

$=\boldsymbol{8a^2-30a+7}$

練習 13 (1) $(a+b-c)^2$

$=\{(a+b)-c\}^2$

$=(a+b)^2-2(a+b)c+c^2$

$=a^2+2ab+b^2-2ac-2bc+c^2$

$=\boldsymbol{a^2+b^2+c^2+2ab-2bc-2ca}$

(2) $(x+2y+3z)^2$

$=\{(x+2y)+3z\}^2$

$=(x+2y)^2+2(x+2y)\times3z+(3z)^2$

$=x^2+4xy+4y^2+6xz+12yz+9z^2$

$=\boldsymbol{x^2+4y^2+9z^2+4xy+12yz+6zx}$

テキスト 15 ページ

いろいろな計算

おきかえの考え方を利用した式の展開を，さらに考えてみよう。

例題 1 次の式を展開しなさい。

$$(x+y-2)(x+y+5)$$

考え方 $x+y=M$ とおくと

$$(M-2)(M+5)=M^2+3M-10$$

解答 $(x+y-2)(x+y+5)$

$=\{(x+y)-2\}\{(x+y)+5\}$

$=(x+y)^2+3(x+y)-10$ 　展開の公式 [1]

$=x^2+2xy+y^2+3x+3y-10$ 　答

練習 14 次の式を展開しなさい。

(1) $(a+2b+1)(a+2b-3)$ 　(2) $(2x-y-4)(2x-y+2)$

展開と加法，減法を組み合わせた式を計算してみよう。

例題 2 次の計算をしなさい。

$$(4x-1)^2-(2x+3)(8x-5)$$

解答 $(4x-1)^2-(2x+3)(8x-5)$

$=(16x^2-8x+1)-(16x^2+14x-15)$

$=16x^2-8x+1-16x^2-14x+15$

$=-22x+16$ 　答

練習 15 次の計算をしなさい。

(1) $(x+6)(x-6)-(x+3)(x-4)$ 　(2) $(x+4y)^2+(3x+y)(x-3y)$

第1章

1. 多項式の計算 15

学習のめあて

おきかえの考え方を利用した式の展開や，展開と加法・減法が組み合わされた式の計算ができるようになること。

学習のポイント

おきかえの考え方の利用

共通な部分を 1 つの文字でおきかえると，式が簡単になり，計算がしやすくなる。

展開と加法・減法を組み合わせた式

次の順に計算する。

展開 → 加法・減法

テキストの解説

□例題 1

○式には $x+y$ が共通に含まれる。これを 1 つの文字でおきかえると，$(x+a)(x+b)$ の展開の公式を利用することができる。

○そのまま分配法則を利用して展開することもできるが，おきかえを利用すると式が簡単になり，計算間違いも少なくなる。

○一般に，複雑な式の計算では，くふうをして，計算が簡単になるようにする。おきかえは，その 1 つの手段である。

□練習 14

○おきかえの考え方を利用した展開。

○式の中の同じ部分に注目する。

(1) $a+2b$ を M とおくと　$(M+1)(M-3)$

(2) $2x-y$ を M とおくと　$(M-4)(M+2)$

□例題 2

○展開と加法，減法を組み合わせた式の計算。数の計算と同じように，次の順に計算する。

累乗 → 展開 → 加法・減法

□練習 15

○例題 2 にならって計算する。

テキストの解答

練習 14 (1) $(a+2b+1)(a+2b-3)$

$=\{(a+2b)+1\}\{(a+2b)-3\}$

$=(a+2b)^2-2(a+2b)-3$

$=\boldsymbol{a^2+4ab+4b^2-2a-4b-3}$

(2) $(2x-y-4)(2x-y+2)$

$=\{(2x-y)-4\}\{(2x-y)+2\}$

$=(2x-y)^2-2(2x-y)-8$

$=\boldsymbol{4x^2-4xy+y^2-4x+2y-8}$

練習 15 (1) $(x+6)(x-6)-(x+3)(x-4)$

$=(x^2-36)-(x^2-x-12)$

$=x^2-36-x^2+x+12$

$=\boldsymbol{x-24}$

(2) $(x+4y)^2+(3x+y)(x-3y)$

$=(x^2+8xy+16y^2)+(3x^2-8xy-3y^2)$

$=\boldsymbol{4x^2+13y^2}$

学習のめあて

くふうをすることで，複雑な式の計算もできるようになること。

学習のポイント

計算のくふう

展開する順序や，項の順序を入れかえることで，計算を簡単に行う。

テキストの解説

□例題 3，練習 16

○展開する順序を入れかえると，計算が簡単になる例。

○例題 3 をそのまま計算すると

$(x+1)^2(x-1)^2=(x^2+2x+1)(x^2-2x+1)$

例題 4 のように，項の順序を入れかえると

$(x+1)^2(x-1)^2=\{(x^2+1)+2x\}\{(x^2+1)-2x\}$

○この計算と比べると，例題 3 の解答のように計算の順序を入れかえることで，計算が簡単になることがわかる。

□例題 4，練習 17

○既に学んだように，おきかえの考え方を利用すると，計算は簡単になる。

○項の順序を入れかえることで，共通な部分が見えてくる。

テキストの解答

練習 16 (1) $(a-3)^2(a+3)^2$

$=(a-3)(a-3)(a+3)(a+3)$

$=\{(a-3)(a+3)\}^2$

$=(a^2-9)^2$

$=\boldsymbol{a^4-18a^2+81}$

(2) $(2x+3y)^2(2x-3y)^2$

$=\{(2x+3y)(2x-3y)\}^2$

$=(4x^2-9y^2)^2$

$=\boldsymbol{16x^4-72x^2y^2+81y^4}$

展開する順序や，項の順序を入れかえてから展開することによって，計算が簡単になることがある。

例題 3 次の式を展開しなさい。

$(x+1)^2(x-1)^2$

解答 $(x+1)^2(x-1)^2=(x+1)(x+1)(x-1)(x-1)$

$=\{(x+1)(x-1)\}^2$　展開の公式 [4]

$=(x^2-1)^2$　展開の公式 [3]

$=(x^2)^2-2x^2+1$

$=x^4-2x^2+1$　答

練習 16▶ 次の式を展開しなさい。

(1) $(a-3)^2(a+3)^2$　(2) $(2x+3y)^2(2x-3y)^2$

例題 4 次の式を展開しなさい。

$(a^2+ab+b^2)(a^2-ab+b^2)$

考え方 $a^2+b^2=M$ とおくと

$(M+ab)(M-ab)=M^2-(ab)^2$

解答 $(a^2+ab+b^2)(a^2-ab+b^2)$

$=\{(a^2+b^2)+ab\}\{(a^2+b^2)-ab\}$　展開の公式 [4]

$=(a^2+b^2)^2-(ab)^2$

$=(a^2)^2+2a^2b^2+(b^2)^2-a^2b^2$

$=a^4+2a^2b^2+b^4-a^2b^2$

$=a^4+a^2b^2+b^4$　答

練習 17▶ 次の式を展開しなさい。

(1) $(2x+y+z)(2x+y-z)$　(2) $(a^2+2ab+3b^2)(a^2-2ab+3b^2)$

16　第 1 章　式の計算

練習 17 (1) $(2x+y+z)(2x+y-z)$

$=\{(2x+y)+z\}\{(2x+y)-z\}$

$=(2x+y)^2-z^2$

$=\boldsymbol{4x^2+4xy+y^2-z^2}$

(2) $(a^2+2ab+3b^2)(a^2-2ab+3b^2)$

$=\{(a^2+3b^2)+2ab\}\{(a^2+3b^2)-2ab\}$

$=(a^2+3b^2)^2-(2ab)^2$

$=(a^4+6a^2b^2+9b^4)-4a^2b^2$

$=\boldsymbol{a^4+2a^2b^2+9b^4}$

実力を試す問題　解答は本書 202 ページ

1 次の式を展開しなさい。

(1) $(a-b+c)(a+b-c)$

(2) $(3x+2y+z)(3x-2y-z)$

ヒント **1** 項の組み合わせをくふうして，おきかえの考え方が利用できるようにする。

テキスト 17 ページ

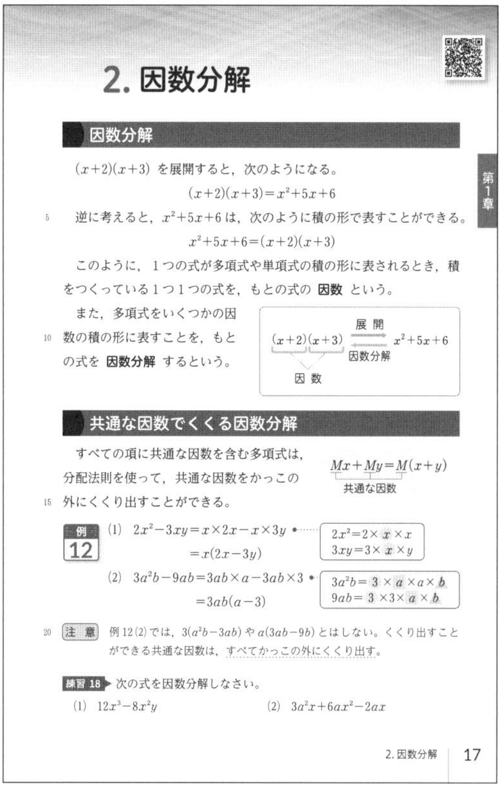

2. 因数分解

因数分解

$(x+2)(x+3)$ を展開すると，次のようになる。

$$(x+2)(x+3)=x^2+5x+6$$

逆に考えると，x^2+5x+6 は，次のように積の形で表すことができる。

$$x^2+5x+6=(x+2)(x+3)$$

このように，1つの式が多項式や単項式の積の形に表されるとき，積をつくっている1つ1つの式を，もとの式の **因数** という。

また，多項式をいくつかの因数の積の形に表すことを，もとの式を **因数分解** するという。

共通な因数でくくる因数分解

すべての項に共通な因数を含む多項式は，分配法則を使って，共通な因数をかっこの外にくくり出すことができる。

$$Mx+My=M(x+y)$$

共通な因数

例 12 (1) $2x^2-3xy=x\times 2x-x\times 3y$

$=x(2x-3y)$

$2x^2=2\times x\times x$
$3xy=3\times x\times y$

(2) $3a^2b-9ab=3ab\times a-3ab\times 3$

$=3ab(a-3)$

$3a^2b=3\times a\times a\times b$
$9ab=3\times 3\times a\times b$

注 意 例 12 (2) では，$3(a^2b-3ab)$ や $a(3ab-9b)$ とはしない。くくり出すことができる共通な因数は，すべてかっこの外にくくり出す。

練習 18 次の式を因数分解しなさい。

(1) $12x^3-8x^2y$　(2) $3a^2x+6ax^2-2ax$

2. 因数分解 17

2．因数分解

学習のめあて

因数分解の意味を知って，共通な因数でくくる因数分解ができるようになること。

学習のポイント

因数分解

1つの式が多項式や単項式の積の形に表されるとき，積をつくっている1つ1つの式を，もとの式の **因数** という。

また，多項式をいくつかの因数の積の形に表すことを，もとの式を **因数分解** するという。

共通な因数でくくる因数分解

すべての項に共通な因数を含む多項式は，分配法則を使って，共通な因数をかっこの外にくくり出すことができる。

テキストの解説

□因数分解

○因数分解は，式の展開の逆の計算である。

○たとえば，$(x+2)(x+3)$ を展開すると

$$(x+2)(x+3)=x^2+5x+6$$

これを逆に考えると

$$x^2+5x+6=(x+2)(x+3)$$

となって，x^2+5x+6 は $(x+2)(x+3)$ と因数分解されたことになる。また，$x+2$，$x+3$ は，x^2+5x+6 の因数である。

□分配法則と因数分解

○分配法則　$a(b+c)=ab+ac$

を逆向きに見る（左辺と右辺を入れかえる）と

$$ab+ac=a(b+c)$$

これは，共通な因数 a でくくる因数分解にほかならない。

○共通な因数でくくる因数分解は，因数分解の中で最も基本となるものである。

□例 12

○共通な因数でくくる因数分解。まず，多項式の各項に共通に含まれる文字を考える。

○数の係数も忘れずにくくり出す。

○たとえば，$6xy-2x$ は，次のように因数分解することができる。

$$6xy-2x=2x(3y-1)$$

$2x=2x\times \underline{1}$ であることに注意する。

□練習 18

○多項式の各項に共通に含まれる因数を，すべてかっこの外にくくり出す。

テキストの解答

練習 18 (1) $12x^3-8x^2y=4x^2\times 3x-4x^2\times 2y$

$=\boldsymbol{4x^2(3x-2y)}$

(2) $3a^2x+6ax^2-2ax$

$=ax\times 3a+ax\times 6x-ax\times 2$

$=\boldsymbol{ax(3a+6x-2)}$

テキスト 18 ページ

因数分解の公式

● $x^2+(a+b)x+ab$ の因数分解 ●

11 ページの公式 [1] の左辺と右辺を入れかえると，次の因数分解の公式が得られる。

$x^2+(a+b)x+ab$ の因数分解

[1]　$\boldsymbol{x^2+(a+b)x+ab=(x+a)(x+b)}$

上の式の左辺では，x の係数は「a と b の和」，定数項は「a と b の積」になっている。

$x^2+(a+b)x+ab$
$x^2+\quad 5x \quad + \quad 6$

たとえば x^2+5x+6 を因数分解するには，

積が 6 となる 2 つの数の組のうち，和が 5 となるものをみつければよい。

右の表のように考えると，このような 2 つの数の組は 2 と 3 である。

積が 6	和が 5
1 と 6	×
2 と 3	○
−1 と −6	×
−2 と −3	×

よって，$a=2$，$b=3$ として

$$x^2+5x+6=(x+2)(x+3)$$

└ $(x+3)(x+2)$ でもよい

例 13　$x^2-2x-15$ を因数分解する。

積が −15，和が −2 となる 2 つの数は 3 と −5 である。

積が −15	和が −2
1 と −15	×
3 と −5	○
−1 と 15	×
−3 と 5	×

よって

$$x^2-2x-15=(x+3)(x-5)$$

注意　ab が正のとき，a，b の符号は同じ。ab が負のとき，a，b の符号は異なる。

練習 19 次の式を因数分解しなさい。

(1)　$x^2-12x+27$　　(2)　x^2+2x-8　　(3)　y^2-y-20

18　第 1 章　式の計算

学習のめあて

展開の公式[1]

$$(x+a)(x+b)=x^2+(a+b)x+ab$$

の左辺と右辺を入れかえて得られる次の因数分解の公式[1]

$$x^2+(a+b)x+ab=(x+a)(x+b)$$

を利用した因数分解の方法を知ること。

学習のポイント

因数分解の公式[1]を利用した因数分解

[1]　$x^2+(a+b)x+ab=(x+a)(x+b)$

積が ab，和が $a+b$ となる 2 数を考える。

テキストの解説

□因数分解の公式[1]を利用した因数分解

○多項式 $x^2+○x+□$ の因数分解。積が□，和が○になる 2 数を考える。

○式の展開では，公式にあてはめるだけで計算することができたが，因数分解では試行錯誤が必要になる。

○積，和の順に考えるとよい。

□例 13

○まず，積が −15 になる 2 つの整数を考え，その中で，和が −2 になるものをさがす。

○因数分解した式を展開して，因数分解の結果が正しいことを確かめてみるとよい。

□練習 19

○(1)　積が 27 となる 2 数のうち，和が −12 になるものを考える。

積が 27 になる 2 つの整数は

1 と 27，3 と 9，
−1 と −27，−3 と −9

であるが，和が負の数であるから，2 つの負の数の組だけを考えればよい。

○(2)　積が負の数であるから，求める 2 数は異符号である。例 13 のように，表をつくって考えるとよい。

積が −8	和が 2
1 と −8	×
2 と −4	×
−1 と 8	×
−2 と 4	○

○(3)　文字が x 以外の場合。文字が x の場合と同じように考えて因数分解する。

積が負の数で，和も負の数の場合である。(2) のように，表をつくって考えるとよい。

テキストの解答

練習 19

(1)　$x^2-12x+27=\boldsymbol{(x-3)(x-9)}$

(2)　$x^2+2x-8=\boldsymbol{(x-2)(x+4)}$

(3)　$y^2-y-20=\boldsymbol{(y+4)(y-5)}$

テキスト 19 ページ

● $x^2+2ax+a^2$，$x^2-2ax+a^2$ の因数分解 ●

12 ページの公式 [2]，[3] から，次の因数分解の公式が得られる。

$x^2+2ax+a^2$，$x^2-2ax+a^2$ の因数分解

[2]　$\boldsymbol{x^2+2ax+a^2=(x+a)^2}$

[3]　$\boldsymbol{x^2-2ax+a^2=(x-a)^2}$

第1章

例 14　(1)　$x^2+10x+25=x^2+2\times5\times x+5^2$
$=(x+5)^2$

$x^2+\ 2ax\ +a^2$
$x^2+2\times 5\times x+5^2$

(2)　$9x^2+24ax+16a^2$
$=(3x)^2+2\times4a\times3x+(4a)^2$
$=(3x+4a)^2$

練習 20 次の式を因数分解しなさい。

(1)　$x^2+12x+36$　(2)　$a^2-18a+81$　(3)　$x^2-16xy+64y^2$
(4)　$4x^2+4x+1$　(5)　$25x^2-70xy+49y^2$

● x^2-a^2 の因数分解 ●

13 ページの公式 [4] から，次の因数分解の公式が得られる。

x^2-a^2 の因数分解

[4]　$\boldsymbol{x^2-a^2=(x+a)(x-a)}$

例 15　(1)　$x^2-25=x^2-5^2=(x+5)(x-5)$

x^2-a^2
x^2-5^2

(2)　$16x^2-9y^2=(4x)^2-(3y)^2$
$=(4x+3y)(4x-3y)$

練習 21 次の式を因数分解しなさい。

(1)　x^2-36　(2)　x^2-16y^2　(3)　$25x^2-64a^2$

2. 因数分解　19

学習のめあて

展開の公式のうち，和の平方の公式，差の平方の公式，和と差の積の公式から得られる因数分解の公式を利用した因数分解の方法を知ること。

学習のポイント

因数分解の公式[2]，[3]，[4]を利用した因数分解

式の形に応じて，因数分解の公式

[2]　$x^2+2ax+a^2=(x+a)^2$

[3]　$x^2-2ax+a^2=(x-a)^2$

[4]　$x^2-a^2=(x+a)(x-a)$

を利用する。

テキストの解説

□例 14

○$x^2+2ax+a^2$，$x^2-2ax+a^2$ の形をした式の因数分解。

○まず，2 次の項と定数項が 2 乗の形で表されるかどうかを調べ，次に 1 次の項を考える。

○(2)　$9x^2=(3x)^2$，$16a^2=(4a)^2$ であるから，$3x$，$4a$ をそれぞれ 1 つの文字とみて，因数分解の公式[2]を適用する。

□練習 20

○例 14 にならって考える。どれも，$(x+a)^2$，$(x-a)^2$ の形に因数分解することができる。

□例 15，練習 21

○x^2-a^2 の形をした式の因数分解。

○2 次の項と定数項が 2 乗の形で表されるかどうかを調べる。1 次の項がない場合に，因数分解の公式[4]を利用することができる。

テキストの解答

練習 20　(1)　$x^2+12x+36=x^2+2\times6\times x+6^2$
$=\boldsymbol{(x+6)^2}$

(2)　$a^2-18a+81=a^2-2\times9\times a+9^2$
$=\boldsymbol{(a-9)^2}$

(3)　$x^2-16xy+64y^2$
$=x^2-2\times8y\times x+(8y)^2$
$=\boldsymbol{(x-8y)^2}$

(4)　$4x^2+4x+1=(2x)^2+2\times1\times2x+1^2$
$=\boldsymbol{(2x+1)^2}$

(5)　$25x^2-70xy+49y^2$
$=(5x)^2-2\times7y\times5x+(7y)^2$
$=\boldsymbol{(5x-7y)^2}$

練習 21　(1)　$x^2-36=x^2-6^2$
$=\boldsymbol{(x+6)(x-6)}$

(2)　$x^2-16y^2=x^2-(4y)^2$
$=\boldsymbol{(x+4y)(x-4y)}$

(3)　$25x^2-64a^2=(5x)^2-(8a)^2$
$=\boldsymbol{(5x+8a)(5x-8a)}$

学習のめあて

因数分解の公式[5]

$acx^2+(ad+bc)x+bd=(ax+b)(cx+d)$

を利用した因数分解の方法を知ること。

学習のポイント

たすきがけによる因数分解

2次の項の係数と定数項をそれぞれ a と c，b と d に分解した後，右のような図を用いて $ad+bc$ の値を求める。

$$\begin{array}{ccc} a & b \longrightarrow & bc \\ c & d \longrightarrow & ad \\ \hline ac & bd & ad+bc \end{array}$$

テキストの解説

□たすきがけによる因数分解

○$3x^2+14x+8$ は，これまでに学んだ公式を利用しても因数分解することができない。
そこで，展開の公式[5]から得られる因数分解の公式[5]

$$acx^2+(ad+bc)x+bd=(ax+b)(cx+d)$$

を利用した因数分解を考える。

○$3x^2+14x+8$ と上の因数分解の公式[5]を比べると

$$ac=3,\ ad+bc=14,\ bd=8$$

となる a，b，c，d の値を求めればよいことがわかる。

○$ac=3$ を　1×3
$bd=8$ を　1×8，2×4，4×2，8×1
とみて，$ad+bc=14$ となるものを見つける。

○$a=1$，$c=3$ として，いろいろな場合を，テキストの図のように計算する。

[1]　$b=1$，$d=8$ の場合

$$\begin{array}{ccc} 1 & 1 \longrightarrow & 3 \\ 3 & 8 \longrightarrow & 8 \\ \hline 3 & 8 & 11 \end{array}$$

ななめにかける
たてにたす
x の係数に等しくない

● $acx^2+(ad+bc)x+bd$ の因数分解 ●

14ページの公式[5]から，次の因数分解の公式が得られる。

> **$acx^2+(ad+bc)x+bd$ の因数分解**
> [5]　$\boldsymbol{acx^2+(ad+bc)x+bd=(ax+b)(cx+d)}$

$3x^2+14x+8$ を因数分解してみよう。
そのためには，上の公式において
　$ac=3$，$ad+bc=14$，$bd=8$
となる a，b，c，d をみつければよい。

$$\begin{array}{ccc} a & b \longrightarrow & bc \\ c & d \longrightarrow & ad \\ \hline ac & bd & ad+bc \\ \downarrow & & \\ 3x^2 & +14x & +8 \end{array}$$

[1]　$ac=3$ の3を　1×3
　　$bd=8$ の8を　1×8，2×4，4×2，8×1
　などのように，積の形に分解する。

[2]　$a=1$，$c=3$ として，b，d の候補から $ad+bc=14$ となるものをみつける。

$b=1$，$d=8$ のとき

$$\begin{array}{ccc} 1 & 1 \longrightarrow & 3 \\ 3 & 8 \longrightarrow & 8 \\ \hline 3 & 8 & 11\ \times \end{array}$$

$b=4$，$d=2$ のとき

$$\begin{array}{ccc} 1 & 4 \longrightarrow & 12 \\ 3 & 2 \longrightarrow & 2 \\ \hline 3 & 8 & 14\ \bigcirc \end{array}$$

上の図のように考えると，$a=1$，$b=4$，$c=3$，$d=2$ である。
よって　　$3x^2+14x+8=(x+4)(3x+2)$

注意　上のような図を利用して因数分解することを「**たすきがけ** による因数分解」とよぶ。

20　第1章　式の計算

---

[2]　$b=2$，$d=4$ の場合

$$\begin{array}{ccc} 1 & 2 \longrightarrow & 6 \\ 3 & 4 \longrightarrow & 4 \\ \hline 3 & 8 & 10 \end{array}$$

ななめにかける
たてにたす
x の係数に等しくない

[3]　$b=4$，$d=2$ の場合

$$\begin{array}{ccc} 1 & 4 \longrightarrow & 12 \\ 3 & 2 \longrightarrow & 2 \\ \hline 3 & 8 & 14 \end{array}$$

ななめにかける
たてにたす
x の係数に等しい

○この結果から，

$$3x^2+14x+8=(\underset{\substack{\uparrow \\ a}}{x}+\underset{\substack{\uparrow \\ b}}{4})(\underset{\substack{\uparrow \\ c}}{3x}+\underset{\substack{\uparrow \\ d}}{2})$$

と因数分解できることがわかる。

○たすきがけによる因数分解は，これまでの因数分解に比べてもめんどうである。あきらめずに，しんぼう強く考えるようにする。

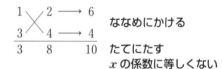

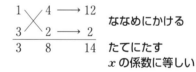

テキスト 21 ページ

学習のめあて

たすきがけの因数分解ができるようになること。また，共通因数をくくり出してから公式を適用する因数分解ができるようになること。

学習のポイント

いろいろな因数分解

複雑な因数分解は，次の順に考えて行う。

[1] 共通因数があれば，それをくくり出す。

[2] 公式を適用する。

例 16

(1) $2x^2-5x+3=(x-1)(2x-3)$

(2) $4x^2-8ax-5a^2=(2x+a)(2x-5a)$

(1)
$$\begin{array}{cccc} 1 & \times & -1 \longrightarrow & -2 \\ 2 & & -3 \longrightarrow & -3 \\ \hline 2 & & 3 & -5 \end{array}$$

(2)
$$\begin{array}{cccc} 2 & \times & 1a \longrightarrow & 2a \\ 2 & & -5a \longrightarrow & -10a \\ \hline 4 & & -5a^2 & -8a \end{array}$$

第1章

練習 22 次の式を因数分解しなさい。

(1) $2x^2+3x+1$　(2) $6x^2-5x-6$　(3) $4a^2+7ab-2b^2$

これまでに学んだ因数分解の公式をまとめると，次のようになる。

[1] $x^2+(a+b)x+ab=(x+a)(x+b)$

[2] $x^2+2ax+a^2=(x+a)^2$

[3] $x^2-2ax+a^2=(x-a)^2$

[4] $x^2-a^2=(x+a)(x-a)$

[5] $acx^2+(ad+bc)x+bd=(ax+b)(cx+d)$

いろいろな因数分解

共通な因数をくくり出してから公式を使う因数分解や，公式をくり返し使う因数分解について考えてみよう。

例題 5 次の式を因数分解しなさい。

$2ax^2-4ax-30a$

解答
$2ax^2-4ax-30a$
$=2a(x^2-2x-15)$　共通な因数をくくり出す
$=2a(x+3)(x-5)$　因数分解の公式 [1]　答

2. 因数分解　21

テキストの解説

□例 16，練習 22

○たすきがけによる因数分解。

○練習 22 のたすきがけによる計算は，次のようになる。

(1)
$$\begin{array}{cccc} 1 & \times & 1 \longrightarrow & 2 \\ 2 & & 1 \longrightarrow & 1 \\ \hline 2 & & 1 & 3 \end{array}$$

(2)
$$\begin{array}{cccc} 2 & \times & -3 \longrightarrow & -9 \\ 3 & & 2 \longrightarrow & 4 \\ \hline 6 & & -6 & -5 \end{array}$$

(3)
$$\begin{array}{cccc} 1 & \times & 2b \longrightarrow & 8b \\ 4 & & -b \longrightarrow & -b \\ \hline 4 & & -2b^2 & 7b \end{array}$$

□因数分解の公式のまとめ

○式の形に応じて，[1]から[5]の中の適切な公式を利用できるようにする。

□例題 5

○因数分解をくり返し行う問題。そのままでは公式が適用できないため，まず，共通因数でくくることを考える。

○次に，かっこの中の式に公式を適用する。

テキストの解答

練習 22 (1) $2x^2+3x+1=\boldsymbol{(x+1)(2x+1)}$

(2) $6x^2-5x-6=\boldsymbol{(2x-3)(3x+2)}$

(3) $4a^2+7ab-2b^2=\boldsymbol{(a+2b)(4a-b)}$

練習 23 (1) $3ax^2-24ax+36a$
$=3a(x^2-8x+12)$
$=\boldsymbol{3a(x-2)(x-6)}$

(2) $\dfrac{1}{2}a^2x-\dfrac{9}{2}b^2x=\dfrac{1}{2}x(a^2-9b^2)$
$=\boldsymbol{\dfrac{1}{2}x(a+3b)(a-3b)}$

(3) $-ab^2+a=-a(b^2-1)$
$=\boldsymbol{-a(b+1)(b-1)}$

参考　$-ab^2+a=a(1-b^2)$
$=a(1+b)(1-b)$
としてもよい。

(4) $x^3y+4x^2y+4xy=xy(x^2+4x+4)$
$=\boldsymbol{xy(x+2)^2}$

(練習 23 は次ページの問題)

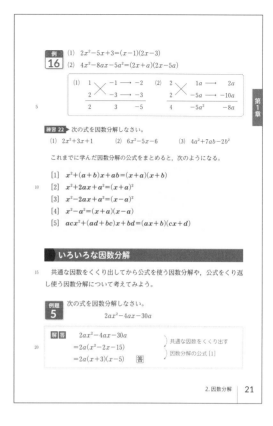

学習のめあて

式の特徴に着目して，公式をくり返し適用する因数分解ができるようになること。

学習のポイント

いろいろな因数分解

公式が適用できるように，式を変形したり，項を組み合わせたりする。

因数分解は，できるところまで行う。

テキストの解説

□練習 23

○因数分解をくり返し行う問題。まず，共通因数をくくる。次に，かっこの中に公式を適用する。

□例題 6

○ 4 次式の因数分解。次の順に考える。

　x^4-81 の各項に共通因数はない

→　公式の適用を考える

→　$(x^2)^2-9^2$ と変形すると平方の差になる

→　$(x^2+9)(x^2-9)$ と因数分解できる

○因数分解をここで止めてはいけない。因数分解は，できるところまで行う。

→　$(x^2+9)(x+3)(x-3)$ と因数分解できる

□練習 24

○例題 6 と同じように，まず，平方の差の形に変形する。

○(1)　$x^4=(x^2)^2$，$16=4^2$

　(2)　$81a^4=(9a^2)^2$，$b^4=(b^2)^2$

□例題 7，練習 25

○もとのままでは，共通因数もなく，また，公式も適用できない。そこで，式の一部を因数分解することを考える。

○すると，その結果は公式が適用できる形になるから，さらに因数分解を行う。

練習 23 ▶ 次の式を因数分解しなさい。

(1)　$3ax^2-24ax+36a$　　(2)　$\frac{1}{2}a^2x-\frac{9}{2}b^2x$

(3)　$-ab^2+a$　　(4)　x^3y+4x^2y+4xy

例題 6　次の式を因数分解しなさい。

$$x^4-81$$

考え方　まず，$x^4=(x^2)^2$，$81=9^2$ と考えて因数分解する。結果はさらに因数分解できることに注意する。

解答　$x^4-81=(x^2)^2-9^2$

$=(x^2+9)(x^2-9)$

$=(x^2+9)(x^2-3^2)$

$=(x^2+9)(x+3)(x-3)$　答

因数分解の公式 [4]

x^2-9 はさらに因数分解できる

練習 24 ▶ 次の式を因数分解しなさい。

(1)　x^4-16　　(2)　$81a^4-b^4$

例題 7　次の式を因数分解しなさい。

$$x^2+14x+49-y^2$$

考え方　$x^2+14x+49=(x+7)^2$ より，$x+7=M$ とおくと M^2-y^2 となる。

解答　$x^2+14x+49-y^2=(x^2+14x+49)-y^2$

$=(x+7)^2-y^2$

$=\{(x+7)+y\}\{(x+7)-y\}$

$=(x+y+7)(x-y+7)$　答

因数分解の公式 [2]

因数分解の公式 [4]

練習 25 ▶ 次の式を因数分解しなさい。

(1)　$x^2-6x+9-4y^2$　　(2)　$9a^2-16b^2+40b-25$

22　第 1 章　式の計算

テキストの解答

(練習 23 の解答は前ページ)

練習 24　(1)　$x^4-16=(x^2)^2-4^2$

$=(x^2+4)(x^2-4)$

$=\boldsymbol{(x^2+4)(x+2)(x-2)}$

(2)　$81a^4-b^4=(9a^2)^2-(b^2)^2$

$=(9a^2+b^2)(9a^2-b^2)$

$=\boldsymbol{(9a^2+b^2)(3a+b)(3a-b)}$

練習 25　(1)　$x^2-6x+9-4y^2$

$=(x^2-6x+9)-(2y)^2$

$=(x-3)^2-(2y)^2$

$=\{(x-3)+2y\}\{(x-3)-2y\}$

$=\boldsymbol{(x+2y-3)(x-2y-3)}$

(2)　$9a^2-16b^2+40b-25$

$=(3a)^2-(16b^2-40b+25)$

$=(3a)^2-(4b-5)^2$

$=\{3a+(4b-5)\}\{3a-(4b-5)\}$

$=\boldsymbol{(3a+4b-5)(3a-4b+5)}$

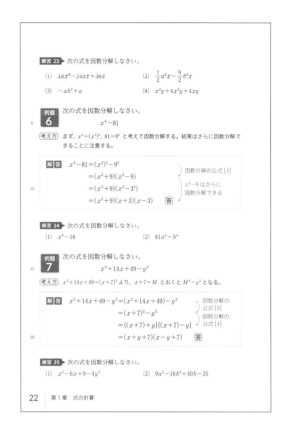

学習のめあて

共通な式に着目して，因数分解ができるようになること。

学習のポイント

共通な式を含む因数分解

ある式が，共通な式を含むとき，共通な式を1つの文字と考えて計算を行う。

テキストの解説

□例題 8

○$x+1$ を 2 つ含む式。それらを 1 つの文字とみると，公式を利用して因数分解することができる。

○式を展開して整理すると

$$(x+1)^2+2(x+1)-15=x^2+4x-12$$

これを因数分解しても結果は同じである。

□練習 26

○それぞれ，同じ式を 1 つの文字 M でおくと，公式が利用できる形が見えてくる。

(1) $M^2-3M-10$　(2) $M^2+4M-12$

(3) $M^2+4Mz+3z^2$　(4) M^2-6M+9

○(2)，(3) 式を展開して，1 つの文字について整理しても因数分解できるが，手間がかかるため，注意が必要である。

□例題 9，練習 27

○項を組み合わせて，共通な因数を見つける。

○式の一部を共通な因数でくくると，さらに共通な因数が見つかる。

共通な式を含むときの因数分解について考えてみよう。

例題 8　次の式を因数分解しなさい。

$$(x+1)^2+2(x+1)-15$$

考え方　$x+1=M$ とおくと $M^2+2M-15$ となる。

解答　$(x+1)^2+2(x+1)-15=\{(x+1)-3\}\{(x+1)+5\}$

$=(x-2)(x+6)$　答

注意　例題 8 のような式は，かっこをはずし，式を整理してから因数分解することもできるが，式が複雑になる場合がある。

練習 26　次の式を因数分解しなさい。

(1) $(x-2)^2-3(x-2)-10$　(2) $(a+b)^2+4(a+b)-12$

(3) $(x+2y)^2+4(x+2y)z+3z^2$　(4) $(x+1)^2-6(x+1)+9$

例題 9　次の式を因数分解しなさい。

$$ac+ad-bc-bd$$

考え方　a を含む項と含まない項に分けて整理すると，共通な式 $c+d$ が現れる。

解答　$ac+ad-bc-bd=a(c+d)-(bc+bd)$

$=a(c+d)-b(c+d)$　←$c+d=M$ とおくと

$=(a-b)(c+d)$　答　$aM-bM=(a-b)M$

注意　複数の種類の文字を含む式の因数分解で，解き方の見通しがつきにくい場合は，1 つの文字に着目して式を整理するとよい。

練習 27　次の式を因数分解しなさい。

(1) $ac-ad-bc+bd$　(2) $ax+bx-ay-by+az+bz$

2. 因数分解　23

テキストの解答

練習 26　(1) $(x-2)^2-3(x-2)-10$

$=\{(x-2)+2\}\{(x-2)-5\}$

$=\boldsymbol{x(x-7)}$

(2) $(a+b)^2+4(a+b)-12$

$=\{(a+b)-2\}\{(a+b)+6\}$

$=\boldsymbol{(a+b-2)(a+b+6)}$

(3) $(x+2y)^2+4(x+2y)z+3z^2$

$=\{(x+2y)+z\}\{(x+2y)+3z\}$

$=\boldsymbol{(x+2y+z)(x+2y+3z)}$

(4) $(x+1)^2-6(x+1)+9$

$=\{(x+1)-3\}^2$

$=\boldsymbol{(x-2)^2}$

練習 27　(1) $ac-ad-bc+bd$

$=(ac-ad)-(bc-bd)$

$=a(c-d)-b(c-d)$

$=\boldsymbol{(a-b)(c-d)}$

(2) $ax+bx-ay-by+az+bz$

$=(ax-ay+az)+(bx-by+bz)$

$=a(x-y+z)+b(x-y+z)$

$=\boldsymbol{(a+b)(x-y+z)}$

別解　$ax+bx-ay-by+az+bz$

$=(a+b)x-(a+b)y+(a+b)z$

$=(a+b)(x-y+z)$

3．式の計算の利用

学習のめあて

展開や因数分解の考え方を用いて，数の計算をくふうして行うことができるようになること。

学習のポイント

くふうして行う数の計算

数や式の特徴に着目して，展開の公式や因数分解の公式が利用できる形に変形する。

テキストの解説

□例 17

○展開の公式[3]，[4]や因数分解の公式[4]を利用して，数や式を変形する。

○ 2 つの数の一方が 10 や 100 などの場合，それらの積の計算は簡単である。
そこで，10，100 などを含む形を考える。

□練習 28

○例 17 と同様，100 などを含む式に変形して，計算を簡単に行うことを考える。

□例 18

○複雑な式の計算。そのまま計算すると

$$1234^2-1230\times1238=1522756-1522740$$
$$=16$$

となって，計算はかなりたいへんである。

○そこで，1234，1230，1238 の関係に着目して式を変形する。

○ 1234 を a とおくと

$$a^2-(a-4)(a+4)=a^2-(a^2-4^2)$$
$$=16$$

よって，a がどんな数でも結果は同じである。

□練習 29

○例 18 にならって計算する。

---

3. 式の計算の利用

計算のくふう

展開や因数分解の考え方を用いて，数の計算をくふうして行うと，計算が簡単になる場合がある。

例 17

(1) $99^2=(100-1)^2$
$=100^2-2\times1\times100+1^2$ （展開の公式 [3]）
$=10000-200+1$
$=9801$

(2) $66^2-34^2=(66+34)\times(66-34)$ ←因数分解の公式 [4]
$=100\times32$
$=3200$

(3) $102\times98=(100+2)\times(100-2)$
$=100^2-2^2$ （展開の公式 [4]）
$=10000-4$
$=9996$

練習 28 くふうして，次の計算をしなさい。

(1) 102^2　(2) 72^2-28^2　(3) 95×105

例 18

$1234^2-1230\times1238=1234^2-(1234-4)\times(1234+4)$
$=1234^2-(1234^2-4^2)$
$=4^2$
$=16$

練習 29 くふうして，次の計算をしなさい。

(1) $4321^2-4322\times4320$　(2) $1354\times1358-1359\times1353$

テキストの解答

練習 28 (1) $102^2=(100+2)^2$
$=100^2+2\times2\times100+2^2$
$=\mathbf{10404}$

(2) $72^2-28^2=(72+28)\times(72-28)$
$=100\times44$
$=\mathbf{4400}$

(3) $95\times105=(100-5)\times(100+5)$
$=100^2-5^2$
$=\mathbf{9975}$

練習 29 (1) $4321^2-4322\times4320$
$=4321^2-(4321+1)\times(4321-1)$
$=4321^2-(4321^2-1^2)=\mathbf{1}$

(2) $1354\times1358-1359\times1353$
$=(1356-2)\times(1356+2)$
$\quad-(1356+3)\times(1356-3)$
$=(1356^2-2^2)-(1356^2-3^2)$
$=-2^2+3^2=\mathbf{5}$

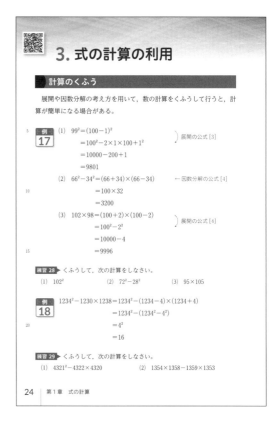

学習のめあて

複雑な式の値を，くふうして求めること。

学習のポイント

複雑な式の値

複雑な式の値は，式を簡単な形に変形してから数を代入する。

テキストの解説

□例題 10

○数や式の計算は，数や式が簡単であるほど，間違いが少なくなる。

○ $x=\dfrac{3}{2}$，$y=-\dfrac{1}{4}$ を，$(x+4y)^2+x(3x-8y)$ にそのまま代入すると

$$\left(\frac{3}{2}-1\right)^2+\frac{3}{2}\times\left(\frac{9}{2}+2\right)$$
$$=\left(\frac{1}{2}\right)^2+\frac{3}{2}\times\frac{13}{2}$$
$$=\frac{1}{4}+\frac{39}{4}=10$$

正しい答え 10 は得られるが，計算はめんどうである。

○このような場合，まず式を簡単な形にしてから x，y の値を代入すると，計算間違いを減らすことができる。

□練習 30

○例題 10 と同様

$$(x-3y)(2x+y)+3y^2$$

を簡単な形にしてから x，y の値を代入する。

□例題 11

○因数分解の考え方を用いて，式を簡単な形にしてから x，y の値を代入する。

○ $a^2+2ab+b^2=(a+b)^2$ で，$a+b=100$ であることから，$(a+b)^2=100^2=10000$ としてもよい（26 ページの例題 12 参照）。

式の値

第1章

式の値を求めるときに，まず式を簡単にしてから数値を代入すると，直接数値を代入するより計算が簡単になる場合がある。

例題 10 $x=\dfrac{3}{2}$，$y=-\dfrac{1}{4}$ のとき，$(x+4y)^2+x(3x-8y)$ の値を求めなさい。

考え方　まず，$(x+4y)^2+x(3x-8y)$ を簡単な式にしてから，x，y の値を代入する。

解答　$(x+4y)^2+x(3x-8y)=x^2+8xy+16y^2+3x^2-8xy$
$=4x^2+16y^2$

$4x^2+16y^2$ に $x=\dfrac{3}{2}$，$y=-\dfrac{1}{4}$ を代入して

$$4x^2+16y^2=4\times\left(\frac{3}{2}\right)^2+16\times\left(-\frac{1}{4}\right)^2$$
$$=10 \quad \text{答}$$

練習 30 $x=2$，$y=-\dfrac{3}{10}$ のとき，$(x-3y)(2x+y)+3y^2$ の値を求めなさい。

例題 11 $a=37$，$b=63$ のとき，$a^2+2ab+b^2$ の値を求めなさい。

考え方　まず，$a^2+2ab+b^2$ を因数分解してから，a，b の値を代入する。

解答　$a^2+2ab+b^2=(a+b)^2$

$(a+b)^2$ に $a=37$，$b=63$ を代入して

$$(a+b)^2=(37+63)^2$$
$$=100^2=10000 \quad \text{答}$$

練習 31 $a=53$，$b=47$ のとき，$ab+b^2+3a+3b$ の値を求めなさい。

3. 式の計算の利用　25

□練習 31

○例題 11 にならって，$ab+b^2+3a+3b$ を因数分解し，その結果に a，b の値を代入する。

テキストの解答

練習 30　$(x-3y)(2x+y)+3y^2$

$$=2x^2-5xy-3y^2+3y^2=\underline{2x^2-5xy}$$

$2x^2-5xy$ に $x=2$，$y=-\dfrac{3}{10}$ を代入して

$$2x^2-5xy=2\times2^2-5\times2\times\left(-\frac{3}{10}\right)$$
$$=8+3=\mathbf{11}$$

※　$\underline{x(2x-5y)}$ として代入してもよい。

練習 31　$ab+b^2+3a+3b=(ab+3a)+(b^2+3b)$

$$=a(b+3)+b(b+3)$$
$$=(a+b)(b+3)$$

$(a+b)(b+3)$ に $a=53$，$b=47$ を代入して

$$(a+b)(b+3)=(53+47)(47+3)$$
$$=100\times50=\mathbf{5000}$$

学習のめあて

与えられた条件の式から，式の値を求めることができるようになること。
また，式の計算を利用して，数の性質を証明する方法を知ること。

学習のポイント

式の計算を利用した証明

次の順に考える。

[1]　文字を用いて，ことがらを式に表す。

[2]　式を計算して，その結果を，あることがらが成り立つことの根拠とする。

テキストの解説

□例題 12，練習 32

○ x，y の値がわからないので，このままでは x^2+y^2 の値を知ることができない。そこで，条件の式を利用することを考える。

○わかっていることは，$x+y$ と xy の値であるから，x^2+y^2 を $x+y$，xy で表すことができればよい。

○ポイントは和の平方の公式から得られる等式

$$x^2+y^2=(x+y)^2-2xy$$

である。この等式は，今後も使う場面があるので，しっかりと覚えておこう。

□例題 13，練習 33

○ことがらを式で表し，その式を計算することで，あることがらが正しいことを証明する。

○文字は数を代表して表しているから，すべての場合を示すことができる。

○連続する 3 つの整数は，n を整数とすると

$$n,\ n+1,\ n+2$$

と表すこともできる。この場合

$(n+2)n+1=(n+1)^2$　←中央の数の 2 乗

$(n+2)^2-n^2=4(n+1)$　←中央の数の 4 倍

となって，それぞれ正しいことが証明される。

例題 12　$x+y=2$，$xy=-7$ のとき，x^2+y^2 の値を求めなさい。

考え方　$(x+y)^2=x^2+2xy+y^2$ より　$x^2+y^2=(x+y)^2-2xy$　となる。

解答　$x^2+y^2=(x+y)^2-2xy$

$(x+y)^2-2xy$ に $x+y=2$，$xy=-7$ を代入して

$(x+y)^2-2xy=2^2-2\times(-7)$

$=18$　答

練習 32　$x+y=\dfrac{9}{2}$，$xy=3$ のとき，x^2+y^2 の値を求めなさい。

式の計算の利用

例題 13　連続する 3 つの整数について，最大の数と最小の数の積に 1 を加えると，中央の数の 2 乗になることを証明しなさい。

証明　n を整数とする。中央の数を n とすると

最大の数は $n+1$，最小の数は $n-1$

と表される。最大の数と最小の数の積に 1 を加えると

$(n+1)(n-1)+1=n^2-1+1$

$=n^2$

よって，最大の数と最小の数の積に 1 を加えると，中央の数の 2 乗になる。　終

練習 33　連続する 3 つの整数について，最大の数の 2 乗から最小の数の 2 乗をひくと，中央の数の 4 倍になることを証明しなさい。

26　第 1 章　式の計算

テキストの解答

練習 32　$x^2+y^2=(x+y)^2-2xy$

$(x+y)^2-2xy$ に $x+y=\dfrac{9}{2}$，$xy=3$

を代入して

$$(x+y)^2-2xy=\left(\frac{9}{2}\right)^2-2\times3$$

$$=\frac{81}{4}-6=\mathbf{\frac{57}{4}}$$

練習 33　n を整数とする。

中央の数を n とすると

最大の数は $n+1$，最小の数は $n-1$

と表される。

最大の数の 2 乗から最小の数の 2 乗をひくと　$(n+1)^2-(n-1)^2$

$=(n^2+2n+1)-(n^2-2n+1)$

$=4n$

よって，最大の数の 2 乗から最小の数の 2 乗をひくと，中央の数の 4 倍になる。

テキスト 27 ページ

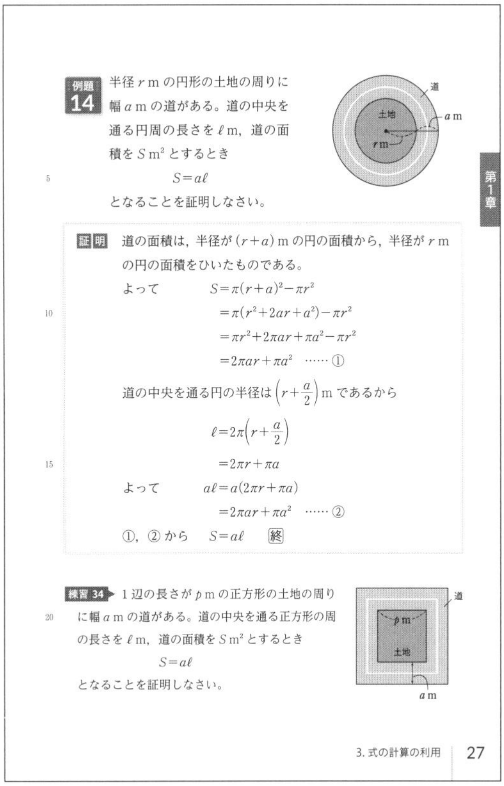
例題 14 半径 r m の円形の土地の周りに幅 a m の道がある。道の中央を通る円周の長さを ℓ m，道の面積を S m² とするとき

$$S=a\ell$$

となることを証明しなさい。

証明 道の面積は，半径が $(r+a)$ m の円の面積から，半径が r m の円の面積をひいたものである。

よって　$S=\pi(r+a)^2-\pi r^2$

$=\pi(r^2+2ar+a^2)-\pi r^2$

$=\pi r^2+2\pi ar+\pi a^2-\pi r^2$

$=2\pi ar+\pi a^2$ …… ①

道の中央を通る円の半径は $\left(r+\frac{a}{2}\right)$ m であるから

$\ell=2\pi\left(r+\frac{a}{2}\right)$

$=2\pi r+\pi a$

よって　$a\ell=a(2\pi r+\pi a)$

$=2\pi ar+\pi a^2$ …… ②

①，② から　$S=a\ell$　終

練習 34 1 辺の長さが p m の正方形の土地の周りに幅 a m の道がある。道の中央を通る正方形の周の長さを ℓ m，道の面積を S m² とするとき

$$S=a\ell$$

となることを証明しなさい。

第1章

3. 式の計算の利用　27

学習のめあて

式の計算を利用して，図形の性質を証明する方法を知ること。

学習のポイント

式の計算を利用した証明

数の性質の証明と同様に，次の順に考える。

[1]　文字を用いて，ことがらを式に表す。

[2]　式を計算して，その結果を，あることがらが成り立つことの根拠とする。

テキストの解説

□例題 14

○道の面積 S と，道幅と道の中央を通る円周の長さの積 $a\ell$ を計算し，それらが等しいことを示せばよい。

○証明の結果に，土地の半径 r は無関係である。したがって，土地の半径はいくらであっても同じ結論が成り立つ。

○問題文に土地の半径が示されていない場合は，適当な文字を用いて，土地の半径を定める。

□練習 34

○例題 14 の円形の土地を正方形の土地に変えた場合となる。例題 14 と同様に考える。

○一般に，道幅が一定であれば同じ結論が成り立つ。

□テキスト 4 ページの計算方法の証明

○十の位の数が等しく，一の位の数の和が 10 になる 2 つの 2 桁の自然数は，一方の自然数の十の位の数を x，一の位の数を y とすると

$$10x+y,\ 10x+(10-y)$$

と表される。

このとき，これら 2 つの数の積は

$(10x+y)\{10x+(10-y)\}$

$=10x(10x+10-y)+y(10x+10-y)$

$=100x(x+1)+y(10-y)$

$x(x+1)$ は十の位の数と十の位の数に 1 を加えた数の積であり，$100x(x+1)$ は 2 つの数の積の上 2 桁を表す。また，$y(10-y)$ は一の位の数どうしの積であり，2 つの数の積の下 2 桁を表す。

テキストの解答

練習 34　道の面積は，1 辺の長さが $(p+2a)$ m の正方形の面積から，1 辺の長さが p m の正方形の面積をひいたものである。

よって　$S=(p+2a)^2-p^2$

$=(p^2+4ap+4a^2)-p^2$

$=4ap+4a^2$ …… ①

道の中央を通る正方形の 1 辺の長さは $(p+a)$ m であるから　$\ell=4(p+a)$

よって　$a\ell=a\{4(p+a)\}$

$=4ap+4a^2$ …… ②

①，② から　$S=a\ell$

学習のめあて

対称式の性質を理解すること。x^2+y^2 の他に対称式を見つけ，性質を使って表すこと。

学習のポイント

対称式，基本対称式

x^2+y^2 のように，x と y を入れかえても，もとの式と同じになる多項式を，x, y の **対称式** といい，特に，$x+y$ や xy を **基本対称式** という。

対称式には，「基本対称式で表すことができる」という重要な性質がある。

■■ テキストの解説 ■■

□ 対称式と基本対称式

○x^2+y^2, $x+y$, xy は，それぞれ x と y を入れかえると y^2+x^2, $y+x$, yx となる。加法の交換法則，乗法の交換法則が成り立つから

$$x^2+y^2=y^2+x^2,$$
$$x+y=y+x, \quad xy=yx$$

となり，x^2+y^2, $x+y$, xy は，それぞれ対称式である。

○$x+y$ や xy は基本対称式という。

○対称式は，基本対称式で表すことができる。

x, y の対称式 x^2+y^2 は，展開の公式 $(x+y)^2=x^2+2xy+y^2$ を利用すると

$$x^2+y^2=(x+y)^2-2xy$$

となり，基本対称式 $x+y$, xy を用いて表すことができる。

□ x^2+y^2 の他の対称式

たとえば，テキスト 16 ページ例題 4 $(a^2+ab+b^2)(a^2-ab+b^2)$ において，a^2+ab+b^2 と a^2-ab+b^2 は，それぞれ a, b の対称式である。

$$a^2+b^2=(a+b)^2-2ab$$

であるから，

$$a^2+ab+b^2=a^2+b^2+ab$$

$$=(a+b)^2-2ab+ab$$
$$=(a+b)^2-ab$$

同じようにして

$$a^2-ab+b^2=(a+b)^2-3ab$$

となり，それぞれ基本対称式 $a+b$, ab で表すことができる。

なお，対称式と対称式の積も対称式であることが知られている。

■ 確かめの問題　　　解答は本書 198 ページ

1　次の計算をしなさい。

(1)　$(x+7)(x-9)$

(2)　$(4x+3)(3x-5)$

(3)　$(a+b+2c)(a+b-2c)$

(4)　$(2x-3)^2-(x+5)(x-5)$

2　次の式を因数分解しなさい。

(1)　$4m^2a-6ma^2+2ma$

(2)　x^2-x-42

(3)　$15x^2+7x-4$

(4)　$2x^2-18xy-20y^2$

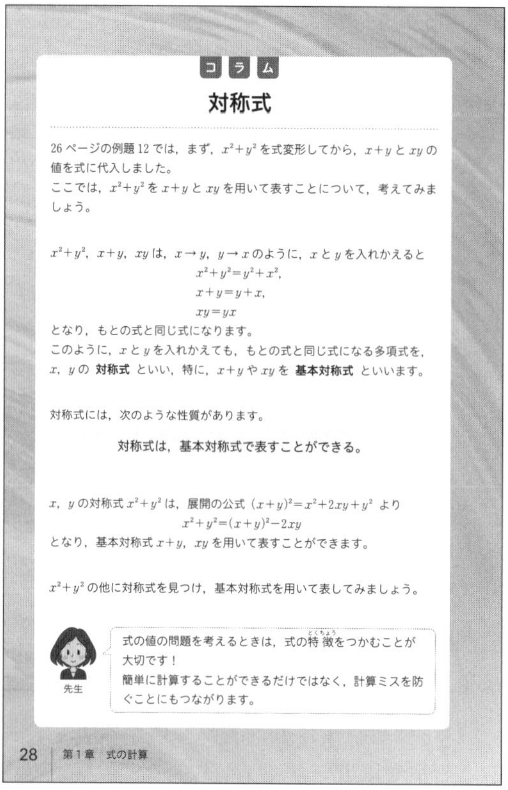

コ ラ ム
対称式

26 ページの例題 12 では，まず，x^2+y^2 を式変形してから，$x+y$ と xy の値を式に代入しました。

ここでは，x^2+y^2 を $x+y$ と xy を用いて表すことについて，考えてみましょう。

x^2+y^2, $x+y$, xy は，$x \to y$, $y \to x$ のように，x と y を入れかえると

$$x^2+y^2=y^2+x^2,$$
$$x+y=y+x,$$
$$xy=yx$$

となり，もとの式と同じ式になります。

このように，x と y を入れかえても，もとの式と同じ式になる多項式を，x, y の **対称式** といい，特に，$x+y$ や xy を **基本対称式** といいます。

対称式には，次のような性質があります。

対称式は，基本対称式で表すことができる。

x, y の対称式 x^2+y^2 は，展開の公式 $(x+y)^2=x^2+2xy+y^2$ より

$$x^2+y^2=(x+y)^2-2xy$$

となり，基本対称式 $x+y$, xy を用いて表すことができます。

x^2+y^2 の他に対称式を見つけ，基本対称式を用いて表してみましょう。

先生

式の値の問題を考えるときは，式の特徴をつかむことが大切です！
簡単に計算することができるだけではなく，計算ミスを防ぐことにもつながります。

確認問題

解答は本書 175 ページ

テキストの解説

□問題 1

○単項式と多項式の乗法，除法の計算。

○単項式と多項式の乗法では，分配法則を利用して，多項式の各項に単項式をかける。

○多項式を単項式でわる除法では，単項式の逆数を多項式にかける。

○(4)　$-\dfrac{a}{3}$ の逆数は $-\dfrac{3}{a}$ である。$-3a$ や $\dfrac{3}{a}$ などと誤らないように注意する。

□問題 2

○多項式の展開。次の順に考える。

　多項式の一方を 1 つの文字とみる

→　多項式 × 単項式の計算

→　分配法則を利用

○同類項はまとめて，式を簡単にする。

□問題 3

○公式を利用した展開。

[1]　$(x+a)(x+b)=x^2+(a+b)x+ab$

[2]　$(x+a)^2=x^2+2ax+a^2$

[3]　$(x-a)^2=x^2-2ax+a^2$

[4]　$(x+a)(x-a)=x^2-a^2$

[5]　$(ax+b)(cx+d)$
　　　$=acx^2+(ad+bc)x+bd$

○与えられた式の形を見て，正しく公式を適用する。

□問題 4

○基本的な因数分解。共通な因数があれば，まずそれをくくり出す。

○上の[1]～[5]を逆に見ると，因数分解の公式になる。与えられた式の形を見て，どの公式が適するかを考える。

○(4)　式の形から，あわてて因数分解の公式

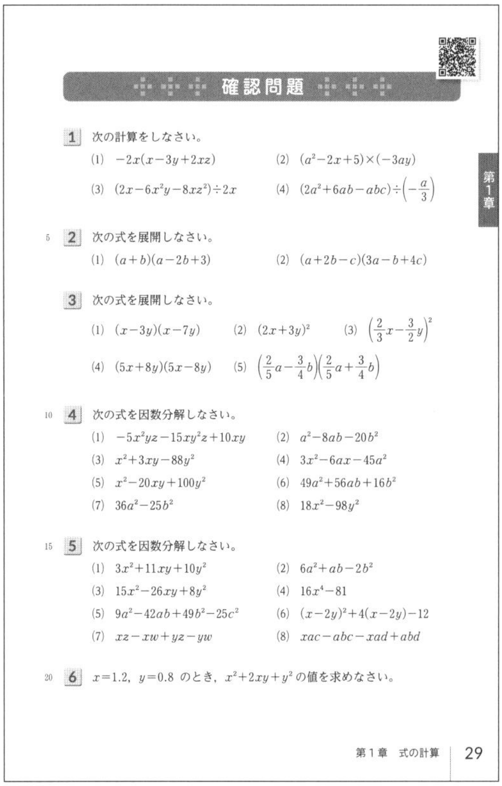
確認問題

1　次の計算をしなさい。

(1)　$-2x(x-3y+2xz)$　(2)　$(a^2-2x+5)\times(-3ay)$

(3)　$(2x-6x^2y-8xz^2)\div 2x$　(4)　$(2a^2+6ab-abc)\div\left(-\dfrac{a}{3}\right)$

2　次の式を展開しなさい。

(1)　$(a+b)(a-2b+3)$　(2)　$(a+2b-c)(3a-b+4c)$

3　次の式を展開しなさい。

(1)　$(x-3y)(x-7y)$　(2)　$(2x+3y)^2$　(3)　$\left(\dfrac{2}{3}x-\dfrac{3}{2}y\right)^2$

(4)　$(5x+8y)(5x-8y)$　(5)　$\left(\dfrac{2}{5}a-\dfrac{3}{4}b\right)\left(\dfrac{2}{5}a+\dfrac{3}{4}b\right)$

4　次の式を因数分解しなさい。

(1)　$-5x^2yz-15xy^2z+10xy$　(2)　$a^2-8ab-20b^2$

(3)　$x^2+3xy-88y^2$　(4)　$3x^2-6ax-45a^2$

(5)　$x^2-20xy+100y^2$　(6)　$49a^2+56ab+16b^2$

(7)　$36a^2-25b^2$　(8)　$18x^2-98y^2$

5　次の式を因数分解しなさい。

(1)　$3x^2+11xy+10y^2$　(2)　$6a^2+ab-2b^2$

(3)　$15x^2-26xy+8y^2$　(4)　$16x^4-81$

(5)　$9a^2-42ab+49b^2-25c^2$　(6)　$(x-2y)^2+4(x-2y)-12$

(7)　$xz-xw+yz-yw$　(8)　$xac-abc-xad+abd$

6　$x=1.2$，$y=0.8$ のとき，$x^2+2xy+y^2$ の値を求めなさい。

第 1 章　式の計算　29

第1章

[5]を用いないように注意する。

3 が共通因数であるから

$$3x^2-6ax-45a^2=3(x^2-2ax-15a^2)$$

かっこ内に因数分解の公式[1]を適用する。

○(7)，(8)　いずれも平方の差の形であるが，(8)は共通因数でくくることができる。

□問題 5

○いろいろな因数分解。

○公式の適用を考えるほか，式の一部を因数分解したり，おきかえを考えたりする。

(5)　式の一部を因数分解する。

○(7)，(8)　式の一部を共通因数でくくる。

□問題 6

○因数分解を利用して，式の計算をくふうする。

$$x^2+2xy+y^2=(x+y)^2$$

○そのまま計算すると

$$1.2^2+2\times1.2\times0.8+0.8^2=1.44+1.92+0.64$$
$$=4$$

演習問題A

解答は本書 176 ページ

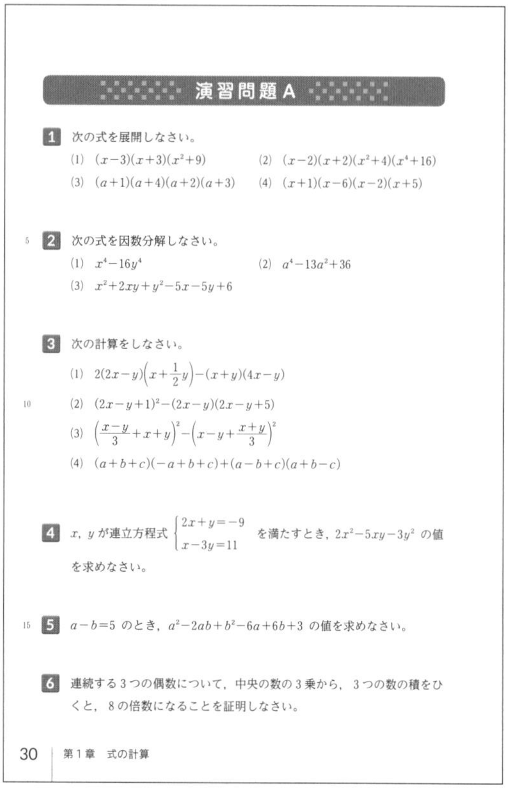

演習問題 A

1 次の式を展開しなさい。

(1) $(x-3)(x+3)(x^2+9)$　(2) $(x-2)(x+2)(x^2+4)(x^4+16)$

(3) $(a+1)(a+4)(a+2)(a+3)$　(4) $(x+1)(x-6)(x-2)(x+5)$

2 次の式を因数分解しなさい。

(1) x^4-16y^4　(2) a^4-13a^2+36

(3) $x^2+2xy+y^2-5x-5y+6$

3 次の計算をしなさい。

(1) $2(2x-y)\left(x+\frac{1}{2}y\right)-(x+y)(4x-y)$

(2) $(2x-y+1)^2-(2x-y)(2x-y+5)$

(3) $\left(\frac{x-y}{3}+x+y\right)^2-\left(x-y+\frac{x+y}{3}\right)^2$

(4) $(a+b+c)(-a+b+c)+(a-b+c)(a+b-c)$

4 x，y が連立方程式 $\begin{cases} 2x+y=-9 \\ x-3y=11 \end{cases}$ を満たすとき，$2x^2-5xy-3y^2$ の値を求めなさい。

5 $a-b=5$ のとき，$a^2-2ab+b^2-6a+6b+3$ の値を求めなさい。

6 連続する 3 つの偶数について，中央の数の 3 乗から，3 つの数の積をひくと，8 の倍数になることを証明しなさい。

30　第 1 章　式の計算

テキストの解説

□問題 1

○式の展開をくふうして行う。

○(1)，(2)　前から順に展開する。

○(3)，(4)　式を 2 つずつ組み合わせて展開する。

(3)　$\{(a+1)(a+4)\}\{(a+2)(a+3)\}$

(4)　$\{(x+1)(x-2)\}\{(x-6)(x+5)\}$

とすると，同じ式が現れておきかえの考え方が利用できる。

□問題 2

○おきかえの考え方を利用した因数分解。公式が利用できるようなおきかえを考える。

○(1)　$x^2=M$，$4y^2=N$ とおくと　M^2-N^2

(2)　$a^2=M$ とおくと　$M^2-13M+36$

○(3)　式の一部を因数分解する。

$x^2+2xy+y^2 \rightarrow (x+y)^2$

$-5x-5y \rightarrow -5(x+y)$

□問題 3

○複雑な式の計算。くふうして，計算が簡単になるようにする。

○(2)　共通な式 $2x-y$ を 3 つ含むから，これを 1 つの文字とみて計算する。

○(3)　与えられた式は平方の差の形。かっこの中を計算してから因数分解する。

○(4)　共通な部分を見つける。

$(a-b+c)(a+b-c)$

$\rightarrow \{a-(b-c)\}\{a+(b-c)\}$

$\rightarrow$ $b-c$ が共通

□問題 4

○連立方程式を解くと　$x=-\frac{16}{7}$，$y=-\frac{31}{7}$

これを $2x^2-5xy-3y^2$ に代入しても求められるが，式の値の計算はめんどうである。

○$2x^2-5xy-3y^2$ を因数分解すると

$$2x^2-5xy-3y^2=(2x+y)(x-3y)$$

となり，$2x+y=-9$，$x-3y=11$ を直接利用できる。

□問題 5

○式の値の計算。a，b の値はわからないから，条件の式 $a-b=5$ をそのまま利用することを考える。

○$a-b$ を 1 つの文字とみて，値を求める式 $a^2-2ab+b^2-6a+6b+3$ を $a-b$ で表す。

□問題 6

○連続する偶数の差は 2 であるから，3 つの連続する偶数は，n を整数として次のように表すことができる。

$$2n-2,\ 2n,\ 2n+2$$

演習問題 B

解答は本書 177 ページ

演習問題 B

7 次の式を因数分解しなさい。

(1) $(x^2+2x)^2-2x^2-4x-3$

(2) $x^2-y^2-z^2+2x+2yz+1$

8 次の計算をしなさい。

$$\left(1-\frac{1}{2^2}\right)\left(1-\frac{1}{3^2}\right)\left(1-\frac{1}{4^2}\right)\left(1-\frac{1}{5^2}\right)\times\cdots\cdots\times\left(1-\frac{1}{99^2}\right)$$

9 $xy=3$, $x^2y+xy^2-x-y=8$ のとき，x^2+y^2 の値を求めなさい。

10 $x-\dfrac{1}{x}=\dfrac{8}{3}$ のとき，$x^2+\dfrac{1}{x^2}$ の値を求めなさい。

11 次の問いに答えなさい。

(1) $(x^2-3x+4)(x+5)$ を展開したときの x^2 の係数を求めなさい。

(2) $(5a^2-ab+b^2)(2a-4b)$ を展開したときの ab^2 の係数を求めなさい。

12 連続する 2 つの正の奇数 m，n が $n^2-m^2=64$ を満たすとき，m，n の値を，それぞれ求めなさい。

13 連続する 2 つの正の整数について，小さい方の整数を 5 でわると 2 余るという。この 2 つの整数の積を 5 でわったときの余りが 1 であることを証明しなさい。

テキストの解説

□問題 7

○複雑な式の因数分解。式の形をよく見て，因数分解の方針をたてる。

○(1)　おきかえの考え方を利用。

○(2)　項を組み合わせて因数分解してみる。
$2yz$ に着目し，$-y^2$，$2yz$，$-z^2$ とそれ以外に分けて考える。

□問題 8

○平方の差の積。平方の差をそれぞれ因数分解すると，それらの積が簡単な式になることがわかる。

□問題 9

○テキストの 26 ページで，$x+y$ と xy の値から x^2+y^2 の値を求めることを学んだ。

○値を求める式は x^2+y^2 で，条件の 1 つが xy の値であるから，もう 1 つの条件の式から $x+y$ の値が求められないか，と考える。

□問題 10

○条件は $x-\dfrac{1}{x}=\dfrac{8}{3}$ だけ。値を求める式と見比べ，条件の式の両辺を 2 乗する。

□問題 11

○全部展開する必要はないことに注意する。
x^2，ab^2 を含む項が得られる組だけを考えればよい。

□問題 12

○$n^2-m^2=64>0$ であるから　　$n>m$

○連続する 2 つの奇数の差は 2 であることに着目すると　　$n-m=2$

○$n^2-m^2=64$ と $n-m=2$ から，まず，$n+m$ の値を求める。そして，$n-m=2$ を利用して，m，n の値を求める。

□問題 13

○式の計算を利用した証明。

○5 でわると 2 余る整数　→　$5n+2$ の形

○小さい方を 5 でわった余りが 2 であるから，大きい方を 5 でわった余りは 3 である。

実力を試す問題

解答は本書 202 ページ

1　次の式を因数分解しなさい。

(1)　$(2x-3)(x+4)-(x-3)^2-6x-3$

(2)　$2a(a+2b)-2b(2b+3a)-(a+b)(a-b)$

(3)　a^2-ac-b^2+bc

(4)　$x^2+xy-4x-y+3$

(5)　$a^3b-ab^3-a^2bc-ab^2c$

(6)　$(a-1)x^2-(2a^2-a-1)x+2a^2-2a$

ヒント　**1**　(1), (2)　まず，式を計算して整理する。
(3), (4)　1 つの文字に着目して式を整理する。
(5), (6)　まず，共通な因数をくくり出す。

第2章　平方根

この章で学ぶこと

1．平方根（34～40 ページ）

正方形の 1 辺の長さを 2 乗すると，正方形の面積が得られます。しかし，たとえば，面積が 5 cm^2 である正方形をかくことができても，その 1 辺の長さを，これまでに学んだ数で表すことはできません。
そこで，新しい数として，平方根を考えるとともに，平方根の大きさや平方根の大小，さらに平方根の近似値について考えます。

新しい用語と記号

平方根，$\sqrt{a}$，$-\sqrt{a}$，根号，$\pm\sqrt{a}$，近似値

2．根号を含む式の計算（41～52 ページ）

平方根の乗法・除法と，加法・減法について考え，根号を含む式の計算ができるようにします。
平方根も数であることには変わりがなく，これまでに学んだ分配法則や展開の公式などを利用して計算することができます。
また，根号を含む数に関するいろいろな問題についても考えます。

新しい用語と記号

有理化

3．有理数と無理数（53～56 ページ）

分数の形に表すことができる数を有理数といいます。しかし，$\sqrt{2}$ などの平方根は，分数の形に表すことができません。
この項目では，これまでに学んだ数を，分類，整理します。
また，数の範囲と四則計算の可能性についても考えます。

新しい用語と記号

有理数，有限小数，無限小数，循環小数，実数，無理数，背理法

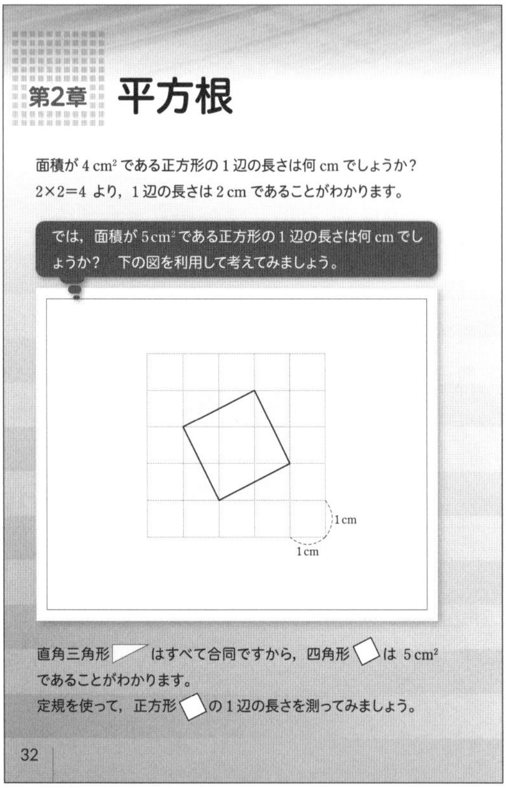
第2章　平方根

面積が 4 cm^2 である正方形の 1 辺の長さは何 cm でしょうか？
2×2=4 より，1 辺の長さは 2 cm であることがわかります。

では，面積が 5 cm^2 である正方形の 1 辺の長さは何 cm でしょうか？　下の図を利用して考えてみましょう。

直角三角形 はすべて合同ですから，四角形 は 5 cm^2 であることがわかります。
定規を使って，正方形 の 1 辺の長さを測ってみましょう。

32

4．近似値と有効数字（57，58 ページ）

根号を含む数の近似値の計算ができるようにします。また，近似値と真の値との誤差や近似値のうち，信頼できる数字についても考えます。

新しい用語と記号

誤差，有効数字

テキストの解説

□正方形の面積と 1 辺の長さ

○面積が 4 cm^2 である正方形の 1 辺の長さは，2 cm である。

○テキストに示した図において，右の図のように $\angle a$，$\angle b$ をとると

$$\angle a+\angle b=90^\circ$$

であるから，内側の四角形の 1 つの内角の大きさは 90° である。

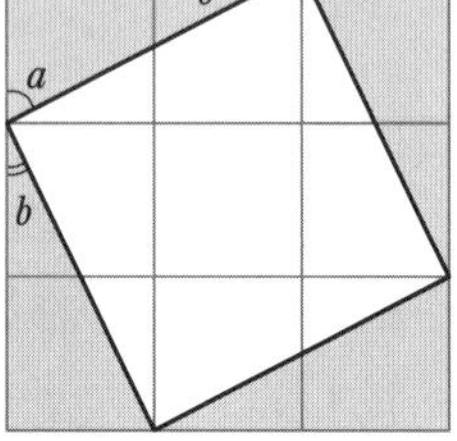

テキストの解説

□正方形の面積と 1 辺の長さ（続き）

内側の四角形の 4 辺の長さはすべて等しいから，この四角形は正方形になる。

○外側の正方形の面積は　$3\times3=9$ (cm^2)

4 つの直角三角形のうち，1 つの直角三角形の面積は

$$\frac{1}{2}\times1\times2=1\ (\text{cm}^2)$$

したがって，内側の正方形の面積は，外側の正方形の面積から，4 つの直角三角形の面積をひいて

$$9-1\times4=5\ (\text{cm}^2)$$

○テキストに示された面積が 5 cm^2 である正方形の 1 辺の長さを定規ではかると，その長さはおよそ 2.2 cm から 2.3 cm の間にあることがわかる。

このとき，1 辺の長さを 2.2 cm とすると

$$2.2\times2.2=4.84$$

また，1 辺の長さを 2.3 cm とすると

$$2.3\times2.3=5.29$$

これらは，いずれも 5 に近い数になる。

○右の図において，内側の図形は正方形である。

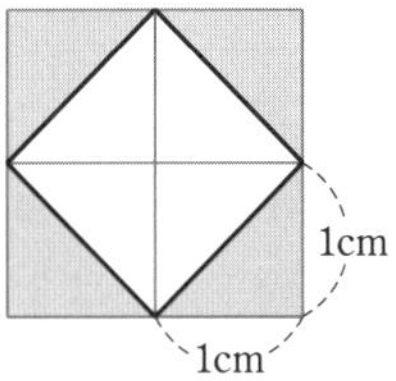

この正方形の面積は

$$4-\frac{1}{2}\times4=2\ (\text{cm}^2)$$

この面積が 2 cm^2 である正方形の 1 辺の長さを実際にはかると，およそ 1.4 cm になる。

このとき，$1.4\times1.4=1.96$ である。

また，$1.5\times1.5=2.25$ であるから，面積が 2 cm^2 である正方形の 1 辺の実際の長さは，1.4 cm から 1.5 cm の間にあることがわかる。

さらに，詳細に計算すると

$$1.41\times1.41=1.9881$$

$$1.42\times1.42=2.0164$$

であるから，この正方形の 1 辺の実際の長さは 1.41 cm から 1.42 cm の間にあることがわかる。

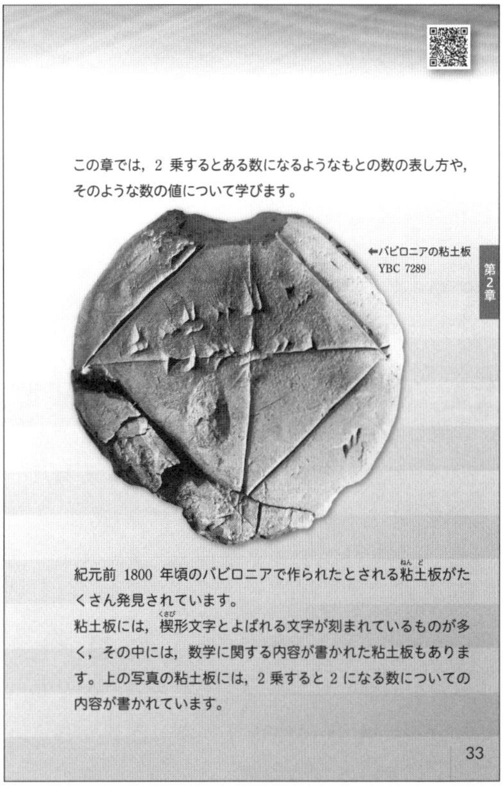

この章では，2 乗するとある数になるようなもとの数の表し方や，そのような数の値について学びます。

⬅バビロニアの粘土板
YBC 7289

第2章

紀元前 1800 年頃のバビロニアで作られたとされる粘土板がたくさん発見されています。
粘土板には，楔形文字とよばれる文字が刻まれているものが多く，その中には，数学に関する内容が書かれた粘土板もあります。上の写真の粘土板には，2 乗すると 2 になる数についての内容が書かれています。

33

□バビロニアの粘土板

○テキストに示したように，紀元前 1800 年頃のバビロニアで作られたとされる粘土板が多く発見されている。

テキストに示した写真の粘土板には，正方形とその対角線らしい線がひかれていて，2 乗すると 2 になる数についての内容が書かれている。

この数は，面積が 2 cm^2 の正方形の 1 辺の長さを表す数におどろくほど近い数になっている。

1．平方根

学習のめあて

正方形の面積を利用して，2 乗すると a になる数を考えること。
また，平方根の意味を知ること。

学習のポイント

2 乗して a になる数

a が正の数のとき，2 乗して a になる数は，正のものと負のものが 1 つずつある。

例　2 乗して 9 になる数は　3 と -3

平方根

2 乗して a になる数を，a の **平方根** という。正の数の平方根は 2 つある。この 2 つの数は，絶対値が等しく，符号が異なる。
0 の平方根は 0 のみで，負の数の平方根は考えない。

テキストの解説

□正方形の面積と 1 辺の長さ

○正方形の 1 辺の長さを x とすると，正方形の面積は x^2 である。

○たとえば，$x=2$ のとき　$x^2=4$

$x=\frac{3}{4}$ のとき　$x^2=\frac{9}{16}$

$x=0.5$ のとき　$x^2=0.25$

のように，どんな 1 辺の長さ x に対しても，正方形の面積 x^2 は定まる。

○逆に，面積が a であるような正方形の 1 辺の長さ x を求める。このとき，x は，$x^2=a$ を満たす正の数である。

○たとえば，$a=4$ のとき　$x=2$

$a=9$ のとき　$x=3$

○　　　　$a=5$ のとき　$x=?$

x がどんな数かはわからないが，テキストに示したように，x は 2.2 より大きく 2.3 より

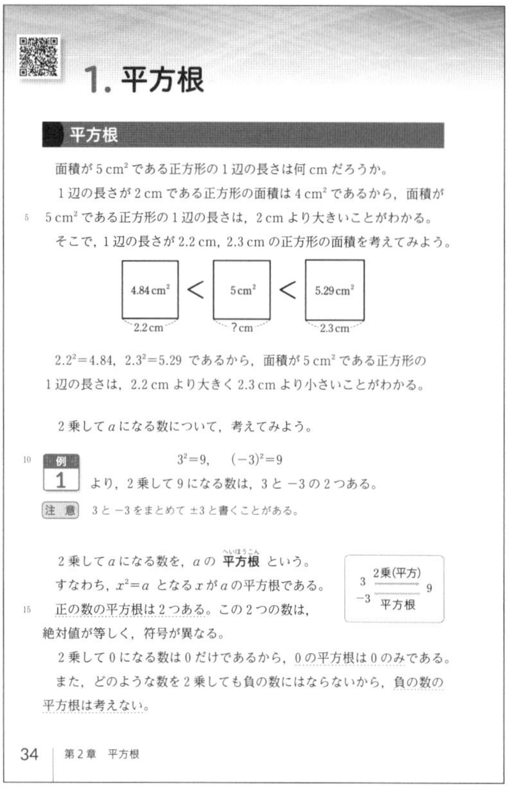
1．平方根

平方根

面積が 5 cm² である正方形の 1 辺の長さは何 cm だろうか。
1 辺の長さが 2 cm である正方形の面積は 4 cm² であるから，面積が 5 cm² である正方形の 1 辺の長さは，2 cm より大きいことがわかる。
そこで，1 辺の長さが 2.2 cm，2.3 cm の正方形の面積を考えてみよう。

$2.2^2=4.84$，$2.3^2=5.29$ であるから，面積が 5 cm² である正方形の 1 辺の長さは，2.2 cm より大きく 2.3 cm より小さいことがわかる。

2 乗して a になる数について，考えてみよう。

例 1　$3^2=9$，　$(-3)^2=9$
より，2 乗して 9 になる数は，3 と -3 の 2 つある。

注意　3 と -3 をまとめて ± 3 と書くことがある。

2 乗して a になる数を，a の **平方根**（へいほうこん）という。
すなわち，$x^2=a$ となる x が a の平方根である。
正の数の平方根は 2 つある。この 2 つの数は，絶対値が等しく，符号が異なる。

2 乗して 0 になる数は 0 だけであるから，0 の平方根は 0 のみである。
また，どのような数を 2 乗しても負の数にはならないから，負の数の平方根は考えない。

34　第 2 章　平方根

小さい数であることはわかる。

□例 1

○$3^2=9$，$(-3)^2=9$ であるから，3 と -3 はともに，2 乗すると 9 になる。また，これら以外に 2 乗して 9 になる数はない。

○3 と -3 をまとめて ± 3 と書くことがある。

□平方根

○2 乗して 9 になる数は 3 と -3 であるから，9 の平方根は 3 と -3 である。
また，2 乗して 4 になる数は 2 と -2 であるから，4 の平方根は 2 と -2 である。

○2 乗して 5 になる数も 2 つあり，その 2 つの数の絶対値は 2.2 より大きく 2.3 より小さい。

学習のめあて

平方根の意味をまとめて，いろいろな数の平方根を求めること。

また，$x^2=5$ を満たす x の値は限りなく続く小数であることを知ること。

さらに，このような x を記号で表すこと。

学習のポイント

平方根のまとめ

[1]　正の数には平方根が2つある。
　この2つの数は，絶対値が等しく，符号が異なる。

[2]　0の平方根は0のみである。

[3]　負の数の平方根は考えない。

根号

正の数 a の平方根のうち

正の方を $\sqrt{a}$，負の方を $-\sqrt{a}$

と書く。記号 $\sqrt{\ }$ を **根号** という。

テキストの解説

□平方根

○ a を正の数とするとき，$x^2=a$ となる x が a の平方根である。

[1]　この x は2つあり，絶対値が等しく，符号が異なる。

[2]　0の平方根は0のみである。

[3]　どのような数を2乗しても負の数にならないから，負の数の平方根は考えない。

□練習1

○いろいろな数の平方根を求める。

○(1)　$7^2=49$，$(-7)^2=49$

(2)　$8^2=64$，$(-8)^2=64$

(3)　$\left(\frac{3}{5}\right)^2=\frac{9}{25}$，$\left(-\frac{3}{5}\right)^2=\frac{9}{25}$

(4)　$0.9^2=0.81$，$(-0.9)^2=0.81$

平方根

[1]　正の数の平方根は2つある。
　この2つの数は，絶対値が等しく，符号が異なる。

[2]　0の平方根は0のみである。

[3]　負の数の平方根は考えない。

練習1 次の数の平方根を求めなさい。

(1)　49　　(2)　64　　(3)　$\frac{9}{25}$　　(4)　0.81

第2章

前のページの面積が $5\,\text{cm}^2$ の正方形について，正方形の1辺の長さを x cm とすると，次のことが成り立つ。

$$x^2=5$$

x の値は前のページで調べたように，2.2より大きく2.3より小さいことがわかっている。

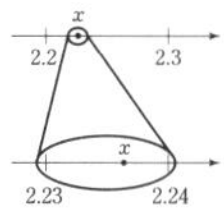

さらに詳しく調べていくと，$2.23^2=4.9729$，$2.24^2=5.0176$ であるから，x の値は，2.23より大きく2.24より小さいことがわかる。

同じようにして，x の値を詳しく調べていくと，

$$x=2.2360679\cdots\cdots$$

となり，x の値は限りなく続く小数であることが知られている。

$x^2=5$ を満たす正の数 x を $\sqrt{5}$ と書き，「ルート5」と読む。

一般に，a を正の数とするとき，a の平方根のうち，

正の方を $\sqrt{a}$，負の方を $-\sqrt{a}$

と書く。記号 $\sqrt{\ }$ を **根号**(こんごう) という。

1. 平方根　35

□ $x^2=5$ を満たす x の値

○ $x^2=5$ を満たす x の値を詳しく調べていくと $x=2.2360679\cdots\cdots$ となり，x の値は限りなく続く小数であることが知られている。

□根号

○ $x^2=5$ を満たす正の数 x は，これまでに学んだ数で表すことができない。そこで，新しい記号 $\sqrt{\ }$ を用いて，この x を $\sqrt{5}$ と書き，「ルート5」と読む。

○正の数 a の平方根のうち，

正の方を $\sqrt{a}$，負の方を $-\sqrt{a}$

と書く。

テキストの解答

練習1　(1)　**7 と −7**

(2)　**8 と −8**

(3)　$\boldsymbol{\frac{3}{5}}$ **と** $\boldsymbol{-\frac{3}{5}}$

(4)　**0.9 と −0.9**

例 2 5 の平方根は $\sqrt{5}$ と $-\sqrt{5}$ である。

$\sqrt{5}$, $-\sqrt{5}$ 2乗(平方) → 5 ／ 5 平方根 → $\sqrt{5}$, $-\sqrt{5}$

注意 $\sqrt{a}$ と $-\sqrt{a}$ をまとめて $\pm\sqrt{a}$ と書くことがある。これを「プラスマイナスルート a」と読む。

練習 2 ▶ 次の数の平方根を，根号を使って表しなさい。

(1) 7　(2) 35　(3) 1.2　(4) $\frac{3}{5}$

根号を使って表される数の中には，根号を使わずに表すことができる数がある。

36 の平方根は根号を使って表すと $\sqrt{36}$，$-\sqrt{36}$ と表すことができる。

また，$6^2=36$，$(-6)^2=36$ より，36 の平方根は根号を使わずに 6，-6 と表すこともできる。

0 の平方根は 0 のみであるから，$\sqrt{0}$，$-\sqrt{0}$ を根号を使わずに表すと，ともに 0 となる。

例 3

(1) $\sqrt{16}=\sqrt{4^2}=4$

(2) $\sqrt{\frac{49}{16}}=\sqrt{\left(\frac{7}{4}\right)^2}=\frac{7}{4}$

(3) $-\sqrt{81}=-\sqrt{9^2}=-9$

(4) $\sqrt{(-13)^2}=\sqrt{13^2}=13$

$a>0$ のとき $\sqrt{a^2}=a$

練習 3 ▶ 次の数を，根号を使わずに表しなさい。

(1) $\sqrt{25}$　(2) $\sqrt{144}$　(3) $\sqrt{\frac{4}{9}}$

(4) $-\sqrt{64}$　(5) $-\sqrt{0.16}$　(6) $\sqrt{(-36)^2}$

36　第 2 章　平方根

学習のめあて

いろいろな数の平方根を，根号を使って表すことができるようになること。

また，根号を含む数を，根号を使わずに表すことができるようになること。

学習のポイント

根号を使って表す

例　5 の平方根は $\sqrt{5}$ と $-\sqrt{5}$ である。

$\sqrt{a}$ と $-\sqrt{a}$ をまとめて $\pm\sqrt{a}$ と書くことがある。これを「プラスマイナスルート a」と読む。

平方根の性質

$a>0$ のとき　$\sqrt{a^2}=a$

テキストの解説

□例 2

○記号 $\sqrt{\ }$ を用いて，5 の平方根を表す。

○$\sqrt{5}$ と $-\sqrt{5}$ をまとめて，$\pm\sqrt{5}$ と書くことができる。

□練習 2

○いろいろな数の平方根を根号を使って表す。

□根号を使わずに表す

○ 36 のように，根号の中がある数の 2 乗であるとき，根号を含む数は，根号を使わずに表すことができる。

○ 36 の平方根は根号を使って表すと $\sqrt{36}$ と $-\sqrt{36}$ である。

□例 3

○根号を含む数を，根号を使わずに表す。根号の中の数を，ある数の 2 乗の形に表す。

○(3)　$-\sqrt{81}$ は，81 の平方根のうち負の方である。

○(4)　$\sqrt{(-13)^2}=-13$ ではないことに注意する。平方根は 0 か正の数であり，負の数になることはない。

□練習 3

○例 3 と同様，根号の中の数を，ある数の 2 乗の形に表す。

○(2)　144 は素因数分解するとよい。

$$144=2\times2\times2\times2\times3\times3$$
$$=(2\times2\times3)\times(2\times2\times3)$$
$$=(2\times2\times3)^2=12^2$$

テキストの解答

練習 2　(1)　$\pm\sqrt{7}$　(2)　$\pm\sqrt{35}$

(3)　$\pm\sqrt{1.2}$　(4)　$\pm\sqrt{\frac{3}{5}}$

練習 3　(1)　$\sqrt{25}=\sqrt{5^2}=5$

(2)　$\sqrt{144}=\sqrt{12^2}=12$

(3)　$\sqrt{\frac{4}{9}}=\sqrt{\left(\frac{2}{3}\right)^2}=\frac{2}{3}$

(4)　$-\sqrt{64}=-\sqrt{8^2}=-8$

(5)　$-\sqrt{0.16}=-\sqrt{0.4^2}=-0.4$

(6)　$\sqrt{(-36)^2}=\sqrt{36^2}=36$

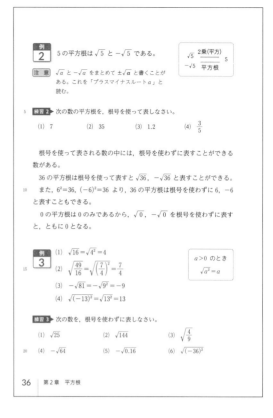

テキスト 37 ページ

学習のめあて

a と $\sqrt{a}$，$-\sqrt{a}$ の関係を理解すること。
また，正方形の面積を用いて，平方根の大小関係を知ること。

学習のポイント

a と $\sqrt{a}$，$-\sqrt{a}$ の関係

$$(\sqrt{a})^2=a,\ (-\sqrt{a})^2=a$$

平方根の大小関係

a，b が正の数のとき

$$a<b \text{ ならば } \sqrt{a}<\sqrt{b}$$

テキストの解説

□a と $\sqrt{a}$，$-\sqrt{a}$ の関係

○ a を正の数とするとき

$$(\sqrt{a})^2=a,$$
$$(-\sqrt{a})^2=a$$

$\sqrt{a}$	2乗 →	a
$-\sqrt{a}$	← 平方根	

$(-\sqrt{a})^2=-a$ としないように注意する。

□例 4

○平方根の 2 乗。負の平方根も，その 2 乗は正の数である。

○ a は正の数とする。

$$(\sqrt{a})^2=a,\ (-\sqrt{a})^2=a$$
$$-(\sqrt{a})^2=(-1)\times(\sqrt{a})^2$$
$$=(-1)\times a=-a$$

□練習 4

○例 4 と同じように考える。

○$-(-\sqrt{a})^2=(-1)\times(-\sqrt{a})^2$
$$=(-1)\times a=-a$$

□平方根の大小関係

○ 2 つの正方形について，辺の長さの大小関係と面積の大小関係は一致する。

○ a，b は正の数とする。

面積が a である正方形の 1 辺の長さは　$\sqrt{a}$
面積が b である正方形の 1 辺の長さは　$\sqrt{b}$

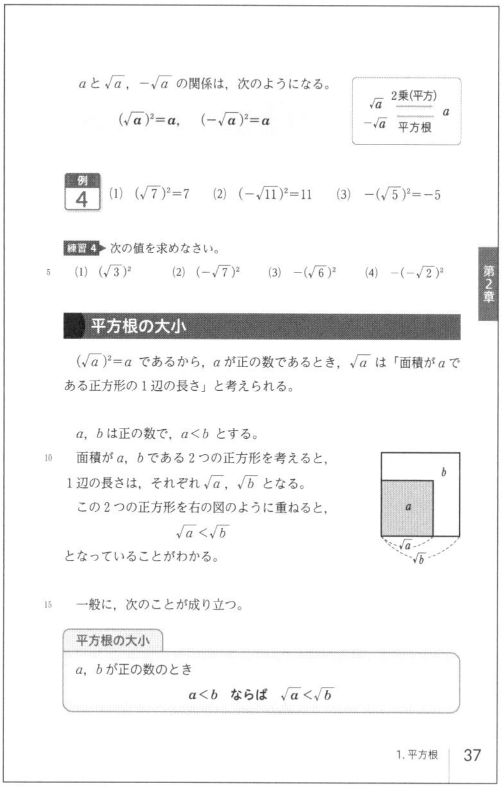

a と $\sqrt{a}$，$-\sqrt{a}$ の関係は，次のようになる。

$(\sqrt{a})^2=a$，　$(-\sqrt{a})^2=a$

$\sqrt{a}$，$-\sqrt{a}$ 2乗(平方) → a ← 平方根

例 4　(1) $(\sqrt{7})^2=7$　(2) $(-\sqrt{11})^2=11$　(3) $-(\sqrt{5})^2=-5$

練習 4 次の値を求めなさい。
(1) $(\sqrt{3})^2$　(2) $(-\sqrt{7})^2$　(3) $-(\sqrt{6})^2$　(4) $-(-\sqrt{2})^2$

第2章

平方根の大小

$(\sqrt{a})^2=a$ であるから，a が正の数であるとき，$\sqrt{a}$ は「面積が a である正方形の 1 辺の長さ」と考えられる。

a，b は正の数で，$a<b$ とする。
面積が a，b である 2 つの正方形を考えると，1 辺の長さは，それぞれ $\sqrt{a}$，$\sqrt{b}$ となる。
この 2 つの正方形を右の図のように重ねると，
$\sqrt{a}<\sqrt{b}$
となっていることがわかる。

一般に，次のことが成り立つ。

平方根の大小
a，b が正の数のとき
$a<b$ ならば $\sqrt{a}<\sqrt{b}$

1. 平方根　37

であるから，平方根の大小関係として

$$a<b \quad \text{ならば} \quad \sqrt{a}<\sqrt{b}$$

が成り立つ。

テキストの解答

練習 4　(1)　$(\sqrt{3})^2=3$
(2)　$(-\sqrt{7})^2=7$
(3)　$-(\sqrt{6})^2=-6$
(4)　$-(-\sqrt{2})^2=-2$

学習のめあて

平方根の大小関係を比べること。
また，平方根に近い値を求めること。

学習のポイント

近似値

真の値に近い値のことを **近似値** という。
平方根の近似値を求める。

テキストの解説

□例 5

○平方根の大小関係。

○(1) 根号の中の数 5 と 6 の大小から，2 つの平方根 $\sqrt{5}$ と $\sqrt{6}$ の大小関係がすぐにわかる。

○(2) このままでは 2 数の大小関係はわからない。そこで，根号の中の数の大小関係がわかるように，4 を根号を使った形で表す。

□練習 5

○平方根の大小関係を調べる。例 5 と同じように考える。

○(3)，(4) 負の平方根の大小関係。
正の数，負の数で学んだように，数の大小について，次のことが成り立つ。
正の数は，その絶対値が大きいほど大きく，負の数は，その絶対値が大きいほど小さい。
平方根も数であるから，同じことがいえる。

○したがって，$-\sqrt{6}$ と $-\sqrt{7}$ の大小は，その絶対値 $\sqrt{6}$ と $\sqrt{7}$ の大小によって決まる。$-\sqrt{5}$ と -2 の大小も，同じように考えればよい。

□近似値

○テキスト 35 ページで述べたように，面積が 5 cm^2 である正方形の 1 辺の長さは，$\sqrt{5}$ cm であり，$\sqrt{5}$ の値は

$\sqrt{5}=2.2360679\cdots\cdots$

である。

○小数第 2 位を四捨五入すると 2.2 であるから，

例 5 (1) $\sqrt{5}$ と $\sqrt{6}$ の大小を比べる。

$5<6$ であるから　$\sqrt{5}<\sqrt{6}$

(2) $\sqrt{17}$ と 4 の大小を比べる。

$4=\sqrt{16}$ で，$17>16$ であるから

$\sqrt{17}>\sqrt{16}$

よって　$\sqrt{17}>4$

練習 5 ▶ 次の 2 つの数の大小を，不等号を使って表しなさい。

(1) $\sqrt{3}$，$\sqrt{5}$　　(2) $\sqrt{10}$，3
(3) $-\sqrt{6}$，$-\sqrt{7}$　　(4) $-\sqrt{5}$，-2

近似値

35 ページで調べたように，面積が 5 cm^2 の正方形の 1 辺の長さは $\sqrt{5}$ cm であり，$\sqrt{5}$ の値は次のような限りなく続く小数である。

$$\sqrt{5}=2.2360679\cdots\cdots$$

小数第 2 位を四捨五入すると 2.2 であるから，$\sqrt{5}$ cm はおよそ 2.2 cm といえる。これは真の値である $\sqrt{5}$ cm とは異なるが，真の値に近い値である。

2.2 cm のように，真の値に近い値のことを **近似値**（きんじち） という。

注意　円周率は，次のような限りなく続く小数である。
3.1415926535897……
計算をするときに円周率として用いられる 3.14 は，近似値である。

練習 6 ▶ 小数第 3 位を四捨五入して得られる $\sqrt{5}$ の近似値を求めなさい。

38　第 2 章　平方根

2.2 は $\sqrt{5}$ の小数第 1 位まで求めた近似値である。

□練習 6

○$\sqrt{5}=2.2360679\cdots\cdots$ である。
小数第 3 位の数 6 に着目する。

テキストの解答

練習 5 (1) $3<5$ であるから

$\boldsymbol{\sqrt{3}<\sqrt{5}}$

(2) $3=\sqrt{9}$ で，$10>9$ であるから

$\boldsymbol{\sqrt{10}>3}$

(3) $6<7$ であるから

$\sqrt{6}<\sqrt{7}$

よって　$\boldsymbol{-\sqrt{6}>-\sqrt{7}}$

(4) $2=\sqrt{4}$ で，$5>4$ であるから

$\sqrt{5}>2$

よって　$\boldsymbol{-\sqrt{5}<-2}$

練習 6 $\sqrt{5}=2.236\cdots\cdots$ であるから，小数第 3 位を四捨五入して得られる $\sqrt{5}$ の近似値は

2.24

テキスト 39 ページ

学習のめあて

平方根表の仕組みを理解して，平方根の近似値を求めること。

学習のポイント

平方根表

平方根表を利用すると 1.00 から 99.9 までの数の平方根の近似値を求めることができる。

テキストの解説

□平方根表

○1.00 から 99.9 までの平方根表の縦の列は，平方根を求める数の小数第 1 位までを表し，横の列は，それぞれの数の小数第 2 位を表す。

○テキストでは，$\sqrt{1.52}$ の近似値を求めている。
まず，1.52 の 1.5 の部分に着目し，縦の列から，1.5 の行を選ぶ。次に 1.52 の 2 の部分に着目し，縦の列の 2 の列を選ぶ。これらの行と列が交差したところの値 1.233 が求める $\sqrt{1.52}$ の近似値である。
また，$\sqrt{5}$ の近似値は，縦の列 5.0 の行と，縦の列 0 の列が交差したところの値 2.236 である。

数	0	1	2
…	…	…	…
4.9	2.214	2.216	2.218
5.0	2.236	2.238	2.241
5.1	2.258	2.261	2.263
…	…	…	…

この値は，

$\sqrt{5}=2.2360679\cdots\cdots$

の小数第四位を四捨五入した値である。

○これらの近似値は真の値とは異なるが，

$\sqrt{1.52}=1.233$，$\sqrt{5}=2.236$

のように等号 = を使って表すことがある。

○近似値を表すのに，ほぼ等しいことを表す記号 ≒ を使うこともある。

右の図は，巻末の平方根表の一部である。

巻末の平方根表は，1.00 から 99.9 までの数の平方根の近似値を示したもので，この表の近似値は，小数第 4 位を四捨五入して，小数第 3 位までとしたものである。

数	0	1	2	3
1.0	1.000	1.005	1.010	1.015
1.1	1.049	1.054	1.058	1.063
1.2	1.095	1.100	1.105	1.109
1.3	1.140	1.145	1.149	1.153
1.4	1.183	1.187	1.192	1.196
1.5	1.225	1.229	1.233	1.237
1.6	1.265	1.269	1.273	1.277
1.7	1.304	1.308	1.311	1.315

第2章

たとえば，$\sqrt{1.52}$ の近似値は 1.5 の行の 2 の列の値で，1.233 である。

この近似値は真の値とは異なるが，$\sqrt{1.52}=1.233$ のように，等号 = を使って近似値を表すことがある。

注意　$\sqrt{1.52}≒1.233$ のように，記号≒を使って近似値を表すこともある。

練習 7 巻末の平方根表を用いて，次の数の近似値を求めなさい。

(1) $\sqrt{4.27}$　(2) $\sqrt{8.43}$　(3) $\sqrt{51.4}$　(4) $\sqrt{72.2}$

平方根の近似値の便利な覚え方の一例

$\sqrt{2}=1.41421356\cdots\cdots$　(一夜一夜に 人見頃)
$\sqrt{3}=1.7320508\cdots\cdots$　(人なみに おごれや)
$\sqrt{5}=2.2360679\cdots\cdots$　(富士山麓 オウム鳴く)
$\sqrt{6}=2.4494897\cdots\cdots$　(煮よ よくよ 焼くな)
$\sqrt{7}=2.64575\cdots\cdots$　(菜に 虫いない)
$\sqrt{8}=2.828427\cdots\cdots$　(ニヤニヤ 呼ぶな)
$\sqrt{10}=3.1622\cdots\cdots$　(三色に ならぶ)

1. 平方根　39

□練習 7

○平方根表を利用して，平方根の近似値を求める。手元に電卓があれば，電卓を利用して求めた結果と比べてみるとよい。

□平方根の近似値の覚え方

○いわゆる語呂合わせによる平方根の覚え方。
今後，平方根のおおよその大きさを知るのに，この程度の近似値は覚えておくと便利である。

○たとえば，語呂と $\sqrt{2}$ は次のように対応している。ひとつ，ふたつ，…から，「ひと」を「1」と考える。

ひとよひとよにひとみごろ
1　4　1　4 2　1　3 5 6

テキストの解答

練習 7　(1)　**2.066**
(2)　**2.903**
(3)　**7.169**
(4)　**8.497**

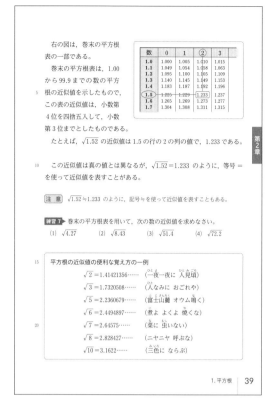

学習のめあて

開平法により，平方根の近似値を求めることができるようになること。

学習のポイント

開平法

開平法とよばれる筆算を利用すると，平方根の近似値を，簡単に求めることができる。

テキストの解説

□開平法

○電卓がない時代，筆算によって平方根の近似値を簡便に求めることができる開平法は，意味の大きいものであった。電卓が身近にある現代では，開平法が必要とされる場面は少ないが，それがどういうものであるかを，実際の計算を通して経験するとよい。

○次の不等式から，$\sqrt{56789}$ の百の位の数は 2 であることがわかる。

$$200^2<56789<300^2$$

すなわち　$200<\sqrt{56789}<300$

開平法で，最初に根号の上に書いた数 2 は，この百の位の数である。

○すると，$\sqrt{56789}=200+10a$ と表されるから，この両辺を 2 乗して

$$56789=40000+4000a+100a^2$$

$$100(40+a)a=16789$$

$100(40+a)a$ の値が，16789 以下になるような最大の整数 a は　$a=3$

テキストの③，④の計算は，この数 3 を求めるものである。

○46□×□ が 3889 以下になる最大の整数□として 8 を見つけ，根号の上に 8 と書く。これがテキストに書かれた手順に続くものである。

開平法の計算の理論をきちんと理解するのはむずかしいから，まずは順を追って計算してみよう。

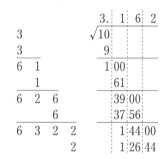

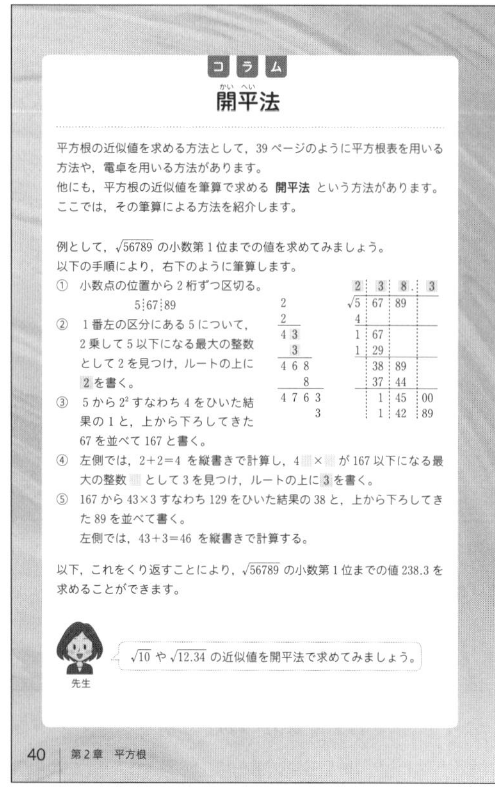

コラム

開平法（かいへいほう）

平方根の近似値を求める方法として，39 ページのように平方根表を用いる方法や，電卓を用いる方法があります。
他にも，平方根の近似値を筆算で求める **開平法** という方法があります。
ここでは，その筆算による方法を紹介します。

例として，$\sqrt{56789}$ の小数第 1 位までの値を求めてみましょう。
以下の手順により，右下のように筆算します。

① 小数点の位置から 2 桁ずつ区切る。
5 | 67 | 89

② 1 番左の区分にある 5 について，2 乗して 5 以下になる最大の整数として 2 を見つけ，ルートの上に 2 を書く。

③ 5 から 2^2 すなわち 4 をひいた結果の 1 と，上から下ろしてきた 67 を並べて 167 と書く。

④ 左側では，2+2=4 を縦書きで計算し，4□×□ が 167 以下になる最大の整数□として 3 を見つけ，ルートの上に 3 を書く。

⑤ 167 から 43×3 すなわち 129 をひいた結果の 38 と，上から下ろしてきた 89 を並べて書く。
左側では，43+3=46 を縦書きで計算する。

2				2	3	8.	3
2				√5	67	89	
4	3			4			
	3			1	67		
4	6	8		1	29		
		8			38	89	
4	7	6	3		37	44	
			3		1	45	00
					1	42	89

以下，これをくり返すことにより，$\sqrt{56789}$ の小数第 1 位までの値 238.3 を求めることができます。

先生：$\sqrt{10}$ や $\sqrt{12.34}$ の近似値を開平法で求めてみましょう。

40　第 2 章　平方根

○$\sqrt{10}$ と $\sqrt{12.34}$ の近似値を開平法で求めると，次のようになる。

				3.	1	6	2
3				√10			
3				9			
6	1			1	00		
	1				61		
6	2	6			39	00	
		6			37	56	
6	3	2	2		1	44	00
			2		1	26	44

よって　$\sqrt{10}=3.162$

				3.	5	1	2
3				√12.	34		
3				9			
6	5			3	34		
	5			3	25		
7	0	1			9	00	
		1			7	01	
7	0	2	2		1	99	00
			2		1	40	44

よって　$\sqrt{12.34}=3.512$

2．根号を含む式の計算

学習のめあて

平方根の乗法と除法の性質を明らかにすること。

学習のポイント

平方根の乗法と除法

a，b が正の数のとき

$$\sqrt{a}\times\sqrt{b}=\sqrt{ab},\quad \frac{\sqrt{a}}{\sqrt{b}}=\sqrt{\frac{a}{b}}$$

テキストの解説

□平方根の乗法と除法

○$\sqrt{3}\times\sqrt{5}$ と $\sqrt{3\times5}$ の値を比べる。

○$\sqrt{3}$ や $\sqrt{5}$ についても，数の計算法則は成り立つから，$(\sqrt{3}\times\sqrt{5})^2$ を計算すると

$$(\sqrt{3}\times\sqrt{5})^2=3\times5$$

○2 乗して a になる数が a の平方根である。
$\sqrt{3}\times\sqrt{5}$ は正の数で，$\sqrt{3}\times\sqrt{5}$ を 2 乗すると 3×5 になるから，$\sqrt{3}\times\sqrt{5}$ は 3×5 の正の平方根である。
また，3×5 の平方根のうち，正の方は $\sqrt{3\times5}$ であるから

$$\sqrt{3}\times\sqrt{5}=\sqrt{3\times5}$$

が成り立つ。

○$\dfrac{\sqrt{3}}{\sqrt{5}}$ は正の数で，$\left(\dfrac{\sqrt{3}}{\sqrt{5}}\right)^2=\dfrac{3}{5}$ が成り立つから，$\dfrac{\sqrt{3}}{\sqrt{5}}$ は $\dfrac{3}{5}$ の正の平方根である。
また，$\dfrac{3}{5}$ の平方根のうち，正の方は $\sqrt{\dfrac{3}{5}}$ であるから

$$\frac{\sqrt{3}}{\sqrt{5}}=\sqrt{\frac{3}{5}}$$

が成り立つ。

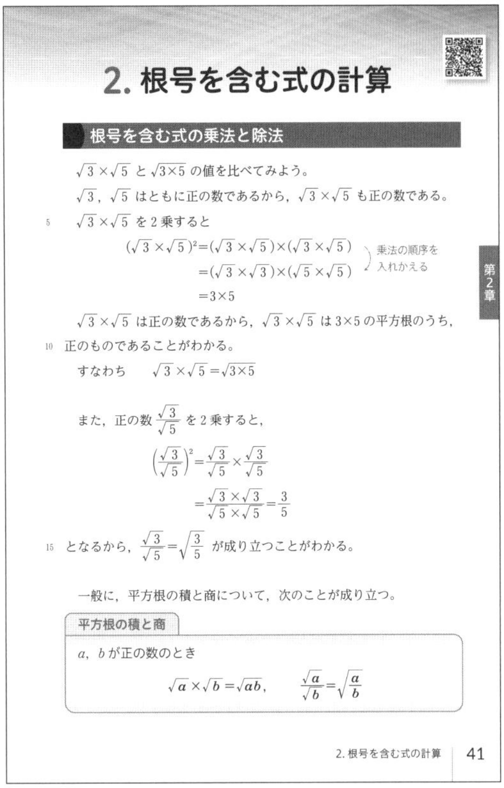

2. 根号を含む式の計算

根号を含む式の乗法と除法

$\sqrt{3}\times\sqrt{5}$ と $\sqrt{3\times5}$ の値を比べてみよう。

$\sqrt{3}$，$\sqrt{5}$ はともに正の数であるから，$\sqrt{3}\times\sqrt{5}$ も正の数である。

$\sqrt{3}\times\sqrt{5}$ を 2 乗すると

$$(\sqrt{3}\times\sqrt{5})^2=(\sqrt{3}\times\sqrt{5})\times(\sqrt{3}\times\sqrt{5})$$
$$=(\sqrt{3}\times\sqrt{3})\times(\sqrt{5}\times\sqrt{5})$$
$$=3\times5$$

乗法の順序を入れかえる

第2章

$\sqrt{3}\times\sqrt{5}$ は正の数であるから，$\sqrt{3}\times\sqrt{5}$ は 3×5 の平方根のうち，正のものであることがわかる。

すなわち　$\sqrt{3}\times\sqrt{5}=\sqrt{3\times5}$

また，正の数 $\dfrac{\sqrt{3}}{\sqrt{5}}$ を 2 乗すると，

$$\left(\frac{\sqrt{3}}{\sqrt{5}}\right)^2=\frac{\sqrt{3}}{\sqrt{5}}\times\frac{\sqrt{3}}{\sqrt{5}}$$
$$=\frac{\sqrt{3}\times\sqrt{3}}{\sqrt{5}\times\sqrt{5}}=\frac{3}{5}$$

となるから，$\dfrac{\sqrt{3}}{\sqrt{5}}=\sqrt{\dfrac{3}{5}}$ が成り立つことがわかる。

一般に，平方根の積と商について，次のことが成り立つ。

平方根の積と商

a，b が正の数のとき

$$\sqrt{a}\times\sqrt{b}=\sqrt{ab},\qquad \frac{\sqrt{a}}{\sqrt{b}}=\sqrt{\frac{a}{b}}$$

2. 根号を含む式の計算　41

テキストの解答

（練習 8 は次ページの問題）

練習 8　(1)　$\sqrt{5}\times\sqrt{7}=\sqrt{5\times7}$
$=\sqrt{35}$

(2)　$\dfrac{\sqrt{12}}{\sqrt{6}}=\sqrt{\dfrac{12}{6}}$
$=\sqrt{2}$

(3)　$\sqrt{3}\times\sqrt{\dfrac{10}{3}}=\sqrt{3\times\dfrac{10}{3}}$
$=\sqrt{10}$

(4)　$\sqrt{0.25}\times\sqrt{12}=\sqrt{0.25\times12}$
$=\sqrt{3}$

(5)　$\sqrt{42}\div\sqrt{7}=\dfrac{\sqrt{42}}{\sqrt{7}}=\sqrt{\dfrac{42}{7}}$
$=\sqrt{6}$

(6)　$\sqrt{30}\div\sqrt{6}\times\sqrt{3}=\dfrac{\sqrt{30}\times\sqrt{3}}{\sqrt{6}}$
$=\sqrt{\dfrac{30\times3}{6}}$
$=\sqrt{15}$

学習のめあて

平方根の乗法と除法の計算ができるようになること。

学習のポイント

平方根の乗法と除法

a，b が正の数のとき

$$\sqrt{a}\times\sqrt{b}=\sqrt{ab},\quad \frac{\sqrt{a}}{\sqrt{b}}=\sqrt{\frac{a}{b}}$$

$\sqrt{a}$ の形に表す

a，k が正の数のとき　$k\sqrt{a}=\sqrt{k^2a}$

テキストの解説

□例 6

○平方根の乗法と除法の性質を用いて，平方根の積や商を求める。公式にあてはめて計算すればよい。

○$\sqrt{2}\times\sqrt{3}$ は，記号×を省略して $\sqrt{2}\sqrt{3}$ と書くことがある。

□例 7

○平方根の除法。

○$\sqrt{a}\div\sqrt{b}=\dfrac{\sqrt{a}}{\sqrt{b}}$ であるから，平方根の除法の性質を用いて計算することができる。

□練習 8

○平方根の乗法と除法の計算。

○(6)　まず，$\sqrt{30}\div\sqrt{6}$ を $\dfrac{\sqrt{30}}{\sqrt{6}}$ のように表す。

次に，$\times\sqrt{3}$ は数の計算のように分子にかけると

$$\sqrt{30}\div\sqrt{6}\times\sqrt{3}=\frac{\sqrt{30}\times\sqrt{3}}{\sqrt{6}}$$

□$\sqrt{a}$ の形に表す

○根号の外にある数を，根号の中に入れる。

a，k が正の数のとき

$$k\sqrt{a}=\sqrt{k^2}\sqrt{a}=\sqrt{k^2a}$$

根号を含む式の計算をしてみよう。

例 6　(1)　$\sqrt{2}\times\sqrt{3}=\sqrt{2\times3}$
$=\sqrt{6}$

(2)　$\dfrac{\sqrt{15}}{\sqrt{3}}=\sqrt{\dfrac{15}{3}}$
$=\sqrt{5}$

注意　$\sqrt{2}\times\sqrt{3}$ は，記号 × を省略して $\sqrt{2}\sqrt{3}$ と書くことがある。

例 7　$\sqrt{35}\div\sqrt{5}=\dfrac{\sqrt{35}}{\sqrt{5}}=\sqrt{\dfrac{35}{5}}=\sqrt{7}$

練習 8▶ 次の計算をしなさい。

(1)　$\sqrt{5}\times\sqrt{7}$　(2)　$\dfrac{\sqrt{12}}{\sqrt{6}}$　(3)　$\sqrt{3}\times\sqrt{\dfrac{10}{3}}$

(4)　$\sqrt{0.25}\times\sqrt{12}$　(5)　$\sqrt{42}\div\sqrt{7}$　(6)　$\sqrt{30}\div\sqrt{6}\times\sqrt{3}$

根号を含む式の変形

$2\times\sqrt{3}$，$\sqrt{3}\times2$ のような積は，記号 × を省略して $2\sqrt{3}$ と書く。
$2\sqrt{3}$ のような形の式は，$\sqrt{a}$ の形に表すことができる。

例 8　(1)　$2\sqrt{3}=\sqrt{2^2}\times\sqrt{3}$
$=\sqrt{2^2\times3}$
$=\sqrt{12}$

(2)　$\dfrac{\sqrt{54}}{3}=\dfrac{\sqrt{54}}{\sqrt{3^2}}$
$=\sqrt{\dfrac{54}{3^2}}$
$=\sqrt{6}$

練習 9▶ 次の数を $\sqrt{a}$ の形に表しなさい。

(1)　$3\sqrt{2}$　(2)　$4\sqrt{5}$　(3)　$\dfrac{\sqrt{18}}{3}$　(4)　$\dfrac{2\sqrt{6}}{\sqrt{3}}$

42　第 2 章　平方根

□例 8，練習 9

○$\sqrt{a}$ の形に表す。根号の外にある数の 2 乗を考える。

テキストの解答

(練習 8 の解答は前ページ)

練習 9　(1)　$3\sqrt{2}=\sqrt{3^2}\times\sqrt{2}=\sqrt{3^2\times2}=\boldsymbol{\sqrt{18}}$

(2)　$4\sqrt{5}=\sqrt{4^2}\times\sqrt{5}=\sqrt{4^2\times5}=\boldsymbol{\sqrt{80}}$

(3)　$\dfrac{\sqrt{18}}{3}=\dfrac{\sqrt{18}}{\sqrt{3^2}}=\sqrt{\dfrac{18}{3^2}}=\boldsymbol{\sqrt{2}}$

(4)　$\dfrac{2\sqrt{6}}{\sqrt{3}}=\dfrac{\sqrt{2^2}\times\sqrt{6}}{\sqrt{3}}=\sqrt{\dfrac{2^2\times6}{3}}=\boldsymbol{\sqrt{8}}$

別解　$\dfrac{2\sqrt{6}}{\sqrt{3}}=2\sqrt{\dfrac{6}{3}}=2\sqrt{2}$
$=\sqrt{2^2}\times\sqrt{2}=\sqrt{8}$

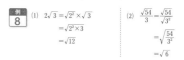

テキスト 43 ページ

前のページの例 8，練習 9 とは逆の変形について考えてみよう。

根号の中の数を素因数分解したとき，根号の中の数が ○^{2}×△，○^{2} の形になる場合は，次の例のような変形ができる。

例 9

(1) $\sqrt{20}=\sqrt{2^2\times5}$ ← $20=2\times2\times5$

$=\sqrt{2^2}\times\sqrt{5}$

$=2\sqrt{5}$

(2) $\sqrt{\dfrac{7}{81}}=\dfrac{\sqrt{7}}{\sqrt{81}}$

$=\dfrac{\sqrt{7}}{\sqrt{9^2}}=\dfrac{\sqrt{7}}{9}$

$a>0$，$b>0$ のとき
$\sqrt{a^2b}=a\sqrt{b}$

第2章

練習 10 例 9 にならって，次の数を変形しなさい。

(1) $\sqrt{50}$　(2) $-\sqrt{72}$　(3) $\sqrt{\dfrac{3}{16}}$　(4) $\sqrt{0.06}$

例題 1 $\sqrt{12}\times\sqrt{45}$ を計算しなさい。

解答 $\sqrt{12}\times\sqrt{45}=\sqrt{12\times45}$

$=\sqrt{2^2\times3\times3^2\times5}$ ← $2^2\times3\times3^2\times5$ $=(2\times3)\times(2\times3)\times3\times5$

$=(2\times3)\sqrt{3\times5}$

$=6\sqrt{15}$ 答

注意 例題 1 の式は，次のようにに計算してもよい。

$\sqrt{12}\times\sqrt{45}=2\sqrt{3}\times3\sqrt{5}=6\sqrt{15}$

また，計算結果に根号を含む場合，根号の中の数は，できるだけ小さい自然数にしておく。

練習 11 次の計算をしなさい。

(1) $\sqrt{28}\times\sqrt{27}$　(2) $\sqrt{18}\times\sqrt{50}$　(3) $\sqrt{24}\div\sqrt{300}$

2. 根号を含む式の計算　43

学習のめあて

平方根を変形して，それらの乗法や除法の計算ができるようになること。

学習のポイント

平方根の変形

a，b が正の数のとき　$\sqrt{a^2b}=a\sqrt{b}$

テキストの解説

□例 9

○前ページ例 8 の逆の変形。根号の中の数を簡単にする。

○まず，根号の中の数を素因数分解して，自然数の 2 乗を因数としてもつかどうかを確かめる。

□練習 10

○平方根の変形。それぞれ，根号の中の数を素因数分解して考える。

□例題 1

○平方根の乗法。計算結果が根号を含む場合，根号の中の数は，できるだけ小さい自然数にする。

□練習 11

○平方根の乗法，除法。例題 1 にならって計算する。

○たとえば，(1)を注意の方法で計算すると

$$\sqrt{28}\times\sqrt{27}=2\sqrt{7}\times3\sqrt{3}=6\sqrt{21}$$

テキストの解答

練習 10 (1) $\sqrt{50}=\sqrt{5^2\times2}=\sqrt{5^2}\sqrt{2}$

$=\mathbf{5\sqrt{2}}$

(2) $-\sqrt{72}=-\sqrt{6^2\times2}=-\sqrt{6^2}\sqrt{2}$

$=\mathbf{-6\sqrt{2}}$

(3) $\sqrt{\dfrac{3}{16}}=\dfrac{\sqrt{3}}{\sqrt{16}}=\dfrac{\sqrt{3}}{\sqrt{4^2}}=\mathbf{\dfrac{\sqrt{3}}{4}}$

(4) $\sqrt{0.06}=\sqrt{\dfrac{6}{100}}=\dfrac{\sqrt{6}}{\sqrt{100}}$

$=\dfrac{\sqrt{6}}{\sqrt{10^2}}=\mathbf{\dfrac{\sqrt{6}}{10}}$

練習 11 (1) $\sqrt{28}\times\sqrt{27}=\sqrt{28\times27}$

$=\sqrt{2^2\times7\times3^2\times3}$

$=(2\times3)\sqrt{7\times3}$

$=\mathbf{6\sqrt{21}}$

(2) $\sqrt{18}\times\sqrt{50}=\sqrt{18\times50}$

$=\sqrt{3^2\times2\times5^2\times2}$

$=3\times5\times2=\mathbf{30}$

(3) $\sqrt{24}\div\sqrt{300}=\sqrt{\dfrac{24}{300}}$

$=\sqrt{\dfrac{2^2\times6}{10^2\times3}}$

$=\dfrac{2}{10}\sqrt{\dfrac{6}{3}}=\mathbf{\dfrac{\sqrt{2}}{5}}$

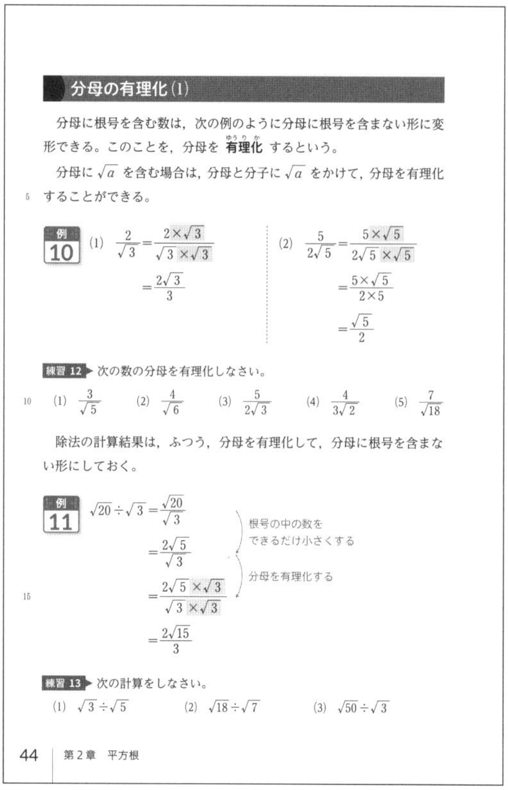

分母の有理化 (1)

分母に根号を含む数は，次の例のように分母に根号を含まない形に変形できる。このことを，分母を **有理化**（ゆうりか） するという。

分母に $\sqrt{a}$ を含む場合は，分母と分子に $\sqrt{a}$ をかけて，分母を有理化することができる。

例 10 (1) $\dfrac{2}{\sqrt{3}}=\dfrac{2\times\sqrt{3}}{\sqrt{3}\times\sqrt{3}}$

$=\dfrac{2\sqrt{3}}{3}$

(2) $\dfrac{5}{2\sqrt{5}}=\dfrac{5\times\sqrt{5}}{2\sqrt{5}\times\sqrt{5}}$

$=\dfrac{5\times\sqrt{5}}{2\times5}$

$=\dfrac{\sqrt{5}}{2}$

練習 12 次の数の分母を有理化しなさい。

(1) $\dfrac{3}{\sqrt{5}}$　(2) $\dfrac{4}{\sqrt{6}}$　(3) $\dfrac{5}{2\sqrt{3}}$　(4) $\dfrac{4}{3\sqrt{2}}$　(5) $\dfrac{7}{\sqrt{18}}$

除法の計算結果は，ふつう，分母を有理化して，分母に根号を含まない形にしておく。

例 11 $\sqrt{20}\div\sqrt{3}=\dfrac{\sqrt{20}}{\sqrt{3}}$

$=\dfrac{2\sqrt{5}}{\sqrt{3}}$　根号の中の数をできるだけ小さくする

$=\dfrac{2\sqrt{5}\times\sqrt{3}}{\sqrt{3}\times\sqrt{3}}$　分母を有理化する

$=\dfrac{2\sqrt{15}}{3}$

練習 13 次の計算をしなさい。

(1) $\sqrt{3}\div\sqrt{5}$　(2) $\sqrt{18}\div\sqrt{7}$　(3) $\sqrt{50}\div\sqrt{3}$

44　第 2 章　平方根

学習のめあて

分母に根号を含む数を変形する方法を知ること。

学習のポイント

分母の有理化

分母に根号を含む数は，分母に根号を含まない形に変形することができる。この変形を，分母の **有理化** という。

除法の計算

除法の計算結果は，ふつう，分母を有理化して，分母に根号を含まない形にする。

テキストの解説

□例 10

○分母の有理化。分母と分子に，分母の平方根をかけると，次のように，分母は根号を含まない形になる。

$$\frac{b}{\sqrt{a}}=\frac{b\times\sqrt{a}}{\sqrt{a}\times\sqrt{a}}=\frac{b\sqrt{a}}{a}$$

○(2)　分母と分子に $\sqrt{5}$ をかけると，根号を含まない数 5 を約分することができて，簡単な形になる。

□練習 12

○分母の有理化。例 10 にならって計算する。

○(5)　そのまま分母と分子に $\sqrt{18}$ をかけてもよいが，最初に，分母の平方根 $\sqrt{18}$ を変形する方が，計算は簡単である。

□例 11

○平方根の除法の計算

○$\dfrac{\sqrt{20}}{\sqrt{3}}$ の分母と分子に $\sqrt{3}$ をかけてもよいが，$\sqrt{20}$ の根号の中の数をできるだけ小さくすると計算が簡単になる。

□練習 13

○平方根の除法の計算。例 11 にならって計算する。

テキストの解答

練習 12 (1) $\dfrac{3}{\sqrt{5}}=\dfrac{3\times\sqrt{5}}{\sqrt{5}\times\sqrt{5}}=\boldsymbol{\dfrac{3\sqrt{5}}{5}}$

(2) $\dfrac{4}{\sqrt{6}}=\dfrac{4\times\sqrt{6}}{\sqrt{6}\times\sqrt{6}}=\dfrac{4\sqrt{6}}{6}$

$=\boldsymbol{\dfrac{2\sqrt{6}}{3}}$

(3) $\dfrac{5}{2\sqrt{3}}=\dfrac{5\times\sqrt{3}}{2\sqrt{3}\times\sqrt{3}}=\dfrac{5\sqrt{3}}{2\times3}$

$=\boldsymbol{\dfrac{5\sqrt{3}}{6}}$

(4) $\dfrac{4}{3\sqrt{2}}=\dfrac{4\times\sqrt{2}}{3\sqrt{2}\times\sqrt{2}}=\dfrac{4\sqrt{2}}{3\times2}$

$=\boldsymbol{\dfrac{2\sqrt{2}}{3}}$

(5) $\dfrac{7}{\sqrt{18}}=\dfrac{7}{3\sqrt{2}}=\dfrac{7\times\sqrt{2}}{3\sqrt{2}\times\sqrt{2}}$

$=\boldsymbol{\dfrac{7\sqrt{2}}{6}}$

（練習 13 の解答は次ページ）

学習のめあて

近似値の計算を例にとって，分母を有理化することの意味を知ること。

学習のポイント

分母の有理化と近似値の計算

計算はできるだけ簡単にすることを考える。

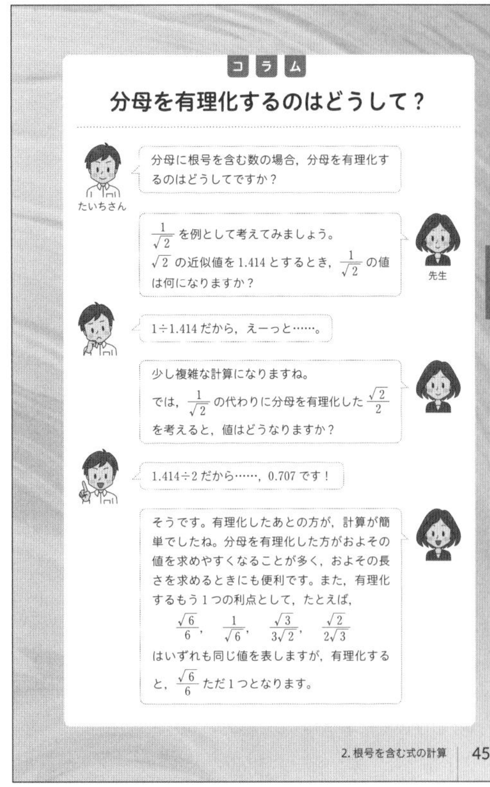

コラム

分母を有理化するのはどうして？

たいちさん：分母に根号を含む数の場合，分母を有理化するのはどうしてですか？

先生：$\frac{1}{\sqrt{2}}$ を例として考えてみましょう。
$\sqrt{2}$ の近似値を 1.414 とするとき，$\frac{1}{\sqrt{2}}$ の値は何になりますか？

たいちさん：1÷1.414 だから，えーっと……。

先生：少し複雑な計算になりますね。
では，$\frac{1}{\sqrt{2}}$ の代わりに分母を有理化した $\frac{\sqrt{2}}{2}$ を考えると，値はどうなりますか？

たいちさん：1.414÷2 だから……，0.707 です！

先生：そうです。有理化したあとの方が，計算が簡単でしたね。分母を有理化した方がおよその値を求めやすくなることが多く，およその長さを求めるときにも便利です。また，有理化するもう 1 つの利点として，たとえば，
$\frac{\sqrt{6}}{6}$, $\frac{1}{\sqrt{6}}$, $\frac{\sqrt{3}}{3\sqrt{2}}$, $\frac{\sqrt{2}}{2\sqrt{3}}$
はいずれも同じ値を表しますが，有理化すると，$\frac{\sqrt{6}}{6}$ ただ 1 つとなります。

2. 根号を含む式の計算　45

第2章

テキストの解説

□分母を有理化するわけ

○$\sqrt{2}$ の近似値 1.414 を用いて $\frac{1}{\sqrt{2}}$ の近似値を求める場合，$\frac{1}{1.414}=1\div1.414$ を計算するのはたいへんである。このような場合，有理化をしておくと，$\frac{1.414}{2}$ となり，計算は簡単になる。

○見た目が異なる $\frac{\sqrt{6}}{6}$，$\frac{1}{\sqrt{6}}$，$\frac{\sqrt{3}}{3\sqrt{2}}$，$\frac{\sqrt{2}}{2\sqrt{3}}$ も，有理化を利用すると，いずれも $\frac{\sqrt{6}}{6}$ となり，同じ数を表すことがわかる。

○また，$6=\sqrt{6}\times\sqrt{6}$，$3=\sqrt{3}\times\sqrt{3}$，$2=\sqrt{2}\times\sqrt{2}$ であるから

$$\frac{\sqrt{6}}{6}=\frac{\sqrt{6}}{\sqrt{6}\times\sqrt{6}}=\frac{1}{\sqrt{6}},$$

$$\frac{\sqrt{3}}{3\sqrt{2}}=\frac{\sqrt{3}}{\sqrt{3}\times\sqrt{3}\times\sqrt{2}}=\frac{1}{\sqrt{3}\times\sqrt{2}}=\frac{1}{\sqrt{6}},$$

$$\frac{\sqrt{2}}{2\sqrt{3}}=\frac{\sqrt{2}}{\sqrt{2}\times\sqrt{2}\times\sqrt{3}}=\frac{1}{\sqrt{2}\times\sqrt{3}}=\frac{1}{\sqrt{6}}$$

となり，同じ数を表すことがわかる。

○一般に，除法の計算の結果は，ふつう，分母を有理化して，分母に根号を含まない形にしておく。

テキストの解答

（練習 13 の解答は前ページの問題）

練習 13　(1)　$\sqrt{3}\div\sqrt{5}=\frac{\sqrt{3}}{\sqrt{5}}$

$$=\frac{\sqrt{3}\times\sqrt{5}}{\sqrt{5}\times\sqrt{5}}$$

$$=\boldsymbol{\frac{\sqrt{15}}{5}}$$

(2)　$\sqrt{18}\div\sqrt{7}=\frac{\sqrt{18}}{\sqrt{7}}=\frac{3\sqrt{2}}{\sqrt{7}}$

$$=\frac{3\sqrt{2}\times\sqrt{7}}{\sqrt{7}\times\sqrt{7}}$$

$$=\boldsymbol{\frac{3\sqrt{14}}{7}}$$

(3)　$\sqrt{50}\div\sqrt{3}=\frac{\sqrt{50}}{\sqrt{3}}=\frac{5\sqrt{2}}{\sqrt{3}}$

$$=\frac{5\sqrt{2}\times\sqrt{3}}{\sqrt{3}\times\sqrt{3}}$$

$$=\boldsymbol{\frac{5\sqrt{6}}{3}}$$

学習のめあて

平方根の加法と減法の計算ができるようになること。

学習のポイント

平方根の加法と減法

根号の中を同じ数にする。

$○\sqrt{□}+△\sqrt{□}=(○+△)\sqrt{□}$

テキストの解説

□平方根の加法と減法

○平方根表を用いると $\sqrt{2}=1.414$，$\sqrt{3}=1.732$ であるから

$\sqrt{2}+\sqrt{3}=1.414+1.732=3.146$

また，$\sqrt{5}=2.236$ であるから

$\sqrt{2+3}=\sqrt{5}=2.236$

このことから，$\sqrt{2}+\sqrt{3}=\sqrt{2+3}$ としてはいけないことがわかる。

○根号の中が同じ数の和や差は，文字式の同類項の計算と同じように，分配法則を用いて計算する。

□例 12，練習 14

○根号の中が同じ数の和と差。

○同じ平方根を 1 つの文字と同じように考えて計算する。

□例 13，練習 15

○異なる平方根は異なる文字と同じように考える。$5\sqrt{2}+4\sqrt{3}-\sqrt{2}-9\sqrt{3}$ において，$\sqrt{2}$ を a，$\sqrt{3}$ を b と考えると

$5a+4b-a-9b$

$=(5-1)a+(4-9)b$

テキストの解答

練習 14 (1) $4\sqrt{2}+7\sqrt{2}=(4+7)\sqrt{2}$

$=\mathbf{11\sqrt{2}}$

根号を含む式の加法と減法

$\sqrt{2}+\sqrt{3}$ は，これ以上簡単な形にすることはできないが，$5\sqrt{2}+3\sqrt{2}$ のように，根号の中の数が同じ場合には，文字式の同類項の計算と同様に

$5\sqrt{2}+3\sqrt{2}=(5+3)\sqrt{2}=8\sqrt{2}$

とできる。

←$\sqrt{2}+\sqrt{3}=\sqrt{2+3}$ は誤り。
$\sqrt{2}=1.41\cdots$，$\sqrt{3}=1.73\cdots$，$\sqrt{5}=2.23\cdots$ である。

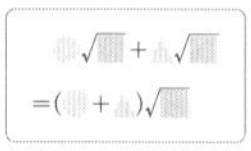

例 12

(1) $2\sqrt{3}+5\sqrt{3}=(2+5)\sqrt{3}$
$=7\sqrt{3}$

(2) $\sqrt{5}-3\sqrt{5}=(1-3)\sqrt{5}$
$=-2\sqrt{5}$

(3) $3\sqrt{7}-2\sqrt{7}+\sqrt{7}=(3-2+1)\sqrt{7}$
$=2\sqrt{7}$

←$\sqrt{3}=a$ とすると
$2a+5a=(2+5)a$
$=7a$

練習 14 次の計算をしなさい。

(1) $4\sqrt{2}+7\sqrt{2}$　(2) $3\sqrt{3}-4\sqrt{3}$

(3) $-3\sqrt{5}+\sqrt{5}-2\sqrt{5}$　(4) $5\sqrt{11}-2\sqrt{11}-3\sqrt{11}$

例 13 $5\sqrt{2}+4\sqrt{3}-\sqrt{2}-9\sqrt{3}=(5-1)\sqrt{2}+(4-9)\sqrt{3}$
$=4\sqrt{2}-5\sqrt{3}$

注意 $4\sqrt{2}-5\sqrt{3}$ はこれ以上簡単な形にできないが，1 つの数を表している。

練習 15 次の計算をしなさい。

(1) $3\sqrt{5}-2\sqrt{3}-\sqrt{5}+3\sqrt{3}$　(2) $\sqrt{2}+5\sqrt{3}-3\sqrt{2}-(-2\sqrt{3})$

(3) $6\sqrt{5}-4\sqrt{5}+\sqrt{7}-2\sqrt{5}-7\sqrt{7}$

46　第 2 章　平方根

---

(2) $3\sqrt{3}-4\sqrt{3}=(3-4)\sqrt{3}$

$=\mathbf{-\sqrt{3}}$

(3) $-3\sqrt{5}+\sqrt{5}-2\sqrt{5}$

$=(-3+1-2)\sqrt{5}$

$=\mathbf{-4\sqrt{5}}$

(4) $5\sqrt{11}-2\sqrt{11}-3\sqrt{11}$

$=(5-2-3)\sqrt{11}$

$=\mathbf{0}$

練習 15 (1) $3\sqrt{5}-2\sqrt{3}-\sqrt{5}+3\sqrt{3}$

$=(3-1)\sqrt{5}+(-2+3)\sqrt{3}$

$=\mathbf{2\sqrt{5}+\sqrt{3}}$

(2) $\sqrt{2}+5\sqrt{3}-3\sqrt{2}-(-2\sqrt{3})$

$=\sqrt{2}+5\sqrt{3}-3\sqrt{2}+2\sqrt{3}$

$=(1-3)\sqrt{2}+(5+2)\sqrt{3}$

$=\mathbf{-2\sqrt{2}+7\sqrt{3}}$

(3) $6\sqrt{5}-4\sqrt{5}+\sqrt{7}-2\sqrt{5}-7\sqrt{7}$

$=(6-4-2)\sqrt{5}+(1-7)\sqrt{7}$

$=\mathbf{-6\sqrt{7}}$

テキスト 47 ページ

学習のめあて

いろいろな平方根の加法と減法の計算ができるようになること。

学習のポイント

平方根の加法と減法

根号の中を同じ数にする。

$$○\sqrt{□}+△\sqrt{□}=(○+△)\sqrt{□}$$

テキストの解説

□例 14，練習 16

○根号の中の数が異なる場合の加法と減法。

○$\sqrt{a^2b}=a\sqrt{b}$ の変形によって，根号の中を同じ数にすることを考える。

□例 15，練習 17

○分母に根号を含む数が入った加法と減法。

○分母に根号を含む → 有理化

根号の中が異なる → 根号の中を簡単にする

○根号の中が分数の場合も，有理化を考えてみるとよい。たとえば

$$\left(2\sqrt{\frac{3}{2}}=\right)\frac{2\sqrt{3}}{\sqrt{2}}=\frac{2\sqrt{6}}{2}=\sqrt{6}$$ ←練習 17 (4)

根号の中の数が異なる場合でも，$\sqrt{a^2b}=a\sqrt{b}$ の変形によって，和や差を計算できる場合がある。

例 14

$$\sqrt{27}-\sqrt{12}+\sqrt{48}=3\sqrt{3}-2\sqrt{3}+4\sqrt{3}$$
$$=(3-2+4)\sqrt{3}$$
$$=5\sqrt{3}$$

←$27=3^2\times3$，$12=2^2\times3$，$48=4^2\times3$

練習 16 次の計算をしなさい。

(1) $\sqrt{50}-\sqrt{32}$　(2) $\sqrt{18}+\sqrt{8}-\sqrt{72}$

(3) $\sqrt{108}-\sqrt{75}+\sqrt{27}$　(4) $\sqrt{125}-\sqrt{245}+\sqrt{20}$

第2章

分母に根号を含む数が入った式では，分母を有理化すると，計算できる場合がある。

例 15

$$3\sqrt{2}+\frac{4}{\sqrt{2}}-\frac{\sqrt{8}}{2}=3\sqrt{2}+\frac{4\times\sqrt{2}}{\sqrt{2}\times\sqrt{2}}-\frac{2\sqrt{2}}{2}$$
$$=3\sqrt{2}+\frac{4\sqrt{2}}{2}-\sqrt{2}$$
$$=3\sqrt{2}+2\sqrt{2}-\sqrt{2}$$
$$=(3+2-1)\sqrt{2}$$
$$=4\sqrt{2}$$

練習 17 次の計算をしなさい。

(1) $\sqrt{45}+\frac{20}{\sqrt{5}}$　(2) $\sqrt{48}-\frac{9}{\sqrt{3}}$

(3) $\frac{10}{\sqrt{2}}-3\sqrt{8}+\sqrt{18}$　(4) $-\sqrt{24}+\frac{2\sqrt{3}}{\sqrt{2}}-\frac{3}{\sqrt{6}}$

2. 根号を含む式の計算　47

テキストの解答

練習 16 (1) $\sqrt{50}-\sqrt{32}=5\sqrt{2}-4\sqrt{2}$

$$=\boldsymbol{\sqrt{2}}$$

(2) $\sqrt{18}+\sqrt{8}-\sqrt{72}$

$$=3\sqrt{2}+2\sqrt{2}-6\sqrt{2}$$
$$=\boldsymbol{-\sqrt{2}}$$

(3) $\sqrt{108}-\sqrt{75}+\sqrt{27}$

$$=6\sqrt{3}-5\sqrt{3}+3\sqrt{3}$$
$$=\boldsymbol{4\sqrt{3}}$$

(4) $\sqrt{125}-\sqrt{245}+\sqrt{20}$

$$=5\sqrt{5}-7\sqrt{5}+2\sqrt{5}$$
$$=\boldsymbol{0}$$

練習 17 (1) $\sqrt{45}+\frac{20}{\sqrt{5}}=3\sqrt{5}+\frac{20\sqrt{5}}{5}$

$$=3\sqrt{5}+4\sqrt{5}$$
$$=\boldsymbol{7\sqrt{5}}$$

(2) $\sqrt{48}-\frac{9}{\sqrt{3}}=4\sqrt{3}-\frac{9\sqrt{3}}{3}$

$$=4\sqrt{3}-3\sqrt{3}$$
$$=\boldsymbol{\sqrt{3}}$$

(3) $\frac{10}{\sqrt{2}}-3\sqrt{8}+\sqrt{18}$

$$=\frac{10\sqrt{2}}{2}-3\times2\sqrt{2}+3\sqrt{2}$$
$$=5\sqrt{2}-6\sqrt{2}+3\sqrt{2}$$
$$=\boldsymbol{2\sqrt{2}}$$

(4) $-\sqrt{24}+\frac{2\sqrt{3}}{\sqrt{2}}-\frac{3}{\sqrt{6}}$

$$=-2\sqrt{6}+\frac{2\sqrt{6}}{2}-\frac{3\sqrt{6}}{6}$$
$$=-2\sqrt{6}+\sqrt{6}-\frac{\sqrt{6}}{2}$$
$$=\boldsymbol{-\frac{3\sqrt{6}}{2}}$$

学習のめあて

分配法則や展開の公式を利用して，根号を含む式の計算ができるようになること。

学習のポイント

いろいろな計算

根号を含む式も，分配法則や展開の公式を利用して計算することができる。

テキストの解説

□例 16，練習 18

○平方根も数であるから，分配法則を利用して計算することができる。

○練習 18 (2)　$\div\sqrt{2} \rightarrow \times\dfrac{1}{\sqrt{2}}$ として分配法則を利用する。

分配法則

$$\rightarrow (\sqrt{18}-\sqrt{12})\times\frac{1}{\sqrt{2}}$$

□例 17

○根号を含む式の計算についても，次の展開の公式を利用することができる。

[1]　$(x+a)(x+b)=x^2+(a+b)x+ab$

[2]　$(x+a)^2=x^2+2ax+a^2$

[3]　$(x-a)^2=x^2-2ax+a^2$

[4]　$(x+a)(x-a)=x^2-a^2$

[5]　$(ax+b)(cx+d)=acx^2+(ad+bc)x+bd$

○(1)　公式[2]において，x が $\sqrt{3}$，a が $\sqrt{5}$ の場合。

$$(\sqrt{3}+\sqrt{5})^2=(\sqrt{3})^2+2\times\sqrt{5}\times\sqrt{3}+(\sqrt{5})^2$$
$$(\ x\ +\ a\ )^2=\ x^2\ +2\quad a\quad\ x\ +\ a^2$$

□練習 19

○展開の公式を利用した計算。式の形をよく見て，適する公式を選ぶ。

○(4)　$3\sqrt{2}$ を x と考えて，公式[1]を利用する。

いろいろな計算

多項式の計算と同様に，分配法則を利用して計算してみよう。

例 16

(1)　$\sqrt{2}(\sqrt{6}-\sqrt{5})=\sqrt{2}\times\sqrt{6}-\sqrt{2}\times\sqrt{5}$
$=\sqrt{2^2\times3}-\sqrt{2\times5}$
$=2\sqrt{3}-\sqrt{10}$

(2)　$(\sqrt{6}+\sqrt{2})(\sqrt{3}+1)$
$=\sqrt{6}\times\sqrt{3}+\sqrt{6}\times1+\sqrt{2}\times\sqrt{3}+\sqrt{2}\times1$
$=3\sqrt{2}+\sqrt{6}+\sqrt{6}+\sqrt{2}$
$=4\sqrt{2}+2\sqrt{6}$

練習 18 ▶ 次の計算をしなさい。

(1)　$\sqrt{2}(\sqrt{3}-\sqrt{2})$　　(2)　$(\sqrt{18}-\sqrt{12})\div\sqrt{2}$

(3)　$(\sqrt{3}-\sqrt{2})(7+\sqrt{6})$　　(4)　$(-1+\sqrt{14})(-3\sqrt{7}-2\sqrt{2})$

展開の公式を利用して計算してみよう。

例 17

(1)　$(\sqrt{3}+\sqrt{5})^2=(\sqrt{3})^2+2\times\sqrt{5}\times\sqrt{3}+(\sqrt{5})^2$
$=3+2\sqrt{15}+5$
$=8+2\sqrt{15}$

(2)　$(\sqrt{2}+3)(\sqrt{2}-3)=(\sqrt{2})^2-3^2$
$=2-9$
$=-7$

練習 19 ▶ 次の計算をしなさい。

(1)　$(5+\sqrt{2})^2$　　(2)　$(2\sqrt{3}-1)^2$

(3)　$(\sqrt{6}-\sqrt{3})(\sqrt{6}+\sqrt{3})$　　(4)　$(3\sqrt{2}+1)(3\sqrt{2}-5)$

48　第 2 章　平方根

テキストの解答

練習 18　(1)　$\sqrt{2}(\sqrt{3}-\sqrt{2})$
$=\sqrt{2}\times\sqrt{3}-\sqrt{2}\times\sqrt{2}$
$=\boldsymbol{\sqrt{6}-2}$

(2)　$(\sqrt{18}-\sqrt{12})\div\sqrt{2}=\dfrac{\sqrt{18}}{\sqrt{2}}-\dfrac{\sqrt{12}}{\sqrt{2}}$
$=\sqrt{9}-\sqrt{6}$
$=\boldsymbol{3-\sqrt{6}}$

(3)　$(\sqrt{3}-\sqrt{2})(7+\sqrt{6})$
$=\sqrt{3}\times7+\sqrt{3}\times\sqrt{6}-\sqrt{2}\times7-\sqrt{2}\times\sqrt{6}$
$=7\sqrt{3}+3\sqrt{2}-7\sqrt{2}-2\sqrt{3}$
$=\boldsymbol{5\sqrt{3}-4\sqrt{2}}$

(4)　$(-1+\sqrt{14})(-3\sqrt{7}-2\sqrt{2})$
$=-1\times(-3\sqrt{7})-1\times(-2\sqrt{2})$
$\quad+\sqrt{14}\times(-3\sqrt{7})+\sqrt{14}\times(-2\sqrt{2})$
$=3\sqrt{7}+2\sqrt{2}-21\sqrt{2}-4\sqrt{7}$
$=\boldsymbol{-\sqrt{7}-19\sqrt{2}}$

(練習 19 の解答は次ページ)

学習のめあて

和と差の積の公式を利用して，分母の有理化の計算ができるようになること。

学習のポイント

分母の有理化

分母が $\sqrt{a}+\sqrt{b}$ の形

→ 分母と分子に $\sqrt{a}-\sqrt{b}$ をかける

分母が $\sqrt{a}-\sqrt{b}$ の形

→ 分母と分子に $\sqrt{a}+\sqrt{b}$ をかける

■テキストの解説■

□例 18，練習 20

○分母の有理化。分母が和や差の形の場合。

○和と差の積の公式 $(x+a)(x-a)=x^2-a^2$ を利用する。x や a が根号を含む数であっても，x^2 と a^2 は根号を含まない数になる。

■テキストの解答■

（練習 19 は前ページの問題）

練習 19 （1） $(5+\sqrt{2})^2$

$\qquad =5^2+2\times\sqrt{2}\times5+(\sqrt{2})^2$

$\qquad =25+10\sqrt{2}+2$

$\qquad =\boldsymbol{27+10\sqrt{2}}$

（2） $(2\sqrt{3}-1)^2$

$\qquad =(2\sqrt{3})^2-2\times1\times2\sqrt{3}+1^2$

$\qquad =12-4\sqrt{3}+1$

$\qquad =\boldsymbol{13-4\sqrt{3}}$

（3） $(\sqrt{6}-\sqrt{3})(\sqrt{6}+\sqrt{3})$

$\qquad =(\sqrt{6})^2-(\sqrt{3})^2$

$\qquad =6-3=\boldsymbol{3}$

（4） $(3\sqrt{2}+1)(3\sqrt{2}-5)$

$\qquad =(3\sqrt{2})^2+(1-5)\times3\sqrt{2}+1\times(-5)$

$\qquad =18-12\sqrt{2}-5=\boldsymbol{13-12\sqrt{2}}$

分母の有理化 (2)

分母に $\sqrt{a}+\sqrt{b}$ や $\sqrt{a}-\sqrt{b}$ を含む場合は，次のような式の変形を利用して，分母を有理化することができる。

$$(\sqrt{a}+\sqrt{b})(\sqrt{a}-\sqrt{b})=(\sqrt{a})^2-(\sqrt{b})^2=a-b$$

$\dfrac{1}{\sqrt{5}+\sqrt{2}}$ の分母を有理化してみよう。

$$(\sqrt{5}+\sqrt{2})(\sqrt{5}-\sqrt{2})=(\sqrt{5})^2-(\sqrt{2})^2$$
$$=5-2=3$$

であるから，分母と分子に $\sqrt{5}-\sqrt{2}$ をかけると

$$\frac{1}{\sqrt{5}+\sqrt{2}}=\frac{1\times(\sqrt{5}-\sqrt{2})}{(\sqrt{5}+\sqrt{2})\times(\sqrt{5}-\sqrt{2})}$$
$$=\frac{\sqrt{5}-\sqrt{2}}{3}$$

となり，分母が有理化される。

例 18 $\dfrac{2}{3-\sqrt{2}}=\dfrac{2(3+\sqrt{2})}{(3-\sqrt{2})(3+\sqrt{2})}$ ← 分母が $3-\sqrt{2}$ であるから $3+\sqrt{2}$ を分母と分子にかける

$\qquad\qquad =\dfrac{2(3+\sqrt{2})}{3^2-(\sqrt{2})^2}$

$\qquad\qquad =\dfrac{6+2\sqrt{2}}{9-2}$

$\qquad\qquad =\dfrac{6+2\sqrt{2}}{7}$

練習 20 ▶ 次の数の分母を有理化しなさい。

(1) $\dfrac{1}{\sqrt{5}-\sqrt{3}}$　　(2) $\dfrac{1}{\sqrt{3}+\sqrt{2}}$　　(3) $\dfrac{2\sqrt{2}}{\sqrt{5}+1}$

2. 根号を含む式の計算 | 49

練習 20 （1） $\dfrac{1}{\sqrt{5}-\sqrt{3}}$

$\qquad =\dfrac{\sqrt{5}+\sqrt{3}}{(\sqrt{5}-\sqrt{3})(\sqrt{5}+\sqrt{3})}$

$\qquad =\dfrac{\sqrt{5}+\sqrt{3}}{5-3}$

$\qquad =\dfrac{\boldsymbol{\sqrt{5}+\sqrt{3}}}{\boldsymbol{2}}$

（2） $\dfrac{1}{\sqrt{3}+\sqrt{2}}=\dfrac{\sqrt{3}-\sqrt{2}}{(\sqrt{3}+\sqrt{2})(\sqrt{3}-\sqrt{2})}$

$\qquad\qquad =\dfrac{\sqrt{3}-\sqrt{2}}{3-2}$

$\qquad\qquad =\boldsymbol{\sqrt{3}-\sqrt{2}}$

（3） $\dfrac{2\sqrt{2}}{\sqrt{5}+1}=\dfrac{2\sqrt{2}(\sqrt{5}-1)}{(\sqrt{5}+1)(\sqrt{5}-1)}$

$\qquad\qquad =\dfrac{2\sqrt{10}-2\sqrt{2}}{5-1}$

$\qquad\qquad =\dfrac{2\sqrt{10}-2\sqrt{2}}{4}$

$\qquad\qquad =\dfrac{\boldsymbol{\sqrt{10}-\sqrt{2}}}{\boldsymbol{2}}$

学習のめあて

根号を含む数について，式の値を工夫して求めることができるようになること。

学習のポイント

式の値

複雑な式の値は，式を計算して簡単にするなど，計算が簡単になるように工夫する。

テキストの解説

例題 2

○そのまま代入すると，計算はたいへんである。

$$(\sqrt{2}+\sqrt{3})^2+2(\sqrt{2}+\sqrt{3})(\sqrt{2}-\sqrt{3})+(\sqrt{2}-\sqrt{3})^2$$

$$=(2+2\sqrt{6}+3)+2(2-3)+(2-2\sqrt{6}+3)$$

$$=8$$

○複雑な式の値は，まず式を簡単な形にする。$x^2+2xy+y^2$ を因数分解して，$(x+y)^2$ に x，y の値を代入する。

□練習 21

○まず，x^2-y^2 を因数分解する。因数分解した式 $(x+y)(x-y)$ に，x，y の値を代入する。

□例題 3

○x^2+y^2 は因数分解できない。テキスト 26 ページで学んだ次の等式を利用する。

$$x^2+y^2=(x+y)^2-2xy$$

○x，y の形から，$x+y$，xy も簡単な式になる。

○そのまま代入すると

$$(\sqrt{5}+\sqrt{2})^2+(\sqrt{5}-\sqrt{2})^2$$

$$=(5+2\sqrt{10}+2)+(5-2\sqrt{10}+2)=14$$

○一般に　$(a+b)^2+(a-b)^2=2(a^2+b^2)$

$(a+b)^2-(a-b)^2=4ab$

これらの等式も，覚えておくと便利である。

□練習 22

○例題 3 にならって考える。

式の値

根号を含む数について，式の値を計算してみよう。

例題 2　$x=\sqrt{2}+\sqrt{3}$，$y=\sqrt{2}-\sqrt{3}$ のとき，$x^2+2xy+y^2$ の値を求めなさい。

考え方　まず，$x^2+2xy+y^2$ を因数分解してから，x，y の値を代入する。

解答　$x^2+2xy+y^2=(x+y)^2$

$(x+y)^2$ に $x=\sqrt{2}+\sqrt{3}$，$y=\sqrt{2}-\sqrt{3}$ を代入して

$$(x+y)^2=\{(\sqrt{2}+\sqrt{3})+(\sqrt{2}-\sqrt{3})\}^2$$

$$=(2\sqrt{2})^2=8$$ 答

練習 21　$x=\sqrt{5}+\sqrt{7}$，$y=\sqrt{5}-\sqrt{7}$ のとき，x^2-y^2 の値を求めなさい。

例題 3　$x=\sqrt{5}+\sqrt{2}$，$y=\sqrt{5}-\sqrt{2}$ のとき，x^2+y^2 の値を求めなさい。

考え方　$(x+y)^2=x^2+2xy+y^2$ より　$x^2+y^2=(x+y)^2-2xy$　となる。

解答　$x^2+y^2=(x+y)^2-2xy$

$$x+y=(\sqrt{5}+\sqrt{2})+(\sqrt{5}-\sqrt{2})=2\sqrt{5}$$

$$xy=(\sqrt{5}+\sqrt{2})(\sqrt{5}-\sqrt{2})=5-2=3$$

であるから，$(x+y)^2-2xy$ に $x+y=2\sqrt{5}$，$xy=3$ を代入して　$(x+y)^2-2xy=(2\sqrt{5})^2-2\times3$

$$=20-6=14$$ 答

練習 22　$x=\sqrt{6}-\sqrt{3}$，$y=\sqrt{6}+\sqrt{3}$ のとき，x^2+y^2 の値を求めなさい。

50　第 2 章　平方根

テキストの解答

練習 21　$x^2-y^2=(x+y)(x-y)$

$(x+y)(x-y)$ に $x=\sqrt{5}+\sqrt{7}$，$y=\sqrt{5}-\sqrt{7}$ を代入して

$$(x+y)(x-y)=\{(\sqrt{5}+\sqrt{7})+(\sqrt{5}-\sqrt{7})\}\times\{(\sqrt{5}+\sqrt{7})-(\sqrt{5}-\sqrt{7})\}$$

$$=2\sqrt{5}\times2\sqrt{7}$$

$$=\mathbf{4\sqrt{35}}$$

練習 22　$x^2+y^2=(x+y)^2-2xy$

$$x+y=(\sqrt{6}-\sqrt{3})+(\sqrt{6}+\sqrt{3})$$

$$=2\sqrt{6}$$

$$xy=(\sqrt{6}-\sqrt{3})(\sqrt{6}+\sqrt{3})$$

$$=6-3=3$$

であるから，$(x+y)^2-2xy$ に $x+y=2\sqrt{6}$，$xy=3$ を代入して

$$(x+y)^2-2xy=(2\sqrt{6})^2-2\times3$$

$$=24-6$$

$$=\mathbf{18}$$

テキスト 51 ページ

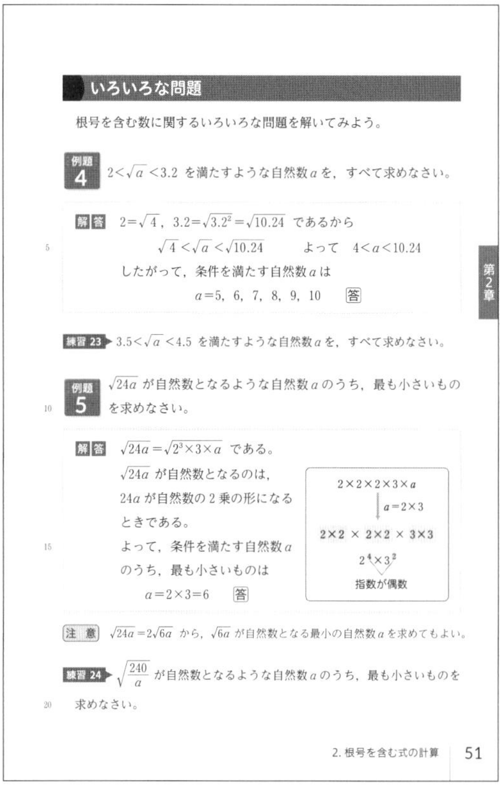

いろいろな問題

根号を含む数に関するいろいろな問題を解いてみよう。

例題 4 $2<\sqrt{a}<3.2$ を満たすような自然数 a を，すべて求めなさい。

解答 $2=\sqrt{4}$，$3.2=\sqrt{3.2^2}=\sqrt{10.24}$ であるから

$\sqrt{4}<\sqrt{a}<\sqrt{10.24}$　　よって　$4<a<10.24$

したがって，条件を満たす自然数 a は

$a=5,\ 6,\ 7,\ 8,\ 9,\ 10$　答

第2章

練習 23 $3.5<\sqrt{a}<4.5$ を満たすような自然数 a を，すべて求めなさい。

例題 5 $\sqrt{24a}$ が自然数となるような自然数 a のうち，最も小さいものを求めなさい。

解答 $\sqrt{24a}=\sqrt{2^3\times3\times a}$ である。

$\sqrt{24a}$ が自然数となるのは，

$24a$ が自然数の 2 乗の形になるときである。

よって，条件を満たす自然数 a のうち，最も小さいものは

$a=2\times3=6$　答

注意 $\sqrt{24a}=2\sqrt{6a}$ から，$\sqrt{6a}$ が自然数となる最小の自然数 a を求めてもよい。

練習 24 $\sqrt{\dfrac{240}{a}}$ が自然数となるような自然数 a のうち，最も小さいものを求めなさい。

2. 根号を含む式の計算　51

学習のめあて

平方根の性質を利用して，いろいろな問題が解けるようになること。

学習のポイント

平方根の大小

a，b が正の数のとき

$\sqrt{a}<\sqrt{b}$ ならば　$a<b$

平方根と自然数

$\sqrt{a}$ が自然数のとき，a は自然数の 2 乗の形である。

テキストの解説

□例題 4

○テキスト 37 ページでは，正方形の面積を利用して，次の関係を学んだ。

a，b が正の数のとき

$a<b$　ならば　$\sqrt{a}<\sqrt{b}$

○1 辺が $\sqrt{a}$，$\sqrt{b}$ の正方形の面積はそれぞれ a，b である。

辺の長さの大小は面積の大小と一致するから，$\sqrt{a}<\sqrt{b}$ ならば $a<b$ であることがわかる。

○そこで，根号の中の数の大小を比較するため，2，3.2 を根号を用いて表す。

□練習 23

○例題 4 と同じように，$\sqrt{\square}<\sqrt{a}<\sqrt{\triangle}$ の形に表すことを考える。

□例題 5

○根号を使って表された数が自然数になるとき，根号の中の数は自然数の 2 乗の形になる。

○$a=24$ のとき，$\sqrt{24a}$ が自然数となることはすぐにわかる。

○$24=2^3\times3$ に自然数をかけて，自然数の 2 乗の形にすることを考える。

□練習 24

○ 240 を素因数分解して考える。

テキストの解答

練習 23　$3.5=\sqrt{3.5^2}=\sqrt{12.25}$

$4.5=\sqrt{4.5^2}=\sqrt{20.25}$

であるから

$$\sqrt{12.25}<\sqrt{a}<\sqrt{20.25}$$

よって　　$12.25<a<20.25$

したがって，条件を満たす自然数 a は

$\boldsymbol{a=13,\ 14,\ 15,\ 16,\ 17,\ 18,\ 19,\ 20}$

練習 24　$\sqrt{\dfrac{240}{a}}=\sqrt{\dfrac{2^4\times3\times5}{a}}$ である。

$\sqrt{\dfrac{240}{a}}$ が自然数となるのは，$\dfrac{240}{a}$ が自然数の 2 乗の形になるときである。

よって，条件を満たす自然数 a のうち，最も小さいものは

$a=3\times5=\mathbf{15}$

学習のめあて

数の整数部分と小数部分の意味を理解して，平方根の整数部分と小数部分の問題を解くことができるようになること。

学習のポイント

整数部分と小数部分

正の数 x に対して，$m \leqq x < m+1$ を満たす整数 m を x の整数部分，$x-m$ を x の小数部分という。

例　3.14 の整数部分は 3，
　　小数部分は 0.14

テキストの解説

□整数部分と小数部分

○どんな数も，その整数部分はある整数を用いて表すことができる。一方，小数部分を表すには，くふうが必要となる場合がある。

○たとえば，$\dfrac{4}{3}$ や $\sqrt{2}$ は小数部分が限りなく続く数である。これらの整数部分はともに 1 であるが，小数部分を小数で表すには，限りなく続く部分を「……」で表すしかない。

○このようなときは，整数部分を用いて小数部分を表す。

$\dfrac{4}{3}$ の小数部分は $\dfrac{4}{3}-1=\dfrac{1}{3}$ であり，$\sqrt{2}$ の小数部分は $\sqrt{2}-1$ である。

□練習 25

○(3)　小数部分が限りなく続く数の場合。

このようなときは

　(小数部分)=(もとの数)−(整数部分)

であることを利用する。

□例題 6

○根号を含む数の整数部分，小数部分を代入して式の値を求める。

整数部分，小数部分

小数 3.14 は　$3.14=3+0.14$　と考えられる。

このとき，3 を 3.14 の整数部分，0.14 を 3.14 の小数部分という。

$3<3.14<4$ であるから，小数部分は次のように表される。

$$0.14=3.14-3$$

一般に，正の数 x に対して，

　$m \leqq x < m+1$ を満たす整数 m を x の　整数部分，

　　　　$x-m$ を x の　小数部分　という。

練習 25 ▶ 次の数の整数部分と小数部分を，それぞれ求めなさい。

(1)　5.62　　(2)　7.5+1.8　　(3)　$\sqrt{2}$

例題 6　$\sqrt{5}$ の整数部分を a，小数部分を b とするとき，a^2+b^2 の値を求めなさい。

(考え方)　$\sqrt{5}=a+b$ より $b=\sqrt{5}-a$ となることを利用する。

解答　$\sqrt{4}<\sqrt{5}<\sqrt{9}$ であるから　$2<\sqrt{5}<3$

よって　　$a=2$

$\sqrt{5}$ から a をひいたものが b であるから

$$b=\sqrt{5}-a=\sqrt{5}-2$$

したがって　$a^2+b^2=2^2+(\sqrt{5}-2)^2$

$=4+(5-4\sqrt{5}+4)$

$=13-4\sqrt{5}$　答

練習 26 ▶ $\sqrt{10}$ の整数部分を a，小数部分を b とするとき，a^2+b^2 の値を求めなさい。

52　第 2 章　平方根

○根号を含む数の整数部分は，すぐにはわからない。不等式を利用して調べる。

□練習 26

○$\sqrt{9}<\sqrt{10}<\sqrt{16}$ であることから，$\sqrt{10}$ の整数部分がわかる。

テキストの解答

練習 25　(1)　**整数部分は 5，小数部分は 0.62**

(2)　$7.5+1.8=9.3$ であるから

　整数部分は 9，小数部分は 0.3

(3)　$1<\sqrt{2}<2$ であるから

　整数部分は 1，小数部分は $\sqrt{2}-1$

練習 26　$3<\sqrt{10}<4$ であるから　$a=3$

よって　$b=\sqrt{10}-3$

したがって　$a^2+b^2=3^2+(\sqrt{10}-3)^2$

$=9+(10-6\sqrt{10}+9)$

$=28-6\sqrt{10}$

3．有理数と無理数

学習のめあて

数を小数で表したときの違いに着目して，数を分類すること。

学習のポイント

有理数

整数 m と正の整数 n を用いて，分数 $\dfrac{m}{n}$ の形に表される数を **有理数** という。

循環小数

小数第何位かで終わる小数を **有限小数** といい，小数部分が限りなく続く小数を **無限小数** という。

無限小数のうち，ある位以下では数字の同じ並びがくり返される小数を **循環小数** という。

テキストの解説

□有理数

○この章では，新しい数である平方根について学んだ。このうち，$\sqrt{2}$ や $\sqrt{3}$ などは，次のように，小数点以下の数字がどこまでも続く数である。

$$\sqrt{2}=1.41421356\cdots\cdots$$
$$\sqrt{3}=1.7320508\cdots\cdots$$

○有理数とは，2 つの整数 m，n の比 $\dfrac{m}{n}$ の形に表される数である。

○整数以外の有理数を小数で表すと，次のどちらかになる。

[1]　$\dfrac{1}{4}=0.25$ や $\dfrac{3}{8}=0.375$ のように，小数第何位かで終わる小数。

[2]　$\dfrac{2}{3}=0.666\cdots\cdots$ や $\dfrac{7}{22}=0.3181818\cdots\cdots$ のように，どこまでも数字が続く小数。

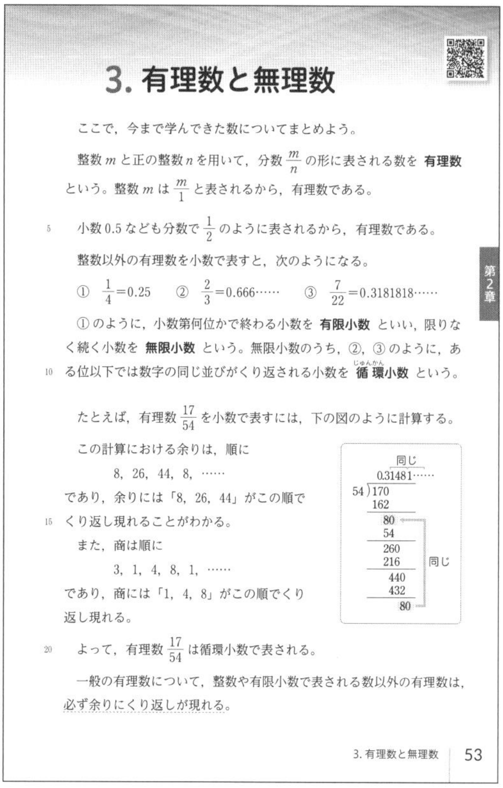

3. 有理数と無理数

ここで，今まで学んできた数についてまとめよう。

整数 m と正の整数 n を用いて，分数 $\dfrac{m}{n}$ の形に表される数を **有理数** という。整数 m は $\dfrac{m}{1}$ と表されるから，有理数である。

小数 0.5 なども分数で $\dfrac{1}{2}$ のように表されるから，有理数である。

整数以外の有理数を小数で表すと，次のようになる。

①　$\dfrac{1}{4}=0.25$　②　$\dfrac{2}{3}=0.666\cdots\cdots$　③　$\dfrac{7}{22}=0.3181818\cdots\cdots$

① のように，小数第何位かで終わる小数を **有限小数** といい，限りなく続く小数を **無限小数** という。無限小数のうち，②，③ のように，ある位以下では数字の同じ並びがくり返される小数を **循環小数**（じゅんかん）という。

第2章

たとえば，有理数 $\dfrac{17}{54}$ を小数で表すには，下の図のように計算する。

この計算における余りは，順に

8，26，44，8，……

であり，余りには「8，26，44」がこの順でくり返し現れることがわかる。

また，商は順に

3，1，4，8，1，……

であり，商には「1，4，8」がこの順でくり返し現れる。

同じ
0.31481……
54) 170
162
80
54
260
216
440
432
80
同じ

よって，有理数 $\dfrac{17}{54}$ は循環小数で表される。

一般の有理数について，整数や有限小数で表される数以外の有理数は，必ず余りにくり返しが現れる。

3. 有理数と無理数　53

○このうち，[2]のような小数は，ある位以下では，必ず数字の同じ並びがくり返される。

○$\sqrt{2}$ も，数字がどこまでも続く無限小数であるが，テキスト 56 ページで示すように，$\sqrt{2}$ を分数の形に表すことはできない。また，小数点以下で，数字の同じ並びがくり返されることもない。

テキストの解答

（練習 27 は次ページの問題）

練習 27　(1)　$\dfrac{1}{3}=0.333\cdots\cdots=\mathbf{0.\dot{3}}$

(2)　$\dfrac{8}{9}=0.888\cdots\cdots=\mathbf{0.\dot{8}}$

(3)　$\dfrac{3}{22}=0.13636\cdots\cdots=\mathbf{0.1\dot{3}\dot{6}}$

(4)　$\dfrac{15}{7}=2.142857142857\cdots\cdots$

$=\mathbf{2.\dot{1}4285\dot{7}}$

テキスト 54 ページ

> **有理数の性質**
>
> 整数以外の有理数は，有限小数か循環小数のいずれかで表される。
> 逆に，有限小数と循環小数は分数の形に表され，有理数である。
>
> 循環小数は，記号・を数字の上に書いて次のように表す。
>
> $0.666\cdots\cdots=0.\dot{6}$,　$0.31818\cdots\cdots=0.3\dot{1}\dot{8}$,　$1.234234\cdots\cdots=1.\dot{2}3\dot{4}$
>
> **練習 27** 次の分数を小数に直し，上のような表し方で書きなさい。
>
> (1) $\frac{1}{3}$　(2) $\frac{8}{9}$　(3) $\frac{3}{22}$　(4) $\frac{15}{7}$
>
> 循環小数を分数で表す方法を考えよう。
>
> たとえば，循環小数 $3.\dot{2}\dot{7}=3.272727\cdots\cdots$ について，$3.272727\cdots\cdots=x$ とおくと，$100x=327.272727\cdots\cdots$ となる。
>
> $100x-x$ を計算すると
>
> $$\begin{array}{rr} & 100x=327.272727\cdots\cdots \\ -) & x=3.272727\cdots\cdots \\ \hline & 99x=324 \end{array}$$
>
> よって，$x=\frac{324}{99}=\frac{36}{11}$ となり，$3.\dot{2}\dot{7}$ は分数で表すと $\frac{36}{11}$ である。
>
> このように，循環する部分の桁数に応じて，循環小数を 10 倍や 100 倍することで，循環する部分が消えるような計算を行うとよい。
>
> **練習 28** 次の循環小数を分数で表しなさい。
>
> (1) $0.\dot{1}$　(2) $0.\dot{1}\dot{2}$　(3) $0.4\dot{5}$　(4) $0.\dot{6}4\dot{8}$　(5) $6.\dot{5}\dot{4}$
>
> **練習 29** 次の式を，分数に直して計算し，結果を循環小数で表しなさい。
>
> (1) $0.3\dot{1}+0.3\dot{2}$　(2) $0.\dot{3}\dot{6}\times0.2\dot{1}$　(3) $1.\dot{2}\dot{5}\div0.0\dot{5}$
>
> 54　第 2 章　平方根

学習のめあて

循環小数を分数で表すことができるようになること。

学習のポイント

循環小数を分数で表す

有限小数も循環小数も分数の形に表すことができる。

テキストの解説

□練習 27

○まず，分子を分母でわって，小数に直す。循環する部分を ˙ を使って表す。

□練習 28

○循環小数を分数に直す。次の順に考える。

[1]　循環小数を x とする。

[2]　循環する部分の桁数に応じて，[1]の x の式の両辺を，10 倍，100 倍，……する。

[3]　[2]で作った式と[1]の式の辺々をひくと，循環する部分が消える。

□練習 29

○各循環小数を分数に直してから計算する。

テキストの解答

(練習 27 の解答は前ページ)

練習 28 (1)　$0.\dot{1}=x$ とおくと

$x=0.111\cdots\cdots$　……①

$10x=1.111\cdots\cdots$　……②

②−① から　$9x=1$

よって，$x=\frac{1}{9}$ から　$\boldsymbol{\frac{1}{9}}$

(2)　$0.\dot{1}\dot{2}=x$ とおくと

$x=0.1212\cdots\cdots$　……①

$100x=12.1212\cdots\cdots$　……②

②−① から　$99x=12$

よって，$x=\frac{12}{99}=\frac{4}{33}$ から　$\boldsymbol{\frac{4}{33}}$

(3)　$0.4\dot{5}=x$ とおくと

$10x=4.555\cdots\cdots$　……①

$100x=45.555\cdots\cdots$　……②

②−① から　$90x=41$

よって，$x=\frac{41}{90}$ から　$\boldsymbol{\frac{41}{90}}$

(4)　$0.\dot{6}4\dot{8}=x$ とおくと

$x=0.648648\cdots\cdots$　……①

$1000x=648.648648\cdots\cdots$　……②

②−① から　$999x=648$

よって，$x=\frac{648}{999}=\frac{24}{37}$ から　$\boldsymbol{\frac{24}{37}}$

(5)　$6.\dot{5}\dot{4}=x$ とおくと

$x=6.5454\cdots\cdots$　……①

$100x=654.5454\cdots\cdots$　……②

②−① から　$99x=648$

よって，$x=\frac{648}{99}=\frac{72}{11}$ から　$\boldsymbol{\frac{72}{11}}$

(練習 29 の解答は次ページ)

テキスト 55 ページ

学習のめあて

いろいろな数の範囲と四則計算の可能性について理解すること。

学習のポイント

実数と四則計算

有限小数や無限小数で表される数と整数を合わせて **実数** という。有理数でない実数もあり，そのような数を **無理数** という。
有理数，実数の範囲では，つねに四則計算ができる。

テキストの解説

□実数

○有限小数，無限小数で表される数と整数を合わせたものが実数である。$\sqrt{2}$ なども無限小数で表されるから，実数である。

○しかし，$\sqrt{2}$ は循環しない小数であり，分数の形に表すことはできない。$\sqrt{2}$ は無理数である。

○円周率 π も無理数であり，分数の形に表すことはできない。

○無理数は，循環しない無限小数で表される数であり，分数の形に表すことはできない。

○どんな有理数も数直線上の点で表される。しかし，有理数だけで数直線を埋めつくすことはできない。そのすき間を埋めるものが無理数である。

□数の範囲と四則計算

○数の範囲が広くなるほど，いろいろな計算ができるようになる。実数の範囲でも，つねに四則計算は可能である。

□練習 30

○数の範囲と四則計算の可能性を考える。

○たとえば，$1-2=-1$ であるから，自然数の差が自然数であるとは限らない。

有限小数や無限小数で表される数と整数とを合わせて **実数** という。

有理数でない実数もあり，そのような数を **無理数** という。

無理数は，循環しない無限小数で表される数であり，分数の形に表すことはできない。

たとえば，$\sqrt{2}$ や円周率 π は無理数であることが知られている。

$\sqrt{2}=1.41421356237309\cdots\cdots$，　$\pi=3.14159265358979\cdots\cdots$

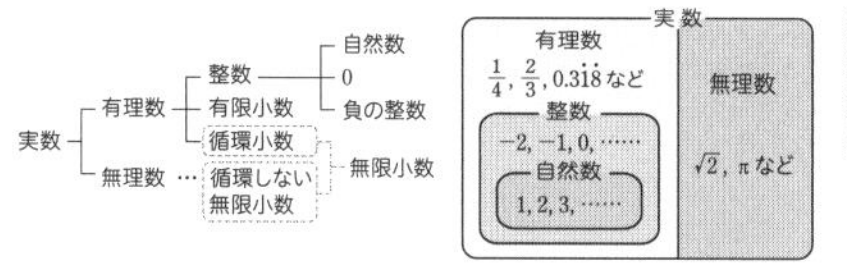

第2章

a，b が有理数のとき，和 $a+b$，差 $a-b$，積 ab，商 $\dfrac{a}{b}$ は有理数である。数の範囲を有理数から実数にまで広げると，2 つの実数の和，差，積，商は実数である。

有理数，実数の範囲では，それぞれつねに四則計算ができる。

注意　商に関しては，0 でわることは考えない。

練習 30 右の表において，それぞれの数の範囲で四則計算を考えるとき，計算がその範囲でつねにできる場合には○，つねにできるとは限らない場合には×を書き入れなさい。ただし，除法では，0 でわることは考えない。

	加法	減法	乗法	除法
自然数				
整数				
有理数				
実数				

テキストの解答

（練習 29 は前ページの問題）

練習 29 (1) $0.3\dot{1}+0.3\dot{2}=\dfrac{28}{90}+\dfrac{29}{90}=\dfrac{57}{90}=\dfrac{19}{30}$

$=0.6333\cdots\cdots$

$=\mathbf{0.6\dot{3}}$

(2) $0.\dot{3}\dot{6}\times0.2\dot{1}=\dfrac{36}{99}\times\dfrac{19}{90}=\dfrac{38}{495}$

$=0.07676\cdots\cdots$

$=\mathbf{0.0\dot{7}\dot{6}}$

(3) $1.\dot{2}\dot{5}\div0.0\dot{5}=\dfrac{124}{99}\div\dfrac{5}{90}=\dfrac{248}{11}$

$=22.5454\cdots\cdots$

$=\mathbf{22.\dot{5}\dot{4}}$

練習 30

	加法	減法	乗法	除法
自然数	○	×	○	×
整数	○	○	○	×
有理数	○	○	○	○
実数	○	○	○	○

テキスト 56 ページ

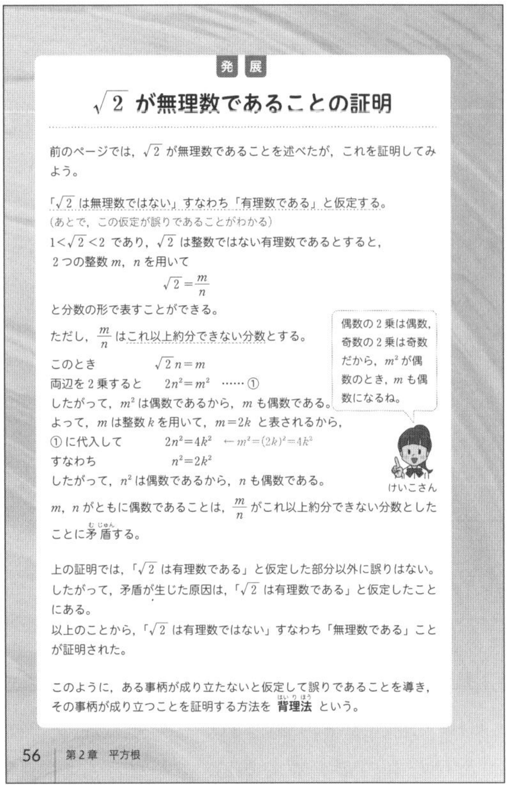
発展

$\sqrt{2}$ が無理数であることの証明

前のページでは，$\sqrt{2}$ が無理数であることを述べたが，これを証明してみよう。

「$\sqrt{2}$ は無理数ではない」すなわち「有理数である」と仮定する。
(あとで，この仮定が誤りであることがわかる)
$1<\sqrt{2}<2$ であり，$\sqrt{2}$ は整数ではない有理数であるとすると，
2 つの整数 m，n を用いて

$$\sqrt{2}=\frac{m}{n}$$

と分数の形で表すことができる。
ただし，$\frac{m}{n}$ はこれ以上約分できない分数とする。
このとき　　$\sqrt{2}n=m$
両辺を 2 乗すると　　$2n^2=m^2$　……①
したがって，m^2 は偶数であるから，m も偶数である。
よって，m は整数 k を用いて，$m=2k$ と表されるから，
① に代入して　　$2n^2=4k^2$　$\leftarrow m^2=(2k)^2=4k^2$
すなわち　　$n^2=2k^2$
したがって，n^2 は偶数であるから，n も偶数である。
m，n がともに偶数であることは，$\frac{m}{n}$ がこれ以上約分できない分数としたことに矛盾(むじゅん)する。

上の証明では，「$\sqrt{2}$ は有理数である」と仮定した部分以外に誤りはない。
したがって，矛盾が生じた原因は，「$\sqrt{2}$ は有理数である」と仮定したことにある。
以上のことから，「$\sqrt{2}$ は有理数ではない」すなわち「無理数である」ことが証明された。

このように，ある事柄が成り立たないと仮定して誤りであることを導き，その事柄が成り立つことを証明する方法を **背理法**(はいりほう) という。

56　第 2 章　平方根

学習のめあて

新しい証明法を用いて，$\sqrt{2}$ が無理数であることを証明すること。

学習のポイント

背理法

ある事柄を証明するのに，その事柄が成り立たないと仮定して矛盾を導くことで，その事柄が成り立つことを証明する方法を **背理法** という。

テキストの解説

□ $\sqrt{2}$ が無理数であることの証明

○これまでと同じように考えても，$\sqrt{2}$ が無理数であることの証明は，その出発点が見つからない。

○このようなとき，証明すべき事柄が成り立たないと仮定して，矛盾を導く証明法がある。

○数は有理数または無理数であるから，無理数でなければ有理数である。証明は，$\sqrt{2}$ が有理数であると仮定することから始まる。

○有理数は 2 つの整数 m，n を用いて，$\frac{m}{n}$ の形に表すことができるから，$\sqrt{2}=\frac{m}{n}$ とおくことができる。このとき，$\frac{m}{n}$ はこれ以上約分できない分数とする。

○この両辺を 2 乗すると　　$2n^2=m^2$
テキストに示したように，この等式から，m，n がともに偶数であることが導かれるが，このことは，$\frac{m}{n}$ がこれ以上約分できない分数としたことに矛盾する。

○上の証明の過程には，どこにも誤りがない。それにもかかわらず，このような矛盾が生じた原因は，そもそも「$\sqrt{2}$ は有理数である」と仮定したことにある。したがって，$\sqrt{2}$ は有理数ではない。

○有理数ではない数は無理数である。このことから，$\sqrt{2}$ は無理数であると結論する。

○このように，ある事柄が成り立たないと仮定して矛盾を導き，その事柄が成り立つことを証明する方法を背理法という。

○背理法を利用すると，たとえば，
「ある点 P から直線 ℓ に引いた垂線は 1 つしかない」
ことが，次のようにして証明される。

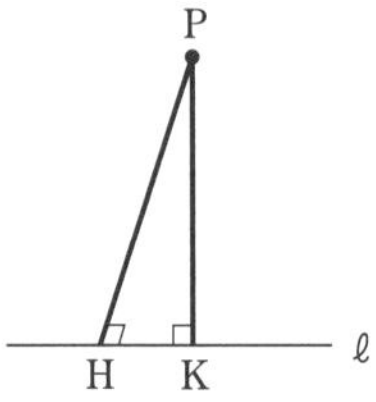

証明　点 P から直線 ℓ に 2 本の垂線 PH，PK が引けたとする。
このとき，△PHK の内角について，
$\angle KPH>0^\circ$ であるから
$$\angle PHK+\angle PKH+\angle KPH>180^\circ$$
このことは，三角形の内角の和が 180° であることに矛盾する。
したがって，垂線は 1 つしかない。

4．近似値と有効数字

学習のめあて

平方根の積や商の性質を用いて，根号を含む数の近似値を求めることができるようになること。また，近似値と誤差の意味について理解すること。

学習のポイント

近似値と誤差

根号を含む数の近似値を計算する。

近似値から真の値をひいた差を **誤差** という。

(誤差)＝(近似値)－(真の値)

テキストの解説

□例 19

○$\sqrt{2}$ の近似値を用いて，与えられた平方根の近似値を求める。

○これまでに学んできた変形を利用して，与えられた数を $a\sqrt{2}$ の形に変形する。

□練習 31

○例 19 にならって計算する。

○$\sqrt{3}$，$\sqrt{30}$ が与えられているから，与えられた数を $a\sqrt{3}$，$a\sqrt{30}$ の形に変形する。

□誤差

○近似値から真の値をひいた差を誤差という。

□練習 32

○誤差の公式にあてはめて計算する。

□誤差の範囲

○小数第 2 位を四捨五入して得られた近似値と真の値の差を e とすると

$$-0.05<e\leqq 0.05$$

このことから，「誤差の絶対値は 0.05 以下である」といえる。

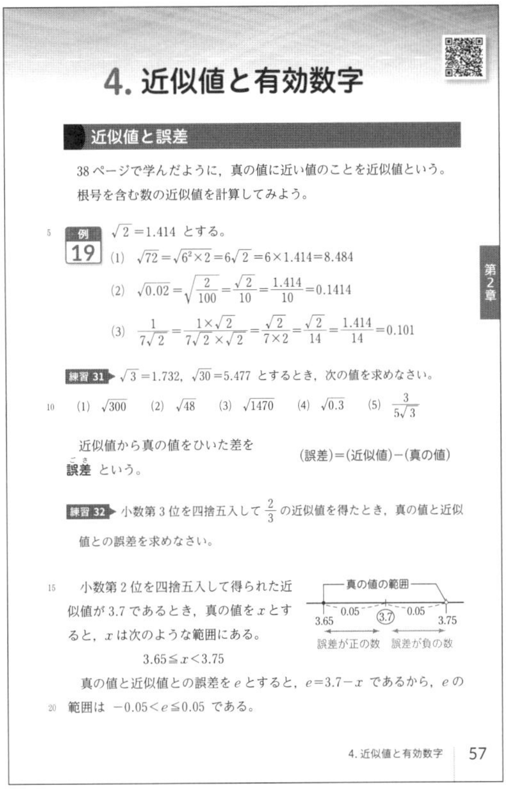

4. 近似値と有効数字

近似値と誤差

38 ページで学んだように，真の値に近い値のことを近似値という。

根号を含む数の近似値を計算してみよう。

例 19 $\sqrt{2}=1.414$ とする。

(1) $\sqrt{72}=\sqrt{6^2\times 2}=6\sqrt{2}=6\times 1.414=8.484$

(2) $\sqrt{0.02}=\sqrt{\dfrac{2}{100}}=\dfrac{\sqrt{2}}{10}=\dfrac{1.414}{10}=0.1414$

(3) $\dfrac{1}{7\sqrt{2}}=\dfrac{1\times\sqrt{2}}{7\sqrt{2}\times\sqrt{2}}=\dfrac{\sqrt{2}}{7\times 2}=\dfrac{\sqrt{2}}{14}=\dfrac{1.414}{14}=0.101$

第2章

練習 31 $\sqrt{3}=1.732$，$\sqrt{30}=5.477$ とするとき，次の値を求めなさい。

(1) $\sqrt{300}$　(2) $\sqrt{48}$　(3) $\sqrt{1470}$　(4) $\sqrt{0.3}$　(5) $\dfrac{3}{5\sqrt{3}}$

近似値から真の値をひいた差を **誤差**（ごさ） という。

(誤差)＝(近似値)－(真の値)

練習 32 小数第 3 位を四捨五入して $\dfrac{2}{3}$ の近似値を得たとき，真の値と近似値との誤差を求めなさい。

小数第 2 位を四捨五入して得られた近似値が 3.7 であるとき，真の値を x とすると，x は次のような範囲にある。

$$3.65\leqq x<3.75$$

真の値と近似値との誤差を e とすると，$e=3.7-x$ であるから，e の範囲は $-0.05<e\leqq 0.05$ である。

4. 近似値と有効数字　57

○たとえば，ある測定値 x の小数第 1 位を四捨五入して近似値 a が得られたとすると

$$a-0.5\leqq x<a+0.5$$

真の値 x と近似値 a との誤差を e とすると

$e=a-x$ から　$a-0.5\leqq a-e<a+0.5$

よって，$-0.5<e\leqq 0.5$ が成り立つから，誤差の絶対値は 0.5 以下である。

テキストの解答

練習 31 (1) $\sqrt{300}=10\sqrt{3}=10\times 1.732=\mathbf{17.32}$

(2) $\sqrt{48}=4\sqrt{3}=4\times 1.732=\mathbf{6.928}$

(3) $\sqrt{1470}=7\sqrt{30}=7\times 5.477=\mathbf{38.339}$

(4) $\sqrt{0.3}=\sqrt{\dfrac{30}{100}}=\dfrac{\sqrt{30}}{10}=\dfrac{5.477}{10}$

$=\mathbf{0.5477}$

(5) $\dfrac{3}{5\sqrt{3}}=\dfrac{\sqrt{3}}{5}=\dfrac{1.732}{5}=\mathbf{0.3464}$

（練習 32 の解答は次ページ）

学習のめあて

有効数字の意味を理解して，近似値を有効
数字で表すことができるようになること。

学習のポイント

有効数字

近似値を表す数のうち，信頼できる数字を
有効数字 という。

有効数字の表し方

近似値の有効数字をはっきり示す場合に，
次の形で表す。

$$a \times 10^n \quad または \quad a \times \frac{1}{10^n}$$

（a は 1 以上 10 未満の数，n は自然数）

■■テキストの解説■■

□有効数字

○たとえば，真の値が 4.302…… である数を

　[1]　小数第 2 位を四捨五入して得られる近
　　似値は　4.3

　[2]　小数第 3 位を四捨五入して得られる近
　　似値は　4.30

このとき，[1] の近似値からは，真の値の小
数第 2 位の数を知ることはできないが，[2]
の近似値からは，小数第 2 位の数 0 を知るこ
とができる。

□有効数字の表し方

○有効数字をはっきりと示す近似値の表し方に

$a \times 10^n$ や $a \times \frac{1}{10^n}$ の形の表し方がある。こ

の場合，a に示された数字が有効数字となる。

○たとえば，近似値 7200 について

　有効数字が 7，2 のとき　　　7.2×10^3

　有効数字が 7，2，0 のとき　7.20×10^3

　近似値 0.0613 は $6.13 \times \frac{1}{10^2}$ と表す。

■有効数字

たとえば，真の値が 4.302…… である数について，

　[1]　小数第 2 位を四捨五入して得られる近似値は　4.3
　[2]　小数第 3 位を四捨五入して得られる近似値は　4.30

となる。これらを区別せずに 4.3 と書くと，その近似値がどのくらい正
確に表されたものなのかはっきりしなくなる。

近似値を表す数のうち，信頼できる数字を **有効数字** という。

上の [1] の有効数字は 4，3，[2] の有効数字は 4，3，0 である。

近似値が 7200 と表される数がある。

この近似値の有効数字をはっきり示す
場合には，次のように表す。

　有効数字が 7，2 のとき　　　7.2×10^3
　有効数字が 7，2，0 のとき　7.20×10^3

近似値の表し方
$$a \times 10^n$$
1 以上 10 未満の数　自然数

近似値が 1 より小さい正の数のときは，次のように表す。

$$a \times \frac{1}{10^n} \quad （a は 1 以上 10 未満の数，n は自然数）$$

たとえば，近似値 0.0613 は $6.13 \times \frac{1}{10^2}$ と表される。

練習 33 次の数を，$a \times 10^n$ または $a \times \frac{1}{10^n}$（a は 1 以上 10 未満の数，n は自
然数）の形で表しなさい。

　(1)　217.3　　　　　　　　(2)　1453.0
　(3)　0.00628　　　　　　　(4)　0.0370

□練習 33

○(2)　有効数字は 1，4，5，3，0 である。
　(4)　有効数字は 3，7，0 である。

■■テキストの解答■■

（練習 32 は前ページの問題）

練習 32　$\frac{2}{3} = 0.666……$ であるから，小数第 3

位を四捨五入して得られる $\frac{2}{3}$ の近似値は

0.67

$\frac{2}{3}$ と近似値 0.67 の誤差は

$$0.67 - \frac{2}{3} = \frac{201}{300} - \frac{200}{300} = \frac{1}{300}$$

練習 33　(1)　2.173×10^2　　(2)　1.4530×10^3

　(3)　$6.28 \times \frac{1}{10^3}$　　(4)　$3.70 \times \frac{1}{10^2}$

確認問題

解答は本書 178 ページ

テキストの解説

□問題 1

○ 2 乗して a になる数が a の平方根である。まず，各数が，ある数の 2 乗の形に表されるかどうかを考える。

○(2)　$324=18^2$ であることがすぐわからないときは，324 を素因数分解して考える。自然数の 2 乗の形で表される数として

$11^2=121$，$12^2=144$，……，$19^2=361$

程度を覚えておくと便利である。

□問題 2

○ $a>0$ のとき，$\sqrt{a^2}=a$ である。根号の中の数を，ある数の 2 乗の形に表すことを考える。

□問題 3

○平方根の積，商の性質を利用した計算。

○根号の外の数は，2 乗して根号の中に入れる。

$a>0$，$b>0$ のとき　　$a\sqrt{b}=\sqrt{a^2b}$

□問題 4

○分母の有理化。分母に根号を含まない形に変形する。

○(3)，(4)　分母が $\sqrt{a}-\sqrt{b}$ の形であるから，分母，分子に $\sqrt{a}+\sqrt{b}$ をかける。

□問題 5

○根号を含む式の計算。まず，根号の中を簡単な数にすることを考える。

○平方根を文字と同じように考えて計算する。式の形に応じて，分配法則や展開の公式を利用する。

□問題 6

○ $\sqrt{28a}$ が自然数になる

→　$28a$ が自然数の 2 乗の形になる

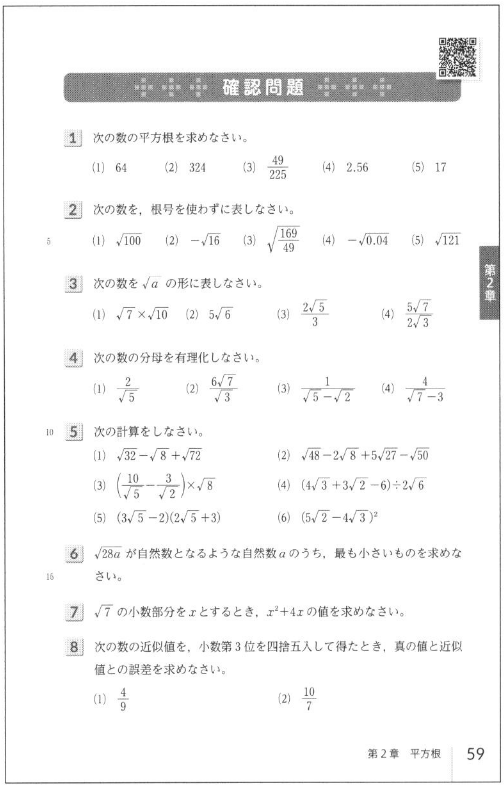

確認問題

1 次の数の平方根を求めなさい。

(1) 64　(2) 324　(3) $\frac{49}{225}$　(4) 2.56　(5) 17

2 次の数を，根号を使わずに表しなさい。

(1) $\sqrt{100}$　(2) $-\sqrt{16}$　(3) $\sqrt{\frac{169}{49}}$　(4) $-\sqrt{0.04}$　(5) $\sqrt{121}$

3 次の数を $\sqrt{a}$ の形に表しなさい。

(1) $\sqrt{7}\times\sqrt{10}$　(2) $5\sqrt{6}$　(3) $\frac{2\sqrt{5}}{3}$　(4) $\frac{5\sqrt{7}}{2\sqrt{3}}$

4 次の数の分母を有理化しなさい。

(1) $\frac{2}{\sqrt{5}}$　(2) $\frac{6\sqrt{7}}{\sqrt{3}}$　(3) $\frac{1}{\sqrt{5}-\sqrt{2}}$　(4) $\frac{4}{\sqrt{7}-3}$

5 次の計算をしなさい。

(1) $\sqrt{32}-\sqrt{8}+\sqrt{72}$　(2) $\sqrt{48}-2\sqrt{8}+5\sqrt{27}-\sqrt{50}$

(3) $\left(\frac{10}{\sqrt{5}}-\frac{3}{\sqrt{2}}\right)\times\sqrt{8}$　(4) $(4\sqrt{3}+3\sqrt{2}-6)\div2\sqrt{6}$

(5) $(3\sqrt{5}-2)(2\sqrt{5}+3)$　(6) $(5\sqrt{2}-4\sqrt{3})^2$

6 $\sqrt{28a}$ が自然数となるような自然数 a のうち，最も小さいものを求めなさい。

7 $\sqrt{7}$ の小数部分を x とするとき，x^2+4x の値を求めなさい。

8 次の数の近似値を，小数第 3 位を四捨五入して得たとき，真の値と近似値との誤差を求めなさい。

(1) $\frac{4}{9}$　(2) $\frac{10}{7}$

第 2 章　平方根　59

○ 28 を素因数分解して考える。

□問題 7

○整数部分，小数部分と式の計算。まず，$\sqrt{7}$ の整数部分を考える。

○そのまま x^2+4x に代入してもよいが，因数分解した式 $x(x+4)$ に代入すると，計算は簡単になる。

□問題 8

○まず，小数第 3 位まで求め，小数第 3 位を四捨五入して近似値を求める。

○(誤差)＝(近似値)－(真の値)

確かめの問題

解答は本書 198 ページ

1　次の計算をしなさい。

(1)　$\sqrt{42}\div\sqrt{8}$

(2)　$\frac{\sqrt{5}}{10}-\sqrt{\frac{9}{5}}$

(3)　$\sqrt{24}-9\sqrt{\frac{2}{3}}$

演習問題A

解答は本書 179 ページ

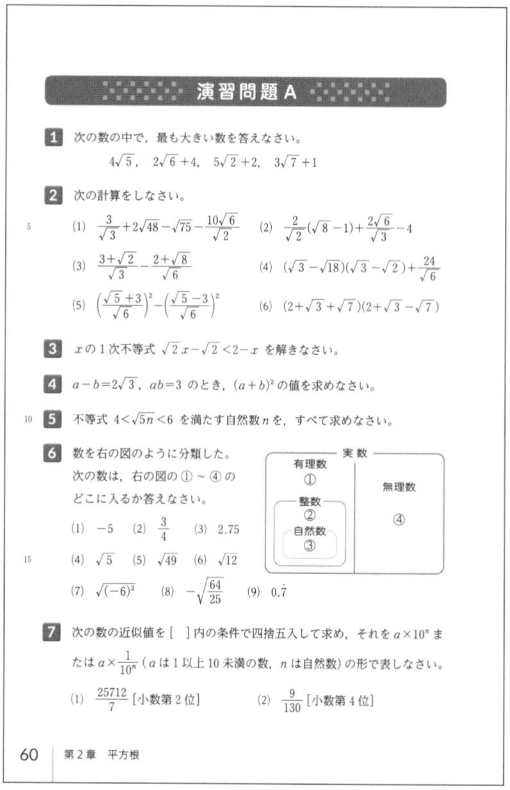

演習問題 A

1 次の数の中で，最も大きい数を答えなさい。

$4\sqrt{5}$， $2\sqrt{6}+4$， $5\sqrt{2}+2$， $3\sqrt{7}+1$

2 次の計算をしなさい。

(1) $\frac{3}{\sqrt{3}}+2\sqrt{48}-\sqrt{75}-\frac{10\sqrt{6}}{\sqrt{2}}$　(2) $\frac{2}{\sqrt{2}}(\sqrt{8}-1)+\frac{2\sqrt{6}}{\sqrt{3}}-4$

(3) $\frac{3+\sqrt{2}}{\sqrt{3}}-\frac{2+\sqrt{8}}{\sqrt{6}}$　(4) $(\sqrt{3}-\sqrt{18})(\sqrt{3}-\sqrt{2})+\frac{24}{\sqrt{6}}$

(5) $\left(\frac{\sqrt{5}+3}{\sqrt{6}}\right)^2-\left(\frac{\sqrt{5}-3}{\sqrt{6}}\right)^2$　(6) $(2+\sqrt{3}+\sqrt{7})(2+\sqrt{3}-\sqrt{7})$

3 x の 1 次不等式 $\sqrt{2}x-\sqrt{2}<2-x$ を解きなさい。

4 $a-b=2\sqrt{3}$，$ab=3$ のとき，$(a+b)^2$ の値を求めなさい。

5 不等式 $4<\sqrt{5n}<6$ を満たす自然数 n を，すべて求めなさい。

6 数を右の図のように分類した。
次の数は，右の図の ① ~ ④ のどこに入るか答えなさい。

(1) -5　(2) $\frac{3}{4}$　(3) 2.75

(4) $\sqrt{5}$　(5) $\sqrt{49}$　(6) $\sqrt{12}$

(7) $\sqrt{(-6)^2}$　(8) $-\sqrt{\frac{64}{25}}$　(9) $0.\dot{7}$

7 次の数の近似値を［　］内の条件で四捨五入して求め，それを $a\times10^n$ または $a\times\frac{1}{10^n}$（a は 1 以上 10 未満の数，n は自然数）の形で表しなさい。

(1) $\frac{25712}{7}$［小数第 2 位］　(2) $\frac{9}{130}$［小数第 4 位］

60　第 2 章　平方根

テキストの解説

□問題 1

○平方根を含む数の大小を比べる問題。

○たとえば　$4\sqrt{5}=\sqrt{80}$，$\sqrt{64}<\sqrt{80}<\sqrt{81}$

であるから　$8<4\sqrt{5}<9$

□問題 2

○平方根の四則混合計算。分母に根号を含む式は，まず有理化する。

○複雑な式の計算は，式の形に応じたくふうをして，計算が簡単になるようにする。

○(4) $(\sqrt{3}-\sqrt{18})(\sqrt{3}-\sqrt{2})$ の計算に，展開の公式を利用することができる。

○(5)　平方の差の形。有理化をせずに因数分解すると，計算は簡単になる。

○(6)　そのまま展開しないで，$2+\sqrt{3}$ を 1 つのものとみる。

□問題 3

○平方根を係数にもつ 1 次不等式。

○不等式を整理して，$ax<b$ の形にする。

このとき，$a>0$ ならば　$x<\frac{b}{a}$

$a<0$ ならば　$x>\frac{b}{a}$

となることに注意する。

○$-\sqrt{2}$，$-x$ を移項して整理すると

$$(\sqrt{2}+1)x<2+\sqrt{2}$$

次に，両辺を正の数 $\sqrt{2}+1$ でわる。

□問題 4

○$a-b$，ab の値が与えられているから，$(a+b)^2$ を $a-b$，ab で表すことを考える。

○$(a+b)^2$ のままでは，$a-b$，ab で表すことはできそうもないので，$(a+b)^2$ を展開した式 $a^2+2ab+b^2$ を考える。

○一般に，次のことが成り立つ。

$$(a+b)^2=(a-b)^2+4ab$$

□問題 5

○不等式を満たす自然数の値。4 および 6 を根号を使った形で表し，根号の中の数の大小を比べる。

□問題 6

○数を有理数と無理数に分類する。また，有理数を，整数とそうでないもの，整数を自然数とそうでないものにそれぞれ分類する。

○根号を含む数がすべて無理数であるということはない。根号を含まない形に変形することができれば，それは有理数である。

○テキスト 55 ページに示した実数の分類を，しっかりと確認しておく。

□問題 7

○近似値を求め，$a\times\frac{1}{10^n}$ の形にする問題。

○ a を，整数部分が 1 桁の小数で表す。

テキスト 61 ページ

演習問題B

解答は本書 181 ページ

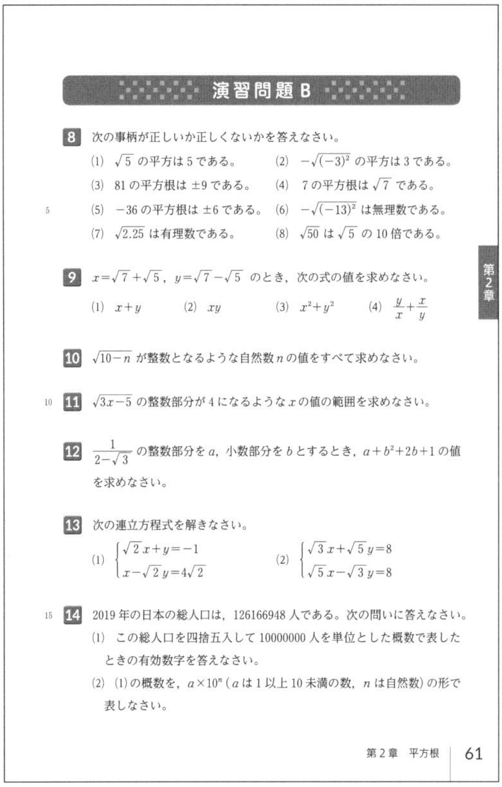

演習問題 B

8 次の事柄が正しいか正しくないかを答えなさい。

(1) $\sqrt{5}$ の平方は 5 である。　(2) $-\sqrt{(-3)^2}$ の平方は 3 である。

(3) 81 の平方根は ±9 である。　(4) 7 の平方根は $\sqrt{7}$ である。

(5) −36 の平方根は ±6 である。　(6) $-\sqrt{(-13)^2}$ は無理数である。

(7) $\sqrt{2.25}$ は有理数である。　(8) $\sqrt{50}$ は $\sqrt{5}$ の 10 倍である。

9 $x=\sqrt{7}+\sqrt{5}$, $y=\sqrt{7}-\sqrt{5}$ のとき，次の式の値を求めなさい。

(1) $x+y$　(2) xy　(3) x^2+y^2　(4) $\frac{y}{x}+\frac{x}{y}$

10 $\sqrt{10-n}$ が整数となるような自然数 n の値をすべて求めなさい。

11 $\sqrt{3x-5}$ の整数部分が 4 になるような x の値の範囲を求めなさい。

12 $\frac{1}{2-\sqrt{3}}$ の整数部分を a，小数部分を b とするとき，$a+b^2+2b+1$ の値を求めなさい。

13 次の連立方程式を解きなさい。

(1) $\begin{cases}\sqrt{2}x+y=-1\\ x-\sqrt{2}y=4\sqrt{2}\end{cases}$　(2) $\begin{cases}\sqrt{3}x+\sqrt{5}y=8\\ \sqrt{5}x-\sqrt{3}y=8\end{cases}$

14 2019 年の日本の総人口は，126166948 人である。次の問いに答えなさい。

(1) この総人口を四捨五入して 10000000 人を単位とした概数で表したときの有効数字を答えなさい。

(2) (1)の概数を，$a\times10^n$ (a は 1 以上 10 未満の数，n は自然数) の形で表しなさい。

第 2 章　平方根　61

テキストの解説

□問題 8

○平方根に関して，正誤を判定する問題。

○平方根の定義や性質に従って考える。

○正しくない場合は，正しくない理由も明らかにする。

□問題 9

○平方根と式の値。

○(3)，(4)　それまでの結果を利用する。

$x^2+y^2=(x+y)^2-2xy$　→(1)，(2)利用

$\frac{y}{x}+\frac{x}{y}=\frac{y^2+x^2}{xy}$　→(2)，(3)利用

□問題 10

○根号の中の数 $10-n$ がとりうる値の範囲を考える。

○ n は自然数で，$10-n$ は 0 以上であるから

$$0\leqq10-n\leqq9$$

□問題 11

○整数部分が 4 になる数は，4 以上 5 未満の数である。

○このことをもとにして式に表すと

$$4\leqq\sqrt{3x-5}<5$$

□問題 12

○整数部分，小数部分と式の値。

まず，$\frac{1}{2-\sqrt{3}}$ の分母を有理化する。

○$1<\sqrt{3}<2$ であるから

$$2+1<2+\sqrt{3}<2+2$$

○$a+b^2+2b+1$ → b^2+2b+1 を因数分解

□問題 13

○平方根を係数にもつ連立方程式。

○方程式の両辺を何倍かして，一方の文字の係数をそろえる。

○連立方程式の解き方　→　加減法，代入法

連立方程式の形から，加減法で解くことを考える。

□問題 14

○総人口を一千万人を単位とした概数で表す。

百万の位の数に着目する。

○(2)　有効数字の桁数に注意する。

実力を試す問題　解答は本書 202 ページ

1　次の計算をしなさい。

(1)　$(\sqrt{2}+\sqrt{3}+\sqrt{5})(\sqrt{2}+\sqrt{3}-\sqrt{5})$

(2)　$\frac{1}{\sqrt{5}+\sqrt{3}+\sqrt{2}}+\frac{1}{\sqrt{5}-\sqrt{3}-\sqrt{2}}$

2　$\sqrt{48(17-2n)}$ が整数となるような自然数 n の値を求めなさい。

ヒント　**1** (2)　(1)の結果を利用する。

第3章　2次方程式

この章で学ぶこと

1．2次方程式の解き方（64〜77 ページ）

2次式で表される方程式とその解について考えるとともに，2次方程式のいろいろな解き方を学びます。

また，2次方程式の解の公式をもとに，2次方程式の実数解の個数を考えたり，2次方程式の解の問題について考えたりします。

新しい用語と記号

2次方程式，解，解く，重解，解の公式，実数解，判別式，D

2．2次方程式の利用（78〜80 ページ）

2次方程式を利用して，いろいろな問題を解く方法を学びます。2次方程式を利用すると，これまで解けなかった問題も解決することができるようになります。

探求　平方完成（84，85 ページ）

2次式のよく使う変形の仕方を研究します。

新しい用語と記号

平方完成

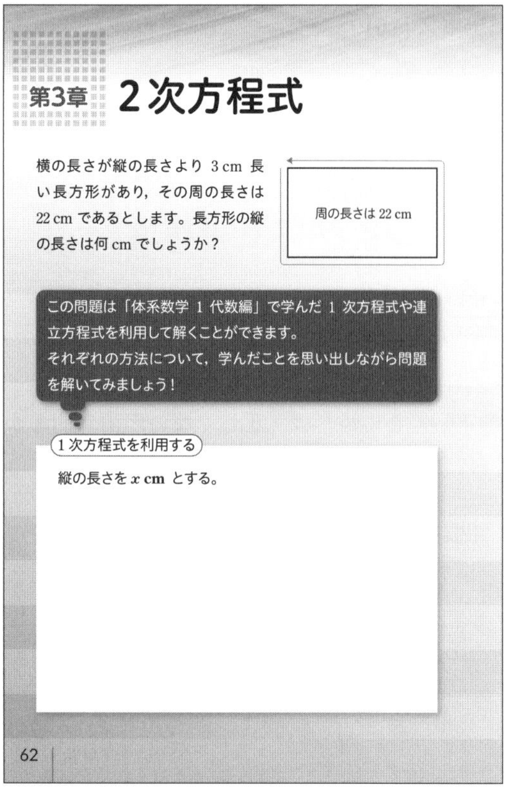

第3章　2次方程式

横の長さが縦の長さより 3 cm 長い長方形があり，その周の長さは 22 cm であるとします。長方形の縦の長さは何 cm でしょうか？

周の長さは 22 cm

この問題は「体系数学 1 代数編」で学んだ 1 次方程式や連立方程式を利用して解くことができます。
それぞれの方法について，学んだことを思い出しながら問題を解いてみましょう！

1 次方程式を利用する

縦の長さを x cm とする。

62

テキストの解説

□ 1次方程式の利用

○「体系数学 1 代数編」では，1次方程式と連立方程式の解き方について学んだ。

○縦の長さを x cm とする。横の長さは縦の長さより 3 cm 長いから，横の長さは $(x+3)$ cm と表される。

○この長方形の周の長さは 22 cm であるから，縦と横の長さの和は $22\div2=11$(cm) で

$$x+(x+3)=11$$

○これを解く。　$2x+3=11$

3 を右辺に移項して　$2x=11-3$

$2x=8$

両辺を 2 でわって　$x=4$

これは問題に適している。

よって，縦の長さは 4 cm となる。

○方程式は，次の等式の性質を用いて，$x=\square$ の形になるように変形する。

[1]　$A=B$ ならば　$A+C=B+C$

[2]　$A=B$ ならば　$A-C=B-C$

[3]　$A=B$ ならば　$AC=BC$

[4]　$A=B$ ならば　$\dfrac{A}{C}=\dfrac{B}{C}$　$(C\neq0)$

[5]　$A=B$ ならば　$B=A$

確かめの問題　解答は本書 199 ページ

1　次の 1 次方程式を解きなさい。

(1)　$x-1=5$

(2)　$3x=-12$

(3)　$2x+3=7$

(4)　$x=4x+9$

(5)　$3x-4=2x+6$

(6)　$7x+3=4x-21$

(7)　$x+7=1-2x$

(8)　$2x+5=-4x+17$

どれも基本的な問題。間違わずに解きましょう。

テキストの解説

□連立方程式の利用

○横の長さが縦の長さより 3 cm 長い長方形があり，その周の長さが 22 cm であるとき，長方形の縦の長さを求める。前ページでは，この問題を 1 次方程式を利用して解いたが，連立方程式を利用しても，容易に解くことができる。

○わからない数量は，縦の長さと横の長さの 2 つであるから，縦の長さを x cm，横の長さを y cm とする。

○横の長さは縦の長さより 3 cm 長いから

$y=x+3$　……①

この長方形の周の長さは 22 cm であるから

$x+y=11$　……②

○①と②を連立方程式で解く方法は，代入法と加減法の 2 つがある。

○**[代入法による解き方]**

①を②に代入すると

$x+(x+3)=11$

これを解くと　$x=4$

$x=4$ を①に代入すると　$y=7$

○この解法は，本質的に 1 次方程式の場合と同じである。

○**[加減法による解き方]**

①から　$-x+y=3$　……③

$$\begin{array}{rr} ② & x+y=11 \\ ③ & +)\ -x+y=3 \\ \hline & 2y=14 \\ & y=7 \end{array}$$

$y=7$ を①に代入して　$7=x+3$

$x=4$

○いずれの場合も，縦の長さは 4 cm となる。この問題の場合，方程式の形から，代入法で解く方が簡単である。

○1 次方程式の場合も，連立方程式の場合も，方程式を変形して，$x=$○や $y=$□の形の式を導くことに変わりはない。

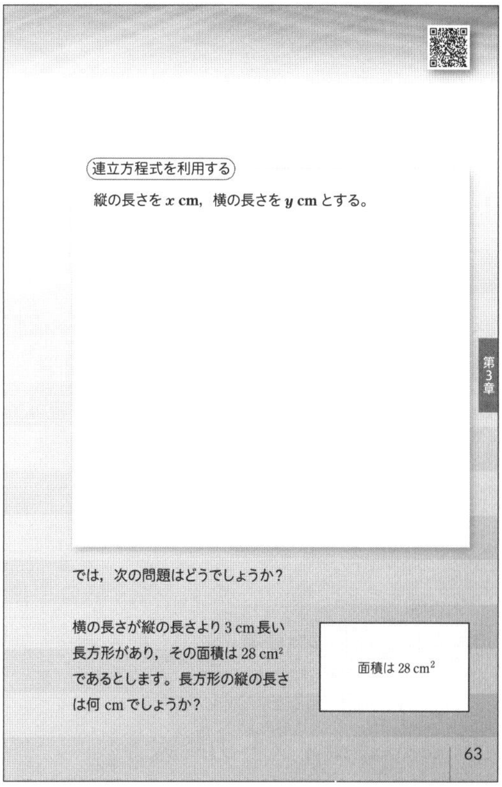
連立方程式を利用する
縦の長さを x cm，横の長さを y cm とする。
第3章
では，次の問題はどうでしょうか？
横の長さが縦の長さより 3 cm 長い長方形があり，その面積は 28 cm² であるとします。長方形の縦の長さは何 cm でしょうか？
面積は 28 cm²
63

□ 1 次方程式ではない方程式

○横の長さが縦の長さより 3 cm 長い長方形があり，その面積が 28 cm² であるとする。

このとき，縦の長さを x cm とすると

$x(x+3)=28$　すなわち　$x^2+3x-28=0$

○このような方程式は，これまでに学んだ方法で $x=$○の形に変形することができない。この章では，このような方程式（2 次方程式）の解き方を学習する。

確かめの問題　　解答は本書 199 ページ

1　次の連立方程式を解きなさい。

(1) $\begin{cases} 4x-3y=22 \\ 2x-5y=4 \end{cases}$

(2) $\begin{cases} 3x+4y=8 \\ 2x-5y=13 \end{cases}$

(3) $\begin{cases} 2x+y=5 \\ y=4x-1 \end{cases}$

テキスト 64 ページ

1.　2 次方程式の解き方

1. 2 次方程式の解き方

2 次方程式とその解

横の長さが縦の長さより 3 cm 長い長方形があり，その面積が 28 cm^2 であるという。

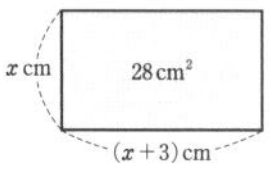

縦の長さを x cm とすると，横の長さは $(x+3)$ cm と表される。
よって，長方形の面積は $x(x+3)$ cm^2 となるから

$$x(x+3)=28$$

この方程式の左辺を展開して整理すると，次のようになる。

$$x^2+3x-28=0$$

このように，移項して整理すると

$$ax^2+bx+c=0$$

（a は 0 でない定数，b，c は定数）

の形になる方程式を，x についての **2 次方程式** という。

例 1　(1)　$2x^2+6x=3(2x+1)$ は，整理すると

$$2x^2-3=0$$

となる。よって，x についての 2 次方程式である。

(2)　$x(x+1)=(x+2)(x-3)$ は，整理すると

$$2x+6=0$$

となる。よって，x についての 2 次方程式ではない。

練習 1　次の方程式のうち，2 次方程式をすべて選びなさい。
(ア)　$x^2=9$　(イ)　$(x-2)(x+3)=4$　(ウ)　$x(x-1)=(x+2)(x-5)$

学習のめあて

2 次方程式がどのような方程式であるかを知ること。

学習のポイント

2 次方程式

移項して整理すると

$$ax^2+bx+c=0$$

（a は 0 でない定数，b，c は定数）

の形になる方程式を，x についての **2 次方程式** という。

例　$x^2+3x-28=0$ は 2 次方程式である。

テキストの解説

□ 2 次方程式

○文字の値によって，成り立ったり成り立たなかったりする等式が方程式である。

○たとえば，等式 $2x+6=0$ は $x=-3$ のとき成り立つが，それ以外の x の値では成り立たない。したがって，この等式は x についての方程式である。

○方程式 $2x+6=0$ の左辺は x の 1 次式である。移項して整理すると，次の形になる方程式が，体系数学 1 で学んだ 1 次方程式である。

$$(x \text{ の 1 次式})=0$$

一方，この左辺が 2 次式になるものが，この章で学習する 2 次方程式である。

□例 1

○方程式が，2 次方程式かどうかを判定する。

○(1)　左辺は 2 次式，右辺は 1 次式で，移項して整理すると，(x の 2 次式)$=0$ の形になる。

○(2)　左辺は 2 次式，右辺も 2 次式で，見かけ上は 2 次方程式であるが，移項して整理すると，(x の 1 次式)$=0$ の形になるから，2 次方程式ではない。

□練習 1

○方程式を整理して，(x の 2 次式)$=0$ の形になるかどうかを調べる。一般に

x の 1 次方程式　→　$ax+b=0$

x の 2 次方程式　→　$ax^2+bx+c=0$

テキストの解答

練習 1　(ア)　$x^2=9$ を整理すると

$$x^2-9=0$$

これは x についての 2 次方程式である。

(イ)　$(x-2)(x+3)=4$ を整理すると

$$x^2+x-10=0$$

これは x についての 2 次方程式である。

(ウ)　$x(x-1)=(x+2)(x-5)$ を整理すると

$$2x+10=0$$

これは x についての 1 次方程式である。

したがって，x についての 2 次方程式であるものは　**(ア)，(イ)**

テキスト 65 ページ

次の 2 次方程式が成り立つような x の値について考えてみよう。

$$x^2+3x-28=0 \quad \cdots\cdots ①$$

等式 ① の左辺の x に，自然数を代入すると，下の表のようになる。

x	1	2	3	4	5	6	7	8	9
$x^2+3x-28$	-24	-18	-10	0	12	26	42	60	80

表から，$x=4$ のとき，$x^2+3x-28$ の値が 0 となることがわかる。

また，x に負の整数を代入すると，$x=-7$ のとき，$x^2+3x-28$ の値は 0 になる。

すなわち，4 と -7 は，2 次方程式 ① を成り立たせる x の値である。

このように，2 次方程式を成り立たせる文字の値を，その 2 次方程式の **解** という。つまり，$x=4$ と $x=-7$ は，2 次方程式 ① の解である。

第3章

例 2 (1) $x=4$ が 2 次方程式 $x^2-2x-8=0$ の解かどうかを調べる。

$x=4$ を x^2-2x-8 に代入すると

$$4^2-2\times4-8=0$$

となり，$x=4$ のときに $x^2-2x-8=0$ が成り立つ。

よって，$x=4$ は 2 次方程式 $x^2-2x-8=0$ の解である。

(2) $x=2$ が 2 次方程式 $x^2+3x+2=0$ の解かどうかを調べる。

$x=2$ を x^2+3x+2 に代入すると

$$2^2+3\times2+2=12$$

となり，$x=2$ のときに $x^2+3x+2=0$ は成り立たない。

よって，$x=2$ は 2 次方程式 $x^2+3x+2=0$ の解ではない。

練習 2 次の 2 次方程式のうち，$x=-3$ が解であるものを選びなさい。

(ア) $x^2+x-6=0$　(イ) $x^2-2x=3$　(ウ) $2x(x+2)=x^2+x$

1. 2 次方程式の解き方　65

学習のめあて

2 次方程式の解の意味について知り，解かどうかを調べることができるようになること。

学習のポイント

2 次方程式の解

2 次方程式を成り立たせる文字の値を，その 2 次方程式の **解** という。

テキストの解説

□ 2 次方程式の解

○方程式を成り立たせる文字の値が，方程式の解である。

○ 2 次方程式 $x^2+3x-28=0$ の左辺に，自然数を 1 から順に代入すると，$x=4$ のとき

$$4^2+3\times4-28=16+12-28=0$$

となって，$x=4$ が方程式 $x^2+3x-28=0$ の解であることがわかる。

○しかし，2 次方程式 $x^2+3x-28=0$ の解は，$x=4$ だけではない。

$x=-7$ を $x^2+3x-28$ に代入すると

$$(-7)^2+3\times(-7)-28=49-21-28=0$$

となって，$x=-7$ も方程式 $x^2+3x-28=0$ の解であることがわかる。

よって，この 2 次方程式の解は 2 つある。

□例 2，練習 2

○方程式の x に与えられた x の値を代入して，方程式の両辺の値が等しいかどうかを調べる。

等式が成り立つ　　→　解である

等式が成り立たない　→　解ではない

テキストの解答

練習 2 (ア) $x=-3$ を x^2+x-6 に代入すると

$$(-3)^2+(-3)-6=9-3-6=0$$

となり，$x=-3$ のときに $x^2+x-6=0$ が成り立つ。

よって，$x=-3$ は 2 次方程式 $x^2+x-6=0$ の解である。

(イ) $x=-3$ を x^2-2x に代入すると

$$(-3)^2-2\times(-3)=9+6=15$$

となり，$x=-3$ のときに $x^2-2x=3$ は成り立たない。

よって，$x=-3$ は 2 次方程式 $x^2-2x=3$ の解ではない。

(ウ) $x=-3$ を $2x(x+2)$ に代入すると

$$2\times(-3)\times(-3+2)=6$$

$x=-3$ を x^2+x に代入すると

$$(-3)^2+(-3)=6$$

ゆえに，$x=-3$ のときに $2x(x+2)=x^2+x$ が成り立つ。

よって，$x=-3$ は 2 次方程式 $2x(x+2)=x^2+x$ の解である。

したがって，$x=-3$ が解であるものは

(ア)，(ウ)

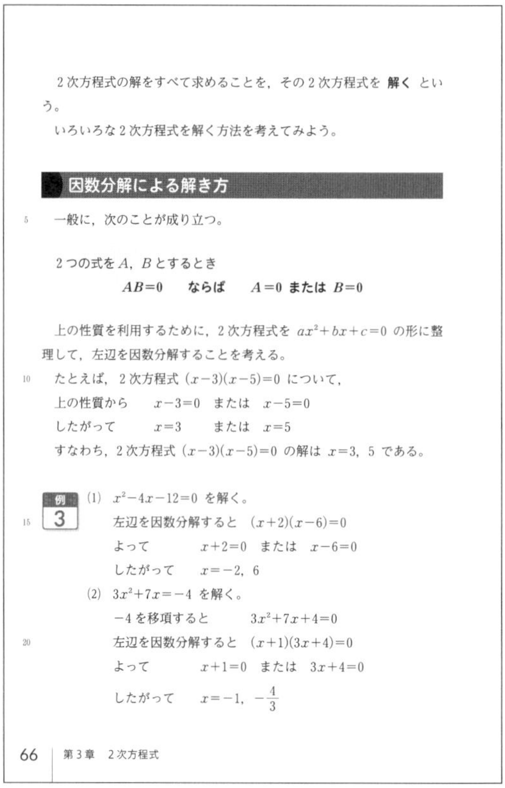

2 次方程式の解をすべて求めることを，その 2 次方程式を **解く** という。

いろいろな 2 次方程式を解く方法を考えてみよう。

因数分解による解き方

一般に，次のことが成り立つ。

2 つの式を A，B とするとき

$AB=0$ ならば $A=0$ または $B=0$

上の性質を利用するために，2 次方程式を $ax^2+bx+c=0$ の形に整理して，左辺を因数分解することを考える。

たとえば，2 次方程式 $(x-3)(x-5)=0$ について，

上の性質から　$x-3=0$　または　$x-5=0$

したがって　$x=3$　または　$x=5$

すなわち，2 次方程式 $(x-3)(x-5)=0$ の解は $x=3$，5 である。

例 3　(1)　$x^2-4x-12=0$ を解く。

左辺を因数分解すると　$(x+2)(x-6)=0$

よって　$x+2=0$　または　$x-6=0$

したがって　$x=-2$，6

(2)　$3x^2+7x=-4$ を解く。

-4 を移項すると　$3x^2+7x+4=0$

左辺を因数分解すると　$(x+1)(3x+4)=0$

よって　$x+1=0$　または　$3x+4=0$

したがって　$x=-1$，$-\frac{4}{3}$

66　第 3 章　2 次方程式

学習のめあて

2 次方程式の因数分解による解き方を理解すること。

学習のポイント

2 次方程式を解く

2 次方程式の解をすべて求めることを，その 2 次方程式を **解く** という。

テキストの解説

□因数分解による 2 次方程式の解き方

○一般に，2 つの数や式について，次のことが成り立つ。

$AB=0$　ならば　$A=0$　または　$B=0$

○まず，2 次方程式を $ax^2+bx+c=0$ の形に整理する。

○2 次方程式の左辺が $AB=0$ の形に因数分解できれば，2 つの 1 次方程式　$A=0$，$B=0$ を解いて，2 次方程式の解が得られる。

□例 3

○第 1 章で学んだ因数分解の公式[1]，[4]，[5]を用いて，方程式の左辺を因数分解する。

○(2)　-4 を移項して整理する。

テキストの解答

(練習 3 は次ページの問題)

練習 3　(1)　$x^2-5x+6=0$

左辺を因数分解すると

$(x-2)(x-3)=0$

よって　$x-2=0$　または　$x-3=0$

したがって　$\boldsymbol{x=2,\ 3}$

(2)　$x^2-64=0$　左辺を因数分解すると

$(x+8)(x-8)=0$

よって　$x+8=0$　または　$x-8=0$

したがって　$\boldsymbol{x=\pm 8}$

(3)　15 を移項すると　$x^2+2x-15=0$

左辺を因数分解すると

$(x-3)(x+5)=0$

よって　$x-3=0$　または　$x+5=0$

したがって　$\boldsymbol{x=3,\ -5}$

(4)　-32 を移項すると　$x^2+12x+32=0$

左辺を因数分解すると

$(x+4)(x+8)=0$

よって　$x+4=0$　または　$x+8=0$

したがって　$\boldsymbol{x=-4,\ -8}$

(5)　$2x^2+5x-3=0$

左辺を因数分解すると

$(x+3)(2x-1)=0$

よって　$x+3=0$　または　$2x-1=0$

したがって　$\boldsymbol{x=-3,\ \frac{1}{2}}$

(6)　10 を移項すると　$15x^2+19x-10=0$

左辺を因数分解すると

$(3x+5)(5x-2)=0$

よって　$3x+5=0$ または $5x-2=0$

したがって　$\boldsymbol{x=-\frac{5}{3},\ \frac{2}{5}}$

テキスト 67 ページ

学習のめあて

2 次方程式の因数分解による解き方を理解すること。

学習のポイント

2 次方程式の重解

2 次方程式が解を 1 つしかもたないとき，その解を **重解** という。$(ax+b)^2=0$ の形になる 2 次方程式の解は重解になる。

テキストの解説

□練習 3

○まず，2 次方程式を $ax^2+bx+c=0$ の形に整理する。←(3)，(4)，(6)

○左辺の 2 次式を因数分解する。

□例 4，練習 4

○共通因数をくくり出して因数分解すると，$AB=0$ の形になる。

○$x=0$ も解である。0 でわることはできないから，方程式の両辺を x でわって $x+9=0$ などとしてはいけない。

□例 5，練習 5

○たとえば，$x^2-6x+9=(x-3)(x-3)$ と考えると，$x^2-6x+9=0$ の解は

$x=3$ または $x=3$ ←2 つの解は同じ

重解は，2 つの解が重なったものである。

○一般に，2 次方程式の解は 2 つあるが，このように解が 1 つしかないものもある。

テキストの解答

(練習 3 の解答は前ページ)

練習 4 (1) $x^2-x=0$

左辺を因数分解すると $x(x-1)=0$

よって $x=0$ または $x-1=0$

したがって $\boldsymbol{x=0,\ 1}$

練習 3 次の 2 次方程式を解きなさい。

(1) $x^2-5x+6=0$　(2) $x^2-64=0$

(3) $x^2+2x=15$　(4) $x^2+12x=-32$

(5) $2x^2+5x-3=0$　(6) $15x^2+19x=10$

例 4 $x^2+9x=0$ を解く。　←両辺を x でわってはいけない

左辺を因数分解すると $x(x+9)=0$

よって $x=0$ または $x+9=0$

したがって $x=0,\ -9$

練習 4 次の 2 次方程式を解きなさい。

(1) $x^2-x=0$　(2) $x^2=7x$　(3) $4x^2+18x=0$

第3章

解を 1 つしかもたない 2 次方程式

例 5 $x^2-6x+9=0$ を解く。

左辺を因数分解すると $(x-3)^2=0$

よって $x-3=0$

したがって $x=3$

例 5 の 2 次方程式は，解を 1 つしかもたない。

これは，$(x-3)(x-3)=0$ と考えたとき，2 つの解が重なったといえる。このような解を **重解**（じゅうかい）という。

$(ax+b)^2=0$ の形になる 2 次方程式の解は重解になる。

練習 5 次の 2 次方程式を解きなさい。

(1) $(x+4)^2=0$　(2) $x^2-12x+36=0$　(3) $9x^2+24x+16=0$

---

(2) $x^2=7x$

$7x$ を移項すると $x^2-7x=0$

左辺を因数分解すると $x(x-7)=0$

よって $x=0$ または $x-7=0$

したがって $\boldsymbol{x=0,\ 7}$

(3) $4x^2+18x=0$

両辺を 2 でわると $2x^2+9x=0$

左辺を因数分解すると $x(2x+9)=0$

よって $x=0$ または $2x+9=0$

したがって $\boldsymbol{x=0,\ -\frac{9}{2}}$

練習 5 (1) $(x+4)^2=0$

よって $\boldsymbol{x=-4}$

(2) $x^2-12x+36=0$

左辺を因数分解すると $(x-6)^2=0$

よって $\boldsymbol{x=6}$

(3) $9x^2+24x+16=0$

左辺を因数分解すると $(3x+4)^2=0$

よって $\boldsymbol{x=-\frac{4}{3}}$

テキスト 68 ページ

■ $ax^2=b$ の解き方

$ax^2=b$ の形の 2 次方程式は，平方根の考えを利用して解くことができる。

例 6　(1) $x^2=4$ を解く。

x は 4 の平方根であるから　$x=\pm 2$

(2) $2x^2=14$ を解く。

両辺を 2 でわると　$x^2=7$

x は 7 の平方根であるから　$x=\pm\sqrt{7}$

練習 6▶ 次の 2 次方程式を解きなさい。

(1) $x^2=36$　(2) $x^2=5$　(3) $3x^2=48$　(4) $5x^2=15$

例 7　$4x^2-3=0$ を解く。

-3 を移項すると　$4x^2=3$

$x^2=\dfrac{3}{4}$　（両辺を 4 でわる）

$x=\pm\sqrt{\dfrac{3}{4}}$　（平方根を考える）

よって　$x=\pm\dfrac{\sqrt{3}}{2}$

注意　例 7 について，$4x^2=3$ を $(2x)^2=3$ と考えて，次のように解いてもよい。

$(2x)^2=3$

$2x=\pm\sqrt{3}$

$x=\pm\dfrac{\sqrt{3}}{2}$

練習 7▶ 次の 2 次方程式を解きなさい。

(1) $2x^2-50=0$　(2) $4x^2-9=0$

(3) $48x^2-21=0$　(4) $\dfrac{1}{2}x^2-\dfrac{4}{25}=0$

学習のめあて

平方根の考えを利用して，$ax^2=b$ の形をした 2 次方程式が解けるようになること。

学習のポイント

2 次方程式 $ax^2=b$ の解き方

$x^2=\triangle$ の形に変形する。

テキストの解説

□例 6，練習 6

○$x^2=\triangle$ ならば x は△の平方根であるから

$$x=\pm\sqrt{\triangle}$$

○方程式を整理して，$x^2=\triangle$ の形に変形する。

□例 7，練習 7

○まず，移項して $ax^2=b$ の形にする。

○練習 7 の (2) は，左辺を因数分解して，$(2x+3)(2x-3)=0$ を解いてもよい。

テキストの解答

練習 6　(1)　x は 36 の平方根であるから

$$\boldsymbol{x=\pm 6}$$

(2)　x は 5 の平方根であるから

$$\boldsymbol{x=\pm\sqrt{5}}$$

(3)　$3x^2=48$

両辺を 3 でわると　$x^2=16$

よって　$\boldsymbol{x=\pm 4}$

(4)　$5x^2=15$

両辺を 5 でわると　$x^2=3$

よって　$\boldsymbol{x=\pm\sqrt{3}}$

練習 7　(1)　$2x^2-50=0$

-50 を右辺に移項すると　$2x^2=50$

両辺を 2 でわると　$x^2=25$

よって　$\boldsymbol{x=\pm 5}$

(2)　$4x^2-9=0$

-9 を右辺に移項すると　$4x^2=9$

両辺を 4 でわると　$x^2=\dfrac{9}{4}$

よって　$\boldsymbol{x=\pm\dfrac{3}{2}}$

(3)　$48x^2-21=0$

-21 を右辺に移項すると　$48x^2=21$

両辺を 48 でわると　$x^2=\dfrac{7}{16}$

よって　$\boldsymbol{x=\pm\dfrac{\sqrt{7}}{4}}$

(4)　$\dfrac{1}{2}x^2-\dfrac{4}{25}=0$

$-\dfrac{4}{25}$ を右辺に移項すると　$\dfrac{1}{2}x^2=\dfrac{4}{25}$

両辺を 2 倍すると　$x^2=\dfrac{8}{25}$

よって　$\boldsymbol{x=\pm\dfrac{2\sqrt{2}}{5}}$

テキスト 69 ページ

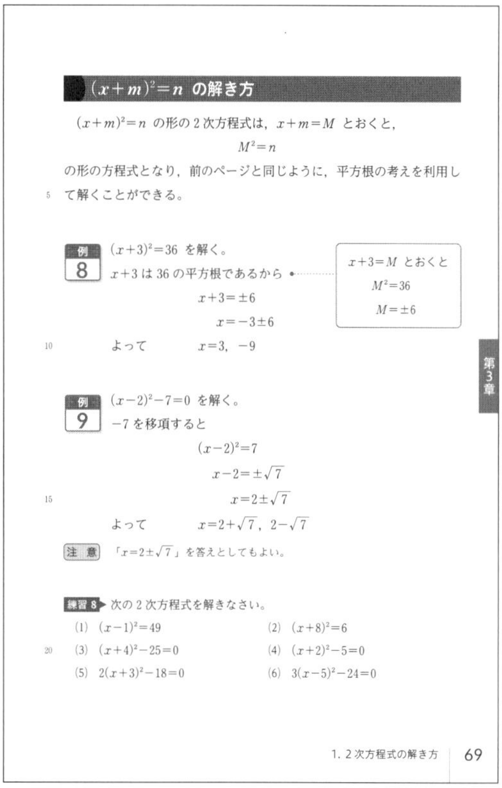

$(x+m)^2=n$ の解き方

$(x+m)^2=n$ の形の 2 次方程式は，$x+m=M$ とおくと，

$$M^2=n$$

の形の方程式となり，前のページと同じように，平方根の考えを利用して解くことができる。

例 8 $(x+3)^2=36$ を解く。

$x+3$ は 36 の平方根であるから

$x+3=\pm 6$

$x=-3\pm 6$

よって　$x=3,\ -9$

$x+3=M$ とおくと
$M^2=36$
$M=\pm 6$

例 9 $(x-2)^2-7=0$ を解く。

-7 を移項すると

$(x-2)^2=7$

$x-2=\pm\sqrt{7}$

$x=2\pm\sqrt{7}$

よって　$x=2+\sqrt{7},\ 2-\sqrt{7}$

注意　「$x=2\pm\sqrt{7}$」を答えとしてもよい。

練習 8 次の 2 次方程式を解きなさい。

(1) $(x-1)^2=49$　(2) $(x+8)^2=6$

(3) $(x+4)^2-25=0$　(4) $(x+2)^2-5=0$

(5) $2(x+3)^2-18=0$　(6) $3(x-5)^2-24=0$

第3章

1. 2 次方程式の解き方　69

学習のめあて

平方根の考えを利用して，$(x+m)^2=n$ の形をした 2 次方程式が解けるようになること。

学習のポイント

2 次方程式 $(x+m)^2=n$ の解き方

$x+m$ を M とおくと　$M^2=n$

M は n の平方根であるから　$M=\pm\sqrt{n}$

テキストの解説

□例 8，例 9

○ $(x+m)^2=n$ ならば，$x+m$ は n の平方根であるから　$x+m=\pm\sqrt{n}$

○ $(x+m)^2=n$ の形に変形できれば，前ページと同じ考え方で，方程式の解が求められる。

□練習 8

○例 8，例 9 にならって解く。

テキストの解答

練習 8 (1)　$(x-1)^2=49$

$x-1=\pm 7$

$x=1\pm 7$

よって　$\boldsymbol{x=8,\ -6}$

(2)　$(x+8)^2=6$

$x+8=\pm\sqrt{6}$

$x=-8\pm\sqrt{6}$

よって　$\boldsymbol{x=-8+\sqrt{6},\ -8-\sqrt{6}}$

($\boldsymbol{x=-8\pm\sqrt{6}}$ のままでもよい)

(3)　$(x+4)^2-25=0$

-25 を右辺に移項すると　$(x+4)^2=25$

$x+4=\pm 5$

$x=-4\pm 5$

よって　$\boldsymbol{x=1,\ -9}$

(4)　$(x+2)^2-5=0$

-5 を右辺に移項すると　$(x+2)^2=5$

$x+2=\pm\sqrt{5}$

$x=-2\pm\sqrt{5}$

よって　$\boldsymbol{x=-2+\sqrt{5},\ -2-\sqrt{5}}$

($\boldsymbol{x=-2\pm\sqrt{5}}$ のままでもよい)

(5)　$2(x+3)^2-18=0$

-18 を右辺に移項すると　$2(x+3)^2=18$

両辺を 2 でわると　$(x+3)^2=9$

$x+3=\pm 3$

$x=-3\pm 3$

よって　$\boldsymbol{x=0,\ -6}$

(6)　$3(x-5)^2-24=0$

-24 を右辺に移項すると　$3(x-5)^2=24$

$(x-5)^2=8$

$x-5=\pm 2\sqrt{2}$

$x=5\pm 2\sqrt{2}$

よって　$\boldsymbol{x=5+2\sqrt{2},\ 5-2\sqrt{2}}$

($\boldsymbol{x=5\pm 2\sqrt{2}}$ のままでもよい)

テキスト70ページ

学習のめあて

2次方程式 $x^2+px+q=0$ を，$(x+m)^2=n$ の形に変形して解くことができるようになること。

学習のポイント

2次方程式 $x^2+px+q=0$ の解き方

$x^2+px+q=0$ の形をした2次方程式も，$(x+m)^2=n$ の形に変形できると，平方根の考えを用いて解くことができる。

テキストの解説

□ 2次方程式 $x^2+px+q=0$ の解き方

○方程式 $(x+m)^2=n$ の左辺を展開すると

$$x^2+2mx+m^2=n$$

この左辺の定数項 (m^2) は，1次の項の係数 $(2m)$ の半分 (m) の2乗である。

○そこで，方程式 $x^2+px+q=0$ の左辺を，$(x+m)^2$ の形に変形することを考える。

○まず，$x^2+px=-q$ と変形する。
等式の両辺に同じ数をたしても等式は成り立つから，両辺に p の半分の2乗をたす。

□例10，練習9

○1次の項の係数が奇数の場合，計算が少し複雑になるため，計算間違いをしないように注意する。

テキストの解答

練習9 (1)
$$x^2+6x+4=0$$
$$x^2+6x=-4$$
$$x^2+6x+3^2=-4+3^2$$
$$(x+3)^2=5$$
$$x+3=\pm\sqrt{5}$$
よって $\boldsymbol{x=-3\pm\sqrt{5}}$

$x^2+px+q=0$ の解き方

$x^2+px+q=0$ の形の2次方程式も，$(x+m)^2=n$ の形に変形することにより，前のページと同じように解くことができる。

たとえば，2次方程式 $x^2+6x+7=0$ は，次のようにして解く。

7を右辺に移項すると　$x^2+6x=-7$

左辺を $(x+m)^2$ の形に変形するために，両辺に x の係数の半分の2乗，すなわち 3^2 をたすと

$x^2+6x=-7$（6 → 半分の2乗 → 3^2）
$x^2+6x+3^2=-7+3^2$

$$x^2+6x+3^2=-7+3^2$$
$$(x+3)^2=2$$
$$x+3=\pm\sqrt{2}$$
よって　$x=-3\pm\sqrt{2}$

例10 $x^2+5x+2=0$ を解く。

2を移項すると　$x^2+5x=-2$
$$x^2+5x+\left(\frac{5}{2}\right)^2=-2+\left(\frac{5}{2}\right)^2$$
（両辺に $\left(\frac{5}{2}\right)^2$ をたす）
$$\left(x+\frac{5}{2}\right)^2=\frac{17}{4}$$
$$x+\frac{5}{2}=\pm\frac{\sqrt{17}}{2}$$
$$x=-\frac{5}{2}\pm\frac{\sqrt{17}}{2}$$
よって　$x=\frac{-5\pm\sqrt{17}}{2}$

練習9 次の2次方程式を解きなさい。
(1) $x^2+6x+4=0$　(2) $x^2-4x-3=0$　(3) $x^2+3x-5=0$

70　第3章　2次方程式

---

(2)
$$x^2-4x-3=0$$
$$x^2-4x=3$$
$$x^2-4x+2^2=3+2^2$$
$$(x-2)^2=7$$
$$x-2=\pm\sqrt{7}$$
よって $\boldsymbol{x=2\pm\sqrt{7}}$

(3)
$$x^2+3x-5=0$$
$$x^2+3x=5$$
$$x^2+3x+\left(\frac{3}{2}\right)^2=5+\left(\frac{3}{2}\right)^2$$
$$\left(x+\frac{3}{2}\right)^2=\frac{29}{4}$$
$$x+\frac{3}{2}=\pm\frac{\sqrt{29}}{2}$$
よって $\boldsymbol{x=\frac{-3\pm\sqrt{29}}{2}}$

学習のめあて

2次方程式の解の公式について知ること。

学習のポイント

解の公式

$ax^2+bx+c=0$ の形をした2次方程式も，$(x+m)^2=n$ の形に変形できると，平方根の考えを用いて解くことができる。

2次方程式の解の公式

2次方程式 $ax^2+bx+c=0$ の解を，2次方程式 $3x^2+5x+1=0$ の解き方と比べながら，導いてみよう。

$ax^2+bx+c=0$		$3x^2+5x+1=0$
↓	両辺を x^2 の係数でわる	↓
$x^2+\frac{b}{a}x+\frac{c}{a}=0$		$x^2+\frac{5}{3}x+\frac{1}{3}=0$
↓	定数項を右辺に移項する	↓
$x^2+\frac{b}{a}x=-\frac{c}{a}$		$x^2+\frac{5}{3}x=-\frac{1}{3}$
↓	両辺に x の係数の半分の2乗をたす	↓
$x^2+\frac{b}{a}x+\left(\frac{b}{2a}\right)^2=-\frac{c}{a}+\left(\frac{b}{2a}\right)^2$		$x^2+\frac{5}{3}x+\left(\frac{5}{6}\right)^2=-\frac{1}{3}+\left(\frac{5}{6}\right)^2$
↓	左辺を2乗の形にし，右辺を計算する	↓
$\left(x+\frac{b}{2a}\right)^2=\frac{b^2-4ac}{4a^2}$		$\left(x+\frac{5}{6}\right)^2=\frac{13}{36}$
↓	平方根を求める	↓
$b^2-4ac\geqq 0$ のとき(*)		
$x+\frac{b}{2a}=\pm\frac{\sqrt{b^2-4ac}}{2a}$		$x+\frac{5}{6}=\pm\frac{\sqrt{13}}{6}$
↓	定数項を移項する	↓
$x=-\frac{b}{2a}\pm\frac{\sqrt{b^2-4ac}}{2a}$		$x=-\frac{5}{6}\pm\frac{\sqrt{13}}{6}$
すなわち $x=\frac{-b\pm\sqrt{b^2-4ac}}{2a}$		すなわち $x=\frac{-5\pm\sqrt{13}}{6}$

(*) $b^2-4ac<0$ のとき，2次方程式は実数の解をもたない。

第3章

1. 2次方程式の解き方　71

テキストの解説

□ 2次方程式の解の公式

○前ページで学んだように，$x^2+px+q=0$ の形をした方程式は，$(x+m)^2=n$ の形に変形することで解くことができる。

○一般の2次方程式 $ax^2+bx+c=0$ は，両辺を a でわることで，$x^2+px+q=0$ の形をした方程式 $x^2+\frac{b}{a}x+\frac{c}{a}=0$ に変形することができる。

○ $ax^2+bx+c=0$ から $x=\sim$ の形を導く過程は，具体的な2次方程式 $3x^2+5x+1=0$ を解く過程とまったく同じである。2つの解き方を比較しながら考えるとよい。

○ $x^2+\frac{b}{a}x=-\frac{c}{a}$ の両辺に，x の係数 $\frac{b}{a}$ の半分の2乗を加えた式

$$x^2+\frac{b}{a}x+\left(\frac{b}{2a}\right)^2=-\frac{c}{a}+\left(\frac{b}{2a}\right)^2 \quad \cdots\cdots ①$$

以降の変形が，少しめんどうである。
その変形の過程をていねいに書くと，次のようになる。

○①の左辺は $\left(x+\frac{b}{2a}\right)^2$

右辺は $-\frac{c}{a}+\frac{b^2}{4a^2}$

これを通分すると

$$-\frac{c}{a}+\frac{b^2}{4a^2}=-\frac{4ac}{4a^2}+\frac{b^2}{4a^2}=\frac{b^2-4ac}{4a^2}$$

よって　$\left(x+\frac{b}{2a}\right)^2=\frac{b^2-4ac}{4a^2}$

$x+\frac{b}{2a}$ は $\frac{b^2-4ac}{4a^2}$ の平方根であるから

$$x+\frac{b}{2a}=\pm\sqrt{\frac{b^2-4ac}{4a^2}}$$

平方根の性質から

$$\sqrt{\frac{b^2-4ac}{4a^2}}=\frac{\sqrt{b^2-4ac}}{\sqrt{4a^2}}=\frac{\sqrt{b^2-4ac}}{2a}$$

よって　$x+\frac{b}{2a}=\pm\frac{\sqrt{b^2-4ac}}{2a}$

$\frac{b}{2a}$ を右辺に移項すると

$$x=-\frac{b}{2a}\pm\frac{\sqrt{b^2-4ac}}{2a}$$

$$=\frac{-b\pm\sqrt{b^2-4ac}}{2a}$$

○負の数の平方根はないから，$b^2-4ac\geqq 0$ である。$b^2-4ac<0$ の場合については，さらに進んだ数学の知識が必要となり，ここで考える必要はない。

前のページで求めた 2 次方程式 $ax^2+bx+c=0$ の解を，2 次方程式の **解の公式** という。

2 次方程式の解の公式

2 次方程式 $ax^2+bx+c=0$ の解は

$$x=\frac{-b\pm\sqrt{b^2-4ac}}{2a}$$

$$ax^2+bx+c=0$$
↓
$$x=\frac{-b\pm\sqrt{b^2-4ac}}{2a}$$

例 11 $3x^2+5x+1=0$ を解く。

解の公式に，$a=3$，$b=5$，$c=1$ を代入すると

$$x=\frac{-5\pm\sqrt{5^2-4\times3\times1}}{2\times3}=\frac{-5\pm\sqrt{13}}{6}$$

例題 1 次の 2 次方程式を解きなさい。

(1) $3x^2-9x+5=0$　　(2) $x^2-5x-5=0$

解答 (1) $x=\frac{-(-9)\pm\sqrt{(-9)^2-4\times3\times5}}{2\times3}$　←解の公式に，$a=3$，$b=-9$，$c=5$ を代入

$=\frac{9\pm\sqrt{81-60}}{6}$

$=\frac{9\pm\sqrt{21}}{6}$　答

(2) $x=\frac{-(-5)\pm\sqrt{(-5)^2-4\times1\times(-5)}}{2\times1}$

$=\frac{5\pm\sqrt{25+20}}{2}$

$=\frac{5\pm\sqrt{45}}{2}$

$=\frac{5\pm3\sqrt{5}}{2}$　答

72　第 3 章　2 次方程式

学習のめあて

解の公式を用いて，2 次方程式を解くことができるようになること。

学習のポイント

解の公式

2 次方程式の解について，次の **解の公式** が成り立つ。

2 次方程式 $ax^2+bx+c=0$ の解は

$$x=\frac{-b\pm\sqrt{b^2-4ac}}{2a}$$

テキストの解説

□例 11

○解の公式を利用して，2 次方程式を解く。公式の a，b，c に正しい値を代入する。

○ $ax^2+bx+c=0$ と $3x^2+5x+1=0$ を比べて

$$a=3,\ b=5,\ c=1$$

□例題 1

○例 11 と同様，公式を正しく適用する。特に，1 次の項の係数や定数項が負の数の場合に注意する。

○解の公式に

(1) $a=3$，$b=-9$，$c=5$

(2) $a=1$，$b=-5$，$c=-5$

をそれぞれ代入する。

○(2) 根号の中は $\sqrt{45}$ のままにしないで，できるだけ簡単な数にする。

テキストの解答

(練習 10 は次ページの問題)

練習 10 (1) $3x^2+7x+1=0$

$$x=\frac{-7\pm\sqrt{7^2-4\times3\times1}}{2\times3}$$

$$=\frac{-7\pm\sqrt{37}}{6}$$

(2) $x^2-3x-3=0$

$$x=\frac{-(-3)\pm\sqrt{(-3)^2-4\times1\times(-3)}}{2\times1}$$

$$=\frac{3\pm\sqrt{21}}{2}$$

(3) $2x^2-5x+1=0$

$$x=\frac{-(-5)\pm\sqrt{(-5)^2-4\times2\times1}}{2\times2}$$

$$=\frac{5\pm\sqrt{17}}{4}$$

(4) $3x^2+6x-1=0$

$$x=\frac{-6\pm\sqrt{6^2-4\times3\times(-1)}}{2\times3}$$

$$=\frac{-6\pm\sqrt{48}}{6}$$

$$=\frac{-6\pm4\sqrt{3}}{6}$$

$$=\frac{-3\pm2\sqrt{3}}{3}$$

学習のめあて

解の公式を用いて，いろいろな 2 次方程式を解くことができるようになること。

学習のポイント

根号の中が自然数の 2 乗の形

根号の中が自然数の 2 乗の形になる場合は，根号をはずして計算する。

練習 10 次の 2 次方程式を解きなさい。

(1) $3x^2+7x+1=0$　(2) $x^2-3x-3=0$

(3) $2x^2-5x+1=0$　(4) $3x^2+6x-1=0$

例題 2 次の 2 次方程式を解きなさい。

$$2x^2+7x-4=0$$

解答

$$x=\frac{-7\pm\sqrt{7^2-4\times2\times(-4)}}{2\times2}$$

$$=\frac{-7\pm\sqrt{81}}{4}$$

$$=\frac{-7\pm9}{4}$$

よって　$x=\dfrac{-7+9}{4},\ \dfrac{-7-9}{4}$

すなわち　$x=\dfrac{1}{2},\ -4$　答

注意 例題 2 は，20 ページのたすきがけによる因数分解を利用して解くこともできる。

$2x^2+7x-4=0$

$(2x-1)(x+4)=0$

よって　$2x-1=0$ または $x+4=0$

したがって　$x=\dfrac{1}{2},\ -4$

練習 11 次の 2 次方程式を解きなさい。

(1) $6x^2+x-2=0$　(2) $4x^2-5x-6=0$

(3) $5x^2-x-4=0$　(4) $4x^2+8x+3=0$

第3章

1. 2 次方程式の解き方　73

テキストの解説

□練習 10

○解の公式を利用して 2 次方程式を解く。

○(4)　根号の中を簡単にすると，分母，分子で約分ができる。

□例題 2，練習 11

○解の公式を利用すると，根号の中が自然数の 2 乗の形になる場合。根号をはずして計算を進める。

○このような 2 次方程式は，因数分解を利用しても必ず解くことができる。

テキストの解答

(練習 10 の解答は前ページ)

練習 11　(1)　$6x^2+x-2=0$

$$x=\frac{-1\pm\sqrt{1^2-4\times6\times(-2)}}{2\times6}$$

$$=\frac{-1\pm\sqrt{49}}{12}=\frac{-1\pm7}{12}$$

よって　$x=\dfrac{6}{12},\ \dfrac{-8}{12}$

すなわち　$\boldsymbol{x=\dfrac{1}{2},\ -\dfrac{2}{3}}$

(2)　$4x^2-5x-6=0$

$$x=\frac{-(-5)\pm\sqrt{(-5)^2-4\times4\times(-6)}}{2\times4}$$

$$=\frac{5\pm\sqrt{121}}{8}=\frac{5\pm11}{8}$$

よって　$x=\dfrac{16}{8},\ \dfrac{-6}{8}$

すなわち　$\boldsymbol{x=2,\ -\dfrac{3}{4}}$

(3)　$5x^2-x-4=0$

$$x=\frac{-(-1)\pm\sqrt{(-1)^2-4\times5\times(-4)}}{2\times5}$$

$$=\frac{1\pm\sqrt{81}}{10}=\frac{1\pm9}{10}$$

よって　$x=\dfrac{10}{10},\ \dfrac{-8}{10}$

すなわち　$\boldsymbol{x=1,\ -\dfrac{4}{5}}$

(4)　$4x^2+8x+3=0$

$$x=\frac{-8\pm\sqrt{8^2-4\times4\times3}}{2\times4}$$

$$=\frac{-8\pm\sqrt{16}}{8}=\frac{-8\pm4}{8}$$

よって　$x=\dfrac{-4}{8},\ \dfrac{-12}{8}$

すなわち　$\boldsymbol{x=-\dfrac{1}{2},\ -\dfrac{3}{2}}$

2 次方程式 $ax^2+bx+c=0$ の x の係数 b が偶数のとき，$b=2b'$ と考えると，解の公式を簡単にすることができる。

2 次方程式 $ax^2+2b'x+c=0$ の解は次のようになる。

$$x=\frac{-(2b')\pm\sqrt{(2b')^2-4ac}}{2a}$$

$$=\frac{-2b'\pm\sqrt{4b'^2-4ac}}{2a}$$

$$=\frac{-2b'\pm\sqrt{4(b'^2-ac)}}{2a}$$

$$=\frac{-2b'\pm2\sqrt{b'^2-ac}}{2a}$$

$$=\frac{-b'\pm\sqrt{b'^2-ac}}{a}$$

よって，次のような公式が成り立つ。

2 次方程式 $ax^2+2b'x+c=0$ の解は

$$\boldsymbol{x=\frac{-b'\pm\sqrt{b'^2-ac}}{a}}$$

例 12 $5x^2+6x-1=0$ を解く。

$$x=\frac{-3\pm\sqrt{3^2-5\times(-1)}}{5}$$

← 上の公式に，$a=5$，$b'=3$，$c=-1$ を代入

$$=\frac{-3\pm\sqrt{14}}{5}$$

練習 12 次の 2 次方程式を解きなさい。

(1) $x^2+2x-2=0$ (2) $2x^2-4x+1=0$

(3) $3x^2-2x-8=0$ (4) $5x^2-6x-8=0$

74 第 3 章 2 次方程式

学習のめあて

x の係数が偶数である場合の解の公式を導き，それを利用すること。

学習のポイント

解の公式（x の係数が偶数の場合）

2 次方程式 $ax^2+2b'x+c=0$ の解は

$$x=\frac{-b'\pm\sqrt{b'^2-ac}}{a}$$

テキストの解説

□解の公式（x の係数が偶数の場合）

○2 次方程式 $ax^2+2b'x+c=0$ とは，x の係数が偶数である方程式を表している。たとえば，$b'=3$ のとき，x の係数は 6 であり，x の係数が -8 のとき，$b'=-4$ である。

○計算はできるだけ簡単な方が間違いも少ない。x の係数が偶数である 2 次方程式の解の公式は，テキストに示したように，簡単な式で表すことができる。

○正しく公式を適用することが大切である。

□例 12

○方程式の x の項の係数は $6=2\times3$ であるから，b' には 3 を代入する。

□練習 12

○例 12 にならって解く。b' の値を誤らないように注意する。

テキストの解答

練習 12 (1) $x^2+2x-2=0$

$$\boldsymbol{x}=\frac{-1\pm\sqrt{1^2-1\times(-2)}}{1}$$

$$\boldsymbol{=-1\pm\sqrt{3}}$$

(2) $2x^2-4x+1=0$

$$\boldsymbol{x}=\frac{-(-2)\pm\sqrt{(-2)^2-2\times1}}{2}$$

$$\boldsymbol{=\frac{2\pm\sqrt{2}}{2}}$$

(3) $3x^2-2x-8=0$

$$x=\frac{-(-1)\pm\sqrt{(-1)^2-3\times(-8)}}{3}$$

$$=\frac{1\pm\sqrt{25}}{3}=\frac{1\pm5}{3}$$

よって $x=\frac{6}{3}$，$\frac{-4}{3}$

すなわち $\boldsymbol{x=2,\ -\frac{4}{3}}$

(4) $5x^2-6x-8=0$

$$x=\frac{-(-3)\pm\sqrt{(-3)^2-5\times(-8)}}{5}$$

$$=\frac{3\pm\sqrt{49}}{5}=\frac{3\pm7}{5}$$

よって $x=\frac{10}{5}$，$\frac{-4}{5}$

すなわち $\boldsymbol{x=2,\ -\frac{4}{5}}$

学習のめあて

これまでに学んだことを利用して，複雑な2次方程式も解けるようになること。

学習のポイント

2次方程式の解き方

[1] 係数に分数や小数がある場合は，両辺を何倍かして，分数や小数をなくす。かっこのある式は，かっこをはずす。

[2] $ax^2+bx+c=0$ の形に整理する。

[3] 左辺が因数分解できるかどうかを考え，すぐに因数分解ができる場合は，因数分解を利用する。

[4] すぐに因数分解ができない場合は，解の公式を利用する。

いろいろな2次方程式

式が複雑な場合は，かっこをはずして整理したり，係数を整数に直したりして解くとよい。

例題 3 次の2次方程式を解きなさい。

$$2(x+1)^2=1-x$$

解答

$$2(x+1)^2=1-x$$
$$2(x^2+2x+1)=1-x$$
$$2x^2+4x+2=1-x$$
$$2x^2+5x+1=0$$

（$(x+1)^2$ を展開する）（かっこをはずす）

よって　$x=\dfrac{-5\pm\sqrt{5^2-4\times2\times1}}{2\times2}=\dfrac{-5\pm\sqrt{17}}{4}$　答

第3章

練習 13 次の2次方程式を解きなさい。

(1) $3(x^2+2x)-3x=1$　(2) $(3x+1)(3x-1)=x(7x+9)+4$

(3) $\dfrac{1}{3}x^2-\dfrac{2}{3}x+\dfrac{2}{9}=0$　(4) $1.6x^2+0.8x+0.1=0$

2次方程式の解き方

① $ax^2=b$，$a(x+m)^2=n$ の形の2次方程式は，平方根の考えを利用。

② ① 以外の形の2次方程式は

[1] 係数に分数や小数があるときは，両辺を何倍かして分数や小数をなくす。かっこのある式は，かっこをはずす。

[2] $ax^2+bx+c=0$ の形に整理する。←係数はなるべく簡単な整数にする
（整理した式が $ax^2+c=0$ の形のときは，① と同じようにして解く）

[3] 左辺を因数分解できるかどうか考える。
因数分解できる場合は，「$AB=0$ ならば $A=0$ または $B=0$」を利用。

[4] （すぐには）因数分解できない場合は，解の公式を利用。

1. 2次方程式の解き方　75

テキストの解説

□例題 3

○まず，2次方程式を $ax^2+bx+c=0$ の形に整理する。

○整理した方程式 $2x^2+5x+1=0$ の左辺は因数分解ができない　→　解の公式を利用

□練習 13

○まず，方程式を簡単な形にする。

かっこを含む式　→　かっこをはずす

分数，小数を含む式　→　整数にする

テキストの解答

練習 13 (1)

$$3(x^2+2x)-3x=1$$
$$3x^2+6x-3x=1$$
$$3x^2+3x-1=0$$

よって　$x=\dfrac{-3\pm\sqrt{3^2-4\times3\times(-1)}}{2\times3}$

$$=\mathbf{\frac{-3\pm\sqrt{21}}{6}}$$

(2)

$$(3x+1)(3x-1)=x(7x+9)+4$$
$$9x^2-1=7x^2+9x+4$$
$$2x^2-9x-5=0$$
$$(x-5)(2x+1)=0$$

$x-5=0$　または　$2x+1=0$

よって　$\boldsymbol{x=5,\ -\frac{1}{2}}$

(3) $\dfrac{1}{3}x^2-\dfrac{2}{3}x+\dfrac{2}{9}=0$

両辺に9をかけると　$3x^2-6x+2=0$

よって　$x=\dfrac{-(-3)\pm\sqrt{(-3)^2-3\times2}}{3}$

$$=\mathbf{\frac{3\pm\sqrt{3}}{3}}$$

(4) $1.6x^2+0.8x+0.1=0$

両辺に10をかけると　$16x^2+8x+1=0$

$$(4x+1)^2=0$$

よって　$\boldsymbol{x=-\frac{1}{4}}$

学習のめあて

方程式の解から，方程式の係数などを求めることができるようになること。

学習のポイント

方程式と解

○が解　→　○を代入した式が成り立つ

テキストの解説

□例題 4

○ $x=1$ が解であるから，方程式に $x=1$ を代入した式が成り立つ。

○ $x=1$ を代入した式は，m の 2 次方程式になるから，それを解けばよい。

○ $m=-1$ のとき，方程式は

$$2x^2-x-1=0$$

すなわち　$(x-1)(2x+1)=0$

$m=2$ のとき，方程式は

$$2x^2+2x-4=0$$

よって　$x^2+x-2=0$

すなわち　$(x-1)(x+2)=0$

いずれの場合も，$x=1$ は解の 1 つである。

□練習 14

○$x=-1$ が解であるから，$x=-1$ を方程式に代入した式が成り立つ。

□例題 5

○解が 2 つ与えられているから，方程式が 2 つ得られて，a，b の値を求めることができる。

○ 2 次方程式 $(x+2)(x-4)=0$ は，-2 と 4 を解にもつ。この方程式の左辺を展開すると

$$x^2-2x-8=0$$

このことからも，$a=-2$，$b=-8$ となることが予想できる。

□練習 15

○方程式に，$x=-1$ と $x=-3$ を代入する。

方程式と解

例題 4　x の 2 次方程式 $2x^2+mx-m^2=0$ の解の 1 つが 1 であるとき，定数 m の値を求めなさい。

考え方　$x=1$ を 2 次方程式に代入した式が成り立つ。

解答　解の 1 つが 1 であるから，2 次方程式 $2x^2+mx-m^2=0$ に $x=1$ を代入すると

$$2\times1^2+m\times1-m^2=0$$

すなわち　$(m+1)(m-2)=0$

したがって　$m=-1,\ 2$　答

練習 14　x の 2 次方程式 $2x^2+mx-3m^2=0$ の解の 1 つが -1 であるとき，定数 m の値を求めなさい。

例題 5　x の 2 次方程式 $x^2+ax+b=0$ が -2 と 4 を解にもつとき，定数 a，b の値を求めなさい。

解答　解が -2 と 4 であるから，2 次方程式 $x^2+ax+b=0$ に $x=-2$，$x=4$ をそれぞれ代入すると

$$(-2)^2+a\times(-2)+b=0$$
$$4^2+a\times4+b=0$$

すなわち　$4-2a+b=0$　……①

$16+4a+b=0$　……②

①，②より　$a=-2,\ b=-8$　答

練習 15　x の 2 次方程式 $x^2+ax+b=0$ が -1 と -3 を解にもつとき，定数 a，b の値を求めなさい。

76　第 3 章　2 次方程式

○例題 5 と同様に，a，b の連立方程式を解けばよい。

テキストの解答

練習 14　解の 1 つが -1 であるから，2 次方程式 $2x^2+mx-3m^2=0$ に $x=-1$ を代入すると　$2\times(-1)^2+m\times(-1)-3m^2=0$

すなわち　$3m^2+m-2=0$

$(m+1)(3m-2)=0$

したがって　$\boldsymbol{m=-1,\ \dfrac{2}{3}}$

練習 15　解が -1 と -3 であるから，2 次方程式 $x^2+ax+b=0$ に $x=-1$，$x=-3$ をそれぞれ代入すると

$$(-1)^2+a\times(-1)+b=0$$
$$(-3)^2+a\times(-3)+b=0$$

すなわち　$1-a+b=0$　……①

$9-3a+b=0$　……②

①，②より　$\boldsymbol{a=4,\ b=3}$

学習のめあて

判別式を利用して，2次方程式の実数解の個数を知ることができるようになること。

学習のポイント

2次方程式の実数解の個数

方程式における実数の解を，単に **実数解** という。

2次方程式 $ax^2+bx+c=0$ の実数解の個数は，**判別式 $D=b^2-4ac$** の符号によって，次のようになる。

[1] $b^2-4ac>0$ 　実数解は　2個

[2] $b^2-4ac=0$ 　実数解は　1個（重解）

[3] $b^2-4ac<0$ 　実数解は　0個

■■ テキストの解説 ■■

□ 2次方程式の実数解の個数

○ 2，0.52，$-\dfrac{1}{3}$ のような有理数も，$\sqrt{2}$，π のような無理数も，これまでに学んだ数はすべて実数である。

○解の公式における $\sqrt{b^2-4ac}$ の部分に着目すると，実数解の個数が b^2-4ac の符号によって決まることがわかる。

○2乗した数は0以上であるから，たとえば，2次方程式 $x^2+1=0$ は実数解をもたない。このとき，

$$b^2-4ac=0^2-4\times1\times1=-4<0$$

であり，判別式の符号も負になる。

□ 例13，練習16

○判別式を利用して，2次方程式の実数解の個数を調べる。

○判別式を利用すれば，2次方程式を解かなくても，実数解をもつかどうかは簡単に知ることができる。

2次方程式の実数解の個数

方程式における実数の解を，単に **実数解** という。

71ページの2次方程式 $ax^2+bx+c=0$ の解の公式を導く過程で，14行目において，「$b^2-4ac\geqq0$ のとき」としていた。この b^2-4ac の符号によって，2次方程式 $ax^2+bx+c=0$ の実数解は，次のように分類される。

根号の中の式に注目
$$x=\dfrac{-b\pm\sqrt{b^2-4ac}}{2a}$$

[1] $b^2-4ac>0$ のとき

　異なる2つの実数解 $x=\dfrac{-b\pm\sqrt{b^2-4ac}}{2a}$ をもつ。

[2] $b^2-4ac=0$ のとき

　ただ1つの実数解（重解）$x=-\dfrac{b}{2a}$ をもつ。　←$x=\dfrac{-b\pm\sqrt{0}}{2a}$

[3] $b^2-4ac<0$ のとき　←71ページの12行目の式において，
　実数解をもたない。　（左辺）$\geqq0$，（右辺）<0 となり，成り立たない

2次方程式 $ax^2+bx+c=0$ について，b^2-4ac を **判別式** といい，ふつう D で表す。

右のように，判別式の符号によって，実数解の個数がわかる。

$D=b^2-4ac$ の符号	$D>0$	$D=0$	$D<0$
実数解の個数	2個	1個（重解）	0個

例13 　2次方程式 $x^2-5x+3=0$ の判別式を D とすると
$$D=(-5)^2-4\times1\times3=13>0$$
　よって，実数解の個数は2個である。

練習16 　次の2次方程式の実数解の個数を求めなさい。
(1) $x^2+10x+25=0$ 　(2) $2x^2+3x+4=0$ 　(3) $3x^2+7x+1=0$

1. 2次方程式の解き方　77

■■ テキストの解答 ■■

練習16 (1) 　2次方程式 $x^2+10x+25=0$ の判別式を D とすると
$$D=10^2-4\times1\times25=0$$
　よって，実数解の個数は　**1個**

(2) 　2次方程式 $2x^2+3x+4=0$ の判別式を D とすると
$$D=3^2-4\times2\times4=-23<0$$
　よって，実数解の個数は　**0個**

(3) 　2次方程式 $3x^2+7x+1=0$ の判別式を D とすると
$$D=7^2-4\times3\times1=37>0$$
　よって，実数解の個数は　**2個**

2次方程式の解と判別式については，高校でも詳しく学習します。

テキスト 78 ページ

2. 2次方程式の利用

学習のめあて

2次方程式を利用して，数の問題が解けるようになること。

学習のポイント

2次方程式を利用した問題の解き方

[1] 求める数量を x とおく。

[2] 等しい数量の関係を見つけて，方程式をつくる。

[3] 方程式を解く。

[4] 方程式の解が問題に適しているかどうかを確かめる。

テキストの解説

□例題 6

○方程式を利用して文章題を解く要領は，1次方程式や連立方程式を利用する場合と同じである。

○まず，条件を式に表す。
もとの自然数を x とおくと，ある自然数 x から4をひいた数の2乗 $(x-4)^2$ が，もとの自然数 x に3をたして10倍した数 $10(x+3)$ よりも5大きくなることから，方程式

$$(x-4)^2=10(x+3)+5$$

が得られる。

○この方程式の解が，すべて問題の解になるとは限らないことに注意する。x は自然数であるから，$x=-1$ は問題には適さない。

○もし，もとの数が整数であれば，求める数は -1 と 19 になる。問題文に注意して，方程式の解の確認を行う。

□練習 17

○求める自然数を x とおいて，条件を式に表す。例題6と同様，x は自然数であることに注意する。

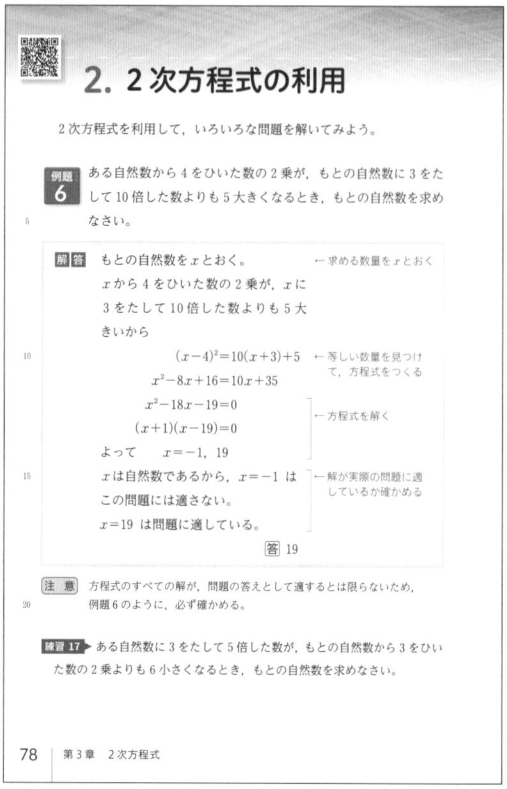

2. 2次方程式の利用

2次方程式を利用して，いろいろな問題を解いてみよう。

例題 6 ある自然数から4をひいた数の2乗が，もとの自然数に3をたして10倍した数よりも5大きくなるとき，もとの自然数を求めなさい。

解答 もとの自然数を x とおく。 ←求める数量を x とおく

x から4をひいた数の2乗が，x に3をたして10倍した数よりも5大きいから

$(x-4)^2=10(x+3)+5$ ←等しい数量を見つけて，方程式をつくる

$x^2-8x+16=10x+35$

$x^2-18x-19=0$ ←方程式を解く

$(x+1)(x-19)=0$

よって　$x=-1,\ 19$

x は自然数であるから，$x=-1$ は この問題には適さない。 ←解が実際の問題に適しているか確かめる

$x=19$ は問題に適している。

答 19

注意 方程式のすべての解が，問題の答えとして適するとは限らないため，例題6のように，必ず確かめる。

練習 17 ある自然数に3をたして5倍した数が，もとの自然数から3をひいた数の2乗よりも6小さくなるとき，もとの自然数を求めなさい。

78　第3章　2次方程式

テキストの解答

練習 17 もとの自然数を x とおく。
x に3をたして5倍した数が，x から3をひいた数の2乗よりも6小さいから

$$5(x+3)=(x-3)^2-6$$
$$5x+15=x^2-6x+9-6$$
$$x^2-11x-12=0$$
$$(x+1)(x-12)=0$$

よって　$x=-1,\ 12$

x は自然数であるから，$x=-1$ は，この問題には適さない。$x=12$ は問題に適している。

したがって，もとの自然数は **12**

確かめの問題　解答は本書 199 ページ

1 連続する3つの自然数があり，中央の数の9倍は，最も小さい数と最も大きい数の積より9小さい。
このとき，中央の数を求めなさい。

学習のめあて

2 次方程式を利用して，図形に関する問題が解けるようになること。

学習のポイント

2 次方程式を利用した問題の解き方

わからない数量を x とおいて方程式をつくり，それを解く。
解が問題に適しているかどうかを確かめる。

テキストの解説

□例題 7

○求めるものは縦と横の長さであるが，「横の長さが縦の長さの 2 倍である」という条件から，縦の長さも横の長さも，1 つの文字 x で表すことができる。

○折り曲げてできるふたのない箱の容積は

$$2(x-4)(2x-4)\ \mathrm{cm}^3$$

これが $96\ \mathrm{cm}^3$ になることから，方程式が得られる。

○例題 6 とは異なり，x が満たす条件は，箱ができるための条件から得られる。紙の縦の長さは正の数であるが，四隅から 1 辺 2 cm の正方形を切り取って箱をつくるためには，縦の長さが 4 cm より長くないといけない。

○縦が 8 cm，横が 16 cm である紙からできる箱の底面は，縦 4 cm，横 12 cm となって，箱の容積は，確かに　$4\times12\times2=96\ (\mathrm{cm}^3)$ になる。

□練習 18

○大きい正方形の 1 辺の長さを x cm とおいて，方程式をつくる。

○ $x=5-\sqrt{5}$ のとき，大きい正方形の 1 辺の長さは，小さい正方形の 1 辺の長さより短くなってしまう。したがって，問題の解として適していない。

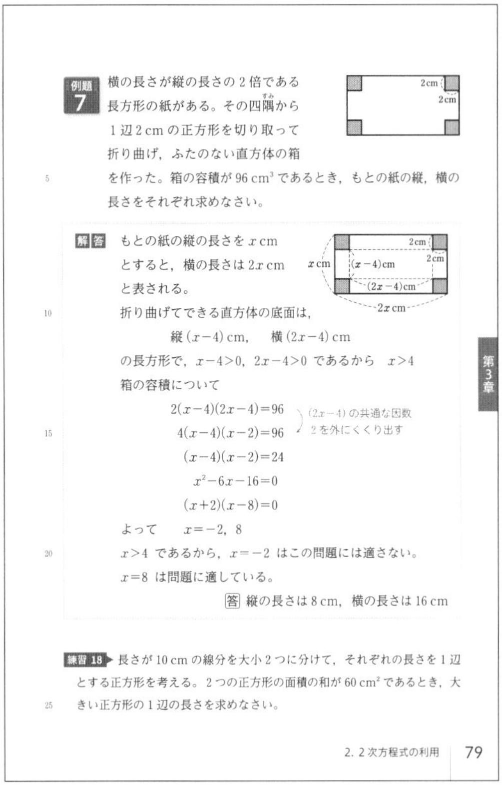

例題 7　横の長さが縦の長さの 2 倍である長方形の紙がある。その四隅（すみ）から 1 辺 2 cm の正方形を切り取って折り曲げ，ふたのない直方体の箱を作った。箱の容積が $96\ \mathrm{cm}^3$ であるとき，もとの紙の縦，横の長さをそれぞれ求めなさい。

解答　もとの紙の縦の長さを x cm とすると，横の長さは $2x$ cm と表される。
折り曲げてできる直方体の底面は，

縦 $(x-4)$ cm，　横 $(2x-4)$ cm

の長方形で，$x-4>0$，$2x-4>0$ であるから　$x>4$
箱の容積について

$$2(x-4)(2x-4)=96$$
$$4(x-4)(x-2)=96$$
$$(x-4)(x-2)=24$$
$$x^2-6x-16=0$$
$$(x+2)(x-8)=0$$

（$(2x-4)$ の共通な因数 2 を外にくくり出す）

よって　$x=-2,\ 8$
$x>4$ であるから，$x=-2$ はこの問題には適さない。
$x=8$ は問題に適している。

答　縦の長さは 8 cm，横の長さは 16 cm

練習 18　長さが 10 cm の線分を大小 2 つに分けて，それぞれの長さを 1 辺とする正方形を考える。2 つの正方形の面積の和が $60\ \mathrm{cm}^2$ であるとき，大きい正方形の 1 辺の長さを求めなさい。

第3章

2. 2 次方程式の利用　79

テキストの解答

練習 18　大きい正方形の 1 辺の長さを x cm とすると，小さい正方形の 1 辺の長さは $(10-x)$ cm と表される。
$x>0$，$10-x>0$ で，長い方の線分の長さが x cm であるから　$x>10-x$
よって　$5<x<10$
2 つの正方形の面積の和が $60\mathrm{cm}^2$ であるから

$$x^2+(10-x)^2=60$$
$$x^2+100-20x+x^2=60$$
$$2x^2-20x+40=0$$
$$x^2-10x+20=0$$

これを解くと　$x=5\pm\sqrt{5}$
$5<x<10$ であるから，$x=5-\sqrt{5}$ は問題には適さない。
$x=5+\sqrt{5}$ は問題に適している。
したがって　**$(5+\sqrt{5})$ cm**

例題 8 右の図のような直角三角形 ABC において，点 P は A を出発して，辺 AB 上を毎秒 1 cm の速さで B まで動く。また，点 Q は点 P と同時に B を出発して，辺 BC 上を毎秒 2 cm の速さで C まで動く。△PBQ の面積が 21 cm² になるのは，点 P が A を出発してから何秒後か答えなさい。

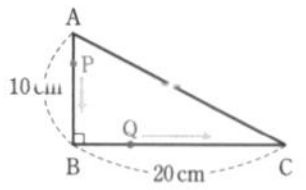

解答 点 P が A を出発してから x 秒後の線分 PB，BQ の長さは

$PB=10-x$ (cm)，　$BQ=2x$ (cm)

ここで，点 P は辺 AB 上，点 Q は辺 BC 上にあるから

$0\leqq 10-x\leqq 10$，$0\leqq 2x\leqq 20$

よって　$0\leqq x\leqq 10$

△PBQ の面積について

$$\frac{1}{2}\times(10-x)\times 2x=21$$
$$x(10-x)=21$$
$$x^2-10x+21=0$$

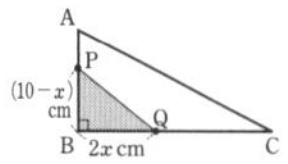

これを解くと　$x=3,\ 7$

$0<x<10$ であるから，これらは，ともに問題に適している。

└△PBQ であるから，$x=0$，$x=10$ は含まない

答 3 秒後と 7 秒後

練習 19 右の図のような長方形 ABCD において，点 P は A を出発して，辺 AB 上を毎秒 2 cm の速さで B まで動く。また，点 Q は点 P と同時に B を出発して，辺 BC 上を毎秒 1 cm の速さで C まで動く。△PBQ の面積が 18 cm² になるのは，点 P が A を出発してから何秒後か答えなさい。

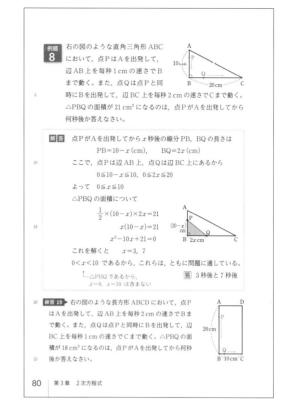

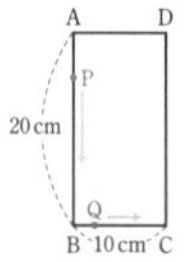

80　第 3 章　2 次方程式

学習のめあて

2 次方程式を利用して，図形に関するいろいろな問題が解けるようになること。

学習のポイント

2 次方程式を利用した問題の解き方

わからない数量を x とおいて方程式をつくり，それを解く。

解が問題に適しているかどうかを確かめる。

テキストの解説

□例題 8

○三角形の辺上を動く点を結んでできる三角形の面積。時間とともに，三角形の面積は変化する。

○点 P が点 B に到達するのは，出発してから

$10\div 1=10$ (秒後)

点 Q が点 C に到達するのは，出発してから

$20\div 2=10$ (秒後)

したがって，2 点 P，Q は同時に，それぞれ点 B，C に到達する。

○ x 秒後の線分 PB，BQ の長さに着目して，△PBQ の面積を x の式で表すと

$$\triangle PBQ=\frac{1}{2}\times(10-x)\times 2x$$
$$=10x-x^2\ (cm^2)$$

○ $x=0$ のとき，$BQ=0$ cm

$x=10$ のとき，$PB=0$ cm

であるから，$x=0$，10 のとき △PBQ がつくれない。

よって，x の値の範囲は　$0<x<10$

○方程式を解いて得られる解 $x=3$，7 は $0<x<10$ を満たす。これらはともに問題の解になる。

□練習 19

○例題 8 にならって解く。x 秒後の線分 PB の長さと線分 BQ の長さを考え，△PBQ の面積を x の式で表す。

テキストの解答

練習 19 点 P が A を出発してから x 秒後の線分 PB，BQ の長さは

$PB=20-2x$ (cm)，$BQ=x$ (cm)

ここで，点 P は辺 AB 上，点 Q は辺 BC 上にあるから

$0\leqq 20-2x\leqq 20$，$0\leqq x\leqq 10$

よって　$0\leqq x\leqq 10$

△PBQ の面積について

$$\frac{1}{2}\times(20-2x)\times x=18$$
$$x(10-x)=18$$
$$x^2-10x+18=0$$

これを解くと　$x=5\pm\sqrt{7}$

$0<x<10$ であるから，これらは，ともに問題に適している。

よって　**$(5+\sqrt{7})$ 秒後と $(5-\sqrt{7})$ 秒後**

確認問題

解答は本書 182 ページ

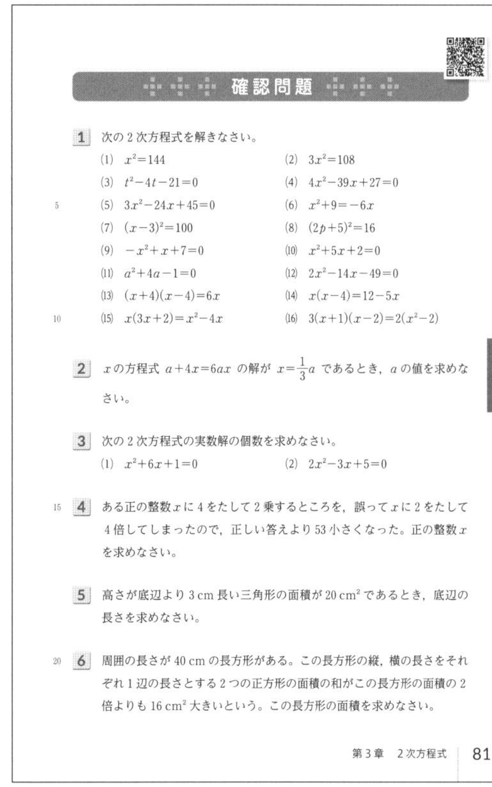
確認問題

1 次の 2 次方程式を解きなさい。

(1) $x^2=144$ (2) $3x^2=108$

(3) $t^2-4t-21=0$ (4) $4x^2-39x+27=0$

(5) $3x^2-24x+45=0$ (6) $x^2+9=-6x$

(7) $(x-3)^2=100$ (8) $(2p+5)^2=16$

(9) $-x^2+x+7=0$ (10) $x^2+5x+2=0$

(11) $a^2+4a-1=0$ (12) $2x^2-14x-49=0$

(13) $(x+4)(x-4)=6x$ (14) $x(x-4)=12-5x$

(15) $x(3x+2)=x^2-4x$ (16) $3(x+1)(x-2)=2(x^2-2)$

2 x の方程式 $a+4x=6ax$ の解が $x=\frac{1}{3}a$ であるとき，a の値を求めなさい。

3 次の 2 次方程式の実数解の個数を求めなさい。

(1) $x^2+6x+1=0$ (2) $2x^2-3x+5=0$

4 ある正の整数 x に 4 をたして 2 乗するところを，誤って x に 2 をたして 4 倍してしまったので，正しい答えより 53 小さくなった。正の整数 x を求めなさい。

5 高さが底辺より 3 cm 長い三角形の面積が 20 cm² であるとき，底辺の長さを求めなさい。

6 周囲の長さが 40 cm の長方形がある。この長方形の縦，横の長さをそれぞれ 1 辺の長さとする 2 つの正方形の面積の和がこの長方形の面積の 2 倍よりも 16 cm² 大きいという。この長方形の面積を求めなさい。

第 3 章　2 次方程式　81

第3章

テキストの解説

□問題 1

○いろいろな 2 次方程式の解き方。テキスト 75 ページに示した次の順に考える。

［1］ 係数に分数や小数があるときは，両辺を何倍かして，分数や小数をなくす。かっこのある式は，かっこをはずす。

［2］ $ax^2+bx+c=0$ の形に整理する。

［3］ 左辺を因数分解できるかどうか考え，すぐに因数分解ができる場合は，因数分解を利用する。

［4］ すぐに因数分解ができない場合は，解の公式を利用する。

○(3)のような x 以外の文字についての 2 次方程式も，同じように考えて解けばよい。

○(4) 左辺が因数分解できずに，解の公式を用いると，次のようになる。この場合，根号をはずすところが少しむずかしい。

$$x=\frac{-(-39)\pm\sqrt{(-39)^2-4\times4\times27}}{2\times4}$$

$$=\frac{39\pm\sqrt{1089}}{8}=\frac{39\pm33}{8}$$

□問題 2

○$x=\frac{1}{3}a$ が方程式の解であるから，方程式の x に $\frac{1}{3}a$ を代入する。

○$a=0$ のとき，方程式は $4x=0$，解は $x=0$ で，この場合も問題に適している。

□問題 3

○判別式を利用して，2 次方程式の実数解の個数を調べる。

○判別式の符号により，3 通りの場合がある。

□問題 4

○2 次方程式の数の問題への利用。問題文を正しく式に表す。

○正しい答えは　$(x+4)^2$

誤った答えは　$4(x+2)$

誤った答えは正しい答えより 53 小さいから

$$(x+4)^2-53=4(x+2)$$

○x は正の整数であることに注意する。

□問題 5

○2 次方程式の図形の問題への利用。

○高さと底辺の関係から，底辺の長さを x cm とおくと，高さも x の式で表される。

□問題 6

○2 次方程式の図形の問題への利用。

○長方形の周の長さに着目して，長方形の縦の長さと横の長さを x の式で表す。

○問題文をよく読む。求めるものは，辺の長さではなく面積であることに注意する。

演習問題A

解答は本書 184 ページ

> **演習問題 A**
>
> **1** 次の 2 次方程式を解きなさい。
>
> (1) $\frac{1}{6}x^2-\frac{1}{2}(x-1)-\frac{1}{3}=0$　　(2) $\frac{2x-1}{3}-\left(\frac{x+1}{3}\right)^2=-1$
>
> (3) $1.5x(2-0.5x)-0.25(x+4)=0.25x+1$
>
> (4) $2(x-\sqrt{3})^2-3(x-\sqrt{3})-2=0$
>
> **2** 2 次方程式 $x^2-4x+4=0$ の解が，x の 2 次方程式
>
> $$3x^2+ax-24=0 \quad \cdots\cdots ①$$
>
> の解の 1 つであるとき，a の値と方程式 ① のもう 1 つの解を求めなさい。
>
> **3** x の 2 次方程式 $x^2+ax+b=0$ の 2 つの解にそれぞれ 2 を加えた数が，2 次方程式 $x^2-6x-16=0$ の解になるとき，a，b の値を求めなさい。
>
> **4** 2 次方程式 $x^2-2x-1=0$ の 2 つの解のうち，大きい方を a とする。このとき，$2a^2-3a+1$ の値を求めなさい。
>
> **5** 連続する 3 つの自然数がある。小さい方の 2 数の積が，最も大きい数より 79 大きくなるとき，これら 3 つの自然数を求めなさい。
>
> **6** (縦の長さ)：(横の長さ)=1：4 の長方形がある。縦の長さを 1 cm，横の長さを 3 cm 長くすると面積は 25％ 増えた。もとの長方形の縦の長さを求めなさい。
>
> **7** 縦 20 m，横 30 m の長方形の土地がある。右の図のように，道幅が同じで互いに垂直な道を 2 本作り，残りの土地を花だんとしたところ，花だんの面積が 336 m² となった。道幅は何mであるか答えなさい。
>
> 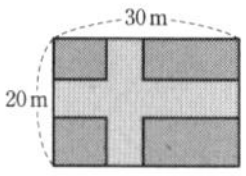
>
>
> 82　第 3 章　2 次方程式

テキストの解説

□問題 1

○複雑な 2 次方程式の解法。

○係数に分数や小数を含むときは，両辺を何倍かして分数や小数をなくす。かっこのある式は，かっこをはずす。

○(4)　$x-\sqrt{3}$ を 1 つの文字でおきかえる。

かっこをはずして整理すると

$$2x^2-(3+4\sqrt{3})x+4+3\sqrt{3}=0$$

解の公式を用いると

$$x=\frac{3+4\sqrt{3}\pm\sqrt{25}}{4}=\frac{3+4\sqrt{3}\pm5}{4}$$

解を求めることはできるが，その計算はめんどうである。

□問題 2

○ 2 つの 2 次方程式の解。

○ 2 次方程式 $x^2-4x+4=0$ の解は $x=2$ であるから，$x=2$ が方程式①の解の 1 つである。

□問題 3

○ 2 つの 2 次方程式の解。それぞれの解の関係を考える。

○ $x^2-6x-16=0$ の 2 つの解は，それぞれ $x^2+ax+b=0$ の 2 つの解より 2 大きい。
このことは，$x^2+ax+b=0$ の 2 つの解は，それぞれ $x^2-6x-16=0$ の 2 つの解より 2 小さいことを意味している。

□問題 4

○ 2 次方程式を解いて式の値を求める。

○ 2 次方程式 $x^2-2x-1=0$ の解のうち，大きい方は $x=1+\sqrt{2}$ であるから，$a=1+\sqrt{2}$ を $2a^2-3a+1$ に代入すればよい。

○ $2a^2-3a+1$ を因数分解して代入すると，計算は簡単になる。

□問題 5

○ 2 次方程式の数の問題への利用。

○連続する 3 つの自然数であるから，それらを

　x，$x+1$，$x+2$　または　$x-1$，x，$x+1$

とおく。

□問題 6

○ 2 次方程式の図形の問題への利用。

○辺を長くした長方形の面積は，もとの長方形の面積の 1.25 倍である。

□問題 7

○ 2 次方程式の図形への利用。

○道の幅を x m とおいて 2 次方程式をつくる。

○右の図のように，道（白い部分）を移動して考えても，花だんの面積は変わらない。

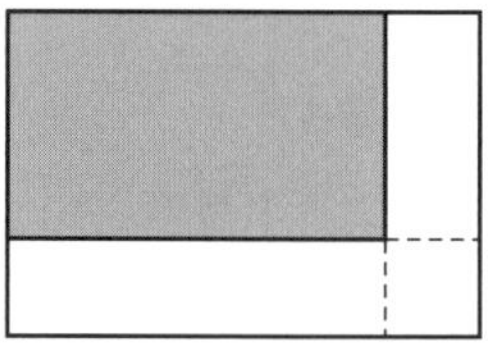

演習問題B

解答は本書 186 ページ

演習問題 B

8 2 次方程式 $x^2-6x+4=0$ の 2 つの解を a, b とするとき, $(a^2-6a)(b^2-6b+1)$ の値を求めなさい。

9 x の 2 次方程式 $x^2-2x+m=0$ ……① について, 次の問いに答えなさい。

(1) ① が異なる 2 つの実数解をもつような m の値の範囲を求めなさい。

(2) ① がただ 1 つの実数解をもつような m の値を求めなさい。

10 20% の食塩水 100g が入っている容器Aがある。容器Aの中の食塩水に対して, 次の操作を続けて行う。

「x g の食塩水を取り出し, 代わりに x g の水を入れ, よくかき混ぜる」

(1) 1 回目の操作が終わったとき, 容器Aの食塩水に含まれる食塩の量を x を用いて表しなさい。

(2) この操作を 2 回行ったあとの食塩水の濃度は 5% になった。x の値を求めなさい。

11 右の図において, 点 A, E は直線 $y=ax+2$ $(a>0)$ 上の点であり, 点 B, C, G は x 軸上の点である。四角形 ABCD, ECGF はともに正方形で, 点 B の x 座標は 2 である。

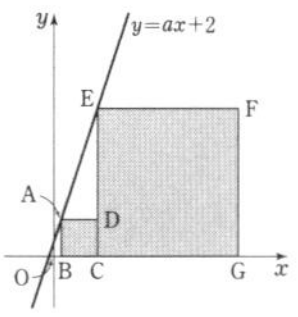

(1) 点 E の x 座標を a で表しなさい。

(2) 点 G の x 座標が 42 であるとき, a の値を求めなさい。

テキストの解説

□問題 8

○ 2 次方程式の解と式の値。

○ 2 次方程式の解 $x=3\pm\sqrt{5}$ を代入して式の値を求めるのはたいへん。計算をくふうすることを考える。

○ 2 次方程式と値を求める式とを比べると, 次の下線部分が似ている。

$\underline{x^2-6x}+4=0$, $(\underline{a^2-6a})(\underline{b^2-6b}+1)$

○ a, b は 2 次方程式の解であるから

$a^2-6a+4=0$, $b^2-6b+4=0$

このことを利用すると, 計算が簡単になる。

□問題 9

○ 2 次方程式の判別式 D を利用する。

○異なる 2 つの実数解をもつ　→　$D>0$

ただ 1 つの実数解をもつ　→　$D=0$

□問題 10

○ 2 次方程式を利用した濃度の問題。

○食塩水に含まれる食塩の重さに着目して, 方程式をつくる。

$$(\text{食塩の重さ})=(\text{食塩水の重さ})\times\frac{(\text{濃度})}{100}$$

○ 1 回の操作の後, 食塩の重さは $\dfrac{100-x}{100}$ 倍になる。

□問題 11

○ 1 次関数のグラフを利用した問題。直線の式 $y=ax+2$ を利用する。

○(1) わかっているのは, 点 B の x 座標。四角形 ABCD, ECGF が正方形であることも利用して

点 B の x 座標　→　点 A の y 座標
→　点 C の x 座標

の順に考える。

実力を試す問題

解答は本書 203 ページ

1 x の 2 次方程式 $x^2+ax=2013$ の解の 1 つが 33 であるとき, 他の解を求めなさい。

2 ある品物を 1 個 375 円で x 個仕入れ, 仕入れ値の 6 割の利益を見込んで定価をつけた。

1 日目は定価で売ったところ, 仕入れた個数の 2 割だけ売れた。

2 日目は定価の y 割引きの価格で売ったところ, 売れ残っていた個数の $\dfrac{3}{8}$ だけ売れた。

3 日目は 2 日目の売値のさらに $2y$ 割引きの価格で売ったところ, 売れ残っていた 75 個がすべて売り切れた。

(1) x の値を求めなさい。

(2) 3 日間で得た利益は 4950 円であった。y の値を求めなさい。

ヒント **1** 解の 1 つが 33 であるから, $x=33$ を方程式に代入して, まず a の値を求める。

学習のめあて

$x^2+px+q=0$ の形の2次方程式を $(x+m)^2=n$ の形に変形して解くことをふり返り，$(x+m)^2=n$ と $x^2+px+q=0$ の形の方程式との関係を調べること。

学習のポイント

2次方程式 $x^2+px+q=0$ の解き方

2次方程式 $x^2+4x+2=0$ は，$(x+2)^2=2$ の形に変形すると，平方根の考えを利用して解くことができる。

$(x+m)^2=n$ と $x^2+px+q=0$ の関係

$(x+2)^2=2$ の左辺は，x^2+4x に x^2+4x の x の係数の半分の2乗をたすと変形できる。$(x+2)^2$ を展開すると，x^2+4x が現れる。$(x+2)^2$ は x^2+4x に4をたしたものである。

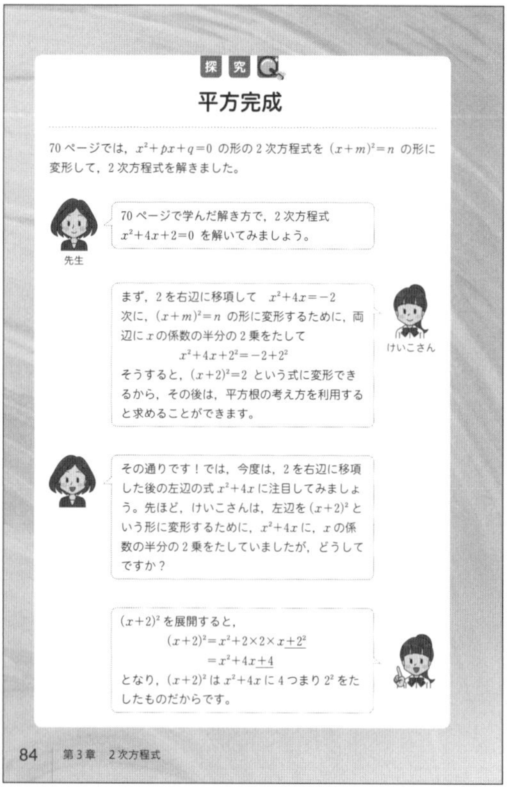
探究

平方完成

70ページでは，$x^2+px+q=0$ の形の2次方程式を $(x+m)^2=n$ の形に変形して，2次方程式を解きました。

テキストの解説

□ 2次方程式 $x^2+4x+2=0$ の解き方

○ $$x^2+4x+2=0$$

2を右辺に移項すると

$$x^2+4x=-2$$

両辺に x の係数の半分の2乗，すなわち 2^2 をたすと

$$x^2+4x+2^2=-2+2^2$$

$$(x+2)^2=2$$

平方根の考えを利用すると

$$x=-2\pm\sqrt{2}$$

のように求めることができる。

□ x の係数の半分の2乗をたす理由

○ $$x^2+4x=-2$$

左辺を $(x+2)^2$ の形にするために，両辺に x の係数の半分の2乗をたす理由は，$(x+2)^2$ を展開するとわかる。

$$(x+2)^2=x^2+2\times2\times x+2^2$$

$$=x^2+4x+4$$

であるから，$(x+2)^2$ は x^2+4x に4すなわち 2^2 をたしたものになっている。

□ $(x+m)^2=n$ と $x^2+px+q=0$ の関係

○ 2次方程式 $x^2+px+q=0$ が $(x+m)^2=n$ の形に変形できたとする。

$(x+m)^2=n$ の左辺を展開して整理すると

$$x^2+2mx+m^2-n=0$$

この式と $x^2+px+q=0$ が同じであるから

$$2m=p \quad \cdots\cdots ① \qquad m^2-n=q \quad \cdots\cdots ②$$

①から　$m=\dfrac{p}{2}$

m の値を②に代入すると，n は

$$n=\left(\frac{p}{2}\right)^2-q=\frac{p^2-4q}{4}$$

m，n の値を $(x+m)^2=n$ に代入すると

$$\left(x+\frac{p}{2}\right)^2=\frac{p^2-4q}{4}$$

$p^2-4q\geqq0$ のとき

$$x+\frac{p}{2}=\pm\frac{\sqrt{p^2-4q}}{2}$$

よって　$x=\dfrac{-p\pm\sqrt{p^2-4q}}{2}$

学習のめあて

テキスト 70 ページで学んだ $(x+m)^2=n$ の形に変形する仕方と，2 次式 ax^2+bx+c を $a(x+\square)^2+\bigcirc$ の形の式に変形する仕方に関係があることを知ること。

学習のポイント

平方完成

ax^2+bx+c の形の 2 次式を $a(x+\square)^2+\bigcirc$ の形の 2 次式に変形することを **平方完成** という。

テキストの解説

□ $(x+m)^2=n$ と $x^2+px+q=0$ の関係（前ページの続き）

○これは，解の公式 $x=\dfrac{-b\pm\sqrt{b^2-4ac}}{2a}$ に $a=1$，$b=p$，$c=q$ を代入したものである。

○ $\left(x+\dfrac{p}{2}\right)^2=x^2+px+\left(\dfrac{p}{2}\right)^2$ であるから，$\left(x+\dfrac{p}{2}\right)^2$ は x^2+px に $\left(\dfrac{p}{2}\right)^2$ をたしたものである。

□ $(x+2)^2$ と x^2+4x の関係

○ $(x+2)^2=x^2+4x+4$ であるから，4 を移項すると，次のように変形できる。

$$x^2+4x=(x+2)^2-4$$

x^2+4x は $(x+2)^2$ から 4 をひいたものである。

○ $(x+2)^2-4$ は，x^2+4x を平方完成した式である。

○ $ax^2+bx+c=a\left(x^2+\dfrac{b}{a}x\right)+c$ について，かっこ内に，x の係数の半分の 2 乗 $\left(\dfrac{b}{2a}\right)^2$ をたしてひくと，次のように変形できる。

$$ax^2+bx+c=a\left(x+\frac{b}{2a}\right)^2-\frac{b^2-4ac}{4a} \quad (*)$$

○テキスト 71 ページ 12 行目の方程式

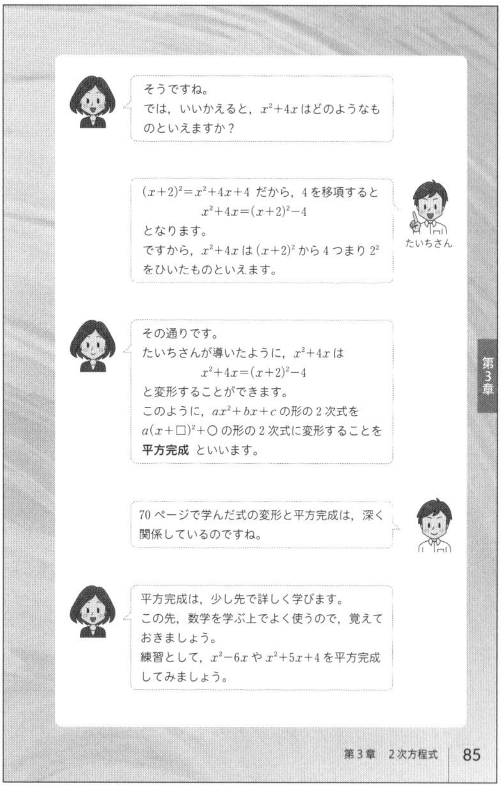

そうですね。
では，いいかえると，x^2+4x はどのようなものといえますか？

$(x+2)^2=x^2+4x+4$ だから，4 を移項すると
$x^2+4x=(x+2)^2-4$
となります。
ですから，x^2+4x は $(x+2)^2$ から 4 つまり 2^2 をひいたものといえます。

その通りです。
たいちさんが導いたように，x^2+4x は
$x^2+4x=(x+2)^2-4$
と変形することができます。
このように，ax^2+bx+c の形の 2 次式を $a(x+\square)^2+\bigcirc$ の形の 2 次式に変形することを **平方完成** といいます。

70 ページで学んだ式の変形と平方完成は，深く関係しているのですね。

平方完成は，少し先で詳しく学びます。
この先，数学を学ぶ上でよく使うので，覚えておきましょう。
練習として，x^2-6x や x^2+5x+4 を平方完成してみましょう。

第3章　2次方程式　85

第3章

$$\left(x+\frac{b}{2a}\right)^2=\frac{b^2-4ac}{4a^2}$$

の両辺を a 倍し，右辺を左辺に移項すると

$$a\left(x+\frac{b}{2a}\right)^2-\frac{b^2-4ac}{4a}=0$$

○この方程式の左辺は，$(*)$の右辺と同じである。

○この先，高校でも，平方完成は，数学を学ぶ上でよく使うので覚えておくとよい。

□平方完成の練習

○ x^2-6x について，x の係数の半分の 2 乗 $(-3)^2$ を x^2-6x にたしてひくと

$$\begin{aligned}x^2-6x&=x^2-6x+(-3)^2-(-3)^2\\&=(x-3)^2-9\end{aligned}$$

○ x^2+5x+4 について，x の係数の半分の 2 乗 $\left(\dfrac{5}{2}\right)^2$ を x^2+5x+4 にたしてひくと

$$\begin{aligned}x^2+5x+4&=x^2+5x+\left(\frac{5}{2}\right)^2-\left(\frac{5}{2}\right)^2+4\\&=\left(x+\frac{5}{2}\right)^2-\frac{9}{4}\end{aligned}$$

第4章　関数 $y=ax^2$

この章で学ぶこと

1．関数 $y=ax^2$（88，89ページ）

x と y の対応を調べて，2乗に比例する関数 $y=ax^2$ とその特徴を考えます。

また，1組の x，y の値から，2乗に比例する関数を求める方法を学びます。

新しい用語と記号

比例定数

2．関数 $y=ax^2$ のグラフ（90～94ページ）

対応する x と y の値を調べて，関数 $y=x^2$ のグラフが y 軸に関して対称な曲線になることを確認します。

また，関数 $y=x^2$ のグラフをもとにして，関数 $y=2x^2$，$y=-x^2$ のグラフを考えて，関数 $y=ax^2$ のグラフの特徴を整理します。

新しい用語と記号

放物線，軸，頂点，放物線 $y=ax^2$，下に凸，上に凸

3．関数 $y=ax^2$ の値の変化（95～99ページ）

グラフを利用して，関数 $y=ax^2$ の定義域と値域について考察します。

また，1次関数の変化の割合は常に一定ですが，関数 $y=ax^2$ の変化の割合は一定ではありません。

このように，1次関数と関数 $y=ax^2$ にはいろいろな違いがありますが，それらを対比して，それぞれの関数についての理解を深めます。

新しい用語と記号

最大値，最小値

4．関数 $y=ax^2$ の利用（100～106ページ）

関数 $y=ax^2$ のいろいろな利用を考えます。

また，放物線と直線の共有点について考え，それらの座標を求める方法を学びます。共有点の座標を求めるには，第3章で学んだ2次方程式の理解が必要となります。

第4章　関数 $y=ax^2$

ある鉄球を「水平な面の上で転がす場合」と「斜面にそって転がす場合」について，鉄球が転がる時間と転がる距離の関係を調べてみましょう。

まず，鉄球を水平な面の上で一定の速さで転がします。
鉄球がある地点を通過してから x 秒間に，鉄球が転がる距離を y m とすると，x と y の関係は，次の表のようになりました。

x	0	1	2	3	4	5	6
y	0	2	4	6	8	10	12

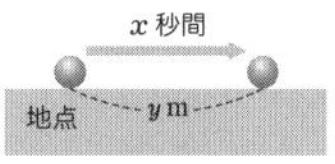

次に，斜面にそって，ある地点から鉄球を転がします。
転がり始めてから x 秒間に，鉄球が転がる距離を y m とすると，x と y の関係は，次の表のようになりました。

x	0	1	2	3	4	5	6
y	0	2	8	18	32	50	72

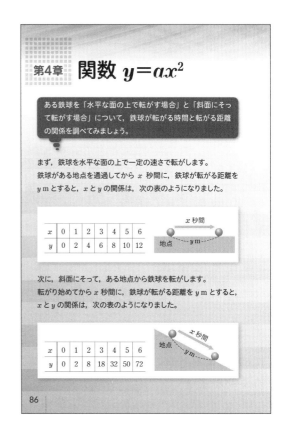

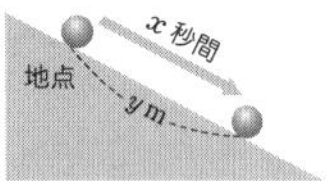

86

さらに，放物線と直線がつくる図形について，その面積を求めたり，頂点の座標を求めたりします。

5．いろいろな関数（107，108ページ）

定義域の全体にわたって1つの式では表されない関数とそのグラフについて考えます。

テキストの解説

□ともなって変わる2つの数量

○水平な面を転がる鉄球も，斜面にそって転がる鉄球も，転がる時間 x 秒によって，転がる距離 y m がただ1つ決まる。したがって，どちらの場合も，y は x の関数である。

○一定の速さで転がる鉄球が転がる距離は，転がる時間に比例するから，x と y の関係は，$y=ax$ と表すことができる。実際，x と y の対応表から，$y=2x$ と表されることがわかる。

○一方，鉄球が斜面にそって転がるとき，x と y の対応表から，x と y の関係を $y=ax$ の形に表すことはできない。

左のページの 2 つの場合について，鉄球が転がる時間と転がる距離の関係に，どのようなちがいがあるでしょうか？

Galileo Galilei

第4章

⬆ガリレオ・ガリレイ（1564–1642）
イタリアの物理学者，天文学者

イタリアの物理学者ガリレオ・ガリレイは，「物体が落下する距離は，落下する時間の2乗に比例する」ということを発見しました。このように，関数の考え方は，物理学などの様々な分野で活用されています。

87

テキストの解説

□関数とグラフ（水平な面の場合）

○関数の問題は，x と y の対応（対応表），式，グラフの各面から考えることが大切である。

○水平な面の上で鉄球を一定の速さで転がしたとき，y は x に比例する。

○テキスト 86 ページの対応表の x，y を座標とする点を座標平面上にとると，次の図のようになる。これらの点は，すべて直線 $y=2x$ 上にある。

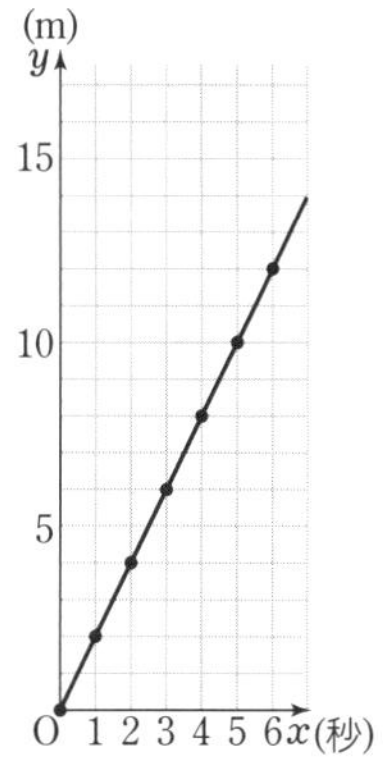

□関数とグラフ（斜面の場合）

○斜面にそって鉄球を転がしたとき，テキスト 86 ページの表から，x と y の関係は，これまでに学んだ関数ではないことがわかる。

○テキスト 86 ページの対応表の x，y を座標とする点を座標平面上にとると，次の図のようになる。

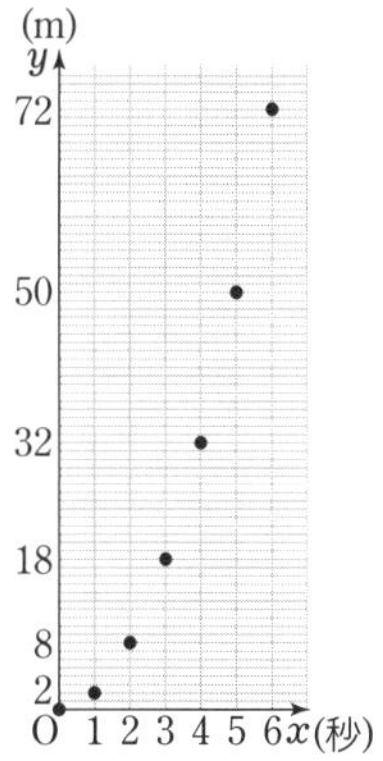

○水平な面の場合と異なり，各点は1つの直線上にないから，x と y の関係は比例でも 1 次関数でもない。また，点の 1 つは原点にあるから，x と y の関係は反比例でもない。

□関数の考え

イタリアの物理学者ガリレオ・ガリレイは，ピサの斜塔から，同じ大きさで重さの異なる 2 つの球を同時に落とすと，どちらも同時に地面に達することを証明したという話が有名である。

実際には，ゆるやかな斜面にそって，鉄球をころがす実験をしたようである。

この実験により，「物体が落下する距離は，落下する時間の 2 乗に比例する」ということを発見した。このように，ガリレオの発見した関数の考え方は，物理学など様々な分野で活用されている。

1．関数 $y=ax^2$

学習のめあて

2 乗に比例する関数について理解すること。

学習のポイント

関数 $y=ax^2$

y が x の関数で，次の形で表されるとき，
y は x^2 に比例するという。

$y=ax^2$ （a は定数，$a \neq 0$）

また，この定数 a を **比例定数** という。

1. 関数 $y=ax^2$

2 乗に比例する関数

斜面にそって，ある地点Aから鉄球を転がした。転がり始めてから x 秒間に，鉄球が転がる距離を y m とすると，x に対応する x^2 と y の関係は，次の表のようになった。

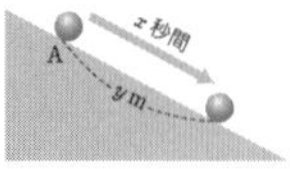

x	0	1	2	3	4	5	6
x^2	0	1	4	9	16	25	36
y	0	2	8	18	32	50	72

（2倍，3倍／4倍，9倍／2倍）

上の表から，x^2 の値が

2^2 倍，3^2 倍，4^2 倍，…… すなわち 4 倍，9 倍，16 倍，……

になると，y の値も 4 倍，9 倍，16 倍，…… になっていることがわかる。

さらに，y の値は x^2 の値の 2 倍であるから，y は x^2 に比例しており，次の式で表される。

$$y=2x^2$$

2 乗に比例する関数

y が x の関数で，次のような式で表されるとき，
y は x^2 に比例する という。
$y=ax^2$ （a は定数，$a \neq 0$）

また，この定数 a を **比例定数** という。

88 第 4 章 関数 $y=ax^2$

テキストの解説

□**関数 $y=ax^2$**

○たとえば，関数 $y=2x$ は，x の値が 2 倍，3 倍，…… になると，y の値も 2 倍，3 倍，…… になるから，y は x に比例する。

x	0	1	2	3	4	5	6
y	0	2	4	6	8	10	12

（2倍，3倍）

○また，x の値に y の値を対応させると，y の値は常に x の値の 2 倍になる。

○一般に，y が x の関数で，x と y の関係が次のように表されるとき，y は x に比例する。

$y=ax$ （a は定数，$a \neq 0$）

○関数 $y=2x^2$ は，x の値が 2 倍，3 倍，…… になっても，y の値は 2 倍，3 倍，……にならないから，y は x に比例しない。

x	0	1	2	3	4	5	6
x^2	0	1	4	9	16	25	36
y	0	2	8	18	32	50	72

（2倍，3倍／4倍，9倍／2倍）

○上の表から，x^2 の値が 2^2 倍，3^2 倍，4^2 倍……すなわち，4 倍，9 倍，16 倍，……になると，y の値も 4 倍，9 倍，16 倍，……になる。また，x^2 の値に y の値を対応させると，y の値は常に x^2 の値の 2 倍になる。したがって，y は x^2 に比例している。

○同じように，関数 $y=ax^2$ （a は定数，$a \neq 0$）では，y は x^2 に比例する。

○関数 $y=ax^2$ （a は定数，$a \neq 0$）において，定数 a を比例定数という。

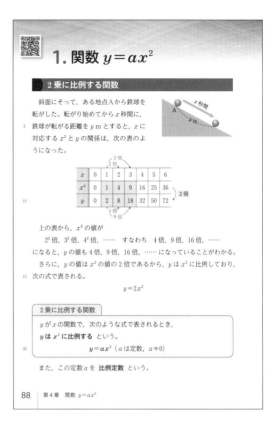

前ページで，ガリレオ・ガリレイは「物体が落下する距離は，落下する時間の 2 乗に比例する」ということを発見したという話をしました。
今後，関数 $y=ax^2$ の特徴や，2 乗に比例する関数を利用する問題を学んでいきます。

テキスト 89 ページ

学習のめあて

1組の x, y の値から，2乗に比例する関数の式を求めたり，2乗に比例する関数の値を求めたりすることができるようになること。

学習のポイント

2乗に比例する関数の式

2乗に比例する関数 $y=ax^2$ において，$x=$○ のとき，$y=$□ であるとすると

□$=a\times$○^{2} → a の1次方程式

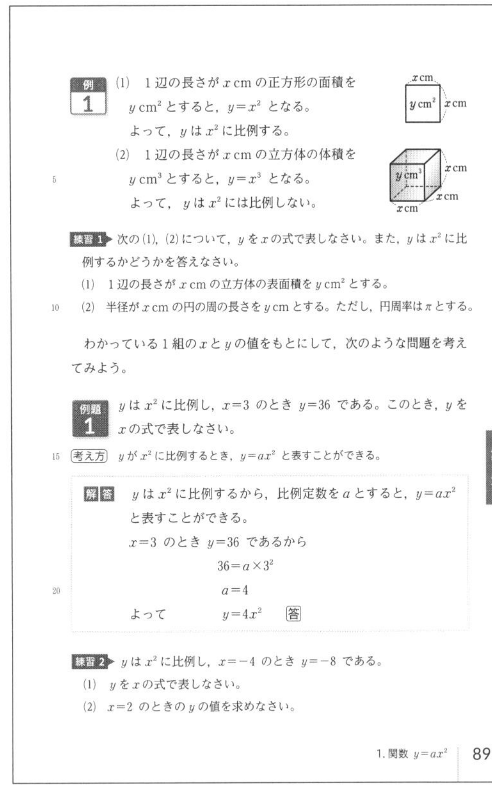
例 1 (1)　1辺の長さが x cm の正方形の面積を y cm^2 とすると，$y=x^2$ となる。
よって，y は x^2 に比例する。

(2)　1辺の長さが x cm の立方体の体積を y cm^3 とすると，$y=x^3$ となる。
よって，y は x^2 には比例しない。

練習 1 次の (1), (2) について，y を x の式で表しなさい。また，y は x^2 に比例するかどうかを答えなさい。
(1)　1辺の長さが x cm の立方体の表面積を y cm^2 とする。
(2)　半径が x cm の円の周の長さを y cm とする。ただし，円周率は π とする。

わかっている1組の x と y の値をもとにして，次のような問題を考えてみよう。

例題 1 y は x^2 に比例し，$x=3$ のとき $y=36$ である。このとき，y を x の式で表しなさい。

考え方　y が x^2 に比例するとき，$y=ax^2$ と表すことができる。

解答　y は x^2 に比例するから，比例定数を a とすると，$y=ax^2$ と表すことができる。
$x=3$ のとき $y=36$ であるから
$36=a\times3^2$
$a=4$
よって　$y=4x^2$　答

練習 2 y は x^2 に比例し，$x=-4$ のとき $y=-8$ である。
(1)　y を x の式で表しなさい。
(2)　$x=2$ のときの y の値を求めなさい。

第4章

1. 関数 $y=ax^2$　89

テキストの解説

□例 1

○2乗に比例する関数とそうでない関数。

○関数の式の形で判定する。x と y の関係が $y=ax^2$ の形で表されるとき，y は x^2 に比例する。

□練習 1

○例1にならって解く。

○ x と y の関係を式に表す。$y=ax^2$ の形に表すことができれば，y は x^2 に比例する。

□例題 1

○2乗に比例する関数の式は，比例定数によって決まる。そして，2乗に比例する関数の式 $y=ax^2$ を満たす1組の x, y の値がわかると，比例定数 a の値も決まる。

□練習 2

○例題1にならって解く。比例定数は負の数であってもよい。

○(2)　関数の値を求める。

テキストの解答

練習 1 (1)　式は　$\boldsymbol{y=6x^2}$

よって，**y は x^2 に比例する。**

(2)　式は　$\boldsymbol{y=2\pi x}$

よって，**y は x^2 に比例しない。**

練習 2 (1)　y は x^2 に比例するから，a を定数として，$y=ax^2$ と表すことができる。

$x=-4$ のとき $y=-8$ であるから

$$-8=a\times(-4)^2$$
$$-8=16a$$
$$a=-\frac{1}{2}$$

よって　$\boldsymbol{y=-\frac{1}{2}x^2}$

(2)　$y=-\frac{1}{2}x^2$ に $x=2$ を代入すると

$$y=-\frac{1}{2}\times2^2$$
$$=-2$$

(1)は，y が x に比例するときの比例の式を求める要領と同じだね。

2．関数 $y=ax^2$ のグラフ

学習のめあて

関数 $y=x^2$ のグラフ上の点から，グラフの概形について知ること。

学習のポイント

関数 $y=x^2$ のグラフ

対応する x と y の値を調べ，それらの値の組を座標とする点を座標平面上にとる。

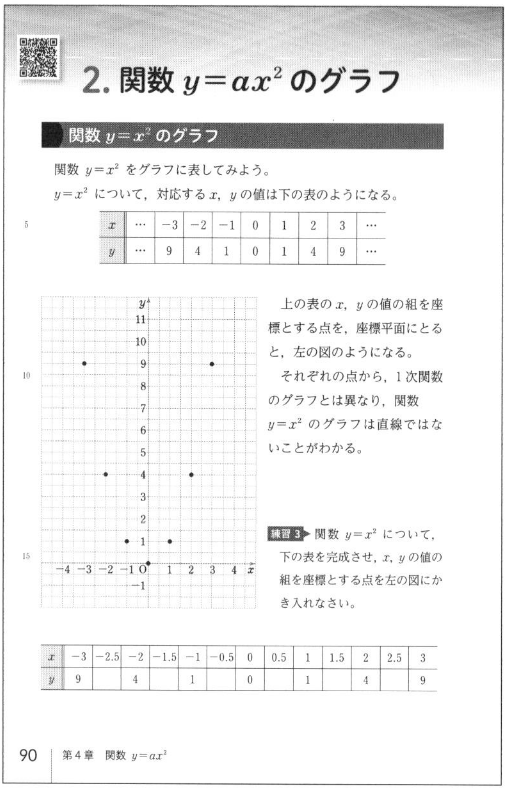

2. 関数 $y=ax^2$ のグラフ

関数 $y=x^2$ のグラフ

関数 $y=x^2$ をグラフに表してみよう。

$y=x^2$ について，対応する x，y の値は下の表のようになる。

x	…	-3	-2	-1	0	1	2	3	…
y	…	9	4	1	0	1	4	9	…

上の表の x，y の値の組を座標とする点を，座標平面にとると，左の図のようになる。

それぞれの点から，1 次関数のグラフとは異なり，関数 $y=x^2$ のグラフは直線ではないことがわかる。

練習 3 関数 $y=x^2$ について，下の表を完成させ，x，y の値の組を座標とする点を左の図にかき入れなさい。

x	-3	-2.5	-2	-1.5	-1	-0.5	0	0.5	1	1.5	2	2.5	3
y	9		4		1		0		1		4		9

90 第 4 章 関数 $y=ax^2$

テキストの解説

□関数 $y=x^2$ のグラフ

○関数のグラフを調べる最も基本的な方法は，対応する x と y の値の組を座標とする点を座標平面上にとってみることである。

○次の図は，テキストの表の x，y の値の組を座標とする点を，座標平面上にとったものである。

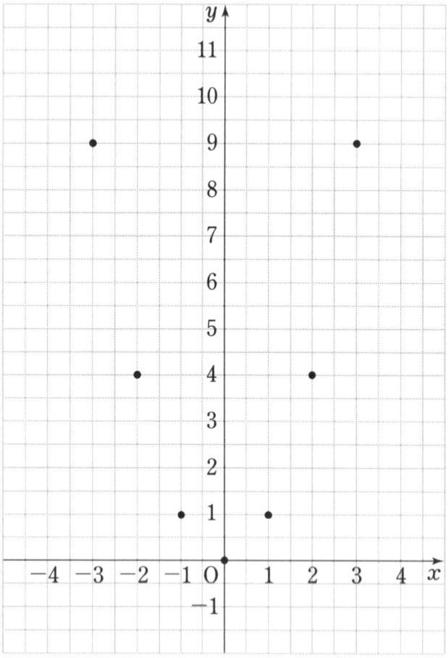

□練習 3

○ x の値を 0.5 刻みにとって，x の値に対応する y の値を求める。$y=x^2$ のグラフの概形がより明らかになる。

テキストの解答

練習 3

x	-3	-2.5	-2	-1.5	-1	-0.5	0	0.5	1	1.5	2	2.5	3
y	9	**6.25**	4	**2.25**	1	**0.25**	0	**0.25**	1	**2.25**	4	**6.25**	9

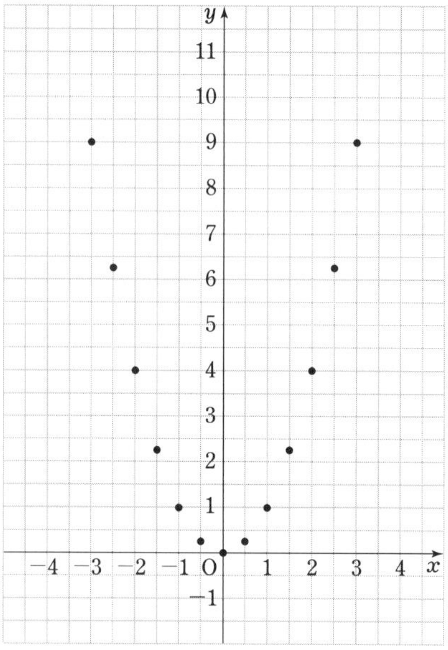

テキスト 91 ページ

学習のめあて

関数 $y=x^2$ のグラフの概形とその特徴について知ること。

学習のポイント

関数 $y=x^2$ のグラフ

関数 $y=x^2$ のグラフは，原点を通り，y 軸に関して対称な曲線である。

テキストの解説

練習 4

○ −1 から 1 までの x の値を 0.1 刻みにとって，原点の近くのグラフの様子を調べる。

○ x の値に対応する y の値は，次の表のようになる。

x	−1	−0.9	−0.8	−0.7	−0.6
y	1	**0.81**	**0.64**	**0.49**	**0.36**

−0.5	−0.4	−0.3	−0.2	−0.1
0.25	**0.16**	**0.09**	**0.04**	**0.01**

0	0.1	0.2	0.3	0.4	0.5
0	**0.01**	**0.04**	**0.09**	**0.16**	**0.25**

0.6	0.7	0.8	0.9	1
0.36	**0.49**	**0.64**	**0.81**	1

○上の表の x，y の値の組を座標とする点を座標平面上にとると，原点の近くにおける関数 $y=x^2$ のグラフは，1 つの曲線になることがわかる。

□関数 $y=x^2$ のグラフ

○練習 3，練習 4 でかいたグラフにおいて，点をとる間隔をさらに細かくすると，テキストに示したように，関数 $y=x^2$ のグラフが得られる。

○ $x=0$ のとき $y=0$ であるから，関数 $y=x^2$ のグラフは原点を通る。

○また，$x=t$ のとき　$y=t^2$

$x=-t$ のとき　$y=(-t)^2=t^2$

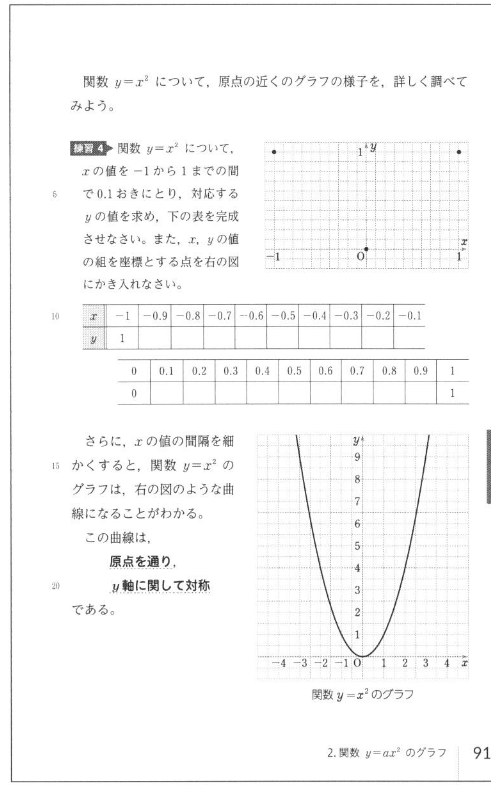
関数 $y=x^2$ について，原点の近くのグラフの様子を，詳しく調べてみよう。

練習 4 関数 $y=x^2$ について，x の値を −1 から 1 までの間で 0.1 おきにとり，対応する y の値を求め，下の表を完成させなさい。また，x，y の値の組を座標とする点を右の図にかき入れなさい。

x	−1	−0.9	−0.8	−0.7	−0.6	−0.5	−0.4	−0.3	−0.2	−0.1
y	1									

0	0.1	0.2	0.3	0.4	0.5	0.6	0.7	0.8	0.9	1
0										1

さらに，x の値の間隔を細かくすると，関数 $y=x^2$ のグラフは，右の図のような曲線になることがわかる。

この曲線は，

原点を通り，

y 軸に関して対称

である。

関数 $y=x^2$ のグラフ

第4章

2. 関数 $y=ax^2$ のグラフ　91

であるから，絶対値が等しい 2 つの x の値 t と $-t$ に対応する y の値は等しい。

このことは，関数 $y=x^2$ のグラフが，y 軸に関して対称であることを表している。

○この性質は，関数 $y=ax^2$ のグラフの 1 つの特徴である。

テキストの解答

練習 4

表の完成は，テキストの解説。

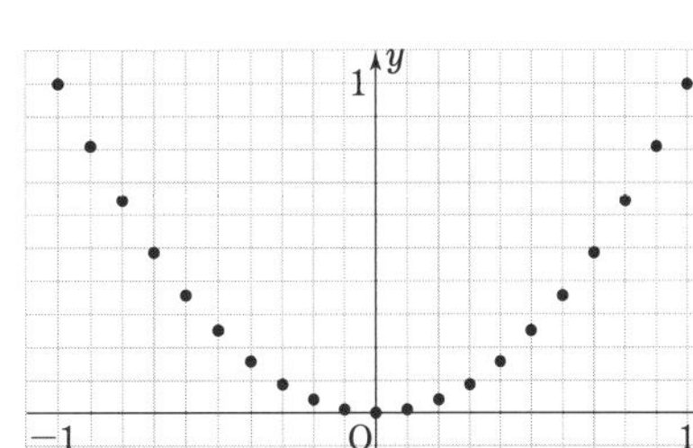

学習のめあて

$a>0$ のとき，関数 $y=ax^2$ のグラフの概形とその特徴について理解すること。

学習のポイント

関数 $y=ax^2$ ($a>0$) のグラフ

$a>0$ のとき，関数 $y=ax^2$ のグラフは，関数 $y=x^2$ のグラフ上の各点について，y 座標を a 倍にした点の集まりである。

関数 $y=ax^2$ ($a>0$) の増減

関数 $y=ax^2$ は，$a>0$ のとき，x の値が増加すると，y の値は

$x<0$ の範囲で減少し，

$x>0$ の範囲で増加する。

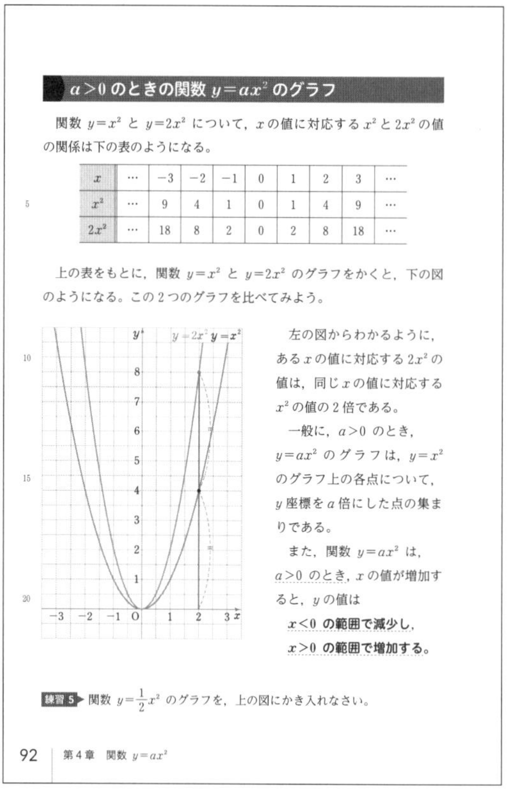

$a>0$ のときの関数 $y=ax^2$ のグラフ

関数 $y=x^2$ と $y=2x^2$ について，x の値に対応する x^2 と $2x^2$ の値の関係は下の表のようになる。

x	…	-3	-2	-1	0	1	2	3	…
x^2	…	9	4	1	0	1	4	9	…
$2x^2$	…	18	8	2	0	2	8	18	…

上の表をもとに，関数 $y=x^2$ と $y=2x^2$ のグラフをかくと，下の図のようになる。この 2 つのグラフを比べてみよう。

左の図からわかるように，ある x の値に対応する $2x^2$ の値は，同じ x の値に対応する x^2 の値の 2 倍である。

一般に，$a>0$ のとき，$y=ax^2$ のグラフは，$y=x^2$ のグラフ上の各点について，y 座標を a 倍にした点の集まりである。

また，関数 $y=ax^2$ は，$a>0$ のとき，x の値が増加すると，y の値は

$x<0$ の範囲で減少し，

$x>0$ の範囲で増加する。

練習 5 関数 $y=\frac{1}{2}x^2$ のグラフを，上の図にかき入れなさい。

92　第 4 章　関数 $y=ax^2$

テキストの解説

□関数 $y=2x^2$ のグラフ

○x の値に対応する $y=x^2$ と $y=2x^2$ の値の関係は，次の表のようになる。

x	…	-3	-2	-1	0	1	2	3	…
x^2	…	9	4	1	0	1	4	9	…
$2x^2$	…	18	8	2	0	2	8	18	…

○どんな x の値についても，対応する $2x^2$ の値は，同じ x の値に対応する x^2 の値の 2 倍である。

したがって，関数 $y=2x^2$ のグラフは，関数 $y=x^2$ のグラフ上の各点について，その y 座標を 2 倍にした点の集まりである。すなわち，$y=2x^2$ のグラフは，$y=x^2$ のグラフを，y 軸方向に 2 倍に拡大した形になる。

○グラフの形状と関数の増減について，次のことがいえる。

グラフが右上がり　→　関数は増加

グラフが右下がり　→　関数は減少

□練習 5

○関数 $y=2x^2$ のグラフと同じように考える。

○関数 $y=\frac{1}{2}x^2$ のグラフは，関数 $y=x^2$ のグラフを y 軸方向に $\frac{1}{2}$ 倍に縮小した形になる。

テキストの解答

練習 5

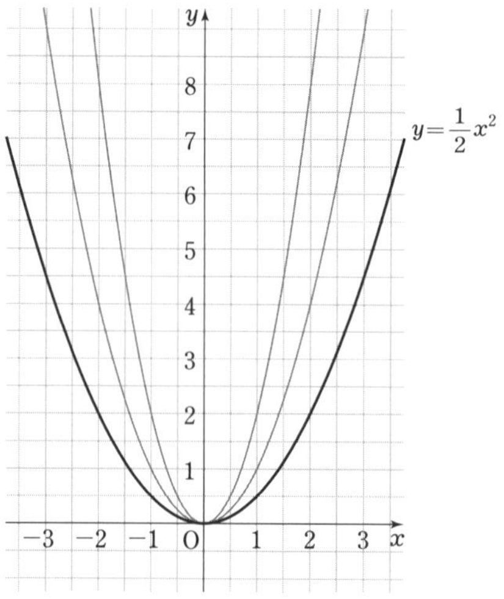

学習のめあて

$a<0$ のとき，関数 $y=ax^2$ のグラフの概形とその特徴について理解すること。

学習のポイント

関数 $y=ax^2$ のグラフ

関数 $y=ax^2$ のグラフは，$y=-ax^2$ のグラフ上の各点と，x 軸に関して対称な点の集まりである。

関数 $y=ax^2$（$a<0$）の増減

関数 $y=ax^2$ は，$a<0$ のとき，x の値が増加すると，y の値は

$x<0$ の範囲で増加し，

$x>0$ の範囲で減少する。

$a<0$ のときの関数 $y=ax^2$ のグラフ

関数 $y=x^2$ と $y=-x^2$ について，x の値に対応する x^2 と $-x^2$ の値の関係は下の表のようになる。

x	…	-3	-2	-1	0	1	2	3	…
x^2	…	9	4	1	0	1	4	9	…
$-x^2$	…	-9	-4	-1	0	-1	-4	-9	…

上の表をもとに，関数 $y=x^2$ と $y=-x^2$ のグラフをかくと，下の図のようになる。この 2 つのグラフを比べてみよう。

右の図からわかるように，ある x の値に対応する $-x^2$ の値は，同じ x の値に対応する x^2 の値と絶対値が等しく，符号が反対である。

一般に，$y=ax^2$ のグラフは，$y=-ax^2$ のグラフ上の各点と，x 軸に関して対称な点の集まりである。(*)

また，関数 $y=ax^2$ は，$a<0$ のとき，x の値が増加すると，y の値は

$x<0$ の範囲で増加し，

$x>0$ の範囲で減少する。

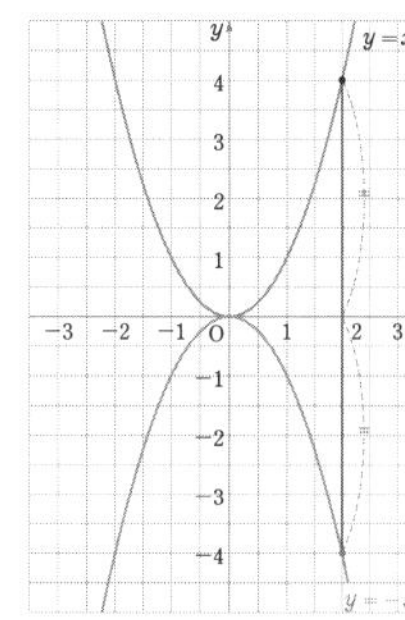

注意 (*) 原点に関して対称な点の集まりでもある。

練習 6 ▶ 関数 $y=-\frac{1}{2}x^2$ のグラフを，上の図にかき入れなさい。

2. 関数 $y=ax^2$ のグラフ　93

第4章

テキストの解説

□関数 $y=-x^2$ のグラフ

○ x の値に対応する $y=x^2$ と $y=-x^2$ の値の関係は，次の表のようになる。

x	…	-3	-2	-1	0	1	2	3	…
x^2	…	9	4	1	0	1	4	9	…
$-x^2$	…	-9	-4	-1	0	-1	-4	-9	…

○どんな x の値についても，対応する $-x^2$ の値は，同じ x の値に対応する x^2 の値と絶対値が等しく，符号が反対である。

したがって，関数 $y=-x^2$ のグラフは，関数 $y=x^2$ のグラフ上の各点と，x 軸に関して対称な点の集まりである。すなわち，2 つの関数 $y=-x^2$ と $y=x^2$ のグラフは，x 軸に関して対称である。

○ 2 つの関数 $y=-x^2$ と $y=x^2$ のグラフは，その一方を原点を中心にして 180° 回転すると，他方に重なる。

したがって，2 つのグラフは，原点に関して点対称でもある。

□練習 6

○関数 $y=-x^2$ のグラフと同じように考える。

○関数 $y=-\frac{1}{2}x^2$ のグラフは，関数 $y=\frac{1}{2}x^2$ のグラフと x 軸に関して対称である。

テキストの解答

練習 6

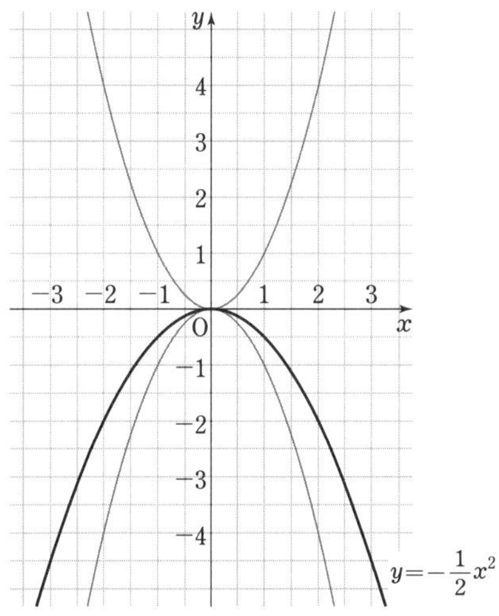

学習のめあて

関数 $y=ax^2$ のグラフの特徴について理解すること。

学習のポイント

放物線

関数 $y=ax^2$ のグラフの形の曲線を **放物線** という。放物線は左右に限りなく伸びており，対称の軸をもつ。この軸を，放物線の **軸** といい，放物線とその軸の交点を，放物線の **頂点** という。

放物線の形状

上に開いた形の放物線は **下に凸** であるといい，下に開いた形の放物線は **上に凸** であるという。

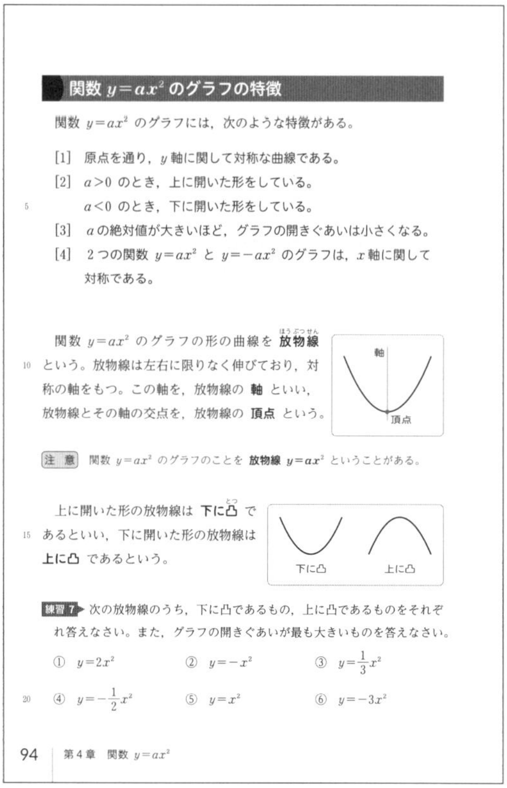

関数 $y=ax^2$ のグラフの特徴

関数 $y=ax^2$ のグラフには，次のような特徴がある。

[1] 原点を通り，y 軸に関して対称な曲線である。
[2] $a>0$ のとき，上に開いた形をしている。
　$a<0$ のとき，下に開いた形をしている。
[3] a の絶対値が大きいほど，グラフの開きぐあいは小さくなる。
[4] 2つの関数 $y=ax^2$ と $y=-ax^2$ のグラフは，x 軸に関して対称である。

関数 $y=ax^2$ のグラフの形の曲線を **放物線**（ほうぶつせん）という。放物線は左右に限りなく伸びており，対称の軸をもつ。この軸を，放物線の **軸** といい，放物線とその軸の交点を，放物線の **頂点** という。

注意　関数 $y=ax^2$ のグラフのことを **放物線 $y=ax^2$** ということがある。

上に開いた形の放物線は **下に凸**（とつ）であるといい，下に開いた形の放物線は **上に凸** であるという。

練習 7 次の放物線のうち，下に凸であるもの，上に凸であるものをそれぞれ答えなさい。また，グラフの開きぐあいが最も大きいものを答えなさい。

① $y=2x^2$　② $y=-x^2$　③ $y=\frac{1}{3}x^2$
④ $y=-\frac{1}{2}x^2$　⑤ $y=x^2$　⑥ $y=-3x^2$

94　第4章 関数 $y=ax^2$

テキストの解説

□関数 $y=ax^2$ のグラフ

○これまでに学んだ関数 $y=x^2$ や $y=2x^2$，$y=-x^2$ などのグラフから，関数 $y=ax^2$ のグラフの特徴を考える。

○関数 $y=ax^2$ のグラフの特徴は，次のようにまとめることができる。

[1] 原点を通り，y 軸に関して対称である。
[2] $a>0$ のとき，上に開いた形をしている。
　$a<0$ のとき，下に開いた形をしている。
[3] a の絶対値が大きいほど，グラフの開きぐあいは小さくなる。
[4] 2つの関数 $y=ax^2$ と $y=-ax^2$ のグラフは，x 軸に関して対称である。

○放物線は，物を放り投げたとき，その物体が動くようすを表す曲線である。

○凸は，突き出ているようすを表す。下に凸とは，グラフが下側に突き出ているようすを表している。

練習 7

○下に凸の放物線と上に凸の放物線。

○放物線 $y=ax^2$ は，$a>0$ のとき下に凸であり，$a<0$ のとき上に凸である。

○それぞれのグラフは，次のようになる。

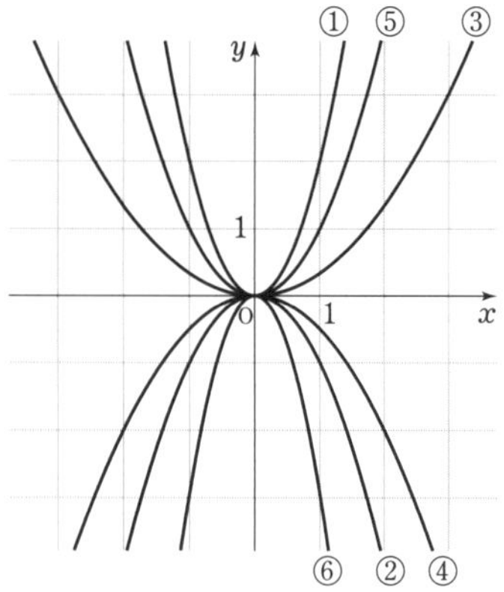

テキストの解答

練習 7　下に凸であるもの　①，③，⑤
　上に凸であるもの　②，④，⑥
　グラフの開きぐあいが最も大きいもの　③

3．関数 $y=ax^2$ の値の変化

学習のめあて

関数 $y=ax^2$ の値の変化を理解すること。
関数の値の最大値，最小値を求めること。

学習のポイント

関数 $y=x^2$ と関数 $y=-x^2$ の値の変化

関数 $y=x^2$ は，x の値が増加すると，
$x<0$ のとき，y の値は減少し，
$x>0$ のとき，y の値は増加する。
$x=0$ のとき，$y=0$ となり，$x=0$ の前後で減少から増加に変わる。

関数 $y=-x^2$ は，x の値が増加すると，
$x<0$ のとき，y の値は増加し，
$x>0$ のとき，y の値は減少する。
$x=0$ のとき，$y=0$ となり，$x=0$ の前後で増加から減少に変わる。

最大値，最小値

関数のとる値のうち，最も大きいものを **最大値**，最も小さいものを **最小値** という。

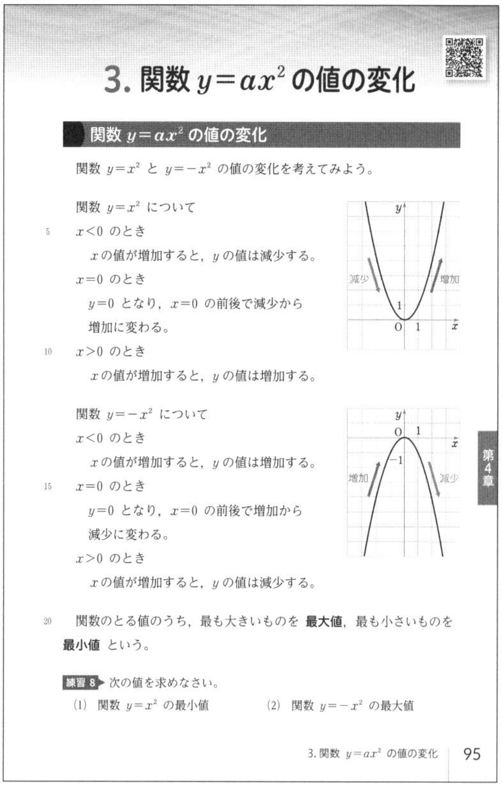

3. 関数 $y=ax^2$ の値の変化

関数 $y=ax^2$ の値の変化

関数 $y=x^2$ と $y=-x^2$ の値の変化を考えてみよう。

関数 $y=x^2$ について
$x<0$ のとき
x の値が増加すると，y の値は減少する。
$x=0$ のとき
$y=0$ となり，$x=0$ の前後で減少から増加に変わる。
$x>0$ のとき
x の値が増加すると，y の値は増加する。

関数 $y=-x^2$ について
$x<0$ のとき
x の値が増加すると，y の値は増加する。
$x=0$ のとき
$y=0$ となり，$x=0$ の前後で増加から減少に変わる。
$x>0$ のとき
x の値が増加すると，y の値は減少する。

関数のとる値のうち，最も大きいものを **最大値**，最も小さいものを **最小値** という。

練習 8 次の値を求めなさい。
(1) 関数 $y=x^2$ の最小値　(2) 関数 $y=-x^2$ の最大値

3. 関数 $y=ax^2$ の値の変化　95

テキストの解説

□関数 $y=x^2$ の値の変化

○関数 $y=x^2$ のグラフは上に開いた形である。

○ $x<0$ のとき
x の値が増加すると，y の値は減少する。

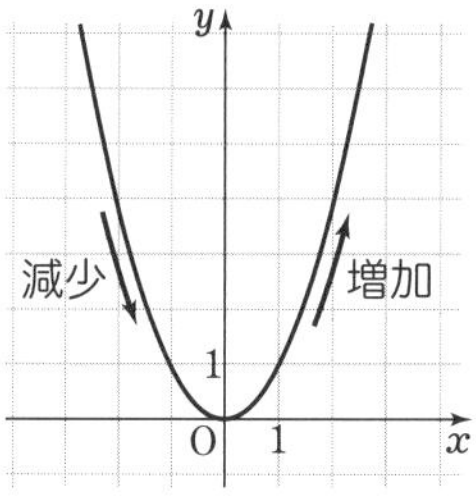

$x=0$ のとき
$y=0$ となり，$x=0$ の前後で減少から増加に変わる。
$x>0$ のとき
x の値が増加すると，y の値は増加する。

□関数 $y=-x^2$ の値の変化

○関数 $y=-x^2$ のグラフは下に開いた形である。

○ $x<0$ のとき
x の値が増加すると，y の値は増加する。

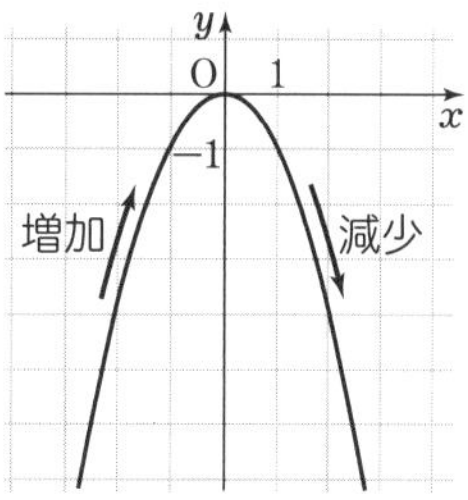

$x=0$ のとき
$y=0$ となり，$x=0$ の前後で増加から減少に変わる。
$x>0$ のとき
x の値が増加すると，y の値は減少する。

□最大値，最小値

○関数のとる値のうち，最も大きいものを最大値，最も小さいものを最小値という。

□練習 8

○関数の値の最大値，最小値を求める。

テキストの解答

練習 8　(1)　最小値は　**0**　　(2)　最大値は　**0**

学習のめあて

定義域が制限された関数 $y=ax^2$ について，その値域を求めることができること。

学習のポイント

関数 $y=ax^2$ の値域

グラフを利用して考える。定義域の両端と頂点に着目する。

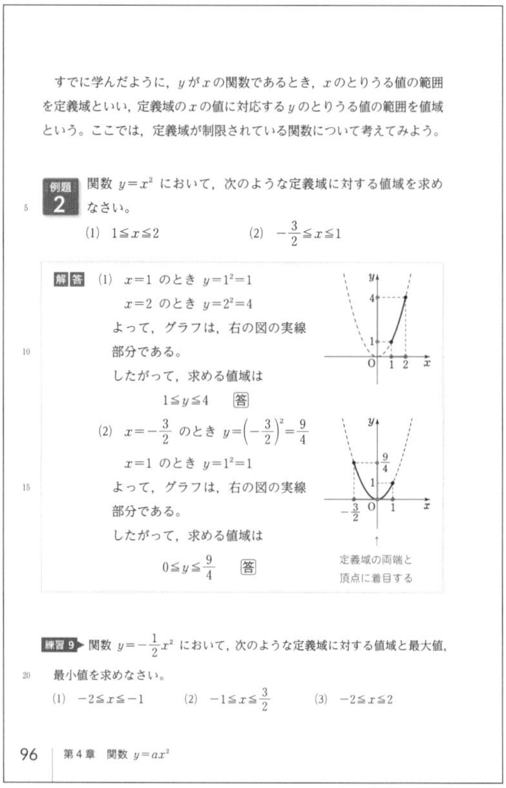

すでに学んだように，y が x の関数であるとき，x のとりうる値の範囲を定義域といい，定義域の x の値に対応する y のとりうる値の範囲を値域という。ここでは，定義域が制限されている関数について考えてみよう。

例題 2　関数 $y=x^2$ において，次のような定義域に対する値域を求めなさい。

(1)　$1\leqq x\leqq 2$　　(2)　$-\frac{3}{2}\leqq x\leqq 1$

解答　(1)　$x=1$ のとき $y=1^2=1$

$x=2$ のとき $y=2^2=4$

よって，グラフは，右の図の実線部分である。

したがって，求める値域は

$1\leqq y\leqq 4$　答

(2)　$x=-\frac{3}{2}$ のとき $y=\left(-\frac{3}{2}\right)^2=\frac{9}{4}$

$x=1$ のとき $y=1^2=1$

よって，グラフは，右の図の実線部分である。

したがって，求める値域は

$0\leqq y\leqq \frac{9}{4}$　答

定義域の両端と頂点に着目する

練習 9　関数 $y=-\frac{1}{2}x^2$ において，次のような定義域に対する値域と最大値，最小値を求めなさい。

(1)　$-2\leqq x\leqq -1$　　(2)　$-1\leqq x\leqq \frac{3}{2}$　　(3)　$-2\leqq x\leqq 2$

96　第 4 章　関数 $y=ax^2$

テキストの解説

□例題 2

○定義域が制限された関数 $y=ax^2$ の値域。y のとりうる値の範囲を考える。

○(1)と(2)の違いに注意する。(2)で求める値域を $1\leqq y\leqq \frac{9}{4}$ としてはいけない。

○関数 $y=ax^2$ の値域は，定義域に 0 が含まれるかどうかに注意して考える。0 が含まれる場合，値域の一方の端は 0 になる。

□練習 9

○例題 2 にならって考える。グラフを利用する。

○最大値，最小値は定義域の両端と頂点に着目する。

テキストの解答

練習 9　(1)　$x=-2$ のとき　$y=-2$

$x=-1$ のとき　$y=-\frac{1}{2}$

よって，グラフは，右の図の実線部分である。

したがって，求める値域は

$$-2\leqq y\leqq -\frac{1}{2}$$

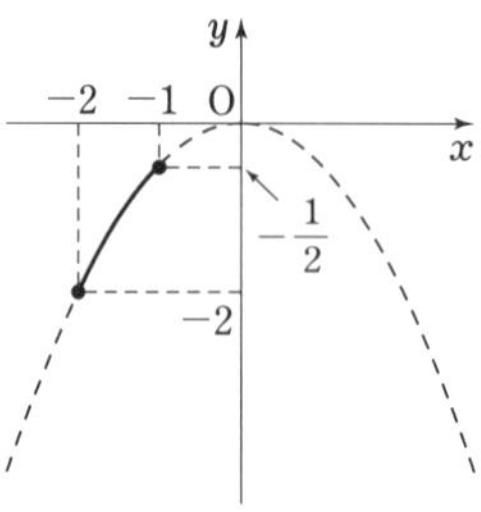

また，$x=-1$ のとき最大値 $-\frac{1}{2}$

$x=-2$ のとき最小値 -2

(2)　$x=-1$ のとき　$y=-\frac{1}{2}$

$x=\frac{3}{2}$ のとき　$y=-\frac{9}{8}$

よって，グラフは，右の図の実線部分である。

したがって，求める値域は

$$-\frac{9}{8}\leqq y\leqq 0$$

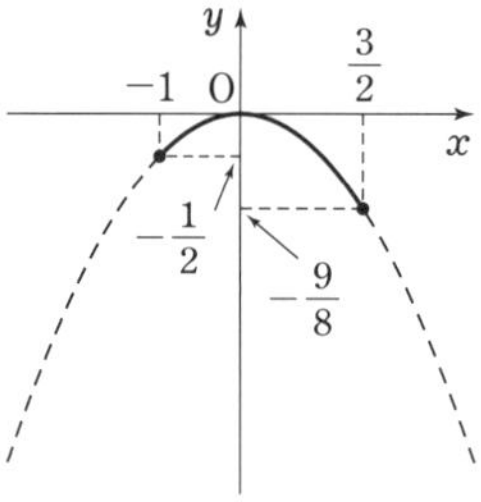

また，$x=0$ のとき　最大値 0

$x=\frac{3}{2}$ のとき　最小値 $-\frac{9}{8}$

（練習 9 (3)の解答は次ページ）

テキスト 97 ページ

学習のめあて

1 次関数と関数 $y=ax^2$ について，その変化の割合の違いを理解すること。

学習のポイント

1 次関数の変化の割合

1 次関数 $y=ax+b$ の変化の割合は常に一定で，$y=ax+b$ のグラフの傾き a に等しい。

関数 $y=ax^2$ の変化の割合

関数 $y=ax^2$ の変化の割合は一定ではない。

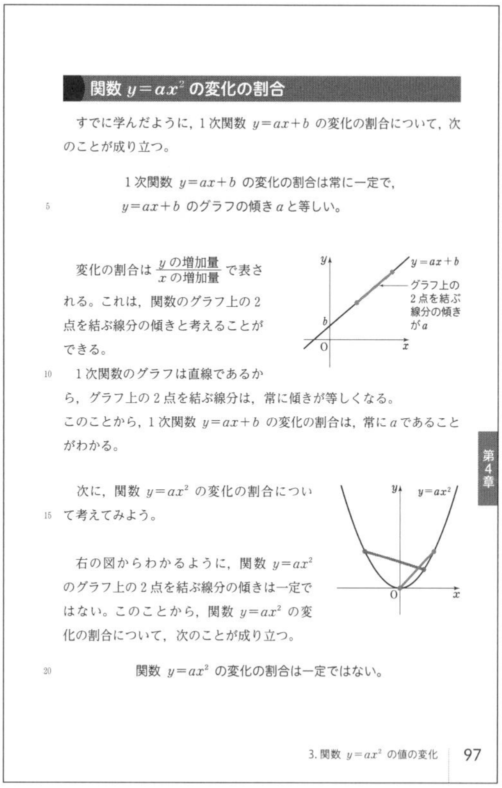

関数 $y=ax^2$ の変化の割合

すでに学んだように，1 次関数 $y=ax+b$ の変化の割合について，次のことが成り立つ。

1 次関数 $y=ax+b$ の変化の割合は常に一定で，
$y=ax+b$ のグラフの傾き a と等しい。

変化の割合は $\dfrac{y\text{の増加量}}{x\text{の増加量}}$ で表される。これは，関数のグラフ上の 2 点を結ぶ線分の傾きと考えることができる。

1 次関数のグラフは直線であるから，グラフ上の 2 点を結ぶ線分は，常に傾きが等しくなる。このことから，1 次関数 $y=ax+b$ の変化の割合は，常に a であることがわかる。

次に，関数 $y=ax^2$ の変化の割合について考えてみよう。

右の図からわかるように，関数 $y=ax^2$ のグラフ上の 2 点を結ぶ線分の傾きは一定ではない。このことから，関数 $y=ax^2$ の変化の割合について，次のことが成り立つ。

関数 $y=ax^2$ の変化の割合は一定ではない。

3. 関数 $y=ax^2$ の値の変化　97

テキストの解説

□ 1 次関数の変化の割合

○たとえば，1 次関数 $y=2x+3$ において，x の値が 1 から 4 まで増加するとき

x の増加量は　　$4-1=3$

y の増加量は　$(2\times4+3)-(2\times1+3)=6$

このとき，変化の割合は

$$\frac{y\text{の増加量}}{x\text{の増加量}}=\frac{6}{3}=2$$

○ 1 次関数 $y=2x+3$ において，x の増加量によって，y の増加量は変化するが，変化の割合は常に 2 で一定である。

○ 1 次関数のグラフは，直線であるから，グラフ上の 2 点を結ぶ線分は，常に傾きが等しく，その値は，変化の割合を表している。

○変化の割合が一定であることは，1 次関数に共通する性質である。

○変化の割合は，x の値が 1 増加したときの y の増加量である。1 次関数 $y=ax+b$ は，x の値が 1 増加すると，y の値は常に a 増加する。

○ 1 次関数の変化の割合が常に一定であることと，1 次関数のグラフが直線であることは，同じことを意味している。

□関数 $y=ax^2$ の変化の割合

○関数 $y=ax^2$ のグラフ上の 2 点を結ぶ線分の傾きが一定ではないことは，テキストの図からも明らかである。

○したがって，関数 $y=ax^2$ の変化の割合は一定ではない。この点は，1 次関数との違いである。

テキストの解答

(練習 9 (3)は前ページの問題)

(3)　$x=-2$ のとき　$y=-2$

　　$x=2$ のとき　　$y=-2$

よって，グラフは，右の図の実線部分である。

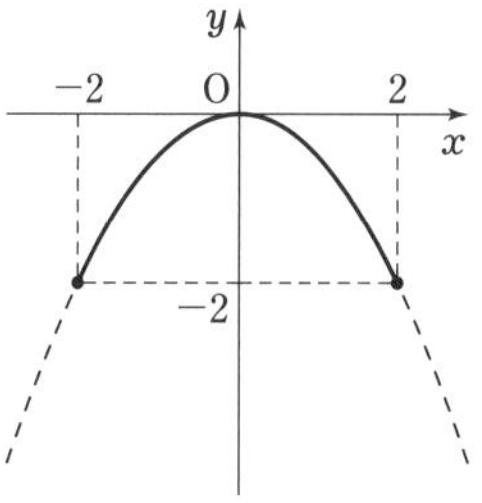

したがって，求める値域は

$-2\leqq y\leqq 0$

また，$x=0$ のとき最大値 **0**

$x=-2$，2 のとき最小値 **−2**

学習のめあて

関数 $y=ax^2$ の変化の割合を求めることができるようになること。

学習のポイント

関数 $y=ax^2$ の変化の割合

$$変化の割合 = \frac{y\,の増加量}{x\,の増加量}$$

関数 $y=ax^2$ の変化の割合は一定ではない。

■■テキストの解説■■

□例題3

○関数 $y=2x^2$ の変化の割合。それぞれ，x の増加量と y の増加量を求めて，$\dfrac{y\,の増加量}{x\,の増加量}$ を計算する。

○y の増加量は正の数になったり負の数になったりするが，x の増加量は正の数である。x の増加量を $-1-2=-3$，$-2-0=-2$ のように誤らないように注意する。

○(1)，(2)で求めた変化の割合は一致しない。このことは，グラフ上の2点を結んだ線分の傾きが一致しないこととも合っている。

○1次関数 $y=ax+b$ の変化の割合は，x が増加する範囲に関係なく比例定数 a に等しい。しかし，関数 $y=ax^2$ の変化の割合が比例定数 a に等しくなるとは限らないから，x が増加する範囲に応じて計算をする。

□練習10

○例題3にならって，変化の割合を計算する。

○(3) 変化の割合は0になる。このとき，グラフ上の2点を結ぶ線分は，x 軸に平行である。

□練習11

○x が増加する範囲の一方が a であるから，変化の割合は a を含む式になる。まず，変化の割合を計算する。

関数 $y=ax^2$ の変化の割合を求めてみよう。

例題 3 関数 $y=2x^2$ について，x の値が次のように増加するときの変化の割合を求めなさい。

(1) -1 から 2 まで　　(2) -2 から 0 まで

解答 (1) $x=-1$ のとき
$$y=2\times(-1)^2=2$$
$x=2$ のとき　$y=2\times2^2=8$
よって，変化の割合は
$$\frac{8-2}{2-(-1)}=2 \quad \text{答}$$

(2) $x=-2$ のとき
$$y=2\times(-2)^2=8$$
$x=0$ のとき　$y=2\times0^2=0$
よって，変化の割合は
$$\frac{0-8}{0-(-2)}=-4 \quad \text{答}$$

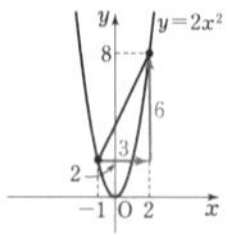

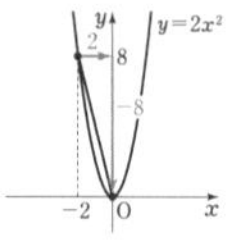

練習 10 関数 $y=-2x^2$ について，x の値が次のように増加するときの変化の割合を求めなさい。

(1) 1 から 4 まで　　(2) -2 から 3 まで　　(3) -4 から 4 まで

練習 11 関数 $y=3x^2$ について，x の値が -1 から a まで増加するときの変化の割合が次の値になるような，定数 a の値を求めなさい。ただし，$a>-1$ とする。

(1) 12　　(2) -3

■■テキストの解答■■

練習 10 (1) $x=1$ のとき　$y=-2\times1^2=-2$
$x=4$ のとき　$y=-2\times4^2=-32$
よって，変化の割合は
$$\frac{(-32)-(-2)}{4-1}=\frac{-30}{3}=-10$$

(2) $x=-2$ のとき　$y=-2\times(-2)^2=-8$
$x=3$ のとき　　$y=-2\times3^2=-18$
よって，変化の割合は
$$\frac{(-18)-(-8)}{3-(-2)}=\frac{-10}{5}=-2$$

(3) $x=-4$ のとき
$$y=-2\times(-4)^2=-32$$
$x=4$ のとき
$$y=-2\times4^2=-32$$
よって，変化の割合は
$$\frac{(-32)-(-32)}{4-(-4)}=\frac{0}{8}=0$$

（練習 11 の解答は次ページ）

テキスト 99 ページ

学習のめあて

1 次関数 $y=ax+b$ と，関数 $y=ax^2$ の特徴について理解すること。

学習のポイント

1 次関数 $y=ax+b$ と関数 $y=ax^2$

1 次関数 $y=ax+b$ のグラフは直線であり，変化の割合は一定である。
関数 $y=ax^2$ のグラフは放物線であり，変化の割合は一定ではない。

テキストの解説

□ 1 次関数 $y=ax+b$ と関数 $y=ax^2$

○ 1 次関数 $y=ax+b$ と関数 $y=ax^2$ を対比して，2 つの関数の特徴をまとめる。

○変化の割合とグラフの特徴を対比すると

変化の割合が一定である $\iff$ 直線

変化の割合が一定でない $\iff$ 曲線

○どちらの関数も，比例定数 a の符号によって，関数の増減やグラフの概形が決まる。

$a>0$　直線は右上がり，関数は常に増加

$a<0$　直線は右下がり，関数は常に減少

$a>0$　放物線は下に凸，関数は減少 → 増加

$a<0$　放物線は上に凸，関数は増加 → 減少

テキストの解答

(練習 11 は前ページの問題)

練習 11　$x=-1$ のとき　$y=3\times(-1)^2=3$

$x=a$ のとき　$y=3a^2$

よって，x の値が -1 から a まで増加するときの変化の割合は

$$\frac{3a^2-3}{a-(-1)}=\frac{3(a+1)(a-1)}{a+1} \quad \cdots\cdots ①$$

$a>-1$ より，$a+1$ は 0 でないから，①の分母，分子を $a+1$ でわると，変化の割合は　$3(a-1)$

である。

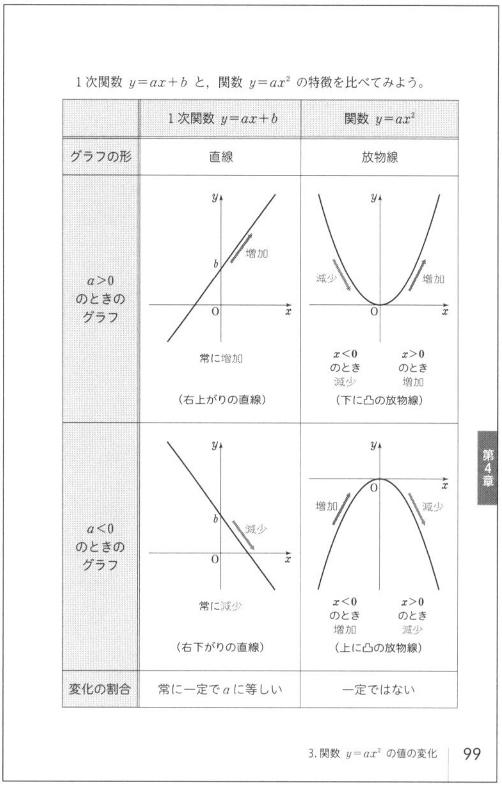

1 次関数 $y=ax+b$ と，関数 $y=ax^2$ の特徴を比べてみよう。

	1 次関数 $y=ax+b$	関数 $y=ax^2$
グラフの形	直線	放物線
$a>0$ のときのグラフ	常に増加 （右上がりの直線）	$x<0$ のとき減少　$x>0$ のとき増加 （下に凸の放物線）
$a<0$ のときのグラフ	常に減少 （右下がりの直線）	$x<0$ のとき増加　$x>0$ のとき減少 （上に凸の放物線）
変化の割合	常に一定で a に等しい	一定ではない

3. 関数 $y=ax^2$ の値の変化　99

(1)　$3(a-1)=12$ より　　$\boldsymbol{a=5}$

(2)　$3(a-1)=-3$ より　　$\boldsymbol{a=0}$

確かめの問題　　解答は本書 200 ページ

1　5 つの関数 $y=\frac{1}{2}x^2$，$y=\frac{1}{3}x^2$，$y=-\frac{1}{3}x^2$，$y=ax^2$，$y=bx^2$ のグラフは，右の図のア～カのいずれかである。また，図のイとエ，ウとオはそれぞれ x 軸に関して対称であり，$a>\frac{1}{2}$，$-\frac{1}{3}<b<0$ である。

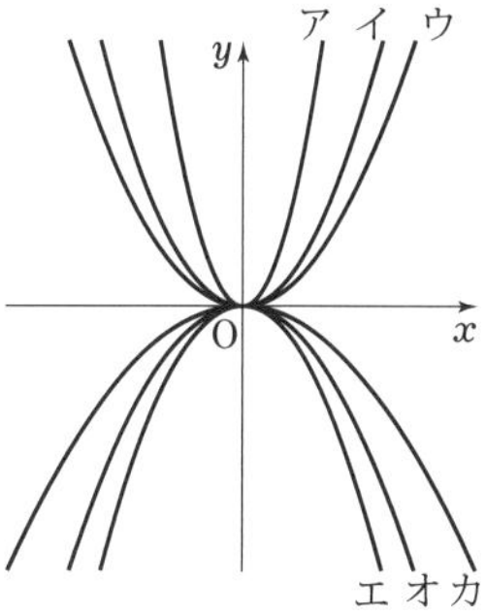

このとき，関数 $y=ax^2$ と関数 $y=bx^2$ のグラフを，ア～カからそれぞれ 1 つ選んで，その記号を答えなさい。

4．関数 $y=ax^2$ の利用

学習のめあて

x^2 に比例するいろいろな問題を考えること。

学習のポイント

関数 $y=ax^2$ の利用

y が x^2 に比例するとき，$y=ax^2$ と表すことができる。

$x=\square$ のときの y の値は

$y=ax^2$ に $x=\square$ を代入する

と得られる。

テキストの解説

□例題 4

○車がブレーキをかけて，ブレーキが効き始めてから車が止まるまでに進む距離についての問題である。

○ブレーキが効き始めてから止まるまでに進む距離を制動距離という。

○制動距離は，関数 $y=ax^2$ を利用する問題としてよく使われる。

○(1)　y は x^2 に比例するから，比例定数を a とすると，$y=ax^2$ と表すことができる。

○時速 40 km で走っている車がブレーキをかけたところ，止まるまでに 10 m 進んだから，$x=40$，$y=10$ とする。

○ $y=ax^2$ に，$x=40$，$y=10$ を代入すると

$$10=a\times40^2$$

これを解くと

$$a=\frac{1}{160}$$

よって　　$y=\dfrac{1}{160}x^2$

○(2)　$y=\dfrac{1}{160}x^2$ に，$x=60$ を代入する。

参考　同じ車で制動距離が 40 m なら，ブレーキが効き始めるときの時速は 80 km である。

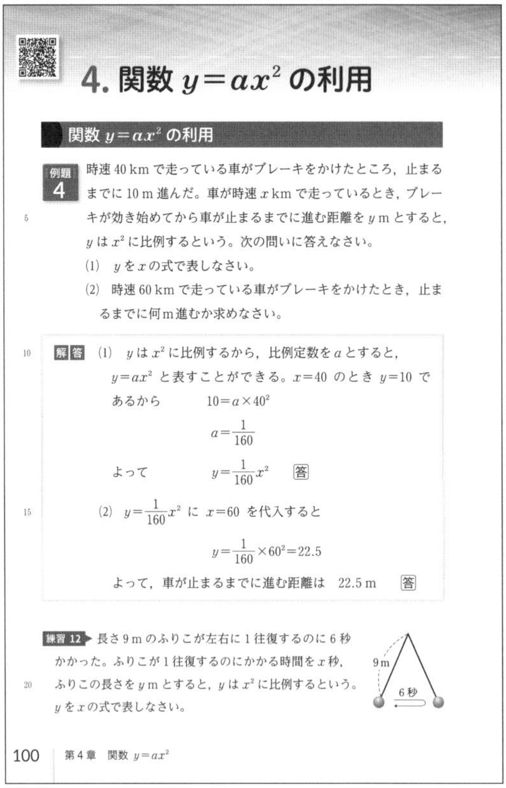

4. 関数 $y=ax^2$ の利用

関数 $y=ax^2$ の利用

例題 4　時速 40 km で走っている車がブレーキをかけたところ，止まるまでに 10 m 進んだ。車が時速 x km で走っているとき，ブレーキが効き始めてから車が止まるまでに進む距離を y m とすると，y は x^2 に比例するという。次の問いに答えなさい。

(1)　y を x の式で表しなさい。

(2)　時速 60 km で走っている車がブレーキをかけたとき，止まるまでに何 m 進むか求めなさい。

解答　(1)　y は x^2 に比例するから，比例定数を a とすると，$y=ax^2$ と表すことができる。$x=40$ のとき $y=10$ であるから　　$10=a\times40^2$

$a=\dfrac{1}{160}$

よって　　$y=\dfrac{1}{160}x^2$　答

(2)　$y=\dfrac{1}{160}x^2$ に $x=60$ を代入すると

$y=\dfrac{1}{160}\times60^2=22.5$

よって，車が止まるまでに進む距離は　22.5 m　答

練習 12▶ 長さ 9 m のふりこが左右に 1 往復するのに 6 秒かかった。ふりこが 1 往復するのにかかる時間を x 秒，ふりこの長さを y m とすると，y は x^2 に比例するという。y を x の式で表しなさい。

100　第 4 章　関数 $y=ax^2$

$x>0$ として，$40=\dfrac{1}{160}x^2$ を解けばよい。

□練習 12

○ふりこが 1 往復するのにかかる時間とふりこの長さについての問題。

○ y は x^2 に比例するから，比例定数を a とすると，$y=ax^2$ と表すことができる。

○長さ 9 m のふりこが左右に 1 往復するのに 6 秒かかったから，$x=6$，$y=9$ とする。

テキストの解答

練習 12　y は x^2 に比例するから，比例定数を a とすると，$y=ax^2$ と表すことができる。
$x=6$ のとき，$y=9$ であるから

$$9=a\times6^2$$

$$9=36a$$

$$a=\frac{1}{4}$$

よって　　$\boldsymbol{y=\dfrac{1}{4}x^2}$

テキスト 101 ページ

学習のめあて

軸に平行な直線と放物線について考え，それらの交点の座標を求めることができるようになること。

学習のポイント

放物線と座標

点 $(a,\ b)$ が放物線上にある

→ $x=a$，$y=b$ を放物線の式に代入した式が成り立つ

放物線と座標

放物線と座標について考えてみよう。

例題 5　2つの放物線 $y=x^2$，$y=2x^2$ と，点 A(2, 0) を考える。点Aを通り y 軸に平行な直線と放物線 $y=x^2$ との交点を B，点Bを通り x 軸に平行な直線と放物線 $y=2x^2$ との交点のうち，x 座標が正であるものをCとする。点Cの座標を求めなさい。

解答　点Bの x 座標は2である。

よって，点Bの y 座標は

$y=2^2=4$

点Cの y 座標は，点Bの y 座標と等しいから4である。

よって，点Cの x 座標は

$4=2x^2$

$x=\pm\sqrt{2}$

点Cの x 座標は正であるから　$x=\sqrt{2}$

したがって，点Cの座標は　$(\sqrt{2},\ 4)$　答

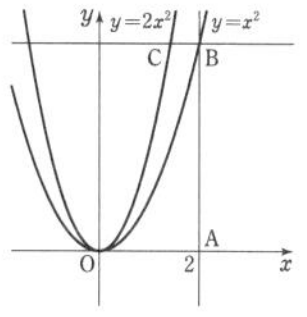

練習 13　2つの放物線 $y=-x^2$，$y=-\frac{1}{3}x^2$ と，点 A(−1, 0) を考える。点Aを通り y 軸に平行な直線と放物線 $y=-x^2$ との交点を B，点Bを通り x 軸に平行な直線と放物線 $y=-\frac{1}{3}x^2$ との交点のうち，x 座標が負であるものをCとする。点Cの座標を求めなさい。

第4章

テキストの解説

□例題 5

○軸に平行な直線と放物線の交点。

○軸に平行な直線の性質に着目する。

直線 AB は y 軸に平行

→ 直線上の点の x 座標は等しい

直線 BC は x 軸に平行

→ 直線上の点の y 座標は等しい

○わかっているのは点 A の x 座標。ここから

点 B の x 座標 → 点 B の y 座標

→ 点 C の y 座標 → 点 C の x 座標

の順に考える。

○点 B は直線 AB 上の点であるとともに，放物線 $y=x^2$ 上の点でもある。したがって，点 B の x 座標がわかれば，放物線の式を利用して，点 B の y 座標を知ることができる。

○点 C の座標も，同じように考えて求めることができる。

□練習 13

○例題 5 と同じように，順を追って各点の座標を求める。

○点 C の x 座標が負という条件に注意する。

○グラフをかいて考えるとわかりやすい。

テキストの解答

練習 13　点 B の x 座標は -1 である。

よって，点 B の y 座標は

$y=-(-1)^2$

$=-1$

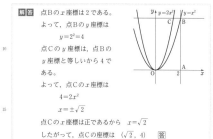

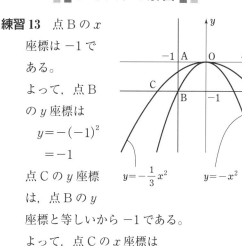

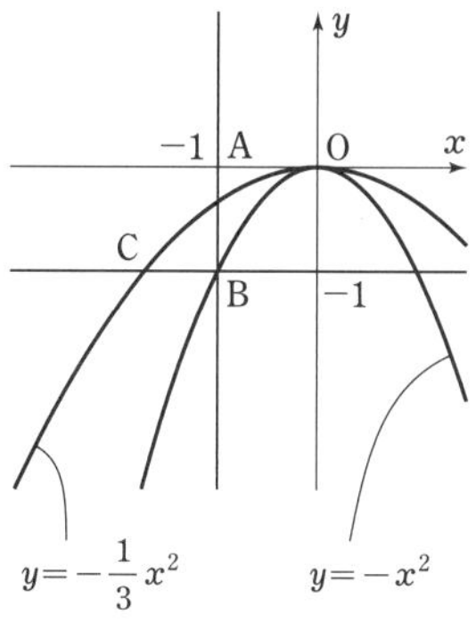

点 C の y 座標は，点 B の y 座標と等しいから -1 である。

よって，点 C の x 座標は

$$-1=-\frac{1}{3}x^2 \quad すなわち \quad x^2=3$$

これを解いて　$x=\pm\sqrt{3}$

点 C の x 座標は負であるから　$x=-\sqrt{3}$

したがって，点 C の座標は

$(-\sqrt{3},\ -1)$

学習のめあて

2 次方程式を解いて，放物線と直線の交点の座標を求めることができるようになること。

学習のポイント

放物線と直線

放物線と直線の交点の座標は，放物線と直線の式を連立させた連立方程式の解である。

放物線と直線

右の図は，2 つの関数 $y=x^2$, $y=x+2$ のグラフである。

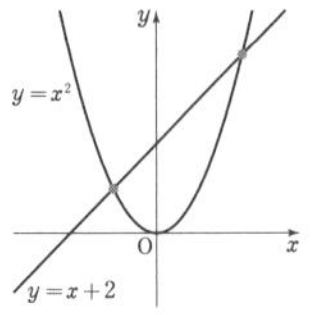

図から，これらのグラフは，2 つの共有点をもつことがわかる。この 2 つの共有点の座標を求めてみよう。

共有点の座標は，次の 2 つの式を同時に満たす。

$$\begin{cases} y=x^2 \\ y=x+2 \end{cases}$$

すなわち，共有点の x 座標，y 座標は，この連立方程式の解となる。

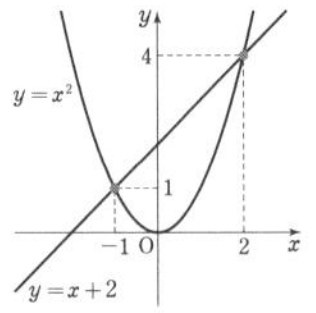

y を消去して　$x^2=x+2$

$x^2-x-2=0$

$(x+1)(x-2)=0$

よって　$x=-1,\ 2$

$x=-1$ のとき $y=1$,

$x=2$　のとき $y=4$

であるから，共有点の座標は　$(-1,\ 1),\ (2,\ 4)$

2 つの関数 $y=x^2$, $y=x+2$ のグラフの共有点の x 座標は，2 次方程式 $x^2=x+2$ の解である。

練習 14 次の 2 つの関数のグラフについて，共有点の座標を求めなさい。

(1) $y=x^2$, $y=x+6$　　(2) $y=2x^2$, $y=2x$

(3) $y=-\frac{1}{2}x^2$, $y=-x-4$　　(4) $y=x^2$, $y=2x-1$

102　第 4 章　関数 $y=ax^2$

テキストの解説

□放物線と直線

○直線と直線の共有点の座標は，2 直線の式を連立させた連立方程式を解いて求められる。

○放物線 $y=ax^2$ と直線 $y=px+q$ の場合も同じように考えればよい。

共有点の座標は，

連立方程式 $\begin{cases} y=ax^2 \\ y=px+q \end{cases}$

の解であるから，2 次方程式 $ax^2=px+q$ を解くことになる。

□練習 14

○放物線と直線の式から得られる 2 次方程式を解いて共有点の座標を求める。

テキストの解答

練習 14 (1) $x^2=x+6$ を解くと

$x^2-x-6=0$

$(x+2)(x-3)=0$

$x=-2,\ 3$

$x=-2$ のとき　$y=4$

$x=3$ のとき　$y=9$

よって，共有点の座標は

$(-2,\ 4),\ (3,\ 9)$

(2) $2x^2=2x$ を解くと

$x^2-x=0$

$x(x-1)=0$

$x=0,\ 1$

$x=0$ のとき　$y=0$

$x=1$ のとき　$y=2$

よって，共有点の座標は

$(0,\ 0),\ (1,\ 2)$

(3) $-\frac{1}{2}x^2=-x-4$ を解くと

$x^2-2x-8=0$

$(x+2)(x-4)=0$

$x=-2,\ 4$

$x=-2$ のとき　$y=-2$

$x=4$ のとき　$y=-8$

よって，共有点の座標は

$(-2,\ -2),\ (4,\ -8)$

(4) $x^2=2x-1$ を解くと

$x^2-2x+1=0$

$(x-1)^2=0$

$x=1$

このとき　$y=1$

よって，共有点の座標は　**$(1,\ 1)$**

学習のめあて

放物線と直線の交点を頂点の１つとする三角形について，その面積を求めること。

学習のポイント

座標平面上の三角形の面積

軸に平行な辺がある場合

[1]　軸に平行な辺を底辺にとる。

[2]　高さを表す頂点の x 座標，y 座標を利用する。

▌▌テキストの解説▌▌

□例題6

○三角形の面積を求めるために，まず，底辺と高さを考える。

○辺 OB の長さはすぐにわかるから，OB を底辺にとると

$$（高さ）＝（点Aの y 座標）$$

○点 A の y 座標を知るには，放物線 $y=x^2$ と直線 $y=-x+6$ の共有点の座標を求めればよい。

○共有点の座標は，連立方程式 $\begin{cases} y=x^2 \\ y=-x+6 \end{cases}$

の解であるから，２次方程式 $x^2=-x+6$ を解いて，まず共有点の x 座標を求める。

□練習15

○放物線と直線は例題6と同じであるから，その結果も利用して考える。

○(2)の △OAD は軸に平行な辺がないため，このままでは，面積が求めにくい。

○軸に平行な辺をもたない三角形の面積は，次のように考えて求めるとよい。

　[1]　軸に平行な直線で，三角形を分割する。

　[2]　三角形を囲む長方形を考え，余分な部分を除く。

この問題は，[1]の方針で △OAD の面積を求めることができる。

例題6 放物線 $y=x^2$ と直線 $y=-x+6$ の共有点のうち，x 座標が小さい方の点をAとする。

直線 $y=-x+6$ と x 軸との交点をBとするとき，△OABの面積を求めなさい。

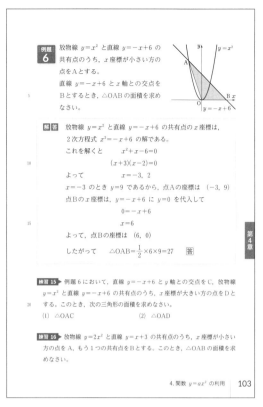

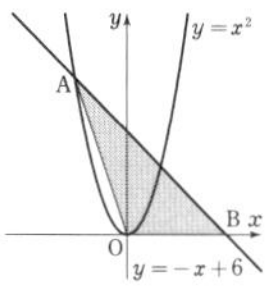

解答 放物線 $y=x^2$ と直線 $y=-x+6$ の共有点の x 座標は，２次方程式 $x^2=-x+6$ の解である。

これを解くと　　$x^2+x-6=0$

$$(x+3)(x-2)=0$$

よって　　　　$x=-3$，2

$x=-3$ のとき $y=9$ であるから，点Aの座標は $(-3, 9)$

点Bの x 座標は，$y=-x+6$ に $y=0$ を代入して

$$0=-x+6$$

$$x=6$$

よって，点Bの座標は $(6, 0)$

したがって　　△OAB$=\dfrac{1}{2}×6×9=27$ 　答

練習15 例題6において，直線 $y=-x+6$ と y 軸との交点をC，放物線 $y=x^2$ と直線 $y=-x+6$ の共有点のうち，x 座標が大きい方の点をDとする。このとき，次の三角形の面積を求めなさい。

(1)　△OAC　　　　　　　(2)　△OAD

練習16 放物線 $y=2x^2$ と直線 $y=x+3$ の共有点のうち，x 座標が小さい方の点をA，もう１つの共有点をBとする。このとき，△OABの面積を求めなさい。

4. 関数 $y=ax^2$ の利用　103

□練習16

○放物線と直線の２つの共有点と原点がつくる三角形の面積。

○練習15 にならい，△OAB を２つの三角形に分けて考える。

▌▌テキストの解答▌▌

練習15　点 C の y 座標は6であるから

$$C(0, 6)$$

点 D の x 座標は２次方程式 $x^2=-x+6$ の解のうち，大きい方であるから　　$x=2$

このとき　　　$y=4$

よって　　　　D$(2, 4)$

(1)　△OAC$=\dfrac{1}{2}×6×3=$**9**

(2)　△ODC$=\dfrac{1}{2}×6×2=$**6**

よって　　△OAD＝△OAC＋△ODC

$$=9+6=\mathbf{15}$$

（練習16 の解答は次ページ）

学習のめあて

底辺が等しい三角形の面積の性質を利用して，座標平面上の図形の問題を解くことができるようになること。

学習のポイント

底辺が等しい三角形の面積

平行な 2 直線の間の距離は常に等しい。

2 点 A，D が直線 BC に関して同じ側にあるとき

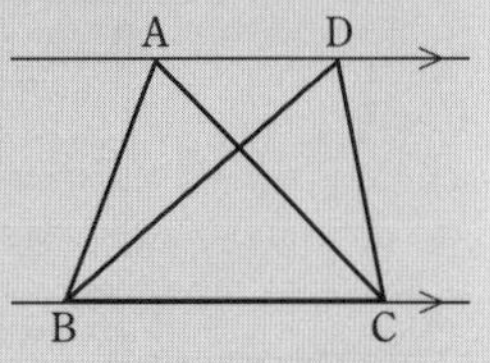

AD∥BC　ならば　△ABC＝△DBC

△ABC＝△DBC　ならば　AD∥BC

テキストの解説

□例題 7

○(1)　直線の式を求める。そのためには，次の[1]，[2]のどちらかがわかればよい。

[1]　通る 1 点の座標と傾き

→　直線の式を $y=(\text{傾き})x+b$ とおく

[2]　通る 2 点の座標

→　直線の式を $y=ax+b$ とおく

○2 点 A，B は放物線と直線の交点である。

2 点 A，B の x 座標と放物線の式から，A，B の座標が求まるから，[2]の通る 2 点の座標を利用して，直線 ℓ の式を求めることができる。

○(2)　まず，C の座標を求める。

点 (○，□) と y 軸について対称な点の座標は (−○，□) である。

○2 点 C，D は直線 AB に関して同じ側にあるから，CD∥AB ならば △ABC＝△ABD が成り立つ。

○点 D は，点 C を通り，直線 ℓ に平行な直線と y 軸との交点である。

例題 7　右の図のように，放物線 $y=x^2$ と直線 ℓ が 2 点 A，B で交わっており，A，B の x 座標は，それぞれ -1，2 である。また，放物線 $y=x^2$ 上に点 C があり，B と C は y 軸に関して対称である。

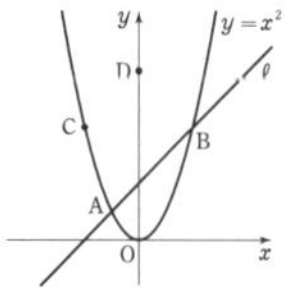

(1)　直線 ℓ の式を求めなさい。

(2)　△ABC＝△ABD となる点 D を，y 軸上で直線 ℓ より上側にとる。このとき，点 D の座標を求めなさい。

考え方　(2)　等積変形の考え方を利用する。辺 AB を共通の底辺として高さが等しくなるような点 D の座標を求める。

解答　(1)　2 点 A，B は放物線 $y=x^2$ 上の点であるから

$x=-1$ のとき　$y=(-1)^2=1$

$x=2$ のとき　$y=2^2=4$

よって　A$(-1,\ 1)$，B$(2,\ 4)$

直線 ℓ の式を $y=ax+b$ とおくと，直線 ℓ は 2 点 A，B を通るから　$1=-a+b$，　$4=2a+b$

これを解くと　$a=1$，$b=2$

したがって，直線 ℓ の式は　$y=x+2$　答

(2)　B と C は y 軸に関して対称であるから　C$(-2,\ 4)$

△ABC＝△ABD となるのは，共通の辺 AB を底辺として，高さが等しくなるときである。

よって，点 D は，点 C を通り，直線 ℓ に平行な直線と y 軸との交点である。

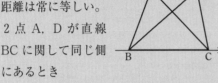

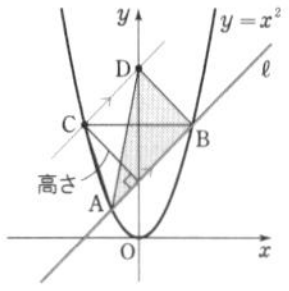

104　第 4 章　関数 $y=ax^2$

テキストの解答

(練習 16 は前ページの問題)

練習 16　2 点 A，B の x 座標は，2 次方程式 $2x^2=x+3$ の解である。

これを解くと　$2x^2-x-3=0$

$(x+1)(2x-3)=0$　から　$x=-1,\ \dfrac{3}{2}$

y 座標は順に　$-1+3=2,\ \dfrac{3}{2}+3=\dfrac{9}{2}$

よって　A$(-1,\ 2)$，B$\left(\dfrac{3}{2},\ \dfrac{9}{2}\right)$

また，直線 $y=x+3$ と y 軸の交点を C とすると，C$(0,\ 3)$ である。

ここで　$\triangle\text{OAC}=\dfrac{1}{2}\times3\times1=\dfrac{3}{2}$

$\triangle\text{OBC}=\dfrac{1}{2}\times3\times\dfrac{3}{2}=\dfrac{9}{4}$

したがって　$\triangle\text{OAB}=\triangle\text{OAC}+\triangle\text{OBC}$

$=\dfrac{3}{2}+\dfrac{9}{4}=\boldsymbol{\dfrac{15}{4}}$

(1) より，直線 ℓ の傾きは 1 であるから，直線 ℓ に平行な直線の式は $y=x+k$ とおける。
この直線が点Cを通るとき

$$4=-2+k$$
$$k=6$$

よって，直線 ℓ に平行な直線の式は $y=x+6$ である。
したがって，点Dの座標は (0, 6) 答

練習 17 右の図のように，放物線 $y=-\frac{1}{3}x^2$ 上に 2 点 A，B があり，A，B の x 座標はそれぞれ -3，6 である。△OAB＝△OCB となる点Cを，y 軸上で y 座標が負になるところにとる。このとき，点Cの座標を求めなさい。

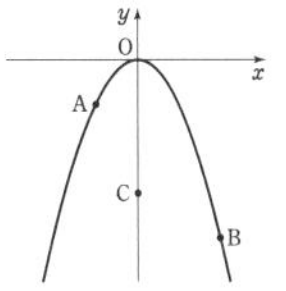

座標平面上の三角形の面積を 2 等分する直線については，すでに学んでいる。
点Oを通り，△OAB の面積を 2 等分する直線は，辺 AB の中点 M を通る。

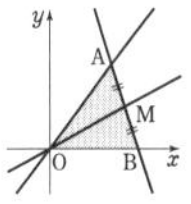

練習 18 右の図のように，放物線 $y=\frac{1}{2}x^2$ 上に 2 点 A，B があり，A，B の x 座標はそれぞれ -4，6 である。このとき，原点Oを通り，△OAB の面積を 2 等分する直線の式を求めなさい。

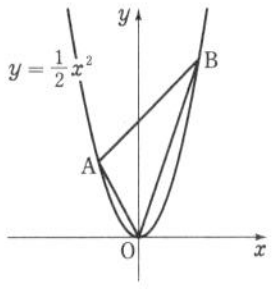

4. 関数 $y=ax^2$ の利用　105

第4章

学習のめあて

三角形の面積を 2 等分する直線の性質を理解すること。

学習のポイント

三角形の面積を 2 等分する直線

△OAB の頂点 O を通り，△OAB の面積を 2 等分する直線は，辺 AB の中点を通る。

テキストの解説

□例題 7 （前ページの続き）

○平行な 2 直線の傾きは等しいから，直線 CD の傾きは直線 ℓ の傾きに等しく 1 である。
したがって，傾きと通る 1 点 C の座標を利用して，直線 CD の式を求めることができる。
点 D の座標は，この式からすぐにわかる。

□練習 17

○2 点 A，B の座標，直線 OB の式，直線 AC の式の順に考える。

□三角形の面積を 2 等分する直線

○座標平面上の三角形の面積を 2 等分する直線については，体系数学 1 代数編でも学んでいる。
○点 O を通り，△OAB の面積を 2 等分する直線は，辺 AB の中点を通る。

□練習 18

○三角形の面積を 2 等分する直線の式を求める問題。
○原点 O と，辺 AB の中点を通る直線。

テキストの解答

練習 17　2 点 A，B は放物線 $y=-\frac{1}{3}x^2$ 上にあるから

$x=-3$ のとき　$y=-\frac{1}{3}\times(-3)^2=-3$

$x=6$ のとき　$y=-\frac{1}{3}\times 6^2=-12$

よって　A$(-3,\ -3)$，B$(6,\ -12)$

△OAB＝△OCB となるのは，共通の辺 OB を底辺として，高さが等しくなるときである。
よって，点 C は，点 A を通り，直線 OB に平行な直線と y 軸の交点である。直線 OB の傾きは

$$\frac{-12}{6}=-2$$

であるから，直線 OB に平行な直線の式は

$y=-2x+k$

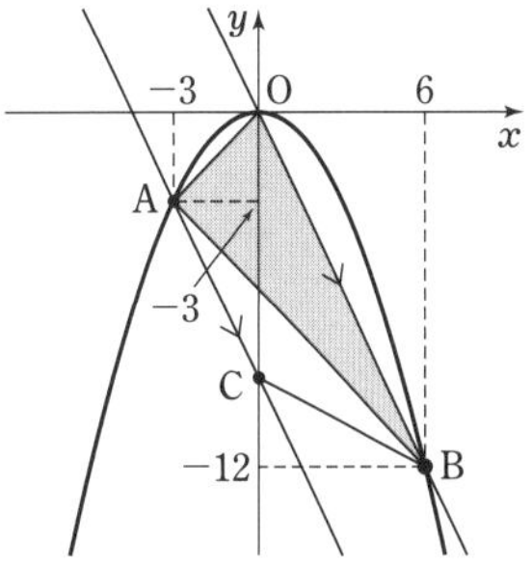

とおける。この直線が点 A を通るとき

$$-3=-2\times(-3)+k$$
$$k=-9$$

よって，点 A を通り，直線 OB に平行な直線の式は $y=-2x-9$ である。
したがって，点 C の座標は　**(0, −9)**

（練習 18 の解答は次ページ）

例題 8 右の図で，① は関数 $y=ax^2$ $(a>0)$，② は関数 $y=-\frac{1}{2}x^2$ のグラフである。点 P(3, 0) を通り y 軸に平行な直線と ①，② のグラフが交わる点を，それぞれ A，B とする。
さらに，点 C(0, 6) をとるとき，
四角形 OBAC が平行四辺形となるような a の値を求めなさい。

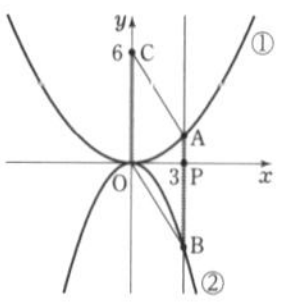

解答 直線 AB は y 軸に平行であるから　AB∥CO
よって，四角形 OBAC が平行四辺形となるのは，AB=CO となるときである。

点Aの y 座標は　$y=a\times3^2=9a$

点Bの y 座標は　$y=-\frac{1}{2}\times3^2=-\frac{9}{2}$

よって　$AB=9a-\left(-\frac{9}{2}\right)=9a+\frac{9}{2}$

CO=6 であるから　$9a+\frac{9}{2}=6$

これを解くと　$a=\frac{1}{6}$　答

練習 19 右の図で，点Aの座標は (1, 0) である。点Pを放物線 $y=x^2$ 上のOと B(1, 1) の間にとり，点Qを x 軸上のOとAの間にとる。
さらに，点Rを線分 AB 上にとり，四角形 PQAR が正方形になるようにする。このとき，点Pの x 座標を求めなさい。

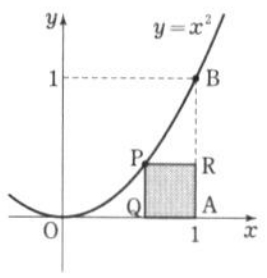

学習のめあて

図形の性質を利用して，座標平面上の図形の問題を解くことができるようになること。

学習のポイント

平行四辺形になるための条件

四角形の 1 組の対辺が平行でその長さが等しいとき，四角形は平行四辺形になる。

テキストの解説

□例題 8

○平行四辺形になるための条件を利用する。
AB∥CO であるから，AB=CO となることを利用する。

□練習 19

○放物線と正方形の問題。正方形の性質を利用することを考える。

○ P は放物線 $y=x^2$ 上の点であるから，その座標は $(t,\ t^2)$ とおくことができる。
PQ=PR であることを利用して，t の方程式をつくる。

テキストの解答

(練習 18 は前ページの問題)

練習 18　2 点 A，B は放物線 $y=\frac{1}{2}x^2$ 上の点であるから

$x=-4$ のとき　$y=\frac{1}{2}\times(-4)^2=8$

$x=6$ のとき　$y=\frac{1}{2}\times6^2=18$

よって　A$(-4,\ 8)$，B$(6,\ 18)$
原点 O を通り，△OAB の面積を 2 等分する直線は，線分 AB の中点を通る。
線分 AB の中点の座標は

$$\left(\frac{-4+6}{2},\ \frac{8+18}{2}\right)$$

すなわち　$(1,\ 13)$
よって，2 点 $(0,\ 0)$，$(1,\ 13)$ を通る直線の式を求めると　$\boldsymbol{y=13x}$

練習 19　点 P は放物線 $y=x^2$ 上の点であるから，点 P の座標は $(t,\ t^2)$ とおける。
ただし，$0<t<1$ である。
このとき，$PQ=t^2$，$PR=1-t$ である。
四角形 PQAR が正方形になるとき，
PQ=PR であるから　$t^2=1-t$
すなわち　$t^2+t-1=0$
これを解くと

$$t=\frac{-1\pm\sqrt{1^2-4\times1\times(-1)}}{2\times1}$$

$$=\frac{-1\pm\sqrt{5}}{2}$$

$0<t<1$ であるから　$t=\frac{-1+\sqrt{5}}{2}$

よって，点 P の x 座標は　$\boldsymbol{\frac{-1+\sqrt{5}}{2}}$

テキスト 107 ページ

5．いろいろな関数

学習のめあて

関数 $y=ax+b$ や $y=ax^2$ 以外の関数について知ること。

学習のポイント

いろいろな関数

定義域の全体にわたって 1 つの式では表されない関数は，定義域を分けて考える。

テキストの解説

□例 2

○電車の乗車距離と運賃の関係を考える。

○ともなって変わる 2 つの数量 x，y があり，x の値を決めると，それにともなって y の値がただ 1 つ決まるとき，y は x の関数である。距離 x km が決まると運賃 y 円もただ 1 つ決まるから，y は x の関数である。

○これまでに学んだ関数は，定義域の全体にわたって 1 つの式で表すことができた。一方，身のまわりに現れる関数の中には，この例のように，定義域の全体にわたって 1 つの式では表されないものもある。

○このような場合，定義域を分けて，それぞれの定義域で関数を考える。

○グラフでは，端の点が含まれるかどうかを，○と●を用いて明らかにする。グラフは，$x=4$ などでつながっていないが，$0<x\leqq 20$ であるすべての x の値に対して，y の値がただ 1 つに定まる。

□練習 20

○実数 x に対して，x 以下の最大の整数 y を考える。$x\geqq 0$ のとき，y は x の小数点以下を切り捨てたものになる。

○(1)　0.5 以下の最大の整数は 0 であり，1 以下の最大の整数は 1 である。

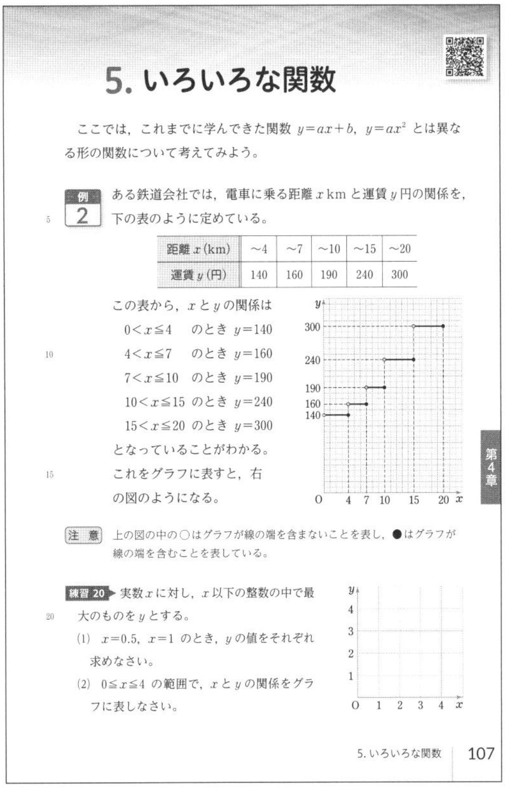

5. いろいろな関数

ここでは，これまでに学んできた関数 $y=ax+b$，$y=ax^2$ とは異なる形の関数について考えてみよう。

例 2　ある鉄道会社では，電車に乗る距離 x km と運賃 y 円の関係を，下の表のように定めている。

距離 x (km)	～4	～7	～10	～15	～20
運賃 y (円)	140	160	190	240	300

この表から，x と y の関係は

$0<x\leqq 4$　のとき $y=140$

$4<x\leqq 7$　のとき $y=160$

$7<x\leqq 10$　のとき $y=190$

$10<x\leqq 15$ のとき $y=240$

$15<x\leqq 20$ のとき $y=300$

となっていることがわかる。

これをグラフに表すと，右の図のようになる。

注意　上の図の中の○はグラフが線の端を含まないことを表し，●はグラフが線の端を含むことを表している。

練習 20　実数 x に対し，x 以下の整数の中で最大のものを y とする。

(1)　$x=0.5$，$x=1$ のとき，y の値をそれぞれ求めなさい。

(2)　$0\leqq x\leqq 4$ の範囲で，x と y の関係をグラフに表しなさい。

5. いろいろな関数　107

○(2)　x と y の関数は，次のようになる。

$0\leqq x<1$ のとき　$y=0$

$1\leqq x<2$ のとき　$y=1$

$2\leqq x<3$ のとき　$y=2$

$3\leqq x<4$ のとき　$y=3$

$x=4$　　のとき　$y=4$

グラフをかくとき，点 (4, 4) を忘れないように注意する。

テキストの解答

練習 20　(1)　**$x=0.5$ のとき　$y=0$**

$x=1$　のとき　$y=1$

(2)

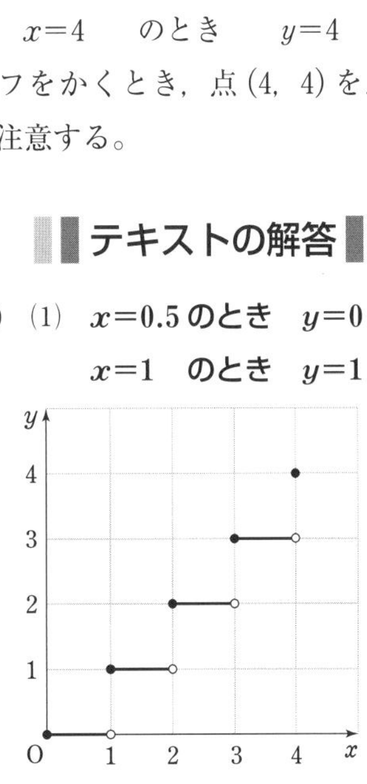

テキスト108ページ

学習のめあて

関数 $y=ax+b$ と $y=ax^2$ が組み合わさった関数のグラフがかけるようになること。

学習のポイント

いろいろな関数のグラフ

定義域によって異なる式で表される関数のグラフは，定義域ごとにグラフをかく。

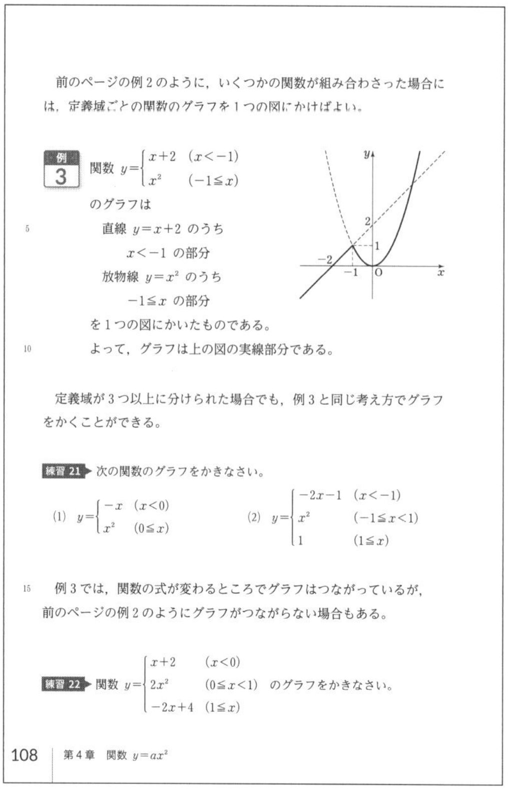

前のページの例2のように，いくつかの関数が組み合わさった場合には，定義域ごとの関数のグラフを1つの図にかけばよい。

例3 関数 $y=\begin{cases} x+2 & (x<-1) \\ x^2 & (-1\leqq x) \end{cases}$

のグラフは

直線 $y=x+2$ のうち

$x<-1$ の部分

放物線 $y=x^2$ のうち

$-1\leqq x$ の部分

を1つの図にかいたものである。

よって，グラフは上の図の実線部分である。

定義域が3つ以上に分けられた場合でも，例3と同じ考え方でグラフをかくことができる。

練習21 次の関数のグラフをかきなさい。

(1) $y=\begin{cases} -x & (x<0) \\ x^2 & (0\leqq x) \end{cases}$　　(2) $y=\begin{cases} -2x-1 & (x<-1) \\ x^2 & (-1\leqq x<1) \\ 1 & (1\leqq x) \end{cases}$

例3では，関数の式が変わるところでグラフはつながっているが，前のページの例2のようにグラフがつながらない場合もある。

練習22 関数 $y=\begin{cases} x+2 & (x<0) \\ 2x^2 & (0\leqq x<1) \\ -2x+4 & (1\leqq x) \end{cases}$ のグラフをかきなさい。

108　第4章　関数 $y=ax^2$

テキストの解説

□例3

○定義域によって異なる式で表される関数のグラフ。

○ $x=-1$ のとき　$y=x^2=1$

関数 $y=x+2$ は $x=-1$ で定義されないが，

$x=-1$ のとき　$y=x+2=1$

したがって，2つの関数のグラフは，関数の式が変わる $x=-1$ でつながっている。

□練習21

○例3にならって，それぞれの定義域における関数のグラフを，1つの図にかく。

○定義域外の部分も，破線でかいておく。

□練習22

○3つの定義域に応じてグラフをかく。

○グラフは $x=0$ でつながっていないが，すべての実数 x に対して y の値がただ1つに定まるから，練習22の y も x の関数である。

テキストの解答

練習21 (1)

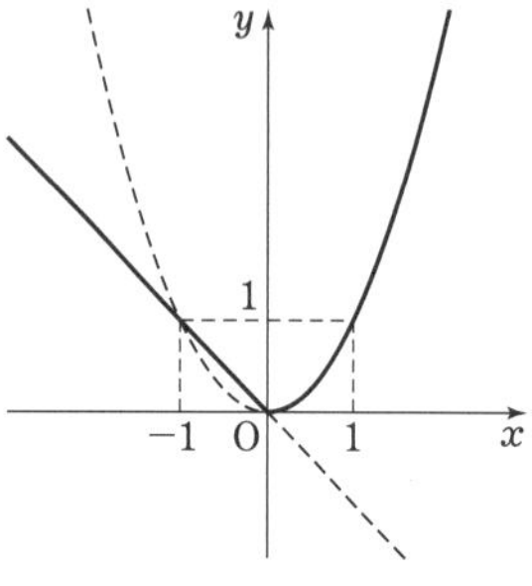

(2)

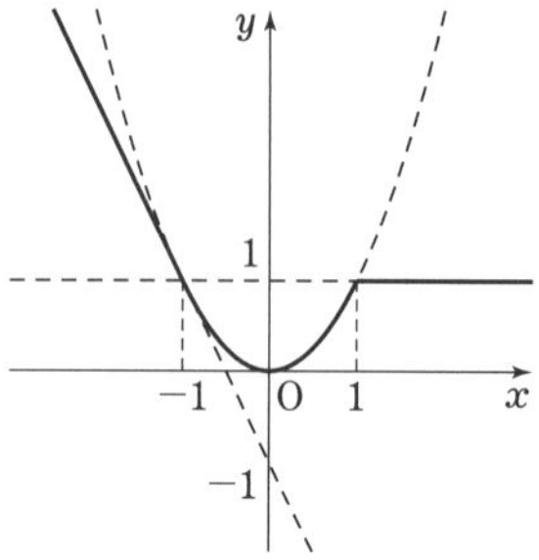

練習22

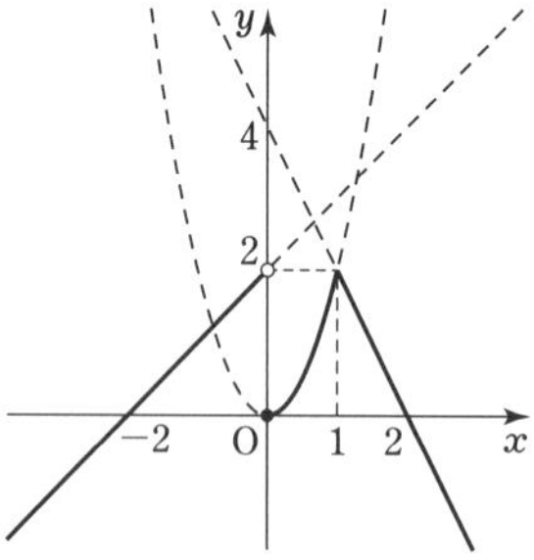

確認問題

解答は本書 187 ページ

テキストの解説

□問題 1

○ 2 乗に比例する関数。x と y の対応表から関数の式を考える。

○ y は x^2 に比例する　→　$y=ax^2$ とおける
$x=-2$ のとき $y=-10$ であるから，これらを代入して a の値を求める。

○ y が x^2 に比例するとき，$x=t$ における y の値と $x=-t$ における y の値は等しい（グラフは y 軸に関して対称）。(イ)にあてはまる数は，$x=-2$ のときの y の値からただちにわかる。

□問題 2

○関数 $y=2x^2$ の変化の割合と最大値，最小値。

○(1)　1 次関数 $y=ax+b$ の変化の割合は a に等しいが，関数 $y=ax^2$ の変化の割合は一定ではない。x の増加量と y の増加量を計算する。

$$\text{変化の割合}=\frac{y\text{の増加量}}{x\text{の増加量}}$$

○(2)　定義域に 0 を含む場合。
グラフをかいて考えるとわかりやすい。

○定義域の端の値 $x=-1$ は定義域に含まれないから，$x=-1$ に対応する y の値も値域には含まれない。

□問題 3

○関数の値域から定義域を決定する。
グラフをかいて考えるとわかりやすい。

○値域の一端が 0 であるから，定義域に 0 を含むことがわかる。
また，$y=4$ となる x の値は $x=\pm2$ であり，x のとる値が -2 より小さくなることはない。

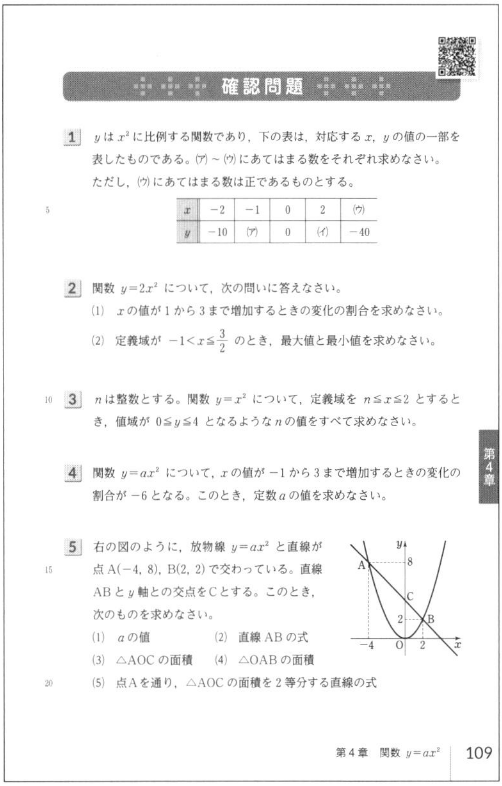
確認問題

1　y は x^2 に比例する関数であり，下の表は，対応する x，y の値の一部を表したものである。(ア)～(ウ)にあてはまる数をそれぞれ求めなさい。
ただし，(ウ)にあてはまる数は正であるものとする。

x	-2	-1	0	2	(ウ)
y	-10	(ア)	0	(イ)	-40

2　関数 $y=2x^2$ について，次の問いに答えなさい。
(1)　x の値が 1 から 3 まで増加するときの変化の割合を求めなさい。
(2)　定義域が $-1<x\leqq\frac{3}{2}$ のとき，最大値と最小値を求めなさい。

3　n は整数とする。関数 $y=x^2$ について，定義域を $n\leqq x\leqq2$ とするとき，値域が $0\leqq y\leqq4$ となるような n の値をすべて求めなさい。

4　関数 $y=ax^2$ について，x の値が -1 から 3 まで増加するときの変化の割合が -6 となる。このとき，定数 a の値を求めなさい。

5　右の図のように，放物線 $y=ax^2$ と直線が点 A$(-4,\ 8)$，B$(2,\ 2)$ で交わっている。直線 AB と y 軸との交点を C とする。このとき，次のものを求めなさい。
(1)　a の値　　(2)　直線 AB の式
(3)　△AOC の面積　　(4)　△OAB の面積
(5)　点 A を通り，△AOC の面積を 2 等分する直線の式

第4章

第 4 章　関数 $y=ax^2$　109

□問題 4

○変化の割合から，関数の式を決定する。

○ x の値が -1 から 3 まで増加するときの変化の割合を a の式で表す。

□問題 5

○放物線と直線のいろいろな問題。

○(3)，(4)　座標平面上の三角形の面積。軸に平行な辺を底辺にとって考える。

○点 C の座標は，直線 AB の式から求めることができる。

○(5)　辺 OC 上の点を M とするとき，直線 AM が △AOC の面積を 2 等分するならば，M は線分 OC の中点である。
よって，求めるものは，点 A と線分 OC の中点を通る直線である。

○ 2 点 A$(a,\ b)$，B$(c,\ d)$ を結ぶ線分 AB の中点の座標は

$$\left(\frac{a+c}{2},\ \frac{b+d}{2}\right)$$

テキスト 110 ページ

演習問題A

解答は本書 188 ページ

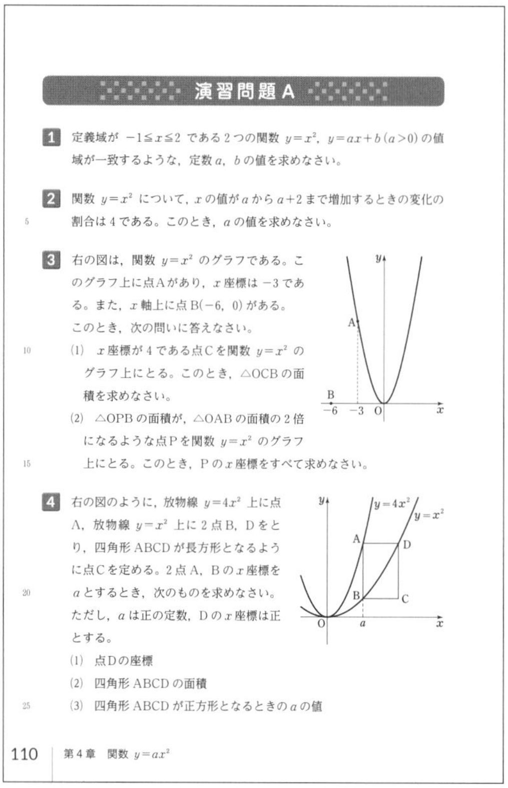
演習問題 A

1 定義域が $-1 \leqq x \leqq 2$ である 2 つの関数 $y=x^2$, $y=ax+b\,(a>0)$ の値域が一致するような，定数 a, b の値を求めなさい。

2 関数 $y=x^2$ について，x の値が a から $a+2$ まで増加するときの変化の割合は 4 である。このとき，a の値を求めなさい。

3 右の図は，関数 $y=x^2$ のグラフである。このグラフ上に点Aがあり，x 座標は -3 である。また，x 軸上に点 B$(-6,\ 0)$ がある。このとき，次の問いに答えなさい。

(1) x 座標が 4 である点Cを関数 $y=x^2$ のグラフ上にとる。このとき，△OCB の面積を求めなさい。

(2) △OPB の面積が，△OAB の面積の 2 倍になるような点Pを関数 $y=x^2$ のグラフ上にとる。このとき，P の x 座標をすべて求めなさい。

4 右の図のように，放物線 $y=4x^2$ 上に点A，放物線 $y=x^2$ 上に 2 点B，Dをとり，四角形 ABCD が長方形となるように点Cを定める。2 点 A，B の x 座標を a とするとき，次のものを求めなさい。ただし，a は正の定数，D の x 座標は正とする。

(1) 点Dの座標

(2) 四角形 ABCD の面積

(3) 四角形 ABCD が正方形となるときの a の値

110 第 4 章 関数 $y=ax^2$

テキストの解説

□問題 1

○同じ定義域における 2 つの関数の値域が一致するように，関数の式を定める。グラフをかいて考える。

○ $-1 \leqq x \leqq 2$ における関数 $y=x^2$ の値域は

$0 \leqq y \leqq 4$ （$1 \leqq y \leqq 4$ ではない）

よって，$-1 \leqq x \leqq 2$ における関数 $y=ax+b$ の値域も $0 \leqq y \leqq 4$

$a>0$ であるから，関数 $y=ax+b$ のグラフは右上がりの直線である。

□問題 2

○ x の値が a から $a+2$ まで増加するときの変化の割合を求める。

○ x の増加量は $(a+2)-a=2$

(y の増加量)＝(x の増加量)×(変化の割合)

であるから，y の増加量は

$2 \times 4=8$

である。

□問題 3

○放物線と三角形の面積。△OCB，△OPB，△OAB の底辺を線分 OB にとって考える。

○(2) 2 つの △OPB と △OAB は底辺 OB を共有する。

底辺が同じ三角形の面積は，高さに比例するから，△OPB の面積が △OAB の面積の 2 倍になるとき，高さも 2 倍になる。このような条件に合うグラフ上の点は 2 つある。

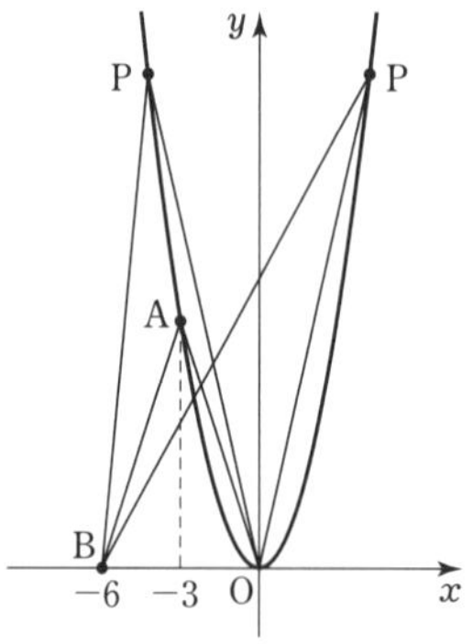

□問題 4

○放物線と図形の問題。

○2 点 A，B の x 座標は同じであるから，AB は y 軸に平行である。

○(1) 四角形 ABCD は長方形であるから，各辺は軸に平行である。したがって，D の y 座標は A の y 座標に等しい。

○(3) 　四角形 ABCD が正方形

→ 4 辺の長さは等しい

AB＝AD として得られる a の方程式を解く。

確かめの問題

解答は本書 200 ページ

1 関数 $y=ax^2$ $(a>0)$ と $y=2x$ のグラフが，右の図のように 2 点 O，A で交わっている。点 A の x 座標が 3 であるとき，a の値を求めなさい。

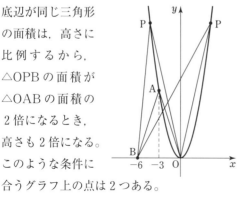

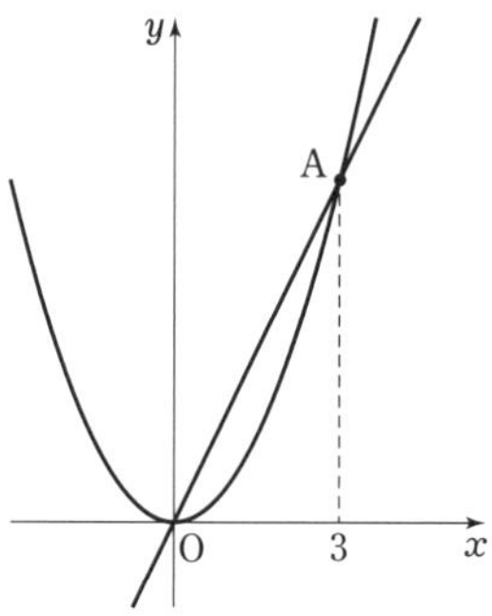

演習問題B

解答は本書 188 ページ

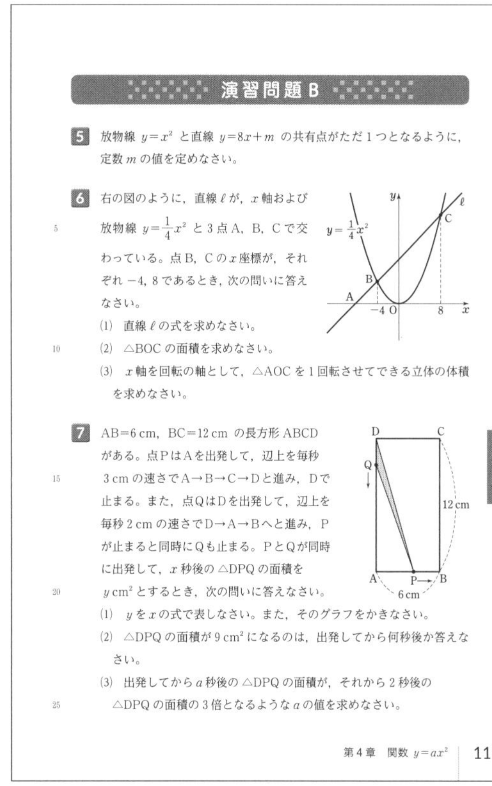

演習問題 B

5 放物線 $y=x^2$ と直線 $y=8x+m$ の共有点がただ1つとなるように，定数 m の値を定めなさい。

6 右の図のように，直線 ℓ が，x 軸および放物線 $y=\frac{1}{4}x^2$ と3点 A，B，C で交わっている。点 B，C の x 座標が，それぞれ -4，8 であるとき，次の問いに答えなさい。

(1) 直線 ℓ の式を求めなさい。
(2) △BOC の面積を求めなさい。
(3) x 軸を回転の軸として，△AOC を1回転させてできる立体の体積を求めなさい。

7 AB=6 cm，BC=12 cm の長方形 ABCD がある。点PはAを出発して，辺上を毎秒 3 cm の速さでA→B→C→Dと進み，Dで止まる。また，点QはDを出発して，辺上を毎秒 2 cm の速さでD→A→Bへと進み，Pが止まると同時にQも止まる。PとQが同時に出発して，x 秒後の △DPQ の面積を y cm² とするとき，次の問いに答えなさい。

(1) y を x の式で表しなさい。また，そのグラフをかきなさい。
(2) △DPQ の面積が 9 cm² になるのは，出発してから何秒後か答えなさい。
(3) 出発してから a 秒後の △DPQ の面積が，それから2秒後の △DPQ の面積の3倍となるような a の値を求めなさい。

第4章

第4章　関数 $y=ax^2$　111

テキストの解説

□問題 5

○放物線 $y=x^2$ と直線 $y=8x+m$ の共有点の x 座標は，2次方程式 $x^2=8x+m$ の実数解である。

○したがって，共有点がただ1つであるとき，この2次方程式はただ1つの実数解をもつ。ただ1つの解は，2次方程式の重解である。

○重解をもつとき，2次方程式は $(x+◯)^2=0$ の形に表される。また，テキスト 77 ページで学んだように，2次方程式の判別式 D は 0 になる。

□問題 6

○(1) 放物線の式を利用して，2点 B，C の y 座標を求める。

○(2) △BOC を y 軸で分けて考える。面積の計算に，(1)で求めた直線 ℓ の y 切片を利用することができる。

○(3) 回転体 → 円錐や円柱，球などの立体
求める立体は，1つの円錐から，もう1つの円錐を除いたものと考えればよい。

□問題 7

○長方形の辺上を動く2点がつくる三角形の面積の変化を考える。

○(1) 次の3つの場合に分けて，△DPQ の底辺と高さの変化を考える。

[1] 点 P が辺 AB 上にあるとき
→ 底辺も高さも変化する

[2] 点 P が辺 BC 上にあるとき
→ 底辺は変化するが高さは一定

[3] 点 P が辺 CD 上にあるとき
→ 底辺は変化するが高さは一定

○(2)，(3) (1)でかいたグラフを利用して考えるとよい。

実力を試す問題

解答は本書 203 ページ

1 右の図のように，放物線 $y=\frac{1}{2}x^2$ 上に2点 A，B がある。点 A の座標は (4，8) であり，直線 AB の傾きは $\frac{1}{2}$ である。

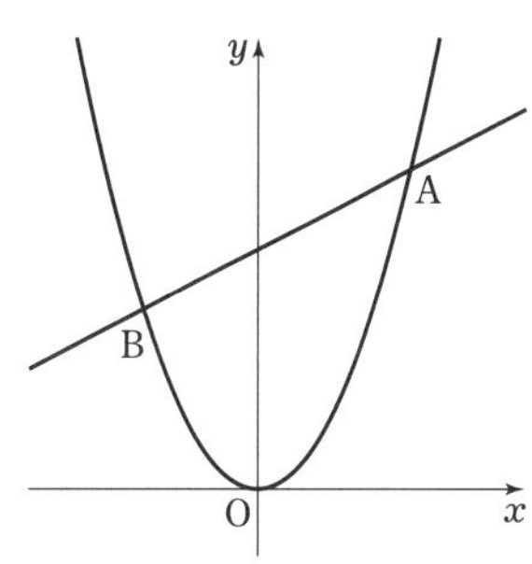

点 C は放物線 $y=\frac{1}{2}x^2$ 上を動く点とする。

(1) 点 B の座標を求めなさい。

(2) △ABC の面積が △OAB の面積の半分となるような点 C のうち，x 座標が最も大きいものの座標を求めなさい。

ヒント　**1** (2) D を y 軸上の点とするとき，△ABD の面積が △OAB の面積の半分となるような点 D はどんな点かをまず考える。

第5章　データの活用

この章で学ぶこと

1．データの整理（114～119 ページ）

データを表やグラフに整理する方法について学びます。また，個数が異なる 2 つのデータを比較する方法について考えます。
データは整理することで，その特徴や傾向を知ることができるようになります。

新しい用語と記号

度数，度数分布表，階級，階級の幅，階級値，ヒストグラム，度数折れ線，相対度数，累積度数，累積度数分布表，累積相対度数

2．データの代表値（120，121 ページ）

データ全体の特徴を表す数値である平均値，中央値，最頻値の意味と計算の仕方について学びます。

新しい用語と記号

代表値，平均値，中央値，メジアン，最頻値，モード

3．データの散らばりと四分位範囲（122～128 ページ）

データのとる値の最大のものから最小のものをひいてデータの散らばりの程度を調べたり，データを大きさの順に並べて，中央に近いところでのデータの散らばりの程度を調べ，データの分布を図に表す方法を考えます。

新しい用語と記号

範囲，四分位数，第 1 四分位数，第 2 四分位数，第 3 四分位数，四分位範囲，四分位偏差，箱ひげ図

テキストの解説

□データ

○私たちはいろいろな目的のために，その目的に合った調査を行う。そして，調査の結果として，いくつかのデータが得られる。
○テキストに示した睡眠時間に関する 30 人のアンケート結果も，データの 1 つである。

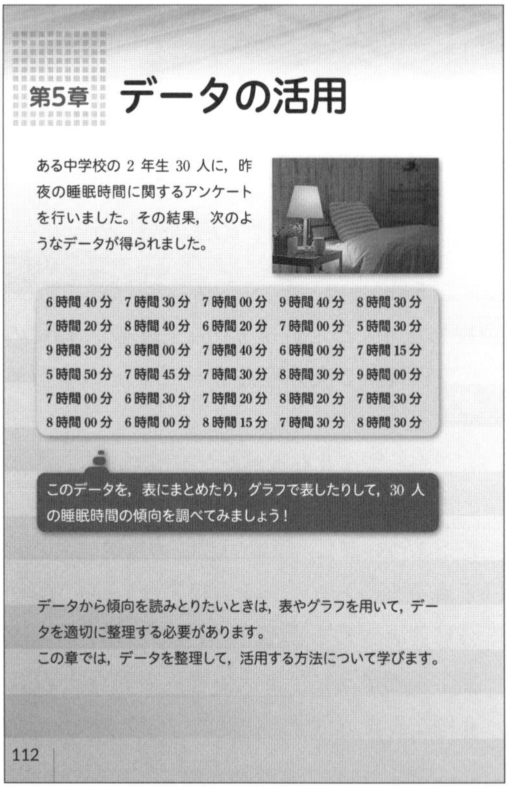
第5章 データの活用

ある中学校の 2 年生 30 人に，昨夜の睡眠時間に関するアンケートを行いました。その結果，次のようなデータが得られました。

6 時間 40 分	7 時間 30 分	7 時間 00 分	9 時間 40 分	8 時間 30 分
7 時間 20 分	8 時間 40 分	6 時間 20 分	7 時間 00 分	5 時間 30 分
9 時間 30 分	8 時間 00 分	7 時間 40 分	6 時間 00 分	7 時間 15 分
5 時間 50 分	7 時間 45 分	7 時間 30 分	8 時間 30 分	9 時間 00 分
7 時間 00 分	6 時間 30 分	7 時間 20 分	8 時間 20 分	7 時間 30 分
8 時間 00 分	6 時間 00 分	8 時間 15 分	7 時間 30 分	8 時間 30 分

このデータを，表にまとめたり，グラフで表したりして，30 人の睡眠時間の傾向を調べてみましょう！

データから傾向を読みとりたいときは，表やグラフを用いて，データを適切に整理する必要があります。
この章では，データを整理して，活用する方法について学びます。

112

○このデータにおいて，最も長い睡眠時間は 9 時間 40 分であり，最も短い睡眠時間は 5 時間 30 分である。
○この差は 4 時間 10 分もあり，個々の睡眠時間には大きな差があることがわかる。そして，他の生徒の睡眠時間のデータは，この差の中に散らばっている。
○この差は，データの散らばりの程度を表すと考えることができる。実際，最大の値から最小の値をひいた差が小さいほど，データの散らばりの程度は小さくなる。また，差が大きいほど，散らばりの程度は大きくなる。

□データの整理

○しかし，散らばりの程度を表すこの値からは，データの散らばりのようすまで知ることはできない。データの散らばりのようすを知るには，データのとる値をいくつかの区間に区切り，表やグラフを用いて，データを整理するとよい。

テキスト 113 ページ

テキストの解説

□データの整理（前ページの続き）

○データは整理することで，その傾向や特徴を読みとることができるようになる。

○データのとる値をいくつかの区間に区切り，各区間に入るデータの個数を調べる。

○データの傾向がわかるように，区間を区切る。このとき，区間の数が少なすぎても多すぎても，データの傾向はわかりにくくなることに注意する。

○たとえば，次の表は，睡眠時間を 1 時間ごとに区切って，各区間に入る人数を調べたものである。

睡眠時間	人数
5 時間以上　6 時間未満	2
6 時間以上　7 時間未満	5
7 時間以上　8 時間未満	12
8 時間以上　9 時間未満	8
9 時間以上　10時間未満	3

○上の結果を柱状グラフにすると，次のようになる。

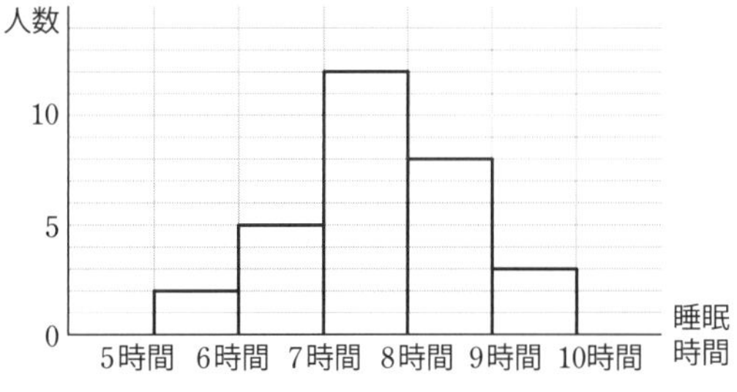

○データを活用して，データのもつ特徴や傾向を知るためには，それらができるだけわかりやすくなるように整理することが大切である。

○区間の両端の値に注意する。

　以上 → 端を含む　未満 → 端を含まない

であるから，たとえば，7 時間 00 分は，7 時間以上 8 時間未満の区間に含まれる。

○上に示した柱状グラフから，たとえば，次のことがわかる。

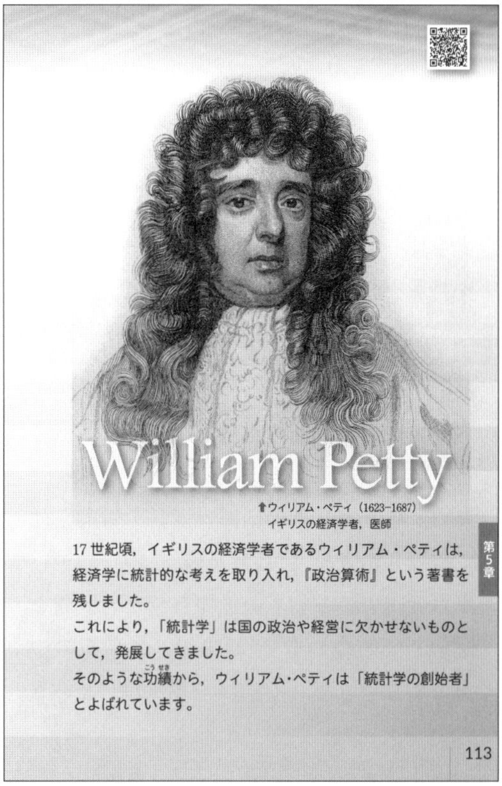
William Petty

⬆ウィリアム・ペティ（1623–1687）
イギリスの経済学者，医師

17 世紀頃，イギリスの経済学者であるウィリアム・ペティは，経済学に統計的な考えを取り入れ，『政治算術』という著書を残しました。
これにより，「統計学」は国の政治や経営に欠かせないものとして，発展してきました。
そのような功績から，ウィリアム・ペティは「統計学の創始者」とよばれています。

第5章

113

睡眠時間は，ちょうど真ん中の区間にあたる 7 時間以上 8 時間未満が最も多く，これより睡眠時間が短い生徒と長い生徒は，同じ程度に散らばっている。

□統計学の創始者

テキストに示したように，17 世紀頃，イギリスの経済学者であるウィリアム・ペティは，経済学に統計的な考えを取り入れ，「政治算術」という著書を残した。

実際，ウィリアム・ペティは，国の力を「数と量と尺度」によって比較した。

これにより，「統計学」は国の政治や経営に欠かせないものとして，発展してきた。

そのような功績から，ウィリアム・ペティは「統計学の創始者」とよばれている。

テキスト 114 ページ

1．データの整理

学習のめあて

表を使ってデータを整理し，データの傾向や特徴を読みとる方法を知ること。

学習のポイント

度数分布

データの値の範囲を適当に区切ったとき，各区間に含まれるデータの個数を **度数** といい，各区間にその区間の度数を対応させて整理した表を **度数分布表** という。

度数分布表において，区切られた各区間を **階級**，区間の幅を **階級の幅**，各階級の中央の値をそれぞれの階級の **階級値** という。

1. データの整理

度数分布とヒストグラム

次のデータは，ある中学校の 2 年生 50 人の身長である。(単位は cm)

142.7	164.7	158.8	146.2	162.9	155.1	157.3	171.8	160.6	167.8
136.4	161.3	148.3	169.1	141.2	157.8	151.3	167.5	142.6	154.0
151.5	163.8	156.9	159.9	170.8	145.1	170.3	159.7	167.0	147.3
153.8	163.1	150.9	138.5	164.2	159.3	152.0	171.5	162.2	146.9
152.4	158.4	143.5	156.2	169.6	166.3	154.7	168.4	157.5	161.8

このデータから，50 人の身長の特徴を知るためには，右の表のように整理するとよい。

このように，データの値の範囲を適当に区切ったとき，各区間に含まれるデータの個数を **度数**（どすう） といい，各区間にその区間の度数を対応させて整理した右のような表を **度数分布表**（どすうぶんぷひょう） という。

度数分布表

階級 (cm)	度数 (人)	階級値 (cm)
135 以上 140 未満	2	137.5
140 ～ 145	4	142.5
145 ～ 150	5	147.5
150 ～ 155	8	152.5
155 ～ 160	11	157.5
160 ～ 165	9	162.5
165 ～ 170	7	167.5
170 ～ 175	4	172.5
計	50	

度数分布表において，区切られた各区間を **階級**（かいきゅう），区間の幅を **階級の幅**（はば），各階級の中央の値をそれぞれの階級の **階級値** という。

たとえば，右上の度数分布表において，階級の幅は 5 cm であり，階級の個数は 8 個である。また，階級 140 cm 以上 145 cm 未満の階級値は 142.5 cm，度数は 4 である。 ←階級値は $\frac{140+145}{2}=142.5$ (cm)

114　第 5 章　データの活用

テキストの解説

□度数分布

○テキストのデータから，身長が 170 cm 以上の人や 140 cm 未満の人がいることはわかるが，50 人の身長の傾向はすぐにはわからない。身長の傾向を調べるためには，まずデータを身長の小さい順（または大きい順）に並べかえてみるとよい。

○データを並べかえることで散らばりの程度について知ることはできるが，散らばりの傾向や特徴といった，散らばりの様子まではわからない。そこで，データを，もれなく，重複することなく数えて，表に整理する。

○データを整理する方法として，表に整理したり，柱状グラフで表したりすることは，小学校 6 年でも学んでいる。

○ここでは，傾向や特徴を知る方法として，度数分布表を学習する。テキストの表のように，身長を 5 cm ごとに区切って人数を調べると，155 cm 以上 160 cm 未満の人数が最も多く，135 cm 以上 140 cm 未満の人数が最も少ないことなどがわかる。

また，たとえば，階級 150 cm 以上 160 cm 未満の階級値は $\frac{155+160}{2}=157.5$ cm である。

○階級の境界にあたる数値には注意する。

たとえば，140 cm 以上 145 cm 未満の階級に，140 cm は含まれるが，145 cm は含まれない。

○階級の幅は一定にするのが原則である。

たとえば，「階級 145 cm 未満の度数は 6 人」や「階級 165 cm 以上の度数は 11 人」というようなことはしない。

○各階級の度数の合計が，もとのデータの個数と一致しているかどうか確かめる習慣をつけておくとよい。

○各階級に含まれるデータの個数を調べるには，「正」の字を次の順に書いて，1 から 5 までの数を数えていくとよい。

一　丅　下　𤴓　正
↓　↓　↓　↓　↓
1　2　3　4　5

学習のめあて

与えられたデータから，ヒストグラムと度数折れ線をつくることができるようになること。

学習のポイント

度数分布のグラフ

度数分布表を，柱状のグラフで表したものを **ヒストグラム** という。また，ヒストグラムの各長方形の上の辺の中点を結んでできる折れ線グラフを **度数折れ線** という。

■■ テキストの解説 ■■

□ヒストグラムと度数折れ線

○データがどのように分布しているかは，度数分布表をヒストグラムや度数折れ線で表すことによって，よりわかりやすくなる。

○ヒストグラムの各長方形の横の長さは階級の幅を表し，高さは各階級の度数を表している。つまり，ヒストグラムをつくるときは，度数分布表の各階級の境界の値を横軸にとり，各階級の度数を縦軸にとる。

○度数折れ線の端点は横軸上におく。

□練習1

○度数分布表からヒストグラム，度数折れ線をつくり，資料の特徴を調べる。

■■ テキストの解答 ■■

練習1 (1)

身長（cm）	度数（人）
136 以上 142 未満	3
142 ～ 148	7
148 ～ 154	7
154 ～ 160	13
160 ～ 166	9
166 ～ 172	11
計	50

(2) 度数が最も大きい階級は 154 cm 以上

度数分布表を，柱状のグラフで表したものを **ヒストグラム** という。前のページの度数分布表からヒストグラムをつくると，右の図のようになる。

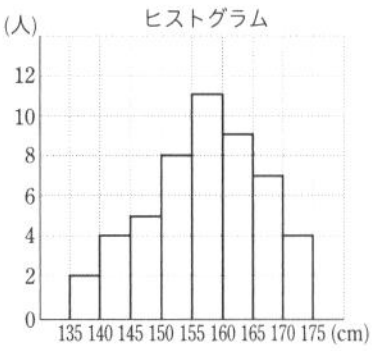

ヒストグラムの各長方形の横の長さは階級の幅を表し，高さは各階級の度数を表している。

ヒストグラムの各長方形の上の辺の中点を結んでできる折れ線グラフを **度数折れ線** という。度数折れ線のことを，度数分布多角形ともいう。

上のヒストグラムから度数折れ線をつくると，右の図のようになる。

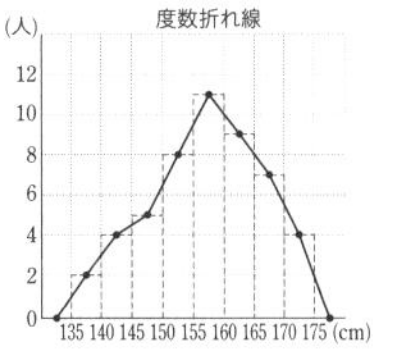

注意 度数折れ線をつくるときは，ヒストグラムの左右の両端に度数0の階級があるものと考える。

練習1 前のページの50人の身長に関するデータについて，次の問いに答えなさい。

(1) 136 cm 以上 142 cm 未満を階級の1つとして，どの階級の幅も6 cm である度数分布表をつくりなさい。

(2) (1)の度数分布表で，度数が最も大きい階級の階級値を求めなさい。

(3) (1)の度数分布表をもとに，ヒストグラムと度数折れ線をつくりなさい。

(4) このページの上の図のヒストグラムと，(3)のヒストグラムを比べて，気づいたことを答えなさい。

---

160 cm 未満であり，階級値は **157 cm**

(3)

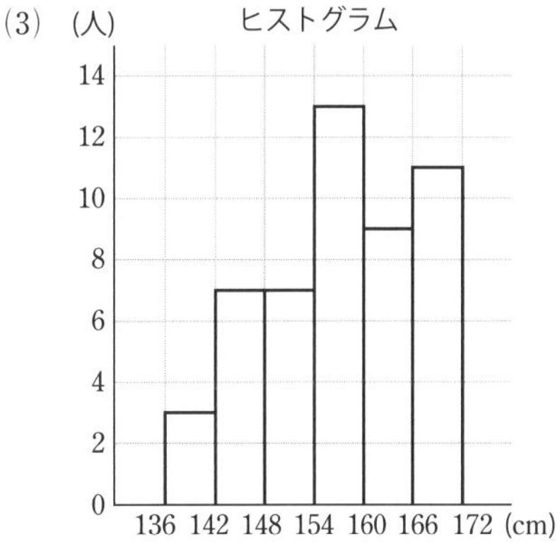

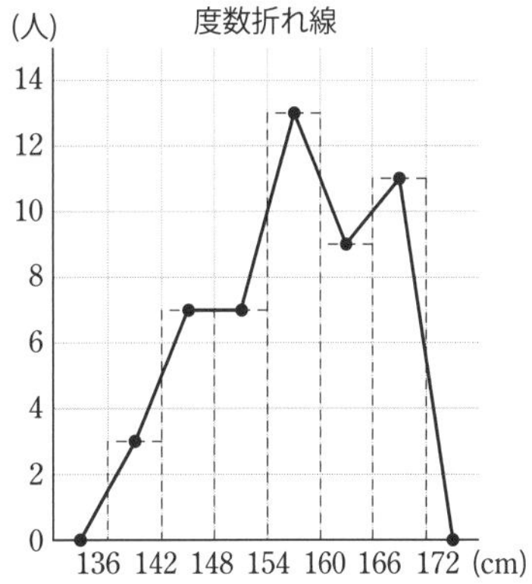

((4)の解答は次ページ)

学習のめあて

複数のデータから傾向を読みとる場合の，比較の方法について理解すること。

学習のポイント

相対度数

度数の合計に対する各階級の度数の割合を，その階級の **相対度数** という。

$$(\text{相対度数})=\frac{(\text{その階級の度数})}{(\text{度数の合計})}$$

相対度数

114 ページの中学 2 年生 50 人の身長のデータとは別に，中学 3 年生 40 人の身長を調べたところ，右の表のようになった。

このとき，2 年生と 3 年生の人数が異なるため，度数をそのまま比べても，2 つの分布のようすのちがいはわかりにくい。

階級 (cm)	度数 (人) [2 年生]	度数 (人) [3 年生]
135 以上 140 未満	2	0
140 〜 145	4	0
145 〜 150	5	2
150 〜 155	8	2
155 〜 160	11	10
160 〜 165	9	12
165 〜 170	7	8
170 〜 175	4	6
計	50	40

度数の合計が異なる複数の分布のようすを比べる場合は，度数の合計に対する各度数の割合で比べるとよい。この割合を，その階級の **相対度数**（そうたい）という。

相対度数

$$(\text{相対度数})=\frac{(\text{その階級の度数})}{(\text{度数の合計})}$$

注意　相対度数はふつう小数を使って表す。

練習 2 上の度数分布表から，相対度数の分布表をつくりたい。右の表の(ア)〜(オ)にあてはまる数をそれぞれ求めなさい。

階級 (cm)	相対度数 [2 年生]	相対度数 [3 年生]
135 以上 140 未満	0.04	0.00
140 〜 145	0.08	0.00
145 〜 150	0.10	0.05
150 〜 155	0.16	0.05
155 〜 160	0.22	(ウ)
160 〜 165	(ア)	0.30
165 〜 170	0.14	(エ)
170 〜 175	0.08	0.15
計	(イ)	(オ)

116　第 5 章　データの活用

テキストの解説

□相対度数

○度数の合計が異なる 2 種類以上のデータを比較する際には，相対度数の利用が有効である。

○相対度数はふつう小数で表す。

○分数で表してもよいが，分数では不便なことがある。たとえば，度数の合計が 74，ある階級の度数が 23 であるとき，相対度数を $\frac{23}{74}$ と表すと，相対度数がどのくらいの大きさであるかすぐにはわからない。

○このような場合は，概数として，小数 0.31 で表す方がわかりやすい。

○また，度数の合計が異なる複数のデータを相対度数で比較するとき，分数の分母が異なるとそれぞれの大きさがわかりにくく，ただちに比較することができない。

□練習 2

○相対度数の分布表を完成させる。

○相対度数は，小数点以下のけた数をそろえておく。そのため，相対度数 0，0.1 はそれぞれ 0.00，0.10 と表されている。

○(イ)，(オ)　相対度数の合計であるから，あてはまる数は 1 になる。各相対度数をたして，このことを確かめる。

テキストの解答

（練習 1 (4)は前ページの問題）

練習 1　(4)　（解答例）　階級や階級の幅の決め方によって，ヒストグラムの形は異なる。テキスト 115 ページ上部のヒストグラムは中央付近が高く両側が低いが，(3)のヒストグラムはそうではない。

練習 2　(ア)　$\frac{9}{50}=\mathbf{0.18}$

(イ)　$0.04+0.08+0.10+0.16+0.22+0.18+0.14+0.08=\mathbf{1}$

(ウ)　$\frac{10}{40}=\mathbf{0.25}$

(エ)　$\frac{8}{40}=\mathbf{0.20}$

(オ)　$0.00+0.00+0.05+0.05+0.25+0.30+0.20+0.15=\mathbf{1}$

学習のめあて

相対度数の折れ線をつくり，複数のデータを比較することができるようになること。

学習のポイント

相対度数の折れ線

相対度数の分布表を折れ線で表すと，度数の合計が異なる複数の分布について，視覚的に特徴を比較することができる。

テキストの解説

□相対度数

○相対度数の合計は，つねに 1 となる。

○相対度数の計算では，小数の計算が終わらない場合もある。その場合は，四捨五入して適当なけた数にそろえる。

○四捨五入を行うと，相対度数の合計が 1 にならないことがある。合計が 1 にならないときは，いくつかの値を切り捨てたり切り上げたりして，合計が 1 になるように調整する。

□相対度数の折れ線

○「2 年生 50 人，3 年生 40 人」のように，度数の合計が異なる 2 つのデータの折れ線を並べることにより，視覚的に傾向が読みとれるようになる。

○テキストにあるように，この相対度数の折れ線から，次のことが読みとれる。

「3 年生の身長の分布は 2 年生の分布に比べて全体に高い傾向にある」

「3 年生の分布は 2 年生の分布に比べて狭い範囲に集中している」

○横軸における各区間の幅を 1 とすれば，相対度数の折れ線と横軸で囲まれる部分の面積は，つねに 1 となる。

□練習 3

○相対度数は小数第 2 位まで求める。相対度数の合計が 1 になることを必ず確認する。

度数が右の表のようになっているとき，相対度数の合計は次のようになる。

0.3+0.2+0.5=1

どのような度数分布についても，相対度数の合計は，つねに 1 となる。

	度数	相対度数
	3	0.3
	2	0.2
	5	0.5
計	10	1

前のページの練習 2 でつくった相対度数の分布表を，折れ線で表すと，3 年生の身長の分布は 2 年生の分布に比べて全体的に高い傾向にあることや，3 年生の分布は 2 年生の分布に比べて狭い範囲に集中していることを読みとることができる。

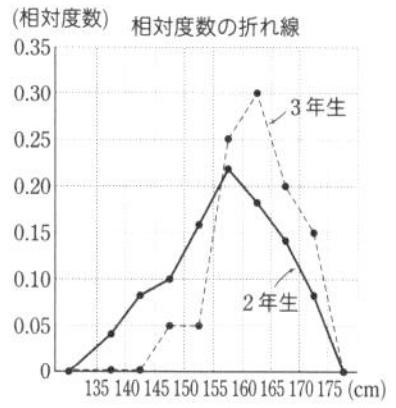

相対度数を利用すると，度数の合計が異なる複数の分布について，より正確に比べることができる。

練習 3 A 中学校の生徒 100 人と B 中学校の生徒 200 人の通学時間を調べたところ，右の度数分布表のようになった。

2 つの中学校の相対度数の折れ線をかきなさい。また，2 つの折れ線を比べて読みとれることを答えなさい。

階級 (分)	度数 (人) [A 中学校]	度数 (人) [B 中学校]
0 以上 5 未満	10	60
5 ～ 10	16	64
10 ～ 15	20	40
15 ～ 20	34	24
20 ～ 25	12	8
25 ～ 30	8	4
計	100	200

第 5 章

1. データの整理　117

テキストの解答

練習 3

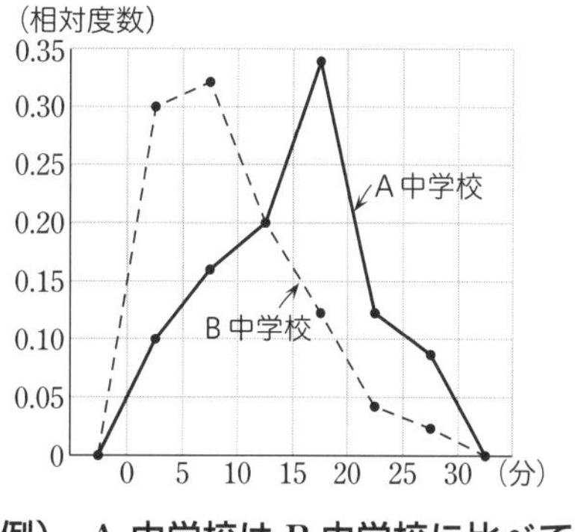

(解答例)　A 中学校は B 中学校に比べて，全体的に通学時間が長い傾向にある。

学習のめあて

度数分布表において，ある階級までの度数をたし合わせた新しい度数と分布表を理解すること。

学習のポイント

累積度数，累積度数分布表

度数分布表において，各階級以下または各階級以上の階級の度数をたし合わせたものを **累積度数** といい，各区間にその区間までの累積度数を対応させて整理した表を **累積度数分布表** という。

テキストの解説

□累積度数

○テキストの度数分布表において，身長が 145 cm 未満の生徒の人数は，
135 cm 以上 140 cm 未満の階級の度数が 2
140 cm 以上 145 cm 未満の階級の度数が 4
であるから，各階級の度数をたし合わせた

$$2+4=6\ (\text{人})$$

である。
同じように，身長が 150 cm 未満の生徒の人数は

$$2+4+5=11\ (\text{人})$$

身長が 155 cm 未満の生徒の人数は

$$2+4+5+8=19\ (\text{人})$$

である。

○度数分布表において，最初の階級から，その階級までの度数の和が，その階級の累積度数である。

○最後の階級の累積度数は，つねに度数の合計に等しい。

□累積度数分布表

○累積度数分布表は，各区間に各区間までの累積度数をまとめた表である。

累積度数

114 ページの中学 2 年生 50 人の身長に関する度数分布表において，身長が 150 cm 未満の生徒の人数を考える。

150 cm 未満の生徒の人数は，
135 cm 以上 150 cm 未満の各階級の度数の合計であるから

$$2+4+5=11\ (\text{人})$$

である。

度数分布表

階級 (cm)	度数 (人)
135 以上 140 未満	2
140 ～ 145	4
145 ～ 150	5
150 ～ 155	8
⋮	⋮
計	50

度数分布表において，各階級以下または各階級以上の階級の度数をたし合わせたものを **累積度数**（るいせき）という。

また，右の表のような累積度数を表にまとめたものを **累積度数分布表** という。

累積度数分布表

階級 (cm)	累積度数 (人)
140 未満	2
145	6
150	11
155	19
160	30
165	39
170	46
175	50

右の累積度数分布表をヒストグラムの形に表すと，下の図のようになる。

累積度数を折れ線グラフで表すときは，ヒストグラムの各長方形の右上の頂点を結ぶとよい。

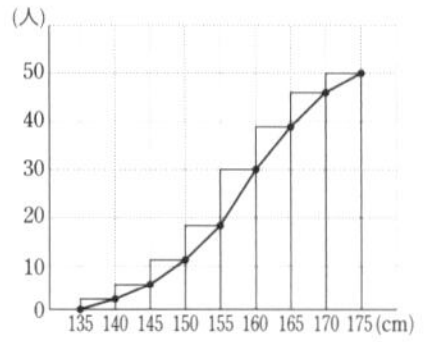

注意　ヒストグラムの左端に度数 0 の階級があるものと考える。また，度数折れ線とかき方が異なることに注意する。

118　第 5 章　データの活用

□累積度数分布表とヒストグラム

○累積度数分布表をヒストグラムの形に表すと，テキストで示したように，各階級の長方形は，右の階級ほど高さが高くなる。

○最後の階級の長方形の高さは，度数の合計に等しくなる。

□累積度数と折れ線グラフ

○累積度数を折れ線グラフで表すときは，テキストで示したように，各階級の長方形の右上の頂点を結ぶ。

○この折れ線グラフの左端は，ヒストグラムの左端に度数 0 の階級があると考え，その右端を結ぶ。

○なお，度数折れ線のかき方と異なることに注意する。

テキスト 119 ページ

累積度数についても，度数の合計に対する各階級の累積度数の割合を考えることがある。この割合を，その階級の **累積相対度数** という。

114 ページの中学 2 年生 50 人の身長のデータについて，累積相対度数を求めて表にまとめると，次のようになる。

階級 (cm)	度数 (人)	相対度数	累積度数 (人)	累積相対度数
135 以上 140 未満	2	0.04	2	0.04
140 ～ 145	4	0.08	6	0.12
145 ～ 150	5	0.10	11	0.22
150 ～ 155	8	0.16	19	0.38
155 ～ 160	11	0.22	30	0.60
160 ～ 165	9	0.18	39	0.78
165 ～ 170	7	0.14	46	0.92
170 ～ 175	4	0.08	50	1.00
計	50	1.00		

練習 4 次の表は，京都市の過去 20 年間の降雪日数をまとめた結果である。次の問いに答えなさい。

（気象庁のホームページより）

階級 (日)	度数 (年)	相対度数	累積度数 (年)	累積相対度数
0 以上 10 未満	1	0.05	1	0.05
10 ～ 20	2	0.10	3	(ウ)
20 ～ 30	6	0.30	(ア)	(エ)
30 ～ 40	9	0.45	18	0.90
40 ～ 50	1	0.05	(イ)	0.95
50 ～ 60	1	0.05	20	(オ)
計	20	1.00		

(1) 上の表の(ア)～(オ)にあてはまる数をそれぞれ求めなさい。

(2) 降雪日数が 30 日未満である年は，過去 20 年間のうち何%か答えなさい。

第5章

1. データの整理 119

学習のめあて

度数の合計に対する各階級の累積度数の割合について理解すること。

学習のポイント

累積相対度数

度数の合計に対する各階級の累積度数の割合を，その階級の累積相対度数という。

テキストの解説

□累積相対度数

○テキスト 116 ページで相対度数の求め方について学んだ。

$$(\text{相対度数})=\frac{(\text{その階級の度数})}{(\text{度数の合計})}$$

○累積相対度数の求め方も，相対度数の求め方と同じように

(その階級の累積度数)を(度数の合計)でわることにより得られる。すなわち

$$(\text{累積相対度数})=\frac{(\text{その階級の累積度数})}{(\text{度数の合計})}$$

である。

○最後の階級の累積度数は，度数の合計に等しいから，最後の階級の累積相対度数は，必ず 1 になる。

○テキストでは，中学 2 年生 50 人の身長のデータについて，累積相対度数を求めて表にまとめている。

○たとえば，160 cm の生徒は，この表を利用すると，50 人の内，背の低い方から数えてどのくらいの位置にいるかがわかる。

□練習 4

○(1) (ア)，(イ) 累積度数を求める。

(ウ)，(エ)，(オ) 累積相対度数を求める。

(オ)は，最後の階級の累積相対度数であるから，つねに 1 でる。

○(2) 過去 20 年間のうち，除雪日数が 30 日未満の割合を求める。

○累積相対度数を利用する。

テキストの解答

練習 4 (1) (ア) 3＋6＝**9**

(イ) 18＋1＝**19**

(ウ) 3÷20＝**0.15**

(エ) 9÷20＝**0.45**

(オ) **1.00**

(2) 30 日未満の累積相対度数は，0.45 である。

よって，除雪日数が 30 日未満である年は，過去 20 年間の **45%** である。

2．データの代表値

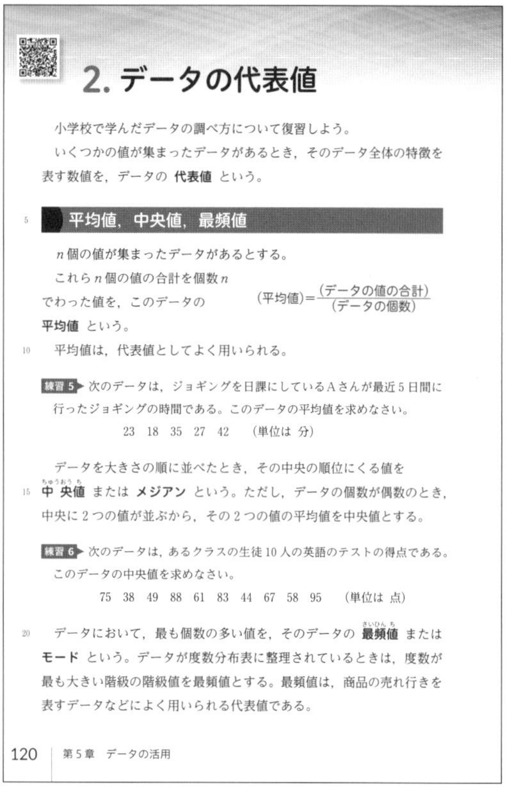

2. データの代表値

小学校で学んだデータの調べ方について復習しよう。

いくつかの値が集まったデータがあるとき，そのデータ全体の特徴を表す数値を，データの **代表値** という。

平均値，中央値，最頻値

n 個の値が集まったデータがあるとする。

これら n 個の値の合計を個数 n でわった値を，このデータの **平均値** という。

$$(平均値)=\frac{(データの値の合計)}{(データの個数)}$$

平均値は，代表値としてよく用いられる。

練習 5 次のデータは，ジョギングを日課にしているＡさんが最近５日間に行ったジョギングの時間である。このデータの平均値を求めなさい。

23　18　35　27　42　（単位は 分）

データを大きさの順に並べたとき，その中央の順位にくる値を **中央値**（ちゅうおうち） または **メジアン** という。ただし，データの個数が偶数のとき，中央に２つの値が並ぶから，その２つの値の平均値を中央値とする。

練習 6 次のデータは，あるクラスの生徒 10 人の英語のテストの得点である。このデータの中央値を求めなさい。

75　38　49　88　61　83　44　67　58　95　（単位は 点）

データにおいて，最も個数の多い値を，そのデータの **最頻値**（さいひんち） または **モード** という。データが度数分布表に整理されているときは，度数が最も大きい階級の階級値を最頻値とする。最頻値は，商品の売れ行きを表すデータなどによく用いられる代表値である。

120　第５章　データの活用

学習のめあて

小学校で学んだ平均値，中央値，最頻値を再確認し，データの代表値として，適するものを利用することができるようになること。

学習のポイント

代表値

いくつかの値が集まったデータがあるとき，そのデータの全体の特徴を表す数値を，データの**代表値**という。

平均値

n 個の値が集まったデータがあるとき，これら n 個の値の合計を個数 n でわった値を，このデータの **平均値** という。

$$(平均値)=\frac{(データの値の合計)}{(データの個数)}$$

中央値

データを大きさの順に並べたとき，その中央にくる値を **中央値** または **メジアン** という。ただし，データの個数が偶数のとき，中央に２つの値が並ぶから，その２つの値の平均値を中央値とする。

最頻値

データにおいて，最も個数の多い値を，そのデータの **最頻値** または **モード** という。

テキストの解説

□データの値から求める平均値

○平均値は，小学校で次のように学んだ。

(平均値)＝(合計)÷(個数)

□練習 5

○平均値は　(ジョギング時間の合計)÷5

□中央値

○データを大きさの順に並べる。中央値は，その中央にくる値。

○データの個数が偶数のときに注意する。

□練習 6

○まず，データを小さい順に並べる。

○データの個数は 10 個。

○中央にくる５番目と６番目の平均値を中央値とする。

□最頻値

○データが度数分布表に整理されたときは，最も度数が大きい階級の階級値が最頻値である。

テキストの解答

練習 5　$\frac{23+18+35+27+42}{5}=29$

より　**29 分**

練習 6　10 人の英語のテストの得点を，低い順に並べると

38　44　49　58　61　67　75　83　88　95

５番目と６番目の平均値が中央値であるから　$\frac{61+67}{2}=64$ より　**64 点**

テキスト 121 ページ

学習のめあて

度数分布表を用いて，データの平均値を求めることができるようになること。

学習のポイント

度数分布表から求める平均値

データが度数分布表にまとめられていて個々のデータの値がわからないとき，ある階級に含まれるデータは，すべてその階級の階級値をとるものと考えて，平均値を求める。

$$(\text{平均値})=\frac{\{(\text{階級値})\times(\text{度数})\}\text{の合計}}{(\text{度数の合計})}$$

練習 7 119 ページの練習 4 の表について，年間の降雪日数の最頻値を求めなさい。

度数分布表を利用した平均値

度数分布表を利用したデータの平均値を求める方法を考えてみよう。

データが度数分布表にまとめられていて個々のデータの値がわからないとき，ある階級に含まれるデータは，すべてその階級の階級値をとるものと考えて，平均値を求める。

度数分布表を利用した平均値

$$(\text{平均値})=\frac{\{(\text{階級値})\times(\text{度数})\}\text{の合計}}{(\text{度数の合計})}$$

データの値から求める平均値と，度数分布表から求める平均値は一致するとは限らないが，一致しない場合でもその差は大きくない。

例 1 右の表は，ある学校の男子 20 人，女子 20 人の上体そらしの記録を，度数分布表にまとめて，階級値の列を加えたものである。

階級 (cm)	階級値 (cm)	男子 (人)	女子 (人)
26 以上 30 未満	28	4	2
30 〜 34	32	8	6
34 〜 38	36	5	7
38 〜 42	40	2	4
42 〜 46	44	1	1
計		20	20

このとき，男子の平均値は

$$\frac{28\times4+32\times8+36\times5+40\times2+44\times1}{20}=\frac{672}{20}=33.6\ (\text{cm})$$

練習 8 例 1 の度数分布表において，女子の平均値を求めなさい。

第5章

2. データの代表値　121

テキストの解説

□練習 7

○度数が最も大きい階級の階級値が最頻値。

○階級値はテキスト 114 ページで学んだ。

□度数分布表から求める平均値

○データの値から平均値を求める方法以外に，データからつくられる度数分布表を利用して，平均値を求める方法がある。

○データの値から求める平均値と，度数分布表から求める平均値は必ずしも一致しないが，一致しない場合でも両者の差は大きくない。度数分布表から求める平均値は，ある程度信頼ができる。

○テキスト 114 ページの 50 個の数値の合計は

$$142.7+164.7+\cdots\cdots+157.5+161.8=7860.9$$

であるから，平均値は

$$7860.9\div50=157.218\ (\text{cm})$$

一方，度数分布表から平均値を求めると，$\{(\text{階級値})\times(\text{度数})\}$ の合計は

$$137.5\times2+\cdots\cdots+172.5\times4=7860$$

であるから，平均値は

$$7860\div50=157.2\ (\text{cm})$$

2 つの計算結果に，ほとんど差がないことがわかる。

○これら平均値の差は，階級の幅の半分を超えないことが知られている。

□例 1

○公式を利用して，平均値を求める。

□練習 8

○例 1 と同様に，公式を利用すればよい。

テキストの解答

練習 7　度数が最も大きい階級は 30 日以上 40 日未満であるから，最頻値は

$$\frac{30+40}{2}=35 \text{ より}\quad \mathbf{35\ 日}$$

練習 8　女子 20 人の記録の平均値は

$$\frac{28\times2+32\times6+36\times7+40\times4+44\times1}{20}$$

$$=\frac{704}{20}=35.2$$

よって　**35.2 cm**

テキスト 122 ページ

3．データの散らばりと四分位範囲

3. データの散らばりと四分位範囲

データの散らばり方を調べる方法を考えてみよう。

範　囲

右の表は，AさんとBさんの２人が，昨年１年間の各月に，図書館に行った回数のデータである。

２人とも１年間に 48 回図書館に行ったことから，１か月に図書館に行った回数の平均値はともに４回である。

一方，１か月に図書館に行った回数は

Aさん　最大：15 回，最小：0 回

Bさん　最大：6 回，最小：2 回

となり，回数の差が大きく異なる。

このような場合，平均値が等しくても，データの散らばり方は等しいとはいえない。

月	A（回数）	B（回数）
1	4	3
2	0	4
3	2	6
4	1	3
5	6	4
6	2	3
7	8	5
8	15	6
9	2	4
10	1	3
11	3	2
12	4	5
合計	48	48

データのとる値のうち，最大のものから最小のものをひいた値を**範囲**（はんい）という。範囲は，データの散らばりの程度を表す。

（範囲）＝（最大値）－（最小値）

練習 9 AさんとBさんについて，１か月に図書館に行った回数の範囲を，それぞれ求めなさい。

学習のめあて

データの散らばり方を調べる方法について知ること。

学習のポイント

範囲

データのとる値のうち，最大のものから最小のものをひいた値を**範囲**という。

範囲は，データの散らばりの程度を表す。

（範囲）＝（最大値）－（最小値）

テキストの解説

□範囲

○いくつかの値をとるデータがあるとき，データは散らばって分布している。その散らばりの度合いを表すものとして「範囲」がある。

○範囲は，データの散らばりの程度を表す値の１つとして用いられる。

○範囲を考えるには，データのとる値の最大値と最小値を求めることが必要となるから，データを値の大きさの順に並べて整理するとよい。

○範囲には，簡単に求められるという長所がある。その一方で，データの中に極端に離れた値があると，それによって範囲は大きく変わってしまうという短所もある。

○したがって，一般に，範囲はデータの個数が多いときにはあまり使われない。

□練習 9

○AさんとBさんのデータの平均値は

48÷12＝4

より，ともに４回となり，等しい。

○AさんとBさんのデータの平均値は等しいが，Aさんの方がデータの散らばりの程度が大きいことがわかる。

○１か月の間に図書館に行った回数に着目して表にまとめると，次のようになる。

回数	0	1	2	3	4	5	6	7	8	9	10	11	12	13	14	15	計
A	1	2	3	1	2	0	1	0	1	0	0	0	0	0	0	1	12
B	0	0	1	4	3	2	2	0	0	0	0	0	0	0	0	0	12

この表からも，２つのデータの散らばりの程度の違いを実感することができる。

テキストの解答

練習 9　Aさんについて

15－0＝15 より　**15 回**

Bさんについて

6－2＝4 より　**4 回**

学習のめあて

データの散らばり方を調べる方法として，データを大きさの順に並べて 4 等分する考え方があることを知ること。

学習のポイント

データを 4 等分する考え方

2 つのデータについて，ともにデータの範囲は等しいが，ヒストグラムの山の形や高さに違いがあるものがある。

範囲はデータの最大値と最小値だけで決まるため，データの中に極端に大きな値や小さな値があると，それによって範囲は大きく変わってしまう。そこで，データを値の大きさの順に並べて 4 等分し，中央付近のデータについて考える。

四分位数

次のデータは，ある中学校のA組とB組のそれぞれ 20 人に行ったテストの結果を，得点の低い順に並べたものである。(単位は 点)

A組

26	31	35	39	44	48	52	55	57	63
67	68	74	75	78	82	85	87	92	93

B組

27	42	47	49	51	53	54	56	59	64
66	68	69	69	72	76	79	82	85	94

それぞれのデータをヒストグラムで表すと，次の図のようになる。

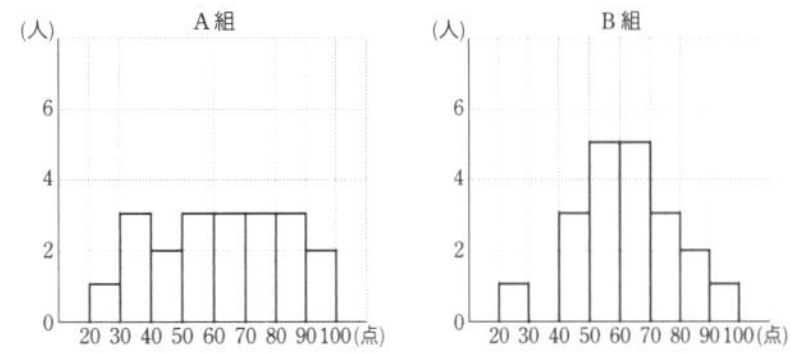

A組のデータの範囲は　93－26＝67 (点),
B組のデータの範囲は　94－27＝67 (点)
であり，ともにデータの範囲は等しいが，ヒストグラムの山の形や高さには違いが見られる。

また，範囲はデータの最大値と最小値だけで決まるため，データの中に極端に大きな値や小さな値があると，それによって範囲は大きく変わってしまう。そこで，データを値の大きさの順に並べて 4 等分し，中央値付近のデータについて考えることがある。

3. データの散らばりと四分位範囲　123

第5章

テキストの解説

□データを 4 等分する考え方

○テキストに示したA組とB組のテスト結果から度数分布表をつくると，次のようになる。

階級 (点)	度数 (人) A組	度数 (人) B組
20 以上 30 未満	1	1
30 ～ 40	3	0
40 ～ 50	2	3
50 ～ 60	3	5
60 ～ 70	3	5
70 ～ 80	3	3
80 ～ 90	3	2
90 ～ 100	2	1
計	20	20

○上の度数分布表からヒストグラムをつくると，テキストの図のようになる。

○A組のデータの範囲は　93－26＝67 (点)
B組のデータの範囲は　94－27＝67 (点)
であり，ともに等しい。

○A組のデータの中央値は　$\dfrac{63+67}{2}=65$ (点)
B組のデータの中央値は　$\dfrac{64+66}{2}=65$ (点)
であり，ともに等しい。

○ヒストグラムの山の形は，A組の中央部分はなだらかであり，B組は中央部分がとがっている。

○ヒストグラムの山の高さは，A組は全体が低く，B組は中央部分が高い。

○範囲は，データの散らばりの程度を表す数の中で最も基本となるものであるが，データの最大値と最小値だけで決まるため，データの中に極端に大きな値や小さな値があると，それによって大きく変わってしまう。

○次ページ以降で，データを値の大きさの順に並べて 4 等分し，中央付近のデータについて考える。

テキスト 124 ページ

学習のめあて

データの散らばり方を調べる方法として，四分位数があることを知り，四分位数を求めることができるようになること。

学習のポイント

四分位数

データを値の大きさの順に並べたとき，4 等分する位置にくる値を **四分位数** という。四分位数は，小さい方から順に **第 1 四分位数**，**第 2 四分位数**，**第 3 四分位数** という。第 2 四分位数は中央値のことである。

テキストの解説

□四分位数

○前ページで学習したように，範囲は，データの散らばりの程度を比べる量として適切でない場合も多くある。

○そこで，データを値の大きさの順に並べて 4 等分し，中央付近の約 50% のデータについて考えることがある。

○これは，範囲に比べて極端に大きな値や極端に小さな値の影響を受けにくい。

□第 1 四分位数と第 3 四分位数の求め方

○① データを値の大きさの順に並べる。

② 中央値を求め，それを第 2 四分位数とする。

③ 中央値を境にして，データを，個数が同じになるように半分に分ける。
ただし，テキストに示したように，データの個数が奇数のときは，中央値を除いて 2 つに分ける。なお，偶数のときは，中央値はどちらにも含まれない。

④ 半分にしたデータのうち，小さい方のデータの中央値を第 1 四分位数，大きい方のデータの中央値を第 3 四分位数とする。

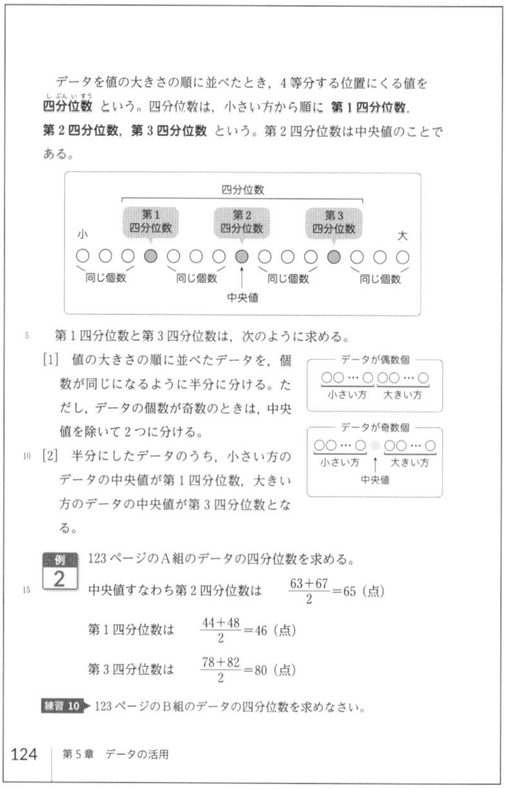
データを値の大きさの順に並べたとき，4 等分する位置にくる値を **四分位数**（しぶんいすう） という。四分位数は，小さい方から順に **第 1 四分位数**，**第 2 四分位数**，**第 3 四分位数** という。第 2 四分位数は中央値のことである。

第 1 四分位数と第 3 四分位数は，次のように求める。

[1] 値の大きさの順に並べたデータを，個数が同じになるように半分に分ける。ただし，データの個数が奇数のときは，中央値を除いて 2 つに分ける。

[2] 半分にしたデータのうち，小さい方のデータの中央値が第 1 四分位数，大きい方のデータの中央値が第 3 四分位数となる。

例 2 123 ページの A 組のデータの四分位数を求める。

中央値すなわち第 2 四分位数は $\frac{63+67}{2}=65$ (点)

第 1 四分位数は $\frac{44+48}{2}=46$ (点)

第 3 四分位数は $\frac{78+82}{2}=80$ (点)

練習 10 123 ページの B 組のデータの四分位数を求めなさい。

□例 2

○データの四分位数を求める。

○データの個数は 20 個であるから，第 2 四分位数は，中央にある 2 つの値の平均値である。

○ 20 個のデータを半分に分けると，それぞれデータの個数は 10 個である。

○第 1 四分位数，第 3 四分位数もそれぞれ平均値をとる。

□練習 10

○例 2 にならってデータの四分位数を求める。

テキストの解答

練習 10 中央値すなわち第 2 四分位数は

$$\frac{64+66}{2}=\mathbf{65}\ (\textbf{点})$$

第 1 四分位数は $\frac{51+53}{2}=\mathbf{52}\ (\textbf{点})$

第 3 四分位数は $\frac{72+76}{2}=\mathbf{74}\ (\textbf{点})$

学習のめあて

データの散らばり方を調べる方法として，四分位範囲があることを知り，四分位範囲を求めることができるようになること。

学習のポイント

四分位範囲

第 3 四分位数から第 1 四分位数をひいた差を，**四分位範囲** という。

$$(\text{四分位範囲}) = (\text{第 3 四分位数}) - (\text{第 1 四分位数})$$

四分位範囲を 2 でわった値を **四分位偏差** という。

$$(\text{四分位偏差}) = \frac{(\text{四分位範囲})}{2} = \frac{(\text{第 3 四分位数}) - (\text{第 1 四分位数})}{2}$$

四分位範囲

122 ページで学んだ範囲よりも，中央値に近いところでのデータの散らばりの程度を調べる。

第 3 四分位数から第 1 四分位数をひいた差を **四分位範囲** という。

四分位範囲

$$(\text{四分位範囲}) = (\text{第 3 四分位数}) - (\text{第 1 四分位数})$$

参考　四分位範囲を 2 でわった値を **四分位偏差**(へんさ) という。

$$(\text{四分位偏差}) = \frac{(\text{四分位範囲})}{2} = \frac{(\text{第 3 四分位数}) - (\text{第 1 四分位数})}{2}$$

第 1 四分位数と第 3 四分位数の間の区間には，データ全体のほぼ半分が入っており，データの中に極端に大きな値や小さな値があっても，影響を受けにくい。

一般に，データが中央値付近に集中しているほど，四分位範囲は小さくなり，データの散らばりの程度は小さいといえる。

例 3　123 ページのＡ組のデータの四分位範囲を求める。
第 1 四分位数は 46 点，第 3 四分位数は 80 点であるから
四分位範囲は　　80－46＝34（点）

練習 11　123 ページのＡ組とＢ組のデータについて，次の問いに答えなさい。
(1)　Ｂ組のデータの四分位範囲を求めなさい。
(2)　Ａ組とＢ組の四分位範囲から，データの散らばりの程度が大きいのはどちらの組であると考えられるか答えなさい。

第5章

3. データの散らばりと四分位範囲　125

テキストの解説

□四分位範囲

○範囲よりも，中央値に近いところでの散らばりの程度を考える。

○四分位範囲は，データを値の大きさの順に並べたときの，中央値に近いところでの約 50％の範囲のデータであり，第 1 四分位数と第 3 四分位数の間の区間である。

○データの中に極端に大きな値や極端に小さな値がある場合でも，その影響を受けにくい。

○四分位範囲や四分位偏差もデータの散らばりの程度を表す 1 つの量である。

○これらの量が大きいほど，データの散らばりの程度は大きいと考える。

○データが中央値付近に集中しているほど，データの散らばりの程度は小さいと考える。

□例 3

○データの四分位範囲を求める。

○第 3 四分位数から第 1 四分位数をひいた差を求める。

□練習 11

○(1)　例 3 にならって四分位範囲を求める。

○(2)　四分位範囲が大きいほど，データの散らばりの程度が大きい。

テキストの解答

練習 11　(1)　第 1 四分位数は 52，第 3 四分位数は 74 であるから，四分位範囲は

$$74-52=\mathbf{22}\ \textbf{(点)}$$

(2)　Ａ組のデータの四分位範囲は

$$86-46=34\ (\text{点})$$

Ｂ組のデータの四分位範囲は 22 点であるから，Ａ組のデータの四分位範囲の方が大きい。

よって，データの散らばりの程度が大きいのは　　**Ａ組**

学習のめあて

データの散らばり方を調べる方法として，箱ひげ図があることを知り，箱ひげ図のかき方を理解すること。

学習のポイント

箱ひげ図

下の図のように，データの最小値，第１四分位数，中央値，第３四分位数，最大値の５つの値を，箱とひげで表した図を **箱ひげ図** という。

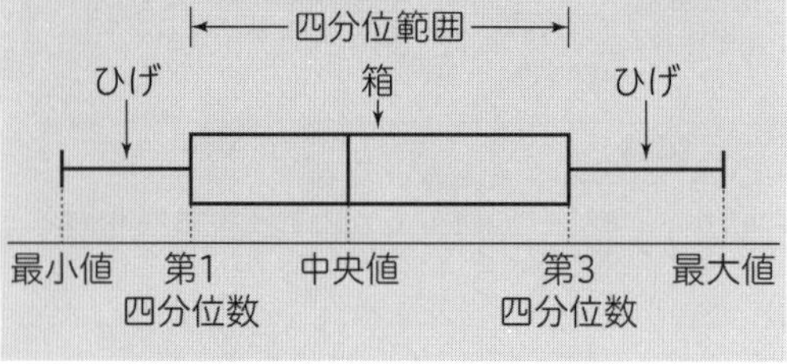

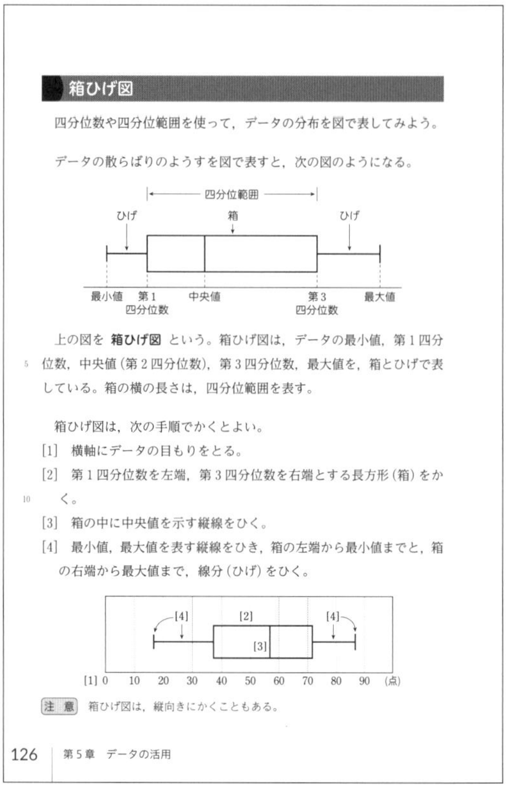

箱ひげ図

四分位数や四分位範囲を使って，データの分布を図で表してみよう。

データの散らばりのようすを図で表すと，次の図のようになる。

上の図を **箱ひげ図** という。箱ひげ図は，データの最小値，第１四分位数，中央値（第２四分位数），第３四分位数，最大値を，箱とひげで表している。箱の横の長さは，四分位範囲を表す。

箱ひげ図は，次の手順でかくとよい。

[1]　横軸にデータの目もりをとる。

[2]　第１四分位数を左端，第３四分位数を右端とする長方形（箱）をかく。

[3]　箱の中に中央値を示す縦線をひく。

[4]　最小値，最大値を表す縦線をひき，箱の左端から最小値までと，箱の右端から最大値まで，線分（ひげ）をひく。

注意　箱ひげ図は，縦向きにかくこともある。

126　第５章　データの活用

テキストの解説

□箱ひげ図

○箱ひげ図は，データの散らばりのようすを図で表したものである。

○箱ひげ図は，データの最小値，第１四分位数，中央値，第３四分位数，最大値の５つの値で表される。

○箱ひげ図全体の長さがデータの範囲を表し，箱の長さが四分位範囲を表している。

○箱ひげ図では，データの分布の大まかなようすを知ることができる。

□箱ひげ図をかく手順

○まず，データを値の大きさの順に並べ，データの最大値，最小値および第１四分位数，中央値，第３四分位数を求める。

[1]　横軸に目もりをとる。

[2]　第１四分位数を左端，第３四分位数を右端とする長方形（箱）をかく。

[3]　箱の中に中央値を示す縦線をひく。

[4]　最小値，最大値を表す縦線をひき，箱の左端から最小値までと，箱の右端から最大値まで，線分（ひげ）をひく。

○箱ひげ図は，縦向きにかくこともある。

縦向きの箱ひげ図をかく手順は，[1]の横軸を縦軸に変えてかけばよい。

確かめの問題　　解答は本書 200 ページ

1　あるテストの点数のデータの最大値，最小値および四分位数を調べたところ，それぞれ，次のような値が得られた。このとき，このデータの散らばりのようすを箱ひげ図に表しなさい。（単位は点）

最小値８，第１四分位数 18，中央値 27，第３四分位数 36，最大値 43

学習のめあて

データの最大値，最小値，四分位数を使って，箱ひげ図がかけるようになること。また，箱ひげ図から，複数のデータの分布を比較することができるようになること。

学習のポイント

箱ひげ図をかく

2つのデータにおいて，それぞれ，最小値，第1四分位数，中央値，第3四分位数，最大値の5つの値が与えられると，ともに箱ひげ図がかける。

箱ひげ図の利用

箱ひげ図を使って，2つのデータの分布のようすを比較する。

例 4 次のデータは，2019 年の東京と那覇における月ごとの平均気温を，気温の低い順に並べたものである。(単位は ℃)

東京　5.6 7.2 8.5 10.6 13.1 13.6 19.4 20.0 21.8 24.1 25.1 28.4

那覇　18.1 19.9 20.0 20.0 22.3 23.1 24.2 26.0 26.5 28.0 28.9 29.2

(気象庁のホームページより)

2つのデータについて，最大値，最小値，四分位数を表にまとめると，次のようになる。

	最小値	第1四分位数	中央値	第3四分位数	最大値
東京	5.6	9.6	16.5	23.0	28.4
那覇	18.1	20.0	23.7	27.3	29.2

よって，東京の箱ひげ図は，次のようになる。

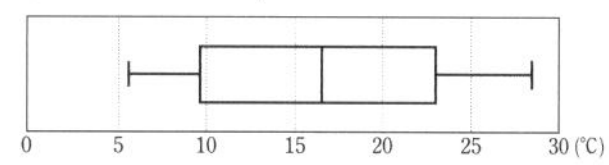

練習 12 例 4 について，次の問いに答えなさい。

(1) 那覇の箱ひげ図を下の図にかき入れなさい。

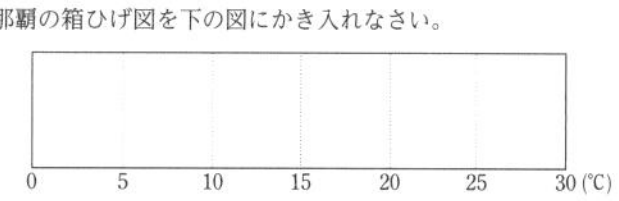

(2) 東京と那覇の箱ひげ図から，寒暖の差が大きいのはどちらであると考えられるか答えなさい。

第5章

3. データの散らばりと四分位範囲　127

テキストの解説

□例 4

○2つの都市における月ごとの平均気温の分布を比べる。

○2つのデータを整理して，それぞれの最大値，最小値，四分位数を求める。

○テキストでは，データが整理されていて，最大値，最小値，四分位数を求めた結果が，表にまとめられている。

○東京の箱ひげ図は，テキスト 126 ページで学んだ次の手順でかかれている。

[1]　横軸に目もりを 0 から 30 までとる。単位は℃とする。目もりやその個数は，最大値，最小値を考えて適当にとる。テキストでは，5 おきにとっている。

[2]　第 1 四分位数 9.6 を左端，第 3 四分位数 23.0 を右端とする長方形 (箱) をかく。

[3]　箱の中に中央値 16.5 を示す縦線をひく。

[4]　最小値 5.6，最大値 28.4 を表す縦線をひき，箱の左端から最小値までと，箱の右端から最大値まで，線分 (ひげ) をひく。

□練習 12

○(1)　例 4 にならって那覇の箱ひげ図をかく。

○(2)　東京と那覇の箱ひげ図から，寒暖の差の大きさを考える。

○テキスト 125 ページで学んだように，四分位範囲が小さいほど，データの散らばりの程度が小さい。反対に，四分位範囲が大きい，すなわち，箱の長さが長いほど，データの散らばりの程度が大きい。

テキストの解答

練習 12　(1)

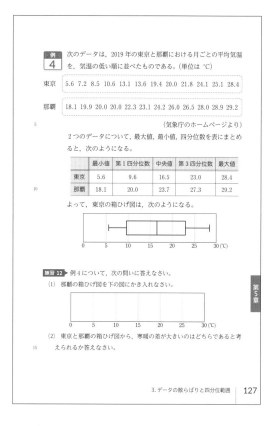

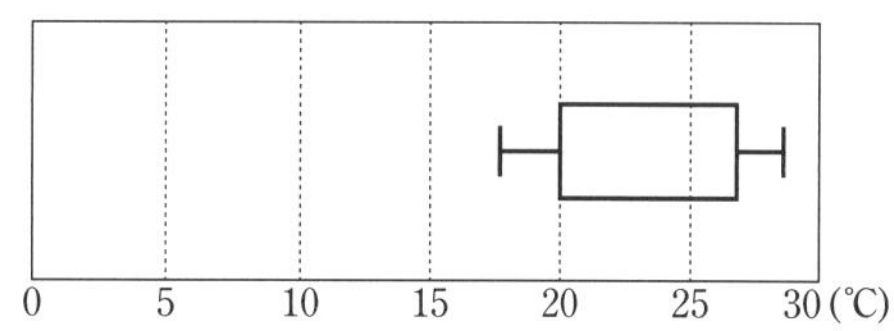

(2)　寒暖の差が大きいのは　**東京**

テキスト 128 ページ

複数のデータの散らばりのようすを比べる場合は，箱ひげ図を利用するとよい。

箱ひげ図の「ひげ」は，最小値や最大値が他のデータの値と大きく離れている場合に，影響を受けて長くなる。

一方，「箱」はその影響を受けにくい。

箱ひげ図とヒストグラムの関係について，考えてみよう。

123 ページのＡ組とＢ組のデータについて，箱ひげ図とヒストグラムを比べると，次の図のようになる。

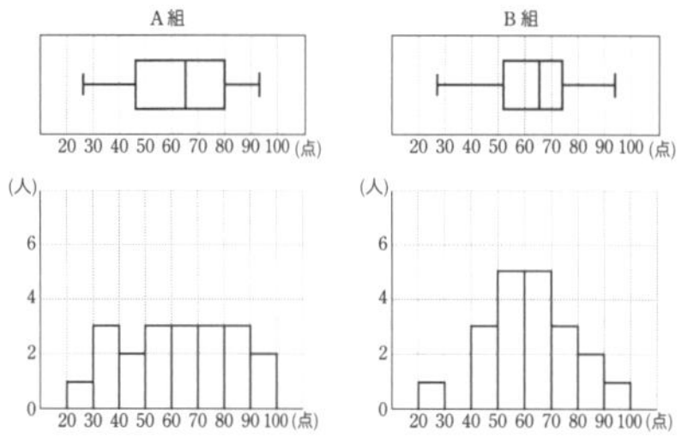

上の図から，ヒストグラムの山の位置と，箱ひげ図の箱の位置がだいたい対応し，ヒストグラムのすそにあたる部分が，箱ひげ図のひげに対応していることがわかる。ヒストグラムのすそが左に伸びていれば，箱ひげ図のひげも左に伸びる。

箱ひげ図では，ヒストグラムほどにはデータの散らばりのようすが表現されないが，大まかなようすを知ることができる。

128　第 5 章　データの活用

学習のめあて

複数のデータの散らばりのようすを比べるとき，箱ひげ図が利用できること。また，箱ひげ図とヒストグラムを比べて，それぞれの特徴を理解すること。

学習のポイント

箱ひげ図とヒストグラムの関係

ヒストグラムの山の位置と，箱ひげ図の箱の位置がだいたい対応し，ヒストグラムのすそにあたる部分が，箱ひげ図のひげに対応している。ヒストグラムのすそが左に伸びていれば，箱ひげ図のひげも左に伸びる。

テキストの解説

□箱ひげ図の「ひげ」と「箱」

○箱ひげ図の「ひげ」は，最大値や最小値が他のデータの値と大きく離れているとき，その影響を受けて長くなる。

○「箱」は，中央値付近の約 50％のデータの値が集まったものであるから，その影響を受けにくい。

□箱ひげ図とヒストグラムの関係

○テキストのように，箱ひげ図の目もりとヒストグラムの階級を合わせたとき，最小値は，ヒストグラムの左端の階級の位置にあり，最大値は，右端の階級の位置にある。

○箱ひげ図の箱の位置は，ヒストグラムの山の位置とだいたい対応し，ヒストグラムの山が，Ａ組のようになだらかな場合は，箱の長さが長くなり，Ｂ組のように中央が高い場合は，箱の長さが短くなる。

○箱ひげ図のひげは，ヒストグラムのすそにあたる部分に対応している。

○Ａ組のヒストグラムの階級 50～60 と階級 60～70 および階級 70～80 の山の左側のすその伸びと右側のすその伸びを比べると，左側の方が伸びている。Ａ組の箱ひげ図のひげも左のひげの方が長くなっている。

○Ｂ組のヒストグラムでは，すそがＡ組より左右に伸びているから，Ｂ組の箱ひげ図のひげの部分が左右により長くなっている。

○箱ひげ図では，ヒストグラムほどデータの散らばりのようすが表現されていないが，大まかなようすを知ることができる。

○箱ひげ図は，ヒストグラムほど複雑な形ではないので，複数のデータについての箱ひげ図を並べてかくことも容易である。

○箱ひげ図は，複数のデータの分布を比較する場合に便利である。

確認問題

解答は本書 191 ページ

テキストの解説

□問題 1

○(1) 階級の幅が指定された，ハンドボール投げの記録の度数分布表をつくる。

○まず，最大のものと最小のものを調べて，いくつの階級が必要になるかを考える。

データの個数が多いときは，最大のものと最小のものをきちんと調べるのも大変であるから，たとえば，第 1 列と第 2 列を見て，最小のものを 11.9，最大のものを 20.7 とみなして，仮の階級を決めて整理してもよい。

このとき，仮の階級に入らない値が出てきたときには，必要な階級を増やしていけばよい。

○各階級に含まれるデータの個数を調べるには，本書の 114 ページで学んだように，「正」の字を書いていくようにするとよい。

○表に整理するときは，データの個数をもれなく重複せずに数えることがポイントである。

○全部数え終わったら，度数 (人数) を合計し，もとのデータの個数 (人数) と一致しているかを必ず確かめる。

○(2) ヒストグラムをつくるときは，度数分布表の各階級の境界の値 (10，12，14，……) を横軸にとり，各階級の度数を縦軸にとる。

○度数折れ線をつくるときは，ヒストグラムの左右両端に度数 0 の階級があるものと考えて，折れ線の端点は横軸上におく。

○(3) 相対度数を求めるには，次の式を利用する。

$$(\text{相対度数})=\frac{(\text{その階級の度数})}{(\text{度数の合計})}$$

「小数第 2 位までの小数」を求めるには，小数第 3 位を四捨五入すればよい。

確認問題

1 次のデータは，あるクラスの生徒 30 人のハンドボール投げの記録である。このデータについて，次の問いに答えなさい。

12.7	20.7	21.2	18.5	14.7	20.9	15.4	17.8	13.5	19.4
11.9	17.7	15.9	14.6	16.3	17.7	17.9	12.1	14.2	20.9
14.7	15.3	19.2	17.3	16.6	16.8	15.1	20.3	17.8	16.8

(単位は m)

(1) 10 m 以上 12 m 未満を階級の 1 つとして，どの階級の幅も 2 m である度数分布表をつくりなさい。

(2) ヒストグラムと度数折れ線をつくりなさい。

(3) 14 m 以上 16 m 未満の階級の相対度数を求め，小数第 2 位までの小数で表しなさい。

2 次の表は，中学生 50 人の握力の記録をまとめた結果である。次の問いに答えなさい。

階級 (kg)	度数 (人)	相対度数	累積度数 (人)	累積相対度数
15 以上 20 未満	6	0.12		
20 ～ 25	8	0.16		
25 ～ 30	12	0.24		
30 ～ 35	13	0.26		
35 ～ 40	7	0.14		
40 ～ 45	4	0.08		
計	50	1.00		

(1) 累積度数，累積相対度数を求め，上の表を完成させなさい。

(2) 記録が 30 kg 未満の生徒は，生徒全体のうち何%か答えなさい。

第5章

□問題 2

○(1) 握力の記録から累積度数と累積相対度数を求める。

○累積度数は，度数分布表が与えられているから，各階級の度数を順にたしていけばよい。

たとえば，20 以上 25 未満の階級の累積度数は，6＋8＝14 から，14 (人) となる。

また，最後の階級の累積度数は，度数の合計 50 (人) に等しくなる。

○累積相対度数を求めるには，次の式を利用する。

$$(\text{累積相対度数})=\frac{(\text{その階級の累積度数})}{(\text{度数の合計})}$$

最後の階級の累積相対度数は，必ず 1 になる。

○(2) 記録が 30 kg 未満の生徒は，生徒全体のうち何%か，については，25 以上 30 未満の階級の累積相対度数を利用すればよい。

3 次のデータは，あるクラスの生徒 20 人の垂直とびの記録である。このデータについて，次の問いに答えなさい。

47	35	42	45	46	51	48	40	52	34
40	49	43	31	37	45	44	49	41	47

（単位は cm）

(1)　20 人の記録の範囲を求めなさい。
(2)　20 人の記録の中央値を求めなさい。
(3)　30 cm 以上 34 cm 未満を階級の 1 つとして，どの階級の幅も 4 cm である度数分布表をつくりなさい。
(4)　(3)の度数分布表から，20 人の記録の最頻値と平均値を求めなさい。

4 次のデータは，ある店における 13 日間の商品Aと商品Bの販売数を，数の小さい順に並べたものである。このデータについて，次の問いに答えなさい。

商品A	8	12	17	22	24	25	25	26	28	28	33	38	40
商品B	5	8	11	15	19	23	24	25	30	33	35	40	42

（単位は 個）

(1)　商品Aの第 1 四分位数と第 3 四分位数を求めなさい。
(2)　商品Bの第 1 四分位数と第 3 四分位数を求めなさい。
(3)　商品Aと商品Bの四分位範囲をそれぞれ求めなさい。
(4)　(3)から，データの散らばりの程度が大きいのはどちらの商品であると考えられるか答えなさい。

130　第 5 章　データの活用

テキストの解説

□問題 3

○まず，データの値を大きさの順に整理する。

20 人の記録を小さい順に並べると

31　34　35　37　40　40　41　42　43　44
45　45　46　47　47　48　49　49　51　52

○(1)　(範囲)＝(最大値)－(最小値)
を利用する。最大値は 52，最小値は 31

○(2)　中央値は，データを値の大きさの順に並べたとき，その中央の順位にくる値である。
データの個数が 20 個であるから，10 番目と 11 番目の値の平均値を求める。

○(3)　階級の幅が 4 cm の度数分布表をつくる。
最小値が 31，最大値が 52 であるから，最初の階級を 30 以上 34 未満，最後の階級を 50 以上 54 未満とする 6 つの階級をつくり，表にまとめる。

○(4)　度数分布表から求める最頻値と平均値。
最頻値は，最も度数が大きい階級の階級値とすればよい。
平均値は，次の式を利用する。

$$(\text{平均値})=\frac{\{(\text{階級値})\times(\text{度数})\}\text{の合計}}{(\text{度数の合計})}$$

○ 20 個のデータの値の合計は 866 cm であるから，直接平均値を求めると，43.3 cm となり，度数分布表から求めた平均値 (43.6 cm) に近い値になることがわかる。

□問題 4

○ 2 つのデータの四分位数を求め，2 つのデータの四分位範囲から，データの散らばりの程度を比較する。

○(1)，(2)　商品Aと商品Bのデータは，それぞれ 13 個が小さい順に並べられている。
まず，それぞれのデータの中央値を除いて半分に分ける。
そして，半分にしたデータのうち
　第 1 四分位数は，小さい方の中央値，
　第 3 四分位数は，大きい方の中央値
を求める。

○(3)　(四分位範囲)
　＝(第 3 四分位数)－(第 1 四分位数)
を利用する。

○(4)　四分位範囲が大きいほどデータの散らばりの程度が大きい。

確かめの問題　　解答は本書 200 ページ

1　下の表は，あるクラスの生徒A～Jが 1 か月間に読んだ本の冊数をまとめたものである。

生徒	A	B	C	D	E	F	G	H	I	J
冊数	1	3	7	2	4	0	5	5	2	4

このとき，1 か月間に読んだ本の冊数について，次のものを求めなさい。

(1)　平均値　　(2)　中央値　　(3)　範囲

テキスト 131 ページ

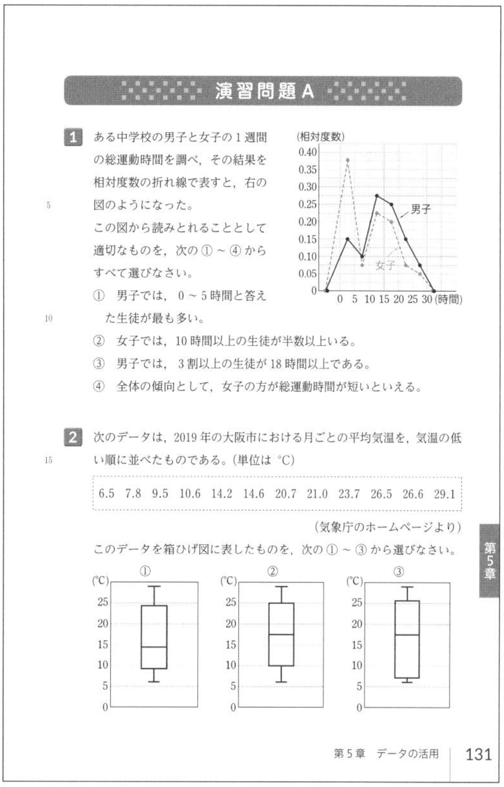

演習問題A

1 ある中学校の男子と女子の1週間の総運動時間を調べ，その結果を相対度数の折れ線で表すと，右の図のようになった。
この図から読みとれることとして適切なものを，次の①～④からすべて選びなさい。

① 男子では，0～5時間と答えた生徒が最も多い。
② 女子では，10時間以上の生徒が半数以上いる。
③ 男子では，3割以上の生徒が18時間以上である。
④ 全体の傾向として，女子の方が総運動時間が短いといえる。

2 次のデータは，2019年の大阪市における月ごとの平均気温を，気温の低い順に並べたものである。(単位は ℃)

6.5 7.8 9.5 10.6 14.2 14.6 20.7 21.0 23.7 26.5 26.6 29.1

(気象庁のホームページより)

このデータを箱ひげ図に表したものを，次の①～③から選びなさい。

第5章

演習問題A　解答は本書 192 ページ

テキストの解説

□問題 1

○相対度数折れ線から読みとれる適切なものを選ぶ問題。

○① 男子の折れ線の山が，どの階級にあるかを考える。

$$(\text{相対度数})=\frac{(\text{その階級の度数})}{(\text{度数の合計})}$$

であるから，階級に属する生徒の人数が多いほど，相対度数は大きくなる。

○② 女子で，10 時間未満と答えた生徒の人数の相対度数が 0.5 を超えるかどうかで判断する。

○③ 男子で，20 時間以上と答えた生徒の人数の相対度数の合計は

$0.15+0.075=0.225$ すなわち 22.5%

15～20 時間と答えた生徒の人数のうち，18 時間以上である生徒の人数がわからないことに注目する。

○④ 女子の折れ線の山が，男子の折れ線の山より左側にあり，値が大きい。
② の結果が参考になる。

□問題 2

○データに合う箱ひげ図を，与えられた箱ひげ図の中から選ぶ。

○箱ひげ図は，最小値，第 1 四分位数，中央値 (第 2 四分位数)，第 3 四分位数，最大値の 5 つの値がわかればかくことができる。

○最小値と最大値は，問題のデータからすぐわかるが，与えられた 3 つの箱ひげ図の最小値と最大値は同じようで，違いがはっきりしない。

○そこで，四分位数を求める。
データの値の個数は 12 個であるから，中央値 (第 2 四分位数) は，中央 2 つの値の平均値を求め，第 1 四分位数と第 3 四分位数は，12 個のデータを半分に分けた，それぞれ 6 個のデータの中央値，すなわちそれぞれのデータのブロックにおいて，3 番目と 4 番目のデータの平均を求める。

○そして，求めた四分位数に合う図を選ぶ。

実力を試す問題　解答は本書 204 ページ

1 次の表は，あるクラスの小テストの結果をまとめたものである。このクラスの生徒の人数は 28 人で，平均点が 3.25 点のとき，x，y の値を求めなさい。

得点 (点)	0	1	2	3	4	5	計
度数 (人)	1	2	6	x	y	6	28

演習問題B

解答は本書 192 ページ

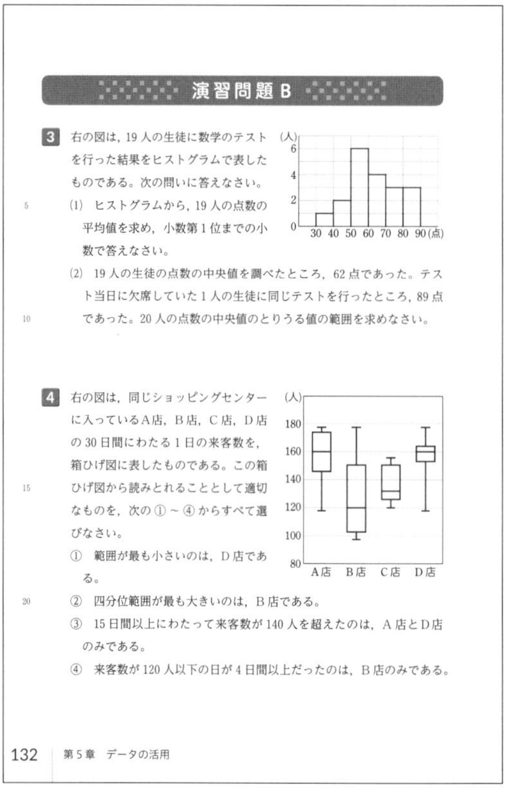
演習問題 B

3 右の図は，19 人の生徒に数学のテストを行った結果をヒストグラムで表したものである。次の問いに答えなさい。

(1) ヒストグラムから，19 人の点数の平均値を求め，小数第 1 位までの小数で答えなさい。

(2) 19 人の生徒の点数の中央値を調べたところ，62 点であった。テスト当日に欠席していた 1 人の生徒に同じテストを行ったところ，89 点であった。20 人の点数の中央値のとりうる値の範囲を求めなさい。

4 右の図は，同じショッピングセンターに入っているA店，B 店，C 店，D 店の 30 日間にわたる 1 日の来客数を，箱ひげ図に表したものである。この箱ひげ図から読みとれることとして適切なものを，次の ① ~ ④ からすべて選びなさい。

① 範囲が最も小さいのは，D 店である。

② 四分位範囲が最も大きいのは，B 店である。

③ 15 日間以上にわたって来客数が 140 人を超えたのは，A 店とD 店のみである。

④ 来客数が 120 人以下の日が 4 日間以上だったのは，B 店のみである。

132　第 5 章　データの活用

テキストの解説

□問題 3

○(1)　ヒストグラムから平均値を求める。

○ヒストグラムから平均値を求めるのは，度数分布表から平均値を求める方法と同じ。

$$(\text{平均値})=\frac{\{(\text{階級値})\times(\text{度数})\}\text{の合計}}{(\text{度数の合計})}$$

を利用する。

○(2)　欠席していた 1 人を除いた 19 個のデータの中央値がわかっていて，欠席していた人の点数が出たとき，中央値の値の範囲を求める。

○欠席していた 1 人の点数を含めると，データの個数は 20 個になるから，中央値は，小さい方から 10 番目と 11 番目の値の平均値である。

○ 89 点は，最後の階級に入るから，中央値には影響はない。

○ 19 個のデータの中央値は，10 番目の値で 62 点であり，20 個のデータでも小さい方から数えた順番は変わらない。

よって，11 番目の値は，階級 60 点以上 70 点未満に入り，62 点以上 69 点以下となる。

□問題 4

○箱ひげ図を読みとり適切なものを選ぶ。

○データは，30 日間にわたるショッピングセンターの，1 日ごとの来客数であり，データの個数は 30 個である。

○ ①　(範囲)＝(最大値)－(最小値)

であるから，最大値から最小値までの箱ひげ図の長さを比べて判断する。

○ ②　(四分位範囲)

　＝(第 3 四分位数)－(第 1 四分位数)

箱の長さに注目する。

○ ③　15 日間は，データの個数のどの位置かを考える。

○ ④　B 店の箱ひげ図の中央値が 120 人であるから，来客数が 120 人以下の日が 4 日以上あることは明らかである。

A店，D店の最小値がともに 120 人以下の日がある。これをどう判断するか。

1 日ごとの来客数の人数は読みとれるが，日数までは読みとれないことに注意する。

実力を試す問題

解答は本書 204 ページ

1　生徒 100 人のテスト結果を箱ひげ図にすると，右の図のようになった。この箱ひげ図から確実に正しいといえることを次の ① ~ ③ のうちから 1 つ選びなさい。

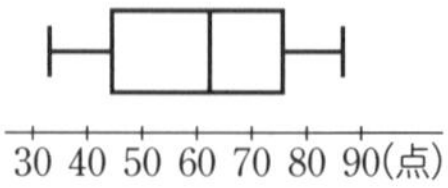

①　60 点以下の生徒は 45 人以上いる

②　70 点以上の生徒は 25 人以上いる

③　50 点以上の生徒は 75 人以上いる

▌▌テキストの解説▌▌

□ 新しい用語の復習

○ $(平均値)=\dfrac{(データの値の合計)}{(データの個数)}$

$(平均値)=\dfrac{\{(階級値)×(度数)\}の合計}{(度数の合計)}$

○ $(範囲)=(最大値)-(最小値)$

範囲は，データの散らばりの程度を表すが，データの極端な値に影響される。

○ データを値の大きさの順に並べたとき，4等分する位置にくる値を四分位数といい，小さい方から順に第1四分位数，第2四分位数（中央値），第3四分位数という。

○ $(四分位範囲)$
　$=(第3四分位数)-(第1四分位数)$

○箱ひげ図は，最大値と最小値および四分位数を，箱とひげで表した図。

箱の長さは四分位範囲を表す。

□ データの傾向の例

① 寒暖の差が最も大きい年は2018年である。

理由：箱ひげ図を比べると最大値と最小値の差，すなわち，範囲が一番大きいから寒暖の差が大きいことがわかる。

表から，実際に計算すると，寒暖差は

2018年は，$28.3-4.7=23.6（℃）$

2019年は，$28.4-5.6=22.8（℃）$

② 寒暖の差が最も小さい年は2016年である。

理由：①と反対の理由による。

表から，実際に計算すると，寒暖差は

2016年は，$27.1-6.1=21.0（℃）$

2017年は，$27.3-5.8=21.5（℃）$

③ 月の平均気温が18.0℃以上ある月が，必ず6ヶ月以上ある年は2018年である。

理由：中央値は，平均気温の低い方から6番目と7番目の月の平均値であり，中央値が18.1℃であるから，7番目の月の平均気温は

探究 Q. データの傾向と調査

127ページの例4では，2019年の東京における月ごとの平均気温を調べて，箱ひげ図に表すことを学びました。

そこで，同じように，2016年，2017年，2018年の月ごとの平均気温を調べて，東京の気温が以前と比べてどのように変化しているかを調査することになりました。

それぞれの年の月ごとの平均気温について，最大値，最小値，四分位数をまとめた表と，箱ひげ図をつくると次のようになりました。

	最小値	第1四分位数	中央値	第3四分位数	最大値
2016年	6.1	9.5	17.1	23.4	27.1
2017年	5.8	7.7	15.8	22.4	27.3
2018年	4.7	9.9	18.1	22.7	28.3
2019年	5.6	9.6	16.5	23.0	28.4

（気象庁のホームページより）

今までに学んだことを思い出しながら，データの傾向について，気づいたことを話し合ってみましょう。
また，そのように考えた理由も説明してみましょう。 先生

第5章 データの活用 133

18.1℃以上である。

よって，2018年は，18.0℃以上ある月が6ヶ月以上ある。他の年は，必ず6ヶ月以上あるとはいえない。

④ 2019年は，平均気温が23.0℃以上の月が3ヶ月以上ある。

理由：第3四分位数は，平均気温の低い方から9番目と10番目の月の平均値であり，第3四分位数が23.0℃であるから，10番目の月の平均気温は23.0℃以上である。

よって，2019年は，23.0℃以上ある月が3ヶ月以上ある。

○①と②は範囲に注目した例，③は中央値に注目した例，④は第3四分位数に注目した例である。

○その他，箱ひげ図の箱の長さやひげおよび年に注目して，いろいろな例が考えられる。

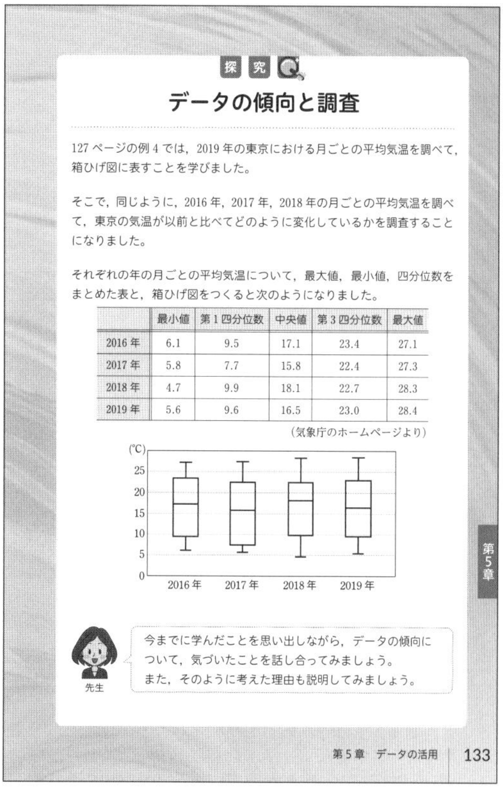

テキスト 134 ページ

第6章　確率と標本調査

この章で学ぶこと

1．場合の数（136～145 ページ）

ある事柄が起こるすべての場合を，もれなく，かつ重複なく調べる方法について考えます。いくつかのものを並べたり，いくつかのものを選ぶ方法の数は，順列，組合せの考えを用いて簡単に求めることができます。そこで，順列，組合せの意味を考え，順列，組合せを利用した場合の数の計算について理解を深めます。

新しい用語と記号

場合の数，樹形図，順列，n 個から r 個取る順列，${}_n\mathrm{P}_r$，n の階乗，$n!$，組合せ，n 個から r 個取る組合せ，${}_n\mathrm{C}_r$

2．事柄の起こりやすさと確率（146，147 ページ）

ある事柄の起こりやすさの程度を，数で表す方法を考えます。

新しい用語と記号

確率

3．確率の計算（148～155 ページ）

ある事柄の起こりやすさの程度を数値で表したものが確率です。この項目では，確率の意味と求め方を理解した上で，確率を計算によって求める方法を考えます。

確率を求めるときは，順列や組合せの考えも利用します。

新しい用語と記号

同様に確からしい

4．標本調査（156～162 ページ）

ある集団の状況や特徴を，数学的に調べる方法について考えます。

このような方法には，全数調査と標本調査があります。特に，標本調査によって集団の状況や特徴を推定することはよく行われており，

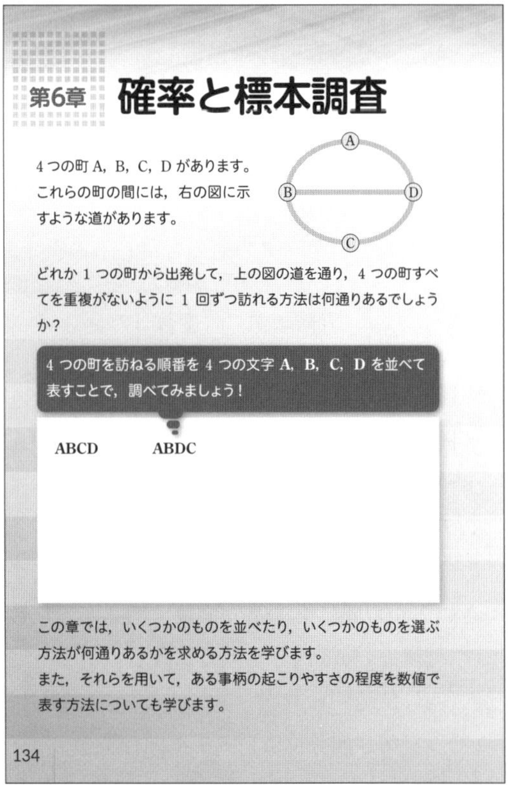

第6章　確率と標本調査

4 つの町 A，B，C，D があります。これらの町の間には，右の図に示すような道があります。

どれか 1 つの町から出発して，上の図の道を通り，4 つの町すべてを重複がないように 1 回ずつ訪れる方法は何通りあるでしょうか？

4 つの町を訪ねる順番を 4 つの文字 A，B，C，D を並べて表すことで，調べてみましょう！

ABCD　　ABDC

この章では，いくつかのものを並べたり，いくつかのものを選ぶ方法が何通りあるかを求める方法を学びます。

また，それらを用いて，ある事柄の起こりやすさの程度を数値で表す方法についても学びます。

134

このような考えは，私たちの生活のいろいろな場面に役立てられています。

新しい用語と記号

全数調査，標本調査，母集団，標本，抽出，母集団の大きさ，標本の大きさ，無作為に抽出する，標本平均

テキストの解説

□場合の数

○ある方針を決めて，起こりうるすべての場合を求める方法について考える。

○テキストの例では，まず出発点となる町を決めて考える。出発点となる町は，A，B，C，D の 4 通りがある。

○ A が出発点の場合の順番は

A → B → C → D　　A → B → D → C

A → D → B → C　　A → D → C → B

の 4 通り。これらの各場合を，文字を並べて ABCD，ABDC，ADBC，ADCB と表す。

Pascal
←パスカル（1623−1662）
フランスの数学者
Fermat
フェルマ（1601−1665）→
フランスの数学者

16 世紀頃，数学者でもあり賭博師でもあった，イタリアのカルダーノは，著書の中で，はじめて確率について述べたといわれています。
17 世紀頃には，フランスの数学者パスカルが，友人から賭け事に関する質問を受け，その質問について，同じくフランスの数学者であるフェルマと何通もの手紙を交わしました。
その文通によって，学問としての「確率論」が誕生したといわれています。

第6章

135

テキストの解説

□場合の数（前ページの続き）

○B，C，Dが出発点の場合も同様に考えると，4つの町を訪ねる順番は，次のようになる。

ABCD　ABDC　ADBC　ADCB
BADC　BCDA
CBAD　CBDA　CDAB　CDBA
DABC　DCBA

したがって，全部で 12 通りある。

○テキストの道順の例では，出発点となる町を決めて，そこから行くことのできる町を順番に考えていく。

○Aを出発点とした場合，次に行くことのできる町はBかDである。そして，次に，
Bから行ける町はCかDのどちらかであり，
Dから行ける町はBかCのどちらかである。
このとき，それぞれの場合に応じて，最後に訪ねる町は自動的に決まる。
したがって，Aを出発点とする場合，「4つの町を重複がないように1回ずつ訪れる方法」は，4通りがある。

○Bを出発点とした場合，次に行くことのできる町はAかCかDである。そして，次に，
Aから行ける町はDであり，
Cから行ける町はDである。
このとき，それぞれの場合に応じて，最後に訪ねる町は自動的に決まる。
一方，Dから行ける町はCとAの2つがあるが，どちらに行っても，BかDを通らない限り，残りの町を訪ねることはできない。
したがって，Bを出発点とする場合，「4つの町を重複がないように1回ずつ訪れる方法」は，2通りしかない。

○Cを出発点とした場合は，Aを出発点とした場合と同様であり，Dを出発点とした場合は，Bを出発点とした場合と同様である。

○このように考えた結果を，町の文字A，B，C，Dを並べて表したものが，テキスト前ページの方法であり，上に示した 12 通りである。

○道順を調べる際，それぞれの町から行くくことのできる町を順に考えたが，その順番を枝分かれしていく図に表す方法もある。

○この方法は次ページで学ぶ。

□確率論の始まり

○テキストで示したように，確率という学問は，17 世紀にパスカルとフェルマが手紙を交換して，賭け事についての数学的問題を論じたことに始まるといわれている。

○この問題の内容は，「A，Bの2人が，先に3勝した方が賭け金を受け取る勝ち負け五分五分の戦いをしていて，Aが2勝，Bが1勝した時点で戦いを止めたとき，賭け金をどのように分ければ公平になるか。」というものである。

○この問題を解決するには，高校で学ぶ確率の考えが必要になるが，答えは，A：B=3：1

テキスト 136 ページ

1．場合の数

学習のめあて

ある事柄が起こる場合を，もれなく，かつ重複なく数える方法について理解すること。

学習のポイント

場合の数

ある事柄の起こり方が全部で n 通りあるとするとき，n をその事柄の起こる **場合の数** という。

樹形図

ある事柄が起こりうるすべての場合を，次々と枝分かれしていく図で表したものを **樹形図** という。

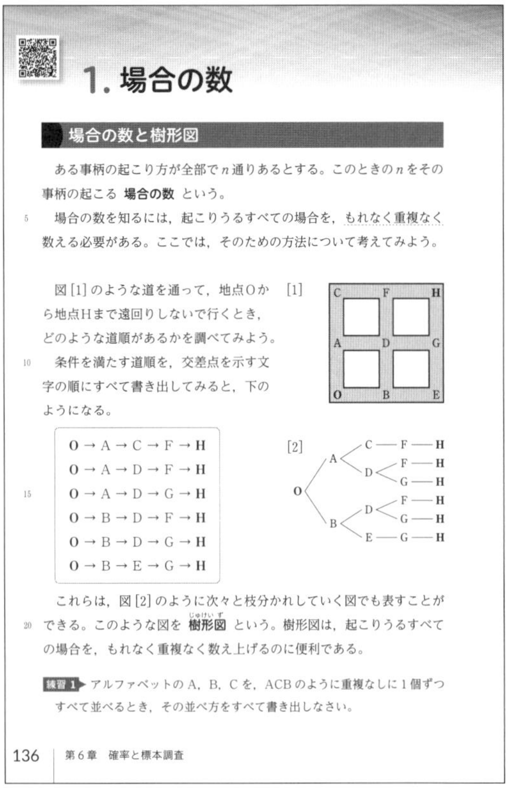

1. 場合の数

場合の数と樹形図

ある事柄の起こり方が全部で n 通りあるとする。このときの n をその事柄の起こる **場合の数** という。

場合の数を知るには，起こりうるすべての場合を，もれなく重複なく数える必要がある。ここでは，そのための方法について考えてみよう。

図 [1] のような道を通って，地点Oから地点Hまで遠回りしないで行くとき，どのような道順があるかを調べてみよう。

条件を満たす道順を，交差点を示す文字の順にすべて書き出してみると，下のようになる。

[1]

O → A → C → F → H
O → A → D → F → H
O → A → D → G → H
O → B → D → F → H
O → B → D → G → H
O → B → E → G → H

[2]

これらは，図 [2] のように次々と枝分かれしていく図でも表すことができる。このような図を **樹形図**（じゅけいず）という。樹形図は，起こりうるすべての場合を，もれなく重複なく数え上げるのに便利である。

練習 1 アルファベットの A，B，C を，ACB のように重複なしに 1 個ずつすべて並べるとき，その並べ方をすべて書き出しなさい。

136　第 6 章　確率と標本調査

テキストの解説

□場合の数と樹形図

○ある事柄が起こる場合を調べるとき，すべての場合をもれなく，かつ重複なく数えることが大切である。

○もれなく重複なく数える方法には，たとえば，次のようなものがある。

［1］　すべての場合を樹形図に表す。

［2］　すべての場合を表をつくって整理する。

○ある事柄が起こる場合を数えるときは，何か基準を決めて事柄を整理する。テキストの道順の例では，次のように考えて，すべての道順を 5 個の文字の列で表す。

道順　→　交差点の文字の列

○地点Oから出発すると，O の次に行くことができる交差点は A か B のどちらかである。したがって，O から A と B に枝分かれした図をかく。これが，樹形図をつくるときの，初めの作業となる。

○その後も，遠回りをしないで行くことができる交差点を考え，それらを枝分かれしていく図でかき加えていく。

○遠回りをしないで行くという条件に注意する。たとえば，A からOにもどると遠回りになる。

□練習 1

○すべての場合を樹形図で表すと，右の図のようになる。

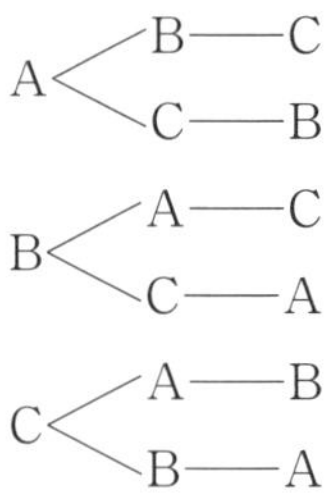

○6 通りの並べ方は上から順に，辞書に現れる順になっている。

テキストの解答

練習 1　ABC，ACB，BAC，BCA，CAB，CBA

学習のめあて

いろいろな事柄が起こる場合を，樹形図を利用して求めることができるようになること。

学習のポイント

樹形図の利用

起こりうる場合を数字や記号で表して，樹形図をつくる。

■■テキストの解説■■

□例1，練習2

○大中小3個のさいころを同時に投げたとき，出る目の和が5などになる場合の数を，樹形図を利用して求める。

○大の目，中の目，小の目の順に考える。

□例題1，練習3

○勝ちと負け，表と裏の出方を，それぞれ記号化して考える。○と×のような記号の並びが，起こりうる1つ1つの場合を表す。

■■テキストの解答■■

練習2 それぞれの場合の樹形図は，図のようになる。

(1)　大　中　小

$$1 \begin{cases} 1 — 4 \\ 2 — 3 \\ 3 — 2 \\ 4 — 1 \end{cases}$$

$$2 \begin{cases} 1 — 3 \\ 2 — 2 \\ 3 — 1 \end{cases}$$

$$3 \begin{cases} 1 — 2 \\ 2 — 1 \end{cases}$$

4 — 1 — 1

(2)　大　中　小

$$1 \begin{cases} 1 — 5 \\ 2 — 4 \\ 3 — 3 \\ 4 — 2 \\ 5 — 1 \end{cases}$$

$$2 \begin{cases} 1 — 4 \\ 2 — 3 \\ 3 — 2 \\ 4 — 1 \end{cases}$$

$$3 \begin{cases} 1 — 3 \\ 2 — 2 \\ 3 — 1 \end{cases}$$

$$4 \begin{cases} 1 — 2 \\ 2 — 1 \end{cases}$$

5 — 1 — 1

樹形図を用いて，起こりうる場合の数を求めてみよう。

例1 大中小3個のさいころを同時に投げるとき，出る目の和が5になる場合は，右の樹形図により，6通りある。

大　中　小
$$1 \begin{cases} 1 — 3 \\ 2 — 2 \\ 3 — 1 \end{cases}$$
$$2 \begin{cases} 2 — 1 \\ 1 — 2 \end{cases}$$
3 — 1 — 1

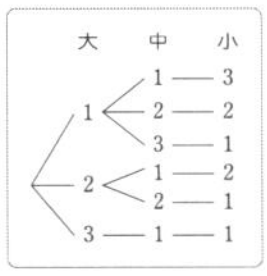

練習2 大中小3個のさいころを同時に投げるとき，次の場合は何通りあるか答えなさい。
(1) 出る目の和が6になる場合　(2) 出る目の和が7になる場合

例題1 ある競技の予選は5試合のうち3勝すれば通過できる。
ただし，引き分けはなく，3勝したらそれ以降の試合はない。
最初に1勝したとき，この競技の予選を通過するための勝敗の順は何通りあるか答えなさい。

[考え方] 5試合目までに勝ちが3回になる場合の樹形図をかく。

解答 勝ちを○，負けを×で表し，5試合目までに，3勝する場合の樹形図をかくと，右の図のようになる。
よって　6通り　[答]

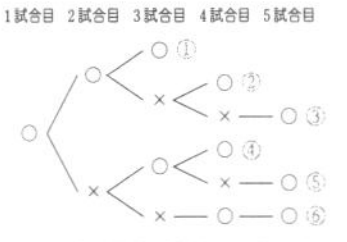

練習3 1枚の硬貨をくり返し投げ，表が3回または裏が2回出たところで終了する。表と裏の出方は何通りあるか答えなさい。

---

(1)　出る目の和が6になる場合は

10通り

(2)　出る目の和が7になる場合は

15通り

練習3　硬貨を投げたとき，表が出ることを○，裏が出ることを×で表し，表が3回または裏が2回出るまでの樹形図をかくと，次の図のようになる。

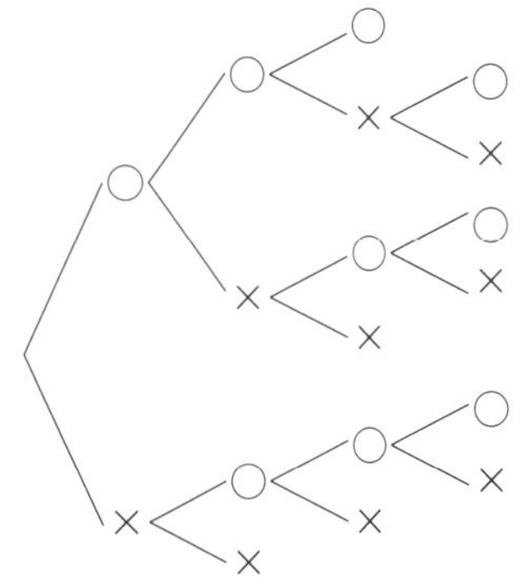

よって　**10通り**

テキスト 138 ページ

学習のめあて

いろいろな事柄が起こる場合を，表をつくって求めることができるようになること。

学習のポイント

表の利用

2 個のさいころを同時に投げるときに起こる場合の数は，表をつくって考えるとわかりやすい。

テキストの解説

□練習 4

○樹形図を利用して，起こりうるすべての場合を調べる。4 個の玉の取り出し方を，赤と青の文字を 2 個ずつ並べた文字列で考える。

□例題 2

○起こりうるすべての場合を，もれなく，かつ重複なく数えるには，各場合をわかりやすく整理するとよい。表をつくって整理するのも，その方法の 1 つである。

○ B の目に着目して考えると，たとえば

B の目が 4 の場合 →A の目は 4 の約数
→ 4 の約数は 1，2，4
→A の目は 1，2，4

□練習 5

○ 2 個のサイコロの目の和は 2 から 12 までの整数である。

○出る目の和が 5 の倍数になる場合を○で表すと，次の表のようになる。

B の目＼A の目	1	2	3	4	5	6
1				○		
2			○			
3		○				
4	○					○
5					○	
6				○		

練習 4 ▶ 赤玉 2 個と青玉 2 個の入った箱の中から，1 個ずつ順に玉を取り出す。全部の玉を取り出すとき，出た玉の色の順序を考えると，玉の出方は何通りあるか答えなさい。

表をつくって場合の数を求める

2 個のさいころを同時に投げるときに起こるような場合の数は，表をつくって考えるとわかりやすいことが多い。

例題 2 2 個のさいころ A，B を同時に投げるとき，A の目が B の目の約数になる場合は何通りあるか答えなさい。

解答 A，B の目の出方を表にまとめ，A の目が B の目の約数となる場合に，○印をつけると，右の表のようになる。

よって　14 通り　答

B＼A	1	2	3	4	5	6
1	○					
2	○	○				
3	○		○			
4	○	○		○		
5	○				○	
6	○	○	○			○

注意 例題 2 のように，さいころの目の組を考えるとき，たとえば，A の目が 3，B の目が 6 である組を (3，6) のように書き表すこともある。
A の目 ↑　↑ B の目

練習 5 ▶ 2 個のさいころ A，B を同時に投げるとき，出る目の和が 5 の倍数になる場合は何通りあるか答えなさい。

138　第 6 章　確率と標本調査

テキストの解答

練習 4　樹形図は，次の図のようになる。

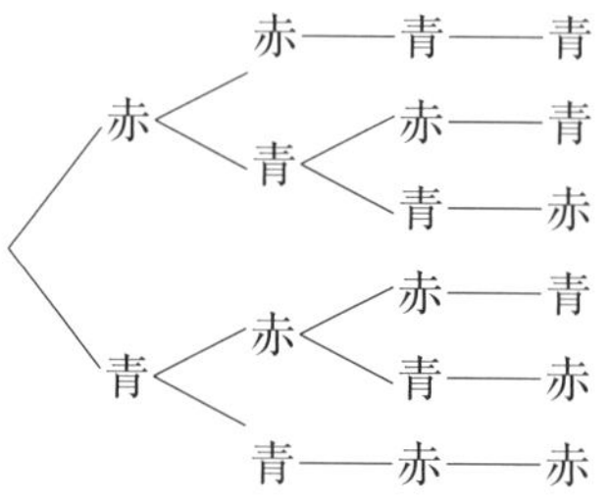

よって　**6 通り**

練習 5　さいころの目の組を（A の目，B の目）で表す。

出る目の和が 5 になるのは，次の　4 通り
(1，4)，(2，3)，(3，2)，(4，1)

出る目の和が 10 になるのは，次の　3 通り
(4，6)，(5，5)，(6，4)

出る目の和が 13 以上になることはない。

よって，出る目の和が 5 の倍数になる場合は　**7 通り**

テキスト 139 ページ

学習のめあて

事柄の起こり方に着目して，場合の数を計算で求めることができるようになること。

学習のポイント

樹形図と場合の数

事柄 A の起こり方が a 通りあり，そのおのおのの場合についても事柄 B の起こり方が b 通りずつあるとき，A と B がともに起こる場合は **ab 通り**ある。

テキストの解説

□ともに起こる場合の数

○起こりうるすべての場合を，もれなく重複なく調べるのに，樹形図をかいたり，表に整理したりすることは重要である。

しかし，起こりうる場合が多くなると，このような方法で場合の数を求めることが困難になってくる。

○そこで，事柄の起こり方の特徴に着目して，場合の数を手際よく計算する方法を考える。

○たとえば，10 種類の食べ物 A，B，……，J と 5 種類の飲み物 a，b，c，d，e から 1 つずつ選ぶとき，すべてのセットを樹形図に表すことはたいへんである。

しかし，10 種類の食べ物のどれを選んでも，飲み物の選び方は 5 通りずつあるから，セットの総数は

$$10\times5=50\ (\text{通り})$$

あることがわかる。

○このように，事柄 A の起こり方のどの場合に対しても，事柄 B の起こり方が同じ数だけあるとき，A と B がともに起こる場合の数は，それぞれの場合の数をかけて求めることができる。

これを，積の法則という。

順列

2 種類の食べ物 A，B と，3 種類の飲み物 P，Q，R から 1 種類ずつ選ぶとき，そのセットの種類の数は，右の樹形図のようになる。

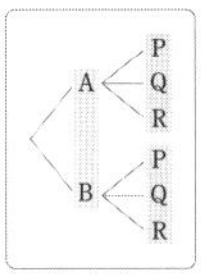

食べ物の選び方は，A，B のどちらでもよいから，2 通りある。

飲み物の選び方は，P，Q，R のどれでもよいから，3 通りある。

よって，場合の数は　$2\times3=6$ (通り)

一般に，次のことが成り立つ。

事柄Aの起こり方が a 通りあり，そのおのおのの場合についても，
事柄Bの起こり方が b 通りずつあるとき，
AとBがともに起こる場合は **ab 通り** ある。

このことは，3 つ以上の事柄についても成り立つ。

例題 3 3 個のさいころ A，B，C を同時に投げるとき，A，B の目が 3 の倍数，C の目が偶数になる場合は何通りあるか答えなさい。

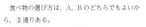

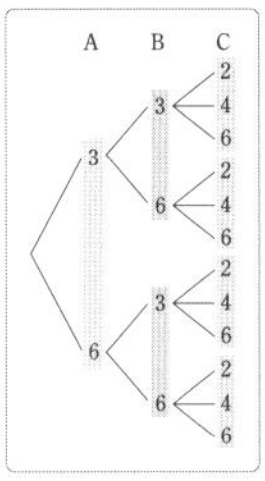

解答 A，B の目が 3 の倍数になるのは，
それぞれ　2 通り
C の目が偶数になるのは　3 通り
よって，求める場合の数は

$$\underset{A}{2}\times\underset{B}{2}\times\underset{C}{3}=12\ (\text{通り})$$　答

第6章

□例題 3

○積の法則を利用して場合の数を求める。

積の法則は，3 つ以上の事柄についても，同じように成り立つ。

○事柄 A→A の目が 3 の倍数

→3 の倍数の目は，3 と 6 の 2 通り

事柄 B→B の目が 3 の倍数

→3 の倍数の目は，3 と 6 の 2 通り

事柄 C→C の目が偶数

→偶数の目は，2 と 4 と 6 の 3 通り

○ A の 2 通りの起こり方に対して，B の起こり方は 2 通りあり，そのおのおのに対して C の起こり方は 3 通りあるから，A，B，C がともに起こる場合の数は

$$2\times2\times3=12\ (\text{通り})$$

ある。

○したがって，起こりうるすべての場合の数は，樹形図をかかなくても求めることができる。

学習のめあて

順列の意味とその総数の求め方について理解すること。

学習のポイント

順列

いくつかのものを，順序をつけて 1 列に並べるとき，その並びの 1 つ 1 つを **順列** という。

順列の総数

異なる n 個のものから異なる r 個を取り出して並べる順列を **n 個から r 個取る順列** といい，その総数を記号 $_n\mathrm{P}_r$ で表す。

例　5 個から 3 個取る順列の総数は

$$_5\mathrm{P}_3=5\times4\times3=60$$

練習 6 次の問いに答えなさい。

(1)　2 個のさいころ A，B を同時に投げるとき，A の目が奇数，B の目が 5 以下になる場合は何通りあるか答えなさい。

(2)　3 種類のサラダと，2 種類のスープと，4 種類のデザートから，それぞれ 1 種類ずつ選び，セットをつくる。セットのつくり方は全部で何通りあるか答えなさい。

5 個の数字 1，2，3，4，5 から異なる 3 個を取って並べるとき，3 桁の数がいくつできるかを考えてみよう。

百の位から順に数字を決める。

[1]　百の位は，1，2，3，4，5 のどれでもよいから 5 通り。

[2]　十の位は，[1] で決めた数字以外の 4 通り。

[3]　一の位は，[1]，[2] で決めた数字以外の 3 通り。

よって，できる 3 桁の数は　　$5\times4\times3=60$ (個)

上の例では，3 個の数字を 1 列に並べているが，たとえば 123 と 312 のように，同じ数字を用いていても並べる順序が違うものは区別している。

このように，いくつかのものを，順序をつけて 1 列に並べるとき，その並びの 1 つ 1 つを **順列** という。

一般に，異なる n 個のものから異なる r 個を取り出して並べる順列を **n 個から r 個取る順列** といい，その総数を記号 $_n\mathrm{P}_r$ で表す。

たとえば，5 個から 3 個取る順列の総数は $_5\mathrm{P}_3$ で表され，

$$_5\mathrm{P}_3=5\times4\times3=60$$

である。

注意　$_n\mathrm{P}_r$ の P は，「順列」を意味する permutation の頭文字である。

140　第 6 章　確率と標本調査

テキストの解説

□練習 6

○積の法則を利用して，場合の数を求める。

○(1)　条件を満たす A のさいころの目の出方は 3 通りあり，そのおのおのの場合に対しても，B の目の出方は 5 通りある。

(2) も同じように考えることができる。

□順列

○順列とは，いくつかのものを順序をつけて 1 列に並べるとき，その 1 つ 1 つの並び方を指すものである。

○3 桁の数は，3 つの整数を，百の位，十の位，一の位と順序をつけて 1 列に並べたものと考えることができるから，3 桁の整数の 1 つ 1 つは，それぞれ順列である。

○異なる n 個のものから異なる r 個を取り出して 1 列に並べる順列を，特に，「n 個から r 個取る順列」という。ここでは，n 個のものがすべて異なっていることに注意する。

○5 個の数字 1，2，3，4，5 のうち異なる 3 個を選んでできる 3 桁の整数は，「5 個から 3 個取る順列」である。

○5 個から 3 個取る順列の総数は，積の法則によって　　$5\times4\times3=60$

のように求めることができる。

テキストの解答

練習 6　(1)　A の目が奇数になるのは　3 通り

B の目が 5 以下になるのは　　5 通り

よって，求める場合の数は

$3\times5=$ **15 (通り)**

(2)　3 種類のサラダから 1 種類を選ぶ方法は　3 通り

2 種類のスープから 1 種類を選ぶ方法は　2 通り

4 種類のデザートから 1 種類を選ぶ方法は　4 通り

よって，求めるセットのつくり方の総数は

$3\times2\times4=$ **24 (通り)**

学習のめあて

順列で表される事柄の総数を，順列の総数として求めることができるようになること。

学習のポイント

順列の総数

n 個から r 個取る順列の総数 ${}_n\mathrm{P}_r$ は

$${}_n\mathrm{P}_r=n(n-1)(n-2)\times\cdots\cdots\times(n-r+1)$$

階乗

1から n までのすべての自然数の積を **n の階乗** といい，$n!$ で表す。

$$n!=n(n-1)(n-2)\times\cdots\cdots\times3\times2\times1$$

テキストの解説

□順列の総数

○積の法則を利用して，一般の場合の順列の総数を求める。

○ n 個から r 個取る順列において，

1番目の取り方は　n 通り

2番目の取り方は　$(n-1)$ 通り

└──1小さい──┘

3番目の取り方は　$(n-2)$ 通り

└──1小さい──┘

同じように考えると

r 番目の取り方は　$\{n-(r-1)\}$ 通り

└──1小さい──┘

よって，r 番目の取り方は　$(n-r+1)$ 通りになる。

○ $n(n-1)(n-2)\times\cdots\cdots\times(n-r+1)$ の途中は……を用いて書かれているが，これは，r 個の積であることにも注意する。

□例 2

○人はみな異なるものと考えることができる。したがって，7人から3人を選んで1列に並べる方法は，7個から3個取る順列である。

○順列の総数を求める式にあてはめて計算する。

$n\to7$，$r\to3$　${}_n\mathrm{P}_r\to{}_7\mathrm{P}_3$

一般に，次のことが成り立つ。

順列の総数 ${}_n\mathrm{P}_r$

n 個から r 個取る順列の総数 ${}_n\mathrm{P}_r$ は

$${}_n\mathrm{P}_r=\underbrace{n(n-1)(n-2)\times\cdots\cdots\times(n-r+1)}_{r\text{個の数の積}}$$

1番目　2番目　3番目　……　r 番目

n 通り　$(n-1)$ 通り　$(n-2)$ 通り　……　$\{n-(r-1)\}$ 通り $=(n-r+1)$ 通り

全部で r 個

例 2　7人から3人を選んで1列に並べるとき，並べ方の総数は

$${}_7\mathrm{P}_3=\underbrace{7\times6\times5}_{3\text{個の数の積}}=210\ (\text{通り})$$

練習 7　次のものの総数を求めなさい。

(1)　10人から3人を選んで1列に並べるときの並べ方

(2)　1から6までの6個の数字から異なる4個を選んでつくる4桁の整数

順列の総数 ${}_n\mathrm{P}_r$ の式で，特に $r=n$ のときは

$${}_n\mathrm{P}_n=n(n-1)(n-2)\times\cdots\cdots\times3\times2\times1$$

となる。これは，1から n までのすべての自然数の積である。

これを **n の階乗**（かいじょう）といい，$n!$ で表す。

$$n!=n(n-1)(n-2)\times\cdots\cdots\times3\times2\times1$$

第6章

例 3　(1)　$3!=3\times2\times1=6$

(2)　$8!=8\times7\times6\times5\times4\times3\times2\times1=40320$

1. 場合の数　141

□練習 7

○それぞれの場合の数を，n 個から r 個取る順列の総数として求める。

□階乗

○ ${}_n\mathrm{P}_n$ は，n 個から n 個取る順列の総数で，1から n までのすべての自然数の積になる。

□例 3

○階乗の計算。それぞれ，1から3までのすべての自然数の積，1から8までのすべての自然数の積を計算すればよい。

テキストの解答

練習 7　(1)　${}_{10}\mathrm{P}_3=10\times9\times8$

$=$ **720（通り）**

(2)　異なる6個の数字から異なる4個を取り出して並べればよいから

${}_6\mathrm{P}_4=6\times5\times4\times3$

$=$ **360（個）**

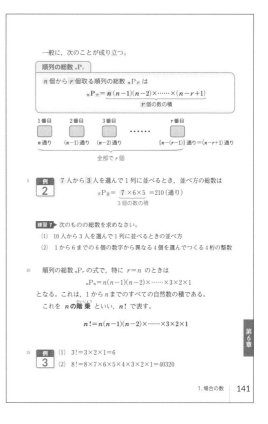

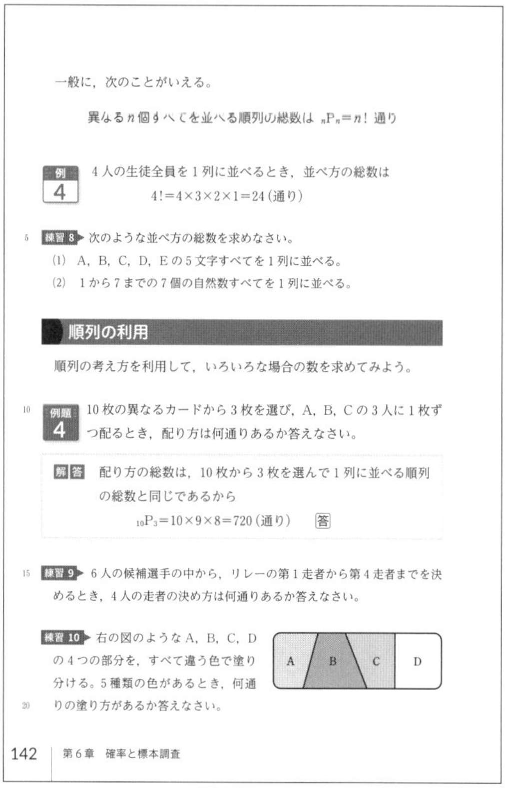

一般に，次のことがいえる。

異なる n 個すべてを並べる順列の総数は ${}_n\mathrm{P}_n=n!$ 通り

例 4 4 人の生徒全員を 1 列に並べるとき，並べ方の総数は

$4!=4\times3\times2\times1=24$ (通り)

練習 8 次のような並べ方の総数を求めなさい。

(1) A，B，C，D，E の 5 文字すべてを 1 列に並べる。

(2) 1 から 7 までの 7 個の自然数すべてを 1 列に並べる。

順列の利用

順列の考え方を利用して，いろいろな場合の数を求めてみよう。

例題 4 10 枚の異なるカードから 3 枚を選び，A，B，C の 3 人に 1 枚ずつ配るとき，配り方は何通りあるか答えなさい。

解答 配り方の総数は，10 枚から 3 枚を選んで 1 列に並べる順列の総数と同じであるから

${}_{10}\mathrm{P}_3=10\times9\times8=720$ (通り) 答

練習 9 6 人の候補選手の中から，リレーの第 1 走者から第 4 走者までを決めるとき，4 人の走者の決め方は何通りあるか答えなさい。

練習 10 右の図のような A，B，C，D の 4 つの部分を，すべて違う色で塗り分ける。5 種類の色があるとき，何通りの塗り方があるか答えなさい。

142 第 6 章 確率と標本調査

学習のめあて

順列を利用して，いろいろな場合の数を求めることができるようになること。

学習のポイント

異なるものをすべて並べる順列

異なる n 個すべてを並べる順列の総数は

${}_n\mathrm{P}_n=n!$ 通り

順列の利用

異なるものからいくつかを選んで 1 列に並べる方法と考えられる事柄は，順列を利用して，その総数を求めることができる。

テキストの解説

□例 4

○異なる 4 個すべてを並べる順列の総数。

→$4!=4\times3\times2\times1$

□練習 8

○例 4 にならって計算する。

□例題 4

○カードを配る方法であるから，見た目は順列ではない。

○次のように，A，B，C の 3 人を並べておき，それぞれに 10 枚のカードのうちから 3 枚を取り出して配る。

A	B	C
10 通り	9 通り	8 通り

このことは，異なる 10 枚のカードから 3 枚を選んで 1 列に並べることと同じであり，カードの配り方は順列と考えることができる。

□練習 9

○ 6 人から 4 人を選んで第 1 走者，第 2 走者，第 3 走者，第 4 走者の順に並べると考える。

□練習 10

○ 5 種類の色から 4 種類の色を選んで，A，B，C，D に並べると考える。

テキストの解答

練習 8 (1) $5!=5\times4\times3\times2\times1$

$=\mathbf{120}$ **(通り)**

(2) $7!=7\times6\times5\times4\times3\times2\times1$

$=\mathbf{5040}$ **(通り)**

練習 9 走者の決め方の総数は，6 人の中から 4 人を選んで 1 列に並べる順列の総数と同じである。

よって ${}_6\mathrm{P}_4=6\times5\times4\times3$

$=\mathbf{360}$ **(通り)**

練習 10 塗り方の総数は，5 種類の色の中から 4 色を選んで 1 列に並べる順列の総数と同じである。

よって ${}_5\mathrm{P}_4=5\times4\times3\times2$

$=\mathbf{120}$ **(通り)**

学習のめあて

組合せの意味とその総数の求め方について理解すること。

学習のポイント

組合せ

ものを取り出す順序を無視した組をつくるとき，これらの組の1つ1つを **組合せ** という。

組合せの総数

異なる n 個のものから異なる r 個を取り出してつくる組合せを **n 個から r 個取る組合せ** といい，その総数を記号 ${}_n\mathrm{C}_r$ で表す。

例　4個から3個取る組合せの総数は

$${}_4\mathrm{C}_3=4$$

組合せ

4個の文字 a, b, c, d から，異なる3個を取り出して文字の組をつくるとき，次のような4つの組ができる。

$\{a,\ b,\ c\}$, $\{a,\ b,\ d\}$, $\{a,\ c,\ d\}$, $\{b,\ c,\ d\}$ ……①

この場合，a, b, c の順に取り出しても，b, c, a の順に取り出しても，同じ組 $\{a,\ b,\ c\}$ と考える。

このように，ものを取り出す順序を無視した組をつくるとき，これらの組の1つ1つを **組合せ** という。

一般に，異なる n 個のものから異なる r 個を取り出してつくる組合せを **n 個から r 個取る組合せ** といい，その総数を記号 ${}_n\mathrm{C}_r$ で表す。

たとえば，4個から3個取る組合せの総数は ${}_4\mathrm{C}_3$ で表され，${}_4\mathrm{C}_3=4$ である。

注意　${}_n\mathrm{C}_r$ のCは，「組合せ」を意味する combination の頭文字である。

①の1つの組 $\{a,\ b,\ c\}$ について，3個の文字 a, b, c すべてを並べてできる順列は 3! 通り ある。

組合せでは，順序を無視するため，これらの3! 個のものは，すべて同じ組と考える。

組合せ		順列
$\{a,\ b,\ c\}$	⟷	abc, acb bac, bca cab, cba
1組		3!通り

他の3つの組についても同様であるから，「4個から3個取る組合せをつくり，それぞれの組の3個すべてを1列に並べる順列の総数」と「4個から3個取る順列の総数」は一致する。

よって　${}_4\mathrm{C}_3\times3!={}_4\mathrm{P}_3$

したがって　${}_4\mathrm{C}_3=\dfrac{{}_4\mathrm{P}_3}{3!}=\dfrac{4\times3\times2}{3\times2\times1}=4$

第6章

1. 場合の数　143

テキストの解説

□組合せ

○いくつかのものの中からその一部を取り出して組をつくる。このとき，取り出したものだけに着目したものが組合せである。

○たとえば，4個の文字 a, b, c, d から，異なる3個を取り出して組をつくるとき，それらは次の4通りしかない。

$\{a,\ b,\ c\}$, $\{a,\ b,\ d\}$, $\{a,\ c,\ d\}$, $\{b,\ c,\ d\}$

このとき，文字をどのような順番で取り出して組をつくるかは考えない。

○このことは，a, b, c, d の4人から3人を選んで組をつくるとき，たとえば，a, b, c の3人からなる組も，b, c, a の3人からなる組も，同じであると考えればわかりやすい。

○組合せは，順列の順序を無視したものであるから，組合せの総数は，順列の総数に結びつけて求めることができる。

○テキストに示したように，組 $\{a,\ b,\ c\}$ の3個の文字 a, b, c から，$3!=6$（通り）の順列が得られる。その他の組 $\{a,\ b,\ d\}$, $\{a,\ c,\ d\}$, $\{b,\ c,\ d\}$ から得られる順列も，次のように，それぞれ6通りずつある。

$\{a,\ b,\ d\}\Longleftrightarrow$ abd　adb　bad　bda　dab　dba

$\{a,\ c,\ d\}\Longleftrightarrow$ acd　adc　cad　cda　dac　dca

$\{b,\ c,\ d\}\Longleftrightarrow$ bcd　bdc　cbd　cdb　dbc　dcb

○ a, b, c, d の4個から3個取る順列と組合せについて，次のことがいえる。

（4個から3個取る順列の総数）
＝（4個から3個取る組合せの総数）
×（異なる3個すべてを並べる順列の総数）

このことを，順列，階乗，組合せの記号を用いて表すと

$${}_4\mathrm{P}_3={}_4\mathrm{C}_3\times3!$$

したがって，4個から3個取る組合せの総数 ${}_4\mathrm{C}_3$ は，次の式で求めることができる。

$${}_4\mathrm{C}_3=\frac{{}_4\mathrm{P}_3}{3!}$$

学習のめあて

組合せの考えを利用して，いろいろな場合の数を求めることができるようになること。

学習のポイント

組合せの総数

n 個から r 個取る組合せの総数 ${}_n\mathrm{C}_r$ は

$$
\begin{aligned}
{}_n\mathrm{C}_r &= \frac{{}_n\mathrm{P}_r}{r!} \\
&= \frac{n(n-1)(n-2)\times\cdots\cdots\times(n-r+1)}{r(r-1)(r-2)\times\cdots\cdots\times 3\times 2\times 1}
\end{aligned}
$$

組合せの利用

異なるものからいくつかを選んで組をつくる方法と考えられる事柄は，組合せを利用して，その総数を求めることができる。

テキストの解説

□組合せの総数

○前ページの例を一般的に考えると，順列と組合せの総数について，次のことが成り立つことがわかる。

$$ {}_n\mathrm{P}_r = {}_n\mathrm{C}_r \times r! \quad \text{すなわち} \quad {}_n\mathrm{C}_r = \frac{{}_n\mathrm{P}_r}{r!} $$

○${}_n\mathrm{C}_r$ の式は複雑であるが，分子は n から始まる r 個の積，分母は r から始まる r 個の積であることに注意する。

□例 5

○5 人から 3 人を選ぶ方法は，5 人から 3 人を選んで組をつくることである。したがって，その総数は，5 個から 3 個取る組合せの総数に等しい。

○組合せの総数を求める式にあてはめて考える。

$n \to 5$，$r \to 3$　${}_n\mathrm{C}_r \to {}_5\mathrm{C}_3$

□練習 11

○それぞれの場合の数を，n 個から r 個取る組合せの総数として求める。

○(1)　4 個から 2 個取る組合せ

　(2)　9 個から 3 個取る組合せの総数に等しい。

一般に，次のことが成り立つ。

組合せの総数 ${}_n\mathrm{C}_r$

n 個から r 個取る組合せの総数 ${}_n\mathrm{C}_r$ は

$$ {}_n\mathrm{C}_r = \frac{{}_n\mathrm{P}_r}{r!} = \frac{\overbrace{n(n-1)(n-2)\times\cdots\cdots\times(n-r+1)}^{r\text{個の数の積}}}{\underbrace{r(r-1)(r-2)\times\cdots\cdots\times 3\times 2\times 1}_{r\text{個の数の積}}} \quad \left(= \frac{{}_n\mathrm{P}_r}{{}_r\mathrm{P}_r}\right) $$

例 5　5 人の中から 3 人を選ぶとき，選び方の総数は

$$ {}_5\mathrm{C}_3 = \frac{\overbrace{5\times 4\times 3}^{3\text{個の数の積}}}{\underbrace{3\times 2\times 1}_{3\text{個の数の積}}} = 10\ (\text{通り}) $$

練習 11▶ 次のような選び方の総数を求めなさい。

(1)　4 人の中から 2 人の代表を選ぶ。

(2)　9 色の中から 3 色を選ぶ。

組合せの利用

組合せの考え方を利用して，いろいろな場合の数を求めてみよう。

例題 5　円周上の異なる 8 点のうち，3 点を結んでできる三角形は何個あるか答えなさい。

解答　三角形の個数は，8 点から 3 点を選ぶ組合せの総数と同じであるから

$$ {}_8\mathrm{C}_3 = \frac{8\times 7\times 6}{3\times 2\times 1} = 56\ (\text{個}) $$　答

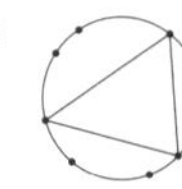

144　第 6 章　確率と標本調査

□例題 5

○三角形は 3 つの頂点で決まる。また，異なる 3 つの頂点のそれぞれに対して，異なる三角形が 1 つできる。

○したがって，次のように考えることができる。

(三角形の総数)＝(3 個の点の選び方の総数)

テキストの解説

練習 11　(1)　4 人から 2 人を取る組合せであるから

$$ {}_4\mathrm{C}_2 = \frac{4\times 3}{2\times 1} = 6\ (\text{通り}) $$

(2)　9 色から 3 色を取る組合せであるから

$$ {}_9\mathrm{C}_3 = \frac{9\times 8\times 7}{3\times 2\times 1} = 84\ (\text{通り}) $$

学習のめあて

$_n\mathrm{C}_r$ の性質を調べること。

学習のポイント

$_n\mathrm{C}_r$ の性質

n 個から r 個取る組合せの総数 $_n\mathrm{C}_r$ について，次の性質が成り立つ。

$$_n\mathrm{C}_r = {}_{n-1}\mathrm{C}_{r-1} + {}_{n-1}\mathrm{C}_r$$

■■ テキストの解説 ■■

□ 練習 12

○ 3個の頂点 → 三角形　　2個の頂点 → 線分

　4個の頂点 → 四角形

のように考えると，組合せを利用して，それぞれの図形の個数を求めることができる。

□ 組合せの記号 $_n\mathrm{C}_r$

○ 1から n の異なる数字が書かれた n 個の玉から，異なる r 個の玉を取り出す場合。

○ n 個から r 個取る組合せと考える。

○ 組合せの総数は $_n\mathrm{C}_r$ である。

○ $_n\mathrm{C}_r$ について

$$_n\mathrm{C}_r = {}_{n-1}\mathrm{C}_{r-1} + {}_{n-1}\mathrm{C}_r$$

　が成り立つ。

○ たとえば，1から5の異なる数字から，異なる3個の数字を取り出す場合の組合せの総数は $_5\mathrm{C}_3 = 10$ 通りある。

○ 10通りの組合せを書き出すと

　$\{1, 2, 3\}$, $\{1, 2, 4\}$, $\{1, 2, 5\}$, $\{1, 3, 4\}$,

　$\{1, 3, 5\}$, $\{1, 4, 5\}$, $\{2, 3, 4\}$, $\{2, 3, 5\}$,

　$\{2, 4, 5\}$, $\{3, 4, 5\}$

○ これらの組合せを，数字1を含むものと，数字1を含まないものに分けると

　$\{1, 2, 3\}$, $\{1, 2, 4\}$, $\{1, 2, 5\}$, $\{1, 3, 4\}$,

　$\{1, 3, 5\}$, $\{1, 4, 5\}$

　の6通りと，

　$\{2, 3, 4\}$, $\{2, 3, 5\}$, $\{2, 4, 5\}$, $\{3, 4, 5\}$

の4通りとなる。

練習 12 ▶ 正六角形について，次のものの個数を求めなさい。
(1) 3個の頂点を結んでできる三角形　(2) 2個の頂点を結ぶ線分
(3) 4個の頂点を結んでできる四角形

コラム

組合せの記号 $_n\mathrm{C}_r$

1から n の異なる数字が書かれた n 個の玉から，異なる r 個の玉を取り出すとき，取り出し方は何通りあるかを考えてみましょう。

たいちさん：異なる n 個のものから異なる r 個を取り出してつくる組合せだから，$_n\mathrm{C}_r$ です。

では，① が書かれた玉が選ばれる場合と，選ばれない場合に分けて，考えるとどうでしょうか。

けいこさん：
① の玉が選ばれる場合は，
　① の玉を除いた $(n-1)$ 個の玉から，異なる $(r-1)$ 個の玉を取り出す組合せだから，$_{n-1}\mathrm{C}_{r-1}$ です。
① の玉が選ばれない場合は，
　① の玉を除いた $(n-1)$ 個の玉から，異なる r 個の玉を取り出す組合せだから，$_{n-1}\mathrm{C}_r$ です。
これらの場合は重複しないから，組合せの総数は $_{n-1}\mathrm{C}_{r-1} + {}_{n-1}\mathrm{C}_r$ です。

たいちさんとけいこさんの考えから，次のことが成り立ちます。

$$_n\mathrm{C}_r = {}_{n-1}\mathrm{C}_{r-1} + {}_{n-1}\mathrm{C}_r$$

第6章

1. 場合の数　145

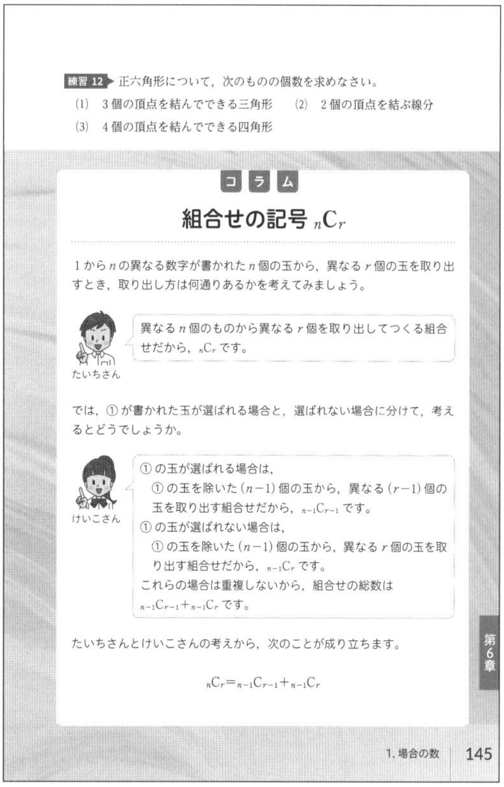

○ 数字1を含むもの6通りの組合せは，1を除いた数字2，3，4，5から異なる数字2個を取り出す組合せの総数 $_4\mathrm{C}_2 = 6$ に等しい。

　また，数字1を含まないもの4通りの組合せは，数字2，3，4，5から異なる数字3個を取り出す組合せの総数 $_4\mathrm{C}_3 = 4$ に等しいから

　　$_5\mathrm{C}_3 = {}_4\mathrm{C}_2 + {}_4\mathrm{C}_3 = {}_{5-1}\mathrm{C}_{3-1} + {}_{5-1}\mathrm{C}_3$

○ テキストでは，この例と同じことを n 個の玉で説明している。

○ 5個から3個選ぶことは，選ばない2個を決めることと結果は同じであるから，

　$_5\mathrm{C}_3 = {}_5\mathrm{C}_2$ が成り立つ。一般に，次のことが成り立つ。　　$_n\mathrm{C}_r = {}_n\mathrm{C}_{n-r}$

■■ テキストの解答 ■■

練習 12　(1)　$_6\mathrm{C}_3 = \dfrac{6 \times 5 \times 4}{3 \times 2 \times 1} = 20$ （個）

(2)　$_6\mathrm{C}_2 = \dfrac{6 \times 5}{2 \times 1} = 15$ （本）

(3)　$_6\mathrm{C}_4 = \dfrac{6 \times 5 \times 4 \times 3}{4 \times 3 \times 2 \times 1} = 15$ （個）

2．事柄の起こりやすさと確率

学習のめあて

ある事柄の起こりやすさの程度を，数で表す方法を考えること。

学習のポイント

ある事柄の起こりやすさ

実験を通して，ある事柄が起こる割合を調べる。実験の回数を増やして，その割合の変化を考える。

2. 事柄の起こりやすさと確率

確率

ある事柄の起こりやすさの程度を，数で表す方法を考えてみよう。

あるさいころを投げる実験を行う。この実験において，さいころを投げた回数に対する，1 の目が出る回数の割合はどのくらいになるだろうか。

右の表は，さいころを投げた回数Uと，そのうち 1 の目が出た回数Aを記録したものである。

U	A	$\frac{A}{U}$
25	4	0.160
50	10	
100	18	
250	42	
500	86	
750	123	
1000	167	

練習 13 投げた回数ごとに，1 の目が出る割合

$$\frac{1\text{の目が出た回数}}{\text{さいころを投げた回数}}=\frac{A}{U}$$

を計算し，右の表を完成させなさい。

注意 割合 $\frac{A}{U}$ は，相対度数でもある。

1 の目が出る割合，すなわち相対度数をグラフにすると，下の図のようになる。

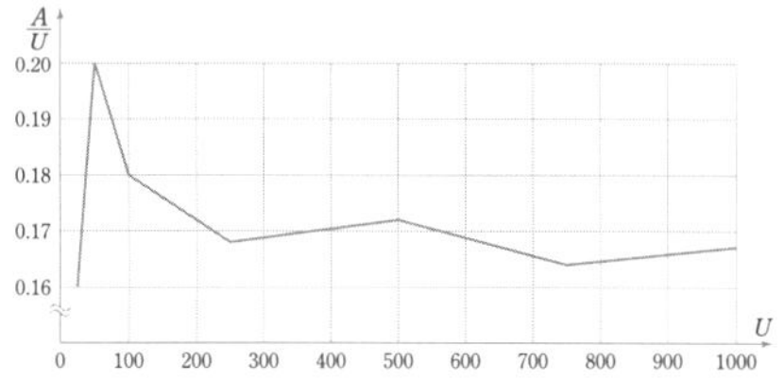

146　第 6 章　確率と標本調査

テキストの解説

□ある事柄の起こりやすさ

○2 つのくじ引きがあり，どちらかを選んでくじを引くとする。このとき，前もってくじの当たりやすさがわかれば，多くの人が，当たりやすいくじを引くであろう。

○この項目では，くじの「当たりやすさ」のような事柄の起こりやすさを，数で表すことを考える。

○まず，さいころの 1 の目の出やすさについて考える。そのために，さいころを投げる実験をくり返して，1 の目が出る割合を調べる。

□練習 13

○テキストの実験結果をもとに，1 の目が出る割合を計算する。

□ある事柄が起こる割合の変化

○テキストの実験結果によれば，さいころを 25 回投げたときに 1 の目が出る割合，すなわち相対度数は 0.160 である。また，さいころを 50 回投げたときに 1 の目が出る相対度数は 0.200 であり，さいころを 100 回投げたときに 1 の目が出る相対度数は 0.180 である。これらの数は，投げる回数ごとに変化する。

○したがって，これらの結果だけでは，1 の目の出やすさの程度を，数で表すことができない。

○投げる回数によって，1 の目の出る相対度数は変化する。しかし，投げる回数が多くなるにしたがって，その相対度数は，0.16 から 0.17 の間にあることがわかる。

テキストの解答

練習 13

U	A	$\frac{A}{U}$
25	4	0.160
50	10	**0.200**
100	18	**0.180**
250	42	**0.168**
500	86	**0.172**
750	123	**0.164**
1000	167	**0.167**

学習のめあて

ある事柄の起こりやすさの程度を表す数の意味を理解すること。

学習のポイント

確率の意味

ある事柄の起こりやすさの程度を表す数を，その事柄の起こる **確率** という。

前のページのさいころをくり返し投げると，さいころを投げる回数が少ないうちは，1 の目が出る相対度数は安定せず，ばらつきが大きい。しかし，回数が多くなるにしたがって，1 の目が出る相対度数はしだいに安定し，その値は 0.166 に近づいていくことがわかる。

この値は，1 の目が出るという事柄の起こりやすさの程度を表す。

「あるさいころを投げることを多数回くり返すと，1 の目が出る相対度数は 0.166 に近くなる」ことのように，ある事柄の起こりやすさの程度を表す数を，その事柄の起こる **確率** という。

例 6　前のページのさいころを投げて，1 の目が出る確率は，およそ 0.166 である。

実際に，実験を行うことができない事柄に対しても，長年の調査の結果など多くのデータを使って，その事柄の起こる確率を考える場合がある。

たとえば，日本における，2009 年から 2018 年の 10 年間の年次ごとの出生児数に対する男児数の相対度数は，下の表のようになっている。

年次	2009	2010	2011	2012	2013	2014	2015	2016	2017	2018
男児の相対度数	0.513	0.512	0.514	0.512	0.512	0.514	0.513	0.514	0.512	0.513

ここでは，多くのデータから得た，「全体に対する，事柄Aが起こる相対度数」を「事柄Aが起こる確率」と考えることにする。

すなわち，上のデータから，日本における出生児が男児である確率は，およそ 0.513 であると考えられる。

第6章

2. 事柄の起こりやすさと確率　147

テキストの解説

□例 6

○テキスト前ページの実験結果から，さいころを投げるとき，1 の目が出る相対度数は，投げる回数が多くなるにしたがって安定し，0.166 に近づいていく。

○ある事柄の起こりやすさの程度を表す数が確率である。よって，1 の目が出る確率は，およそ 0.166 である。

○およそ 0.166 を $\dfrac{1}{6}$ とみなして，1 の目が出る確率は $\dfrac{1}{6}$ であるとする。

○ 1 の目が出る確率が $\dfrac{1}{6}$ であっても，必ず 6 回に 1 回の割合で 1 の目が出るわけではない。6 回に 1 回の割合で 1 の目が出ることが起こりやすい，という意味である。

○実際に実験を行わなくても，正しく作られたさいころでは，どの目が出ることも同じように起こりやすい。さいころの目は 6 個あり，どの目が出ることも同じように起こりやすいことから，1 の目が出る確率は $\dfrac{1}{6}$ である，ということもできる。このような確率については，次のページで学習する。

○いびつなさいころを投げるとき，目の出やすさにはかたよりがあるから，1 の目が出る相対度数をあらかじめ予想することはできない。

○このようないびつなさいころでも，さいころを投げる実験をくり返すことで，1 の目の出る確率を知ることができる。

□実験ができない事柄の確率

○長年の調査の結果からも，ある事柄の起こりやすさの程度を数で表すことができる。男子が生まれる相対度数や女子が生まれる相対度数は，その一例である。

確かめの問題　解答は本書 201 ページ

1　次の表は，あるボタンを投げる実験をして，表の出た回数を表したものである。

投げた回数	100	500	1000	5000	10000
表が出た回数	60	298	652	3138	6284

このボタンの表が出る相対度数はどんな値に近づくと考えられるか。小数第 3 位を四捨五入して答えなさい。

3．確率の計算

学習のめあて

同様に確からしいことの意味を知り，確率を計算によって求める方法を理解すること。

学習のポイント

同様に確からしい

正しく作られたさいころを投げるとき，出る目は1，2，3，4，5，6の6通りあり，どの場合が起こることも同じ程度に期待できる。このようなとき，各場合の起こることは **同様に確からしい** という。

確率の求め方

各場合の起こることが同様に確からしい実験や観察において，起こりうるすべての場合が n 通りあるとする。そのうち，事柄Aの起こる場合が a 通りあるとき

Aの起こる確率 p は　$p=\dfrac{a}{n}$

テキストの解説

□例 7

○どのような場合が同様に確からしいかを，具体例にそって考える。

○立方体の各面に目が記された普通のさいころの場合，特別な細工などがない限り，各目が出ることは同じように期待することができる。

○このことは硬貨についても同じである。正しく作られたゆがみのない硬貨であれば，表と裏の出方は同じように期待することができる。

○このように，起こりうるすべての場合が同じ程度に期待できるときは，計算によって確率を求めることができる。

□確率の求め方

○ある事柄Aが起こることの確率を求めるには，起こりうるすべての場合 n と，事柄Aが起こ

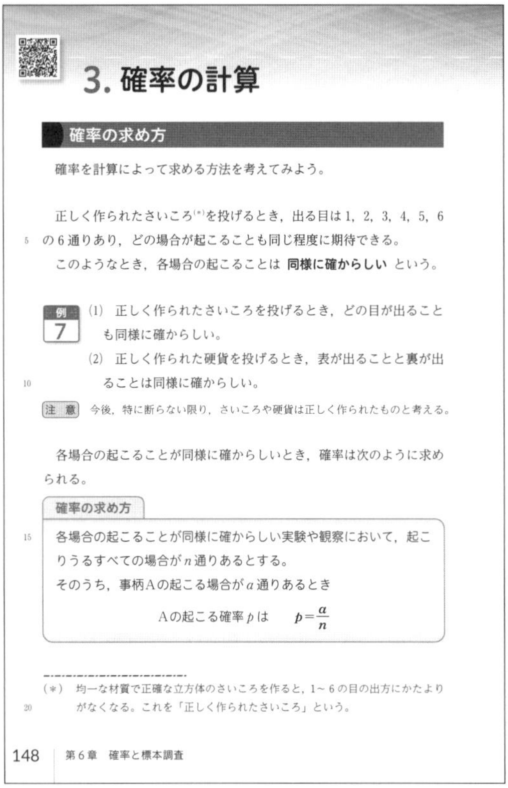

3. 確率の計算

確率の求め方

確率を計算によって求める方法を考えてみよう。

正しく作られたさいころ(*)を投げるとき，出る目は1，2，3，4，5，6の6通りあり，どの場合が起こることも同じ程度に期待できる。

このようなとき，各場合の起こることは **同様に確からしい** という。

例 7　(1)　正しく作られたさいころを投げるとき，どの目が出ることも同様に確からしい。

(2)　正しく作られた硬貨を投げるとき，表が出ることと裏が出ることは同様に確からしい。

注意　今後，特に断らない限り，さいころや硬貨は正しく作られたものと考える。

各場合の起こることが同様に確からしいとき，確率は次のように求められる。

確率の求め方

各場合の起こることが同様に確からしい実験や観察において，起こりうるすべての場合が n 通りあるとする。

そのうち，事柄Aの起こる場合が a 通りあるとき

Aの起こる確率 p は　$p=\dfrac{a}{n}$

(*)　均一な材質で正確な立方体のさいころを作ると，1～6の目の出方にかたよりがなくなる。これを「正しく作られたさいころ」という。

148　第6章　確率と標本調査

る場合の数 a を求めて，$\dfrac{a}{n}$ を計算する。

テキストの解答

（練習 14 は次ページの問題）

練習 14　(1)　1枚の硬貨を1回投げるとき，表が出ることと裏が出ることは同様に確からしい。

よって，表が出る確率は　$\dfrac{1}{2}$

(2)　裏が出る確率は　$\dfrac{1}{2}$

(3)　1個のさいころを1回投げるとき，どの目が出ることも同様に確からしい。

6通りの目のうち，3の倍数の目は3と6である。

よって，求める確率は　$\dfrac{2}{6}=\dfrac{1}{3}$

(4)　6通りの目のうち，6の約数の目は1と2と3と6である。

よって，求める確率は　$\dfrac{4}{6}=\dfrac{2}{3}$

テキスト 149 ページ

学習のめあて

確率の求め方にしたがって，いろいろな場合の確率を求めることができるようになること。

学習のポイント

確率の求め方

起こりうるすべての場合が n 通りあり，そのどれが起こることも同様に確からしいとする。このとき，ある事柄 A の起こる場合が a 通りであるとき

A の起こる確率 p は　$p=\dfrac{a}{n}$

テキストの解説

□例 8

○袋の中の玉をよくかき混ぜて，それらを見ずに取り出すとき，どの玉が出ることも同じように期待できる。したがって，4 個の玉の出方は同様に確からしい。

○その中で，特定の事柄（玉が赤，玉が赤または青）が起こる割合を計算する。

□練習 14

○例 8 にならって，起こりうるすべての場合の数と，確率を求める事柄が起こる場合の数を考える。

□例題 6

○確率の求め方にしたがい，計算によって確率を求める。

○例 8 と同じように，10 個の玉のどれが出るかは同じように期待できるから，これら 10 通りの場合は同様に確からしい。

○玉の色は赤，青，黄の 3 種類であるから，赤が出る確率は $\dfrac{1}{3}$ である，といった誤りをしないように注意する。どの玉が出ることも同様に確からしいが，赤玉，青玉，黄玉が出ることは同様に確からしくはない。

例 8　赤，青，黄，緑の 4 個の玉が入った袋がある。
この袋の中の玉をよくかき混ぜてから 1 個取り出すとき，玉の取り出し方は 4 通りあり，これらは同様に確からしい。

よって，取り出した玉が赤である確率は　$\dfrac{1}{4}$

また，取り出した玉が赤または青である確率は　$\dfrac{2}{4}=\dfrac{1}{2}$

練習 14　次のような事柄の起こる確率を求めなさい。

(1)　1 枚の硬貨を投げたとき，表が出る。
(2)　1 枚の硬貨を投げたとき，裏が出る。
(3)　1 個のさいころを投げたとき，出る目が 3 の倍数となる。
(4)　1 個のさいころを投げたとき，出る目が 6 の約数となる。

例題 6　赤玉 3 個，青玉 2 個，黄玉 5 個が入った袋から玉を 1 個取り出すとき，赤玉が出る確率を求めなさい。

解答　玉は 10 個あるから，玉の取り出し方は，全部で 10 通りあり，これらは同様に確からしい。
このうち，赤玉の取り出し方は 3 通りある。
よって，求める確率は　$\dfrac{3}{10}$　答

練習 15　次のような事柄の起こる確率を求めなさい。

(1)　赤玉 2 個，白玉 3 個が入った袋から玉を 1 個取り出すとき，赤玉が出る。
(2)　ジョーカーを除く 1 組のトランプのカード 52 枚からカードを 1 枚引いたとき，エースが出る。
(3)　1 から 12 までの自然数が書かれている 12 枚のカードから 1 枚を引いたとき，1 桁の偶数が出る。

第6章

3. 確率の計算　149

□練習 15

○起こりうるすべての場合の数と，確率を求める事柄の起こる場合の数を考える。

テキストの解答

（練習 14 の解答は前ページ）

練習 15　(1)　玉の取り出し方は全部で 5 通りあり，これらは同様に確からしい。
このうち，赤玉が出る場合は 2 通りあるから，求める確率は　$\boldsymbol{\dfrac{2}{5}}$

(2)　カードの引き方は全部で 52 通りあり，これらは同様に確からしい。
このうち，エースを引く場合は 4 通りあるから，求める確率は　$\dfrac{4}{52}=\boldsymbol{\dfrac{1}{13}}$

(3)　カードの引き方は全部で 12 通りあり，これらは同様に確からしい。
このうち，1 桁の偶数を引く場合は 4 通りあるから，求める確率は　$\dfrac{4}{12}=\boldsymbol{\dfrac{1}{3}}$

テキスト 150 ページ

学習のめあて

確率の性質について理解すること。

学習のポイント

確率の性質

[1]　確率 p の値の範囲は　$0 \leqq p \leqq 1$

[2]　絶対に起こらない事柄の確率は　0

[3]　絶対に起こる事柄の確率は　1

確率の性質

起こりうるすべての場合が n 通りあり，そのうち事柄Aの起こる場合が a 通りあるとする。このとき a の値の範囲は

$$0 \leqq a \leqq n \quad \cdots\cdots ①$$

である。ここで，

$a=0$ となるのは，事柄Aが絶対に起こらない場合
$a=n$ となるのは，事柄Aが絶対に起こる場合　(＊)

である。

事柄Aの起こる確率を p とすると，$p=\dfrac{a}{n}$ で，その値の範囲は，① から，次のようになることがわかる。

$$0 \leqq \frac{a}{n} \leqq 1$$　←① の各辺を n でわる

すなわち，確率 p の値の範囲は，次のようになる。

$$0 \leqq p \leqq 1$$

また，(＊) から，次のこともわかる。

絶対に起こらない事柄の確率は　0　←$a=0$ のとき

絶対に起こる事柄の確率は　1　←$a=n$ のとき

上で調べたことは，次のようにまとめられる。

[1]　確率 p の値の範囲は　$\mathbf{0 \leqq p \leqq 1}$

[2]　絶対に起こらない事柄の確率は　0

[3]　絶対に起こる事柄の確率は　1

練習 16▶ 1 個のさいころを投げるとき，次の場合の確率を求めなさい。

(1)　出る目が 10 以下になる。　(2)　出る目が 7 の倍数になる。

150　第 6 章　確率と標本調査

テキストの解説

□確率の性質

○各場合が同様に確からしいとき，事柄 A が起こる確率 p は，次の式で定義される。

$$p=\frac{a}{n}$$

この式をもとに，確率の性質を導く。

○起こりうるすべての場合の数 n と，事柄 A の起こる場合の数 a の間には，次の不等式が成り立つ。

$$0 \leqq a \leqq n$$

この各辺を n でわると

$$0 \leqq \frac{a}{n} \leqq 1$$

○$\dfrac{a}{n}$ は事柄 A が起こる確率である。

したがって，どのような事柄であっても，その起こる確率 p の値の範囲は，次のようになる。

$$0 \leqq p \leqq 1$$

○たとえば，1 個のさいころを投げるとき

事柄 A　　出る目が整数である

事柄 B　　出る目が 7 である

を考える。

○さいころの目は 1，2，3，4，5，6 であり，これらはすべて整数である。

したがって，1 個のさいころを投げるとき，A は絶対に起こる事柄であり，B は絶対に起こらない事柄である。

すなわち，出る目が整数である確率は 1 であり，7 の目が出る確率は 0 である。

○テキスト 147 ページでは，実験や観察の結果から得られる，ある事柄が起こると期待される相対度数を確率と定めた。このような確率についても，ここでまとめた確率の性質は同じように成り立つ。

□練習 16

○1 個のさいころを投げるときの確率を求める。

出る目は 1，2，3，4，5，6 のいずれかである。

○(1)　出る目は必ず 10 以下である。

○(2)　さいころの目に 7 の倍数はない。

テキストの解答

練習 16　(1)　**1**　　(2)　**0**

学習のめあて

いろいろな事柄について，その確率を求めることができるようになること。

学習のポイント

確率の計算

起こりうるすべての場合を，正しく数え上げて計算する。

次のことに注意する。

すべての場合 → 同様に確からしい

テキストの解説

□例題 7

○2 枚の硬貨を投げるときの確率。2 枚の硬貨に区別がなくても，2 枚を区別して考える。

○テキストの注意にもあるように，2 枚の硬貨の表，裏の出方を

A　2 枚とも表

B　1 枚は表，1 枚は裏

C　2 枚とも裏

の 3 通りとすることは誤りである。

この 3 通りの場合は，同様に確からしくないから，事柄 B の起こる確率を $\frac{1}{3}$ とすることはできない。

○確率は，その求め方にしたがって計算する。

$n=4$，$a=2$ → 確率は $\frac{a}{n}=\frac{2}{4}=\frac{1}{2}$

□練習 17

○例題 7 の結果をもとにして考える。

□練習 18

○例題 7 と同じように，3 枚の硬貨を区別して考える。

○表，裏の出方は，全部で 8 通りある。この 8 通りの場合は，同様に確からしい。

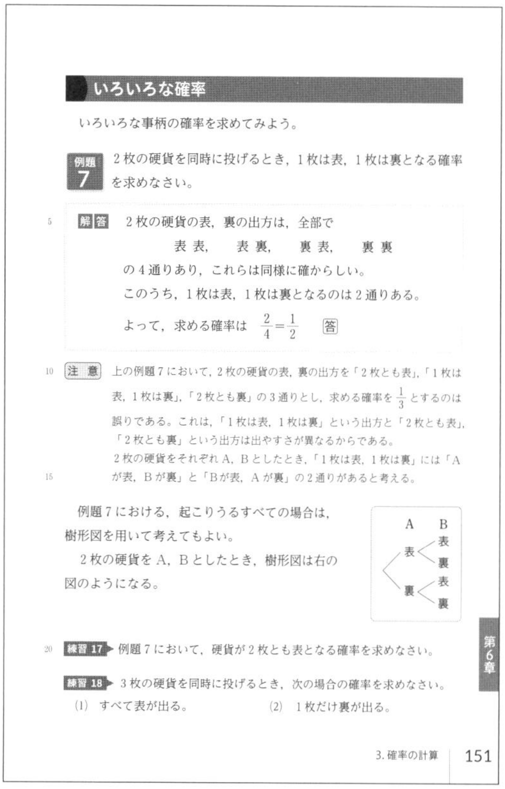
いろいろな確率

いろいろな事柄の確率を求めてみよう。

例題 7　2 枚の硬貨を同時に投げるとき，1 枚は表，1 枚は裏となる確率を求めなさい。

解答　2 枚の硬貨の表，裏の出方は，全部で

表表，　表裏，　裏表，　裏裏

の 4 通りあり，これらは同様に確からしい。

このうち，1 枚は表，1 枚は裏となるのは 2 通りある。

よって，求める確率は　$\frac{2}{4}=\frac{1}{2}$　答

注意　上の例題 7 において，2 枚の硬貨の表，裏の出方を「2 枚とも表」，「1 枚は表，1 枚は裏」，「2 枚とも裏」の 3 通りとし，求める確率を $\frac{1}{3}$ とするのは誤りである。これは，「1 枚は表，1 枚は裏」という出方と「2 枚とも表」，「2 枚とも裏」という出方は出やすさが異なるからである。

2 枚の硬貨をそれぞれ A，B としたとき，「1 枚は表，1 枚は裏」には「A が表，B が裏」と「B が表，A が裏」の 2 通りがあると考える。

例題 7 における，起こりうるすべての場合は，樹形図を用いて考えてもよい。

2 枚の硬貨を A，B としたとき，樹形図は右の図のようになる。

第6章

練習 17　例題 7 において，硬貨が 2 枚とも表となる確率を求めなさい。

練習 18　3 枚の硬貨を同時に投げるとき，次の場合の確率を求めなさい。

(1)　すべて表が出る。　(2)　1 枚だけ裏が出る。

3. 確率の計算　151

テキストの解答

練習 17　2 枚の硬貨の表，裏の出方は　4 通り

このうち，2 枚とも表になる場合は　1 通り

よって，求める確率は　$\frac{1}{4}$

練習 18　3 枚の硬貨の表，裏の出方は，全部で

表表表，表表裏，表裏表，

表裏裏，裏表表，裏表裏，

裏裏表，裏裏裏

の 8 通りあり，これらは同様に確からしい。

(1)　すべて表が出る場合は　1 通り

よって，求める確率は　$\frac{1}{8}$

(2)　1 枚だけ裏が出る場合は　3 通り

よって，求める確率は　$\frac{3}{8}$

テキスト 152 ページ

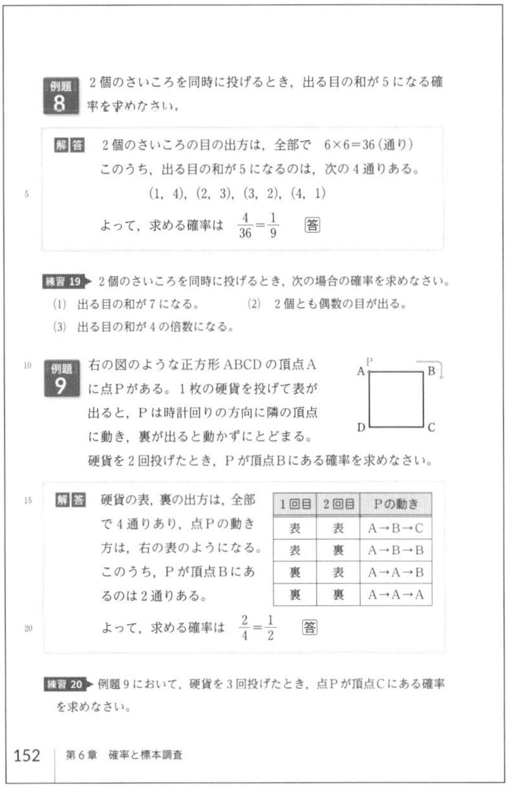

例題 8 2個のさいころを同時に投げるとき，出る目の和が5になる確率を求めなさい。

解答 2個のさいころの目の出方は，全部で $6\times6=36$（通り）
このうち，出る目の和が5になるのは，次の4通りある。
(1, 4), (2, 3), (3, 2), (4, 1)
よって，求める確率は $\frac{4}{36}=\frac{1}{9}$ 答

練習 19 2個のさいころを同時に投げるとき，次の場合の確率を求めなさい。
(1) 出る目の和が7になる。 (2) 2個とも偶数の目が出る。
(3) 出る目の和が4の倍数になる。

例題 9 右の図のような正方形ABCDの頂点Aに点Pがある。1枚の硬貨を投げて表が出ると，Pは時計回りの方向に隣の頂点に動き，裏が出ると動かずにとどまる。
硬貨を2回投げたとき，Pが頂点Bにある確率を求めなさい。

解答 硬貨の表，裏の出方は，全部で4通りあり，点Pの動き方は，右の表のようになる。
このうち，Pが頂点Bにあるのは2通りある。

1回目	2回目	Pの動き
表	表	A→B→C
表	裏	A→B→B
裏	表	A→A→B
裏	裏	A→A→A

よって，求める確率は $\frac{2}{4}=\frac{1}{2}$ 答

練習 20 例題9において，硬貨を3回投げたとき，点Pが頂点Cにある確率を求めなさい。

152 第6章 確率と標本調査

学習のめあて

起こりうるすべての場合を正しく数えて，確率を求めることができるようになること。

学習のポイント

確率の計算

起こりうるすべての場合を，表などに整理して考える。

テキストの解説

□例題 8，練習 19

○2個のさいころを投げるときの確率。2個のさいころを区別して考える。

○テキスト138ページの例題2のように，すべての場合を表に整理すると考えやすい。

□例題 9，練習 20

○硬貨を投げて進む点の確率。起こりうるすべての場合の数はすぐに求まる。

○確率を求めるポイントは，硬貨の表，裏の出方と点Pの動き方を，対比して考えることである。

○そのために，表を作って各場合を整理する。

テキストの解答

練習 19 2個のさいころの目の出方は，全部で

$6\times6=36$（通り）

(1) 出る目の和が7になるのは，次の6通り。

(1, 6), (2, 5), (3, 4), (4, 3),
(5, 2), (6, 1)

よって，求める確率は $\frac{6}{36}=\mathbf{\frac{1}{6}}$

(2) 2個とも偶数の目になるのは，次の9通り。

(2, 2), (2, 4), (2, 6), (4, 2), (4, 4),
(4, 6), (6, 2), (6, 4), (6, 6)

よって，求める確率は $\frac{9}{36}=\mathbf{\frac{1}{4}}$

(3) 出る目の和が4の倍数になるのは，次の9通り。

(1, 3), (2, 2), (2, 6), (3, 1), (3, 5),
(4, 4), (5, 3), (6, 2), (6, 6)

よって，求める確率は $\frac{9}{36}=\mathbf{\frac{1}{4}}$

練習 20 硬貨の表，裏の出方は，全部で

$2\times2\times2=8$（通り）

あり，点Pの動き方は，表のようになる。

1回目	2回目	3回目	Pの動き
表	表	表	A→B→C→D
表	表	裏	A→B→C→C
表	裏	表	A→B→B→C
表	裏	裏	A→B→B→B
裏	表	表	A→A→B→C
裏	表	裏	A→A→B→B
裏	裏	表	A→A→A→B
裏	裏	裏	A→A→A→A

よって，点Pが頂点Cにある確率は $\mathbf{\frac{3}{8}}$

学習のめあて

順列や組合せを利用して，確率の計算ができるようになること。

学習のポイント

確率の計算

起こりうる場合の特徴に着目して，その場合の数を求める。

▌▌テキストの解説▌▌

□例題 10

○ 2桁の数のつくり方は，5個 (1, 2, 3, 4, 5) から2個を取る順列に等しい。したがって，順列の総数を計算して，起こりうるすべての場合の数を求めることができる。

○偶数であるかどうかは，一の位で決まる。偶数であるとき，一の位は2または4の2通りがある。

十の位は，一の位の数を除いた4通りがあるから，偶数は全部で 2×4＝8 (通り)

□練習 21

○例題 10 と同じように考えて計算する。

□例題 11

○ 7個の玉を，次のように区別して考える。

赤1，赤2，赤3，白1，白2，白3，白4

○ 2個を取り出すことは，この中から2個を選び，次のような組をつくることと同じである。

赤1赤2，赤1赤3，赤1白1，赤1白2，
赤1白3，赤1白4，赤2赤3，赤2白1，
赤2白2，赤2白3，赤2白4，赤3白1，
赤3白2，赤3白3，赤3白4，白1白2，
白1白3，白1白4，白2白3，白2白4，
白3白4

○すべての場合を書き出すのはたいへんであるが，その総数は，組合せを利用して簡単に求めることができる。

例題10 1, 2, 3, 4, 5 の番号が書かれている5枚のカードをよく混ぜて，1枚ずつ続けて2枚引く。最初のカードの番号を十の位，あとのカードの番号を一の位として2桁の数をつくるとき，できる数が偶数になる確率を求めなさい。

考え方 一の位の数が偶数のとき，2桁の数は偶数である。

解答 2桁の数のつくり方は，全部で $_5P_2 = 5 \times 4 = 20$ (通り)

偶数になるのは，一の位が2または4のときであるから，

12, 32, 42, 52, 14, 24, 34, 54

の8通りある。

よって，求める確率は $\dfrac{8}{20} = \dfrac{2}{5}$ 答

練習 21 1, 2, 3, 4 の番号が書かれている4枚のカードをよく混ぜて，1枚ずつ続けて2枚引く。最初のカードの番号を十の位，あとのカードの番号を一の位として2桁の数をつくるとき，できる数が3の倍数になる確率を求めなさい。

例題11 赤玉3個，白玉4個が入った袋から，同時に2個の玉を取り出すとき，2個とも白玉が出る確率を求めなさい。

解答 7個の玉から2個取る組合せは，全部で $_7C_2$ 通りある。
白玉4個から2個取る組合せは，$_4C_2$ 通りある。

よって，求める確率は $\dfrac{_4C_2}{_7C_2} = \dfrac{6}{21} = \dfrac{2}{7}$ 答

練習 22 赤玉4個，白玉5個が入った袋から，同時に2個の玉を取り出すとき，2個とも赤玉が出る確率を求めなさい。

第6章

□練習 22

○すべての場合 → 9個から2個取る組合せ

2個とも赤玉 → 4個から2個取る組合せ

▌▌テキストの解答▌▌

練習 21 2桁の数のつくり方は，全部で

$$_4P_2 = 4 \times 3 = 12 \text{ (通り)}$$

できる数が3の倍数になるのは，

12, 21, 24, 42

の4通りである。

よって，求める確率は $\dfrac{4}{12} = \dfrac{1}{3}$

練習 22 9個の玉から2個取る組合せは，全部で $_9C_2$ 通りある。

赤玉4個から2個取る組合せは，$_4C_2$ 通りある。

よって，求める確率は $\dfrac{_4C_2}{_9C_2} = \dfrac{6}{36} = \dfrac{1}{6}$

テキスト 154 ページ

学習のめあて

ある事柄が起こらない場合の確率の求め方を理解すること。

学習のポイント

ある事柄が起こらない確率

(事柄 A の起こらない確率)
=1−(事柄 A の起こる確率)

テキストの解説

□ある事柄が起こらない確率

○2 本のあたりくじと 3 本のはずれくじからなる 5 本のくじから 2 本を引いたとき，その結果をあたりくじの本数に着目して整理すると

A　あたりくじは 2 本 ⎫
B　あたりくじは 1 本 ⎭ [1]
C　あたりくじは 0 本　[2]

となる。このうち，少なくとも 1 本があたりくじであるとは，A または B の場合であり，C ではない場合である。

○起こりうるすべての場合は，上の[1]と[2]である。

○テキスト 150 ページで示したように

絶対に起こる事柄の確率は　1

であるから

([1]の確率)+([2]の確率)=1

したがって，[1]の確率は，1 から[2]の確率をひいて求めることができる。

○この問題では，[1]の確率を直接求めるより，より求めやすい[2]の確率を求めてから

([1]の確率)=1−([2]の確率)

のように計算する方が簡単である。

○事柄 A の起こらない確率を求めるより，事柄 A の起こる確率を求める方が簡単な場合は　(事柄 A の起こらない確率)
=1−(事柄 A の起こる確率)

を利用するとよい。

起こらない確率

2 本のあたりくじと 3 本のはずれくじからなる 5 本のくじから 2 本引いたとき，少なくとも 1 本があたりくじである確率を求めてみよう。

あたりくじを ①，②，はずれくじを ③，④，⑤ とする。

このとき，引いた 2 本のくじの組合せは，次のようになる。

{①，②}，{①，③}，{①，④}，{①，⑤}
{②，③}，{②，④}，{②，⑤}　[1]

{③，④}，{③，⑤}
{④，⑤}　[2]

この問題では，起こりうるすべての場合が

[1]　少なくとも 1 本があたりくじである

[2]　2 本ともはずれくじである

の 2 つに分けられる。

よって，([1] の確率)+([2] の確率)=1 であるといえる。

[2] の確率は　$\frac{{}_3C_2}{{}_5C_2}=\frac{3}{10}$　であるから，[1] の確率は

$$1-\frac{3}{10}=\frac{7}{10}$$

注意　この問題では，[1] の確率を直接考えるより，[2] の確率を考えてから，上のように計算する方が簡単である。

一般に，次のことが成り立つ。

(事柄Aの起こらない確率)=1−(事柄Aの起こる確率)

練習 23　2 個のさいころを同時に投げるとき，少なくとも 1 個は偶数の目が出る確率を求めなさい。

154　第 6 章　確率と標本調査

○「少なくとも～」という確率の問題では，同様に考えて計算するとよい。

□練習 23

○「少なくとも～」の確率。

○2 個の目は，(偶数，偶数)，(偶数，奇数)，(奇数，偶数)，(奇数，奇数) のどれかになる。

テキストの解答

練習 23　2 個のさいころの目の出方は，全部で

6×6=36 (通り)

このうち，2 個とも奇数の目となるのは

3×3=9 (通り)

よって，2 個とも奇数の目が出る確率は

$$\frac{9}{36}=\frac{1}{4}$$

したがって，求める確率は

$$1-\frac{1}{4}=\mathbf{\frac{3}{4}}$$

テキスト 155 ページ

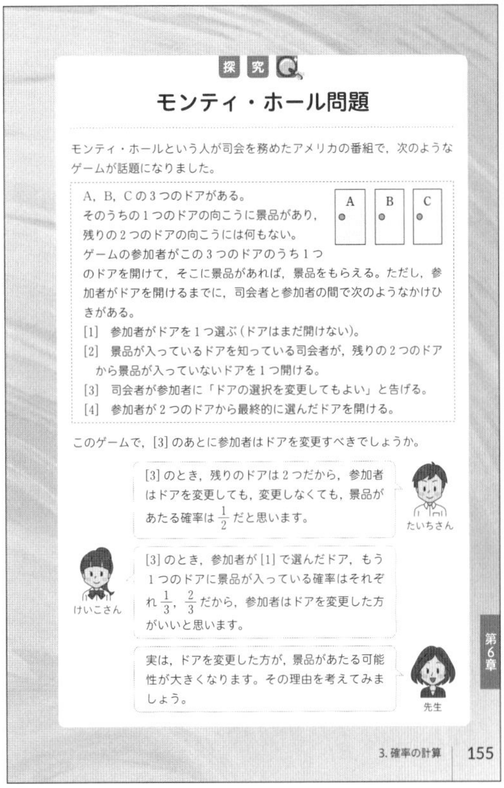
探究

モンティ・ホール問題

モンティ・ホールという人が司会を務めたアメリカの番組で，次のようなゲームが話題になりました。

A，B，C の 3 つのドアがある。
そのうちの 1 つのドアの向こうに景品があり，残りの 2 つのドアの向こうには何もない。
ゲームの参加者がこの 3 つのドアのうち 1 つのドアを開けて，そこに景品があれば，景品をもらえる。ただし，参加者がドアを開けるまでに，司会者と参加者の間で次のようなかけひきがある。
[1] 参加者がドアを 1 つ選ぶ（ドアはまだ開けない）。
[2] 景品が入っているドアを知っている司会者が，残りの 2 つのドアから景品が入っていないドアを 1 つ開ける。
[3] 司会者が参加者に「ドアの選択を変更してもよい」と告げる。
[4] 参加者が 2 つのドアから最終的に選んだドアを開ける。

このゲームで，[3] のあとに参加者はドアを変更すべきでしょうか。

学習のめあて

確率の考えを利用して，物事を正しく判断すること。

学習のポイント

確率の考えの利用

物事の起こりやすさを確率で表し，物事の判断に利用する。

テキストの解説

□確率の考えの利用

○モンティ・ホール問題は，確率論では有名な問題である。

○直感的に正しいと感じられる事柄が本当に正しいかどうかを，確率の考えを利用して説明する。

○ドアを変更するとあたる確率は，たとえば，[1]で参加者が A を選んだ場合，景品がどのドアの向こうにあるかによって，次のように考えることができる。

A に景品 → 司会者は B か C を開ける
→ ドアを変更するとはずれ

B に景品 → 司会者は C を開ける
→ ドアを変更するとあたり

C に景品 → 司会者は B を開ける
→ ドアを変更するとあたり

したがって，ドアを変更するとあたる確率は $\frac{2}{3}$ である。

[1]で参加者が B，C を選んだ場合も同じである。

○景品が A，B，C のどこにあるかは，同様に確からしいと考えられる。したがって，参加者が単にドアを開ける場合，景品があたる確率は $\frac{1}{3}$ である。

○この確率は，ドアを変更しなければ変わらない。ドアを変更しないであたる確率は $\frac{1}{3}$ であるから，ドアを変更してあたる確率は $1-\frac{1}{3}=\frac{2}{3}$ である。

○物事の起こりやすさが，直感と論理で異なると思われる簡単な例に，くじ引きがある。くじを何人かが順番に引くとき，くじがあたる確率は引く順番に関係なく同じである。

○たとえば，あたりくじが 1 本入った 4 本のくじを A，B の 2 人がこの順に引くとする。ただし，引いたくじはもとに戻さない。このとき，2 人があたりくじを引く確率は，ともに $\frac{1}{4}$ である。

確かめの問題　解答は本書 201 ページ

1　上のくじの例で，A，B の 2 人があたりくじを引く確率がともに $\frac{1}{4}$ であることを，樹形図を利用して示しなさい。

4．標本調査

学習のめあて

集団の状況や特徴を調査する方法について理解すること。

学習のポイント

全数調査と標本調査

対象とする集団に含まれるすべてのものについて行う調査を **全数調査** という。

これに対して，対象とする集団の一部を調べ，その結果から，集団全体の状況を推定する調査を **標本調査** という。

母集団と標本

標本調査において，調査の対象全体を **母集団** といい，調査のために母集団から取り出されたものの集まりを **標本**，母集団から標本を取り出すことを，標本の **抽出** という。

大きさ

母集団に含まれるものの個数を **母集団の大きさ**，標本に含まれるものの個数を **標本の大きさ** という。

テキストの解説

□例 9

○全数調査の代表例が国勢調査である。国勢調査は 5 年に 1 度行われている。

○学校で行われる健康診断も全数調査である。これは各生徒の健康状態を把握するためのものであるから，一部の生徒を取り出して調査を行っても意味がない。

□練習 24

○製品の耐用年数や品質の検査などは，代表的な標本調査である。調査を行った製品は，製品として出荷できない点に注目する。

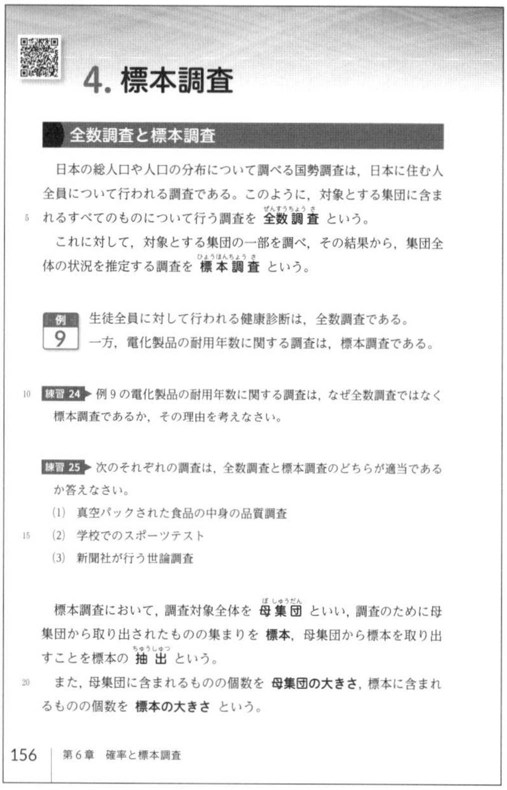

4. 標本調査

全数調査と標本調査

日本の総人口や人口の分布について調べる国勢調査は，日本に住む人全員について行われる調査である。このように，対象とする集団に含まれるすべてのものについて行う調査を **全数調査** という。

これに対して，対象とする集団の一部を調べ，その結果から，集団全体の状況を推定する調査を **標本調査** という。

例 9　生徒全員に対して行われる健康診断は，全数調査である。一方，電化製品の耐用年数に関する調査は，標本調査である。

練習 24 ▶ 例 9 の電化製品の耐用年数に関する調査は，なぜ全数調査ではなく標本調査であるか，その理由を考えなさい。

練習 25 ▶ 次のそれぞれの調査は，全数調査と標本調査のどちらが適当であるか答えなさい。

(1)　真空パックされた食品の中身の品質調査

(2)　学校でのスポーツテスト

(3)　新聞社が行う世論調査

標本調査において，調査対象全体を **母集団** といい，調査のために母集団から取り出されたものの集まりを **標本**，母集団から標本を取り出すことを標本の **抽出** という。

また，母集団に含まれるものの個数を **母集団の大きさ**，標本に含まれるものの個数を **標本の大きさ** という。

156　第 6 章　確率と標本調査

□練習 25

○調査の内容を考えて，全数調査と標本調査のどちらが適しているかを決める。

○(1)　全部調査すると出荷する製品がなくなる。

(2)　全部確認をしないと意味がない。

(3)　全世帯の調査には時間と手間がかかる。

□母集団，標本，大きさ

○標本調査における基本的な用語であるから，その意味をきちんと理解する。

テキストの解答

練習 24　耐用年数の調査は製品が壊れるまでの期間を調べるため，全数調査を行うと出荷する製品がなくなるから。

練習 25　(1)　**標本調査**

(2)　**全数調査**

(3)　**標本調査**

学習のめあて

標本をかたよりなく抽出する方法について理解すること。

学習のポイント

無作為に抽出する

標本を抽出するときには，母集団の状況をよく表すような方法をとる必要がある。母集団からかたよりなく標本を抽出することを，標本を **無作為に抽出する** という。

テキストの解説

□無作為に抽出する

○集団の状況や特性を知るには，集団全体を調べる全数調査が第一である。しかし，必ず全数調査ができるとは限らないし，全数調査が現実的ではない場合もある。

○標本調査の目的は，抽出した標本によって，集団全体の状況や特性を推測することにある。したがって，標本は，集団全体の状況や特性をよく表すようなものでなければ意味がない。

○ハンドボール投げの記録の平均値を推定するとき，ハンドボールが得意な生徒だけを調べれば，抽出された生徒の記録から推定される平均値は，全体の平均値よりも大きい値になるはずである。標本の中には，ハンドボールが得意な生徒もそうでない生徒も，かたよりなく含まれるようにしないといけない。

○このかたよりなく標本を抽出することを，無作為に抽出するという。

○たとえば，1 から 100 までの番号の中から 10 個の番号を無作為に抽出するには，次のような方法がある。いずれの場合も，かたよりなく 10 個の番号を抽出することができる。

(くじの利用)

1 から 100 までの番号をつけた 100 本のくじを用意し，その中から 10 本を引く。

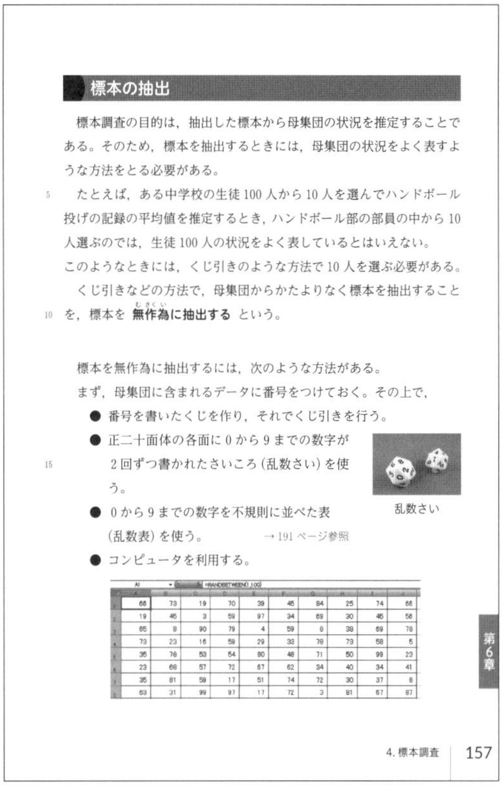

標本の抽出

標本調査の目的は，抽出した標本から母集団の状況を推定することである。そのため，標本を抽出するときには，母集団の状況をよく表すような方法をとる必要がある。

たとえば，ある中学校の生徒 100 人から 10 人を選んでハンドボール投げの記録の平均値を推定するとき，ハンドボール部の部員の中から 10 人選ぶのでは，生徒 100 人の状況をよく表しているとはいえない。このようなときには，くじ引きのような方法で 10 人を選ぶ必要がある。

くじ引きなどの方法で，母集団からかたよりなく標本を抽出することを，標本を **無作為に抽出する** という。

標本を無作為に抽出するには，次のような方法がある。

まず，母集団に含まれるデータに番号をつけておく。その上で，

- 番号を書いたくじを作り，それでくじ引きを行う。
- 正二十面体の各面に 0 から 9 までの数字が 2 回ずつ書かれたさいころ（乱数さい）を使う。
- 0 から 9 までの数字を不規則に並べた表（乱数表）を使う。 →191 ページ参照
- コンピュータを利用する。

乱数さい

=RANDBETWEEN(1,100)

	A	B	C	D	E	F	G	H	I	J
1	66	73	19	70	39	45	84	25	74	66
2	19	45	3	59	97	34	69	30	45	56
3	65	8	90	79	4	59	8	38	69	78
4	73	23	16	59	29	33	78	73	58	5
5	35	78	53	54	80	48	71	50	99	23
6	23	68	57	72	67	62	34	40	34	41
7	35	81	59	17	51	74	72	30	37	8
8	63	31	99	97	17	72	3	81	67	87

第6章

4. 標本調査　157

(乱数さいの利用)

2 個の乱数さいを投げて，1 つの乱数さいの目を一の位，もう 1 つの乱数さいの目を十の位とする番号を 10 個つくる。

ただし，十の位を表す目が 0 の場合は 1 桁の番号とし，2 個の目がともに 0 の場合は 100 番とする。

(乱数表の利用)

乱数表は，どの部分をとっても 0 から 9 までの数字が同じ確率で現れるように作られた表である。

乱数表の数字を適当に選ぶ。選んだ数字の行を 2 つずつ区切って 2 桁の数を順につくっていき，異なる 10 個の番号を得る。

ただし，03 のように十の位が 0 の場合は 1 桁の番号とし，00 は 100 番とする。

(コンピュータの利用)

コンピュータを利用して，1 から 100 までの整数をかたよりなく発生させる。

テキスト 158 ページ

● 乱数さいを利用する方法 ●

乱数さいを使って，1 から 100 までの番号から，10 個の異なる番号を抽出する。

[1]　A，B 2 個の乱数さいを投げ，A の目を十の位の数，B の目を一の位の数として番号を得る。

ただし，06 のように十の位の数が 0 の場合は 1 桁の番号とし，00 の場合は 100 番とする。

[2]　[1] をくり返して，10 個の番号を得る。

● 乱数表を利用する方法 ●

乱数表では，0 から 9 までの数字が不規則に並べられており，どの部分をとっても，0 から 9 までの数字が同じ確率で現れるように作られている。

乱数表を使って，1 から 100 までの番号から，10 個の異なる番号を抽出する。

[1]　乱数表を見ず，適当に乱数表に鉛筆を立てる。

[2]　鉛筆の先があたった数字をはじめの位置とし，そこから 2 つずつ数をとり，2 けたの数が 10 個得られるまで進んでいく。

ただし，06 のように十の位の数が 0 の場合は 1 桁の番号とし，00 の場合は 100 番とする。

乱数さいや乱数表を利用する方法では，同じ番号が重なる場合や，データにつけた番号よりも大きい数である場合は，それらを除いて考える。

練習 26▶ 191 ページの乱数表を利用して，1 から 100 までの番号から，10 個の異なる番号を無作為に抽出しなさい。

158　第 6 章　確率と標本調査

学習のめあて

標本を無作為に抽出する方法として，乱数さいを利用する方法と乱数表を利用する方法について理解すること。

学習のポイント

1 から 100 までの番号から，10 個の異なる番号を無作為に抽出する場合，次のようにする。

乱数さいを利用する方法

[1]　A，B 2 個の乱数さいを投げ，A の目を十の位の数，B の目を一の位の数として番号を得る。

[2]　[1]をくり返して，10 個の番号を得る。

乱数表を利用する方法

[1]　乱数表を見ず，適当に乱数表に鉛筆を立てる。

[2]　鉛筆の先があたった数字を始めの位置とし，そこから 2 つずつ数をとり，2 桁の数が 10 個得られるまで進んでいく。

ただし，どちらの方法でも，06 のように十の位の数が 0 の場合は 1 桁の番号とし，00 の場合は 100 番とする。

テキストの解説

□乱数さいを利用する方法

○乱数さいは，正二十面体の各面に 0 から 9 までの数字が 2 回ずつ書かれたさいころである。

○[1]　2 個の乱数さいを投げ，一方の目を十の位の数，もう一方の目を一の位の数とすれば 1 つの番号が得られる。

ただし，06 のように十の位の数が 0 の場合は 1 桁の番号とし，00 の場合は 100 番とする。

[2]　これを番号が 10 個になるまでくり返す。このとき，同じ番号が重なった場合は，それを除いて考える。

□乱数表を利用する方法

○乱数表は，0 から 9 までの数字が縦横斜めどの方向を見ても不規則に並べられており，どの部分をとっても 0 から 9 までの数字が同じ確率で現れるように作られている。

○[1]　適当に行と列を決める。[2]　決めた位置から 2 つずつ数をとり，2 桁の数が 10 個得られるまで進んでいく。

○ 06，00 や同じ番号が重なった場合などは乱数さいと同じようにする。

□練習 26

○乱数表を利用する問題。

○テキスト 191 ページの乱数表で，たとえば，27 行 13 列から始めて 10 個とると，次の解答のようになる。このとき，84，05 がそれぞれ 2 回現れるので，2 つ目の 84，05 は飛ばして次にいく。

テキストの解答

練習 26　(例)　61，95，4，84，93，
9，5，57，71，35

学習のめあて

標本調査を利用して，母集団の平均値を推定すること。

学習のポイント

母集団の平均値の推定

無作為に抽出した標本から得られる平均値を計算する。

標本調査の利用

母集団の大きさが非常に大きいと，平均値を簡単に調べられない場合がある。たとえば，日本にいる中学 3 年生全員の 50 m 走の記録の平均値を調べるのは，必ずしも簡単ではない。

そこで，標本調査を利用して，母集団の平均値を推定してみよう。

例 10 あるりんご農園で収穫した 50 個のりんごの重さをはかったところ，次の表のようになった。(単位は g)

番号	重さ	番号	重さ	番号	重さ	番号	重さ	番号	重さ
1	305	11	311	21	293	31	305	41	308
2	295	12	302	22	304	32	300	42	313
3	284	13	311	23	287	33	313	43	312
4	320	14	283	24	299	34	297	44	284
5	281	15	306	25	305	35	296	45	299
6	323	16	294	26	296	36	284	46	279
7	316	17	292	27	298	37	322	47	305
8	286	18	315	28	320	38	294	48	314
9	300	19	292	29	288	39	303	49	312
10	302	20	316	30	306	40	307	50	298

50 個のりんごを母集団とし，10 個の番号を無作為に抽出した結果は次の通りであった。

	21，	14，	43，	6 ，	27，	34，	2 ，	17，	15，	49
	↑	↑	↑	↑	↑	↑	↑	↑	↑	↑
重さ	293	283	312	323	298	297	295	292	306	312

この標本における，りんごの重さの平均値は

$$\frac{293+283+312+323+298+297+295+292+306+312}{10}$$

$$=301.1\ (\text{g})$$

第6章

4. 標本調査　159

テキストの解説

□例 10

○標本調査を利用する場面には，いろいろなものがある。

○母集団の平均値を簡単に調べられない場合に，標本から得られる平均値を利用して，母集団の平均値を推定する。これは，標本調査の利用の一例である。

○例 10 の場合，収穫したりんごの数は 50 個であるから，これらの重さの平均値を計算することは容易である。

○実際，50 個のりんごの重さの合計は 15075 g であり，平均値は 301.5 g となる。

○しかし，りんごの数が多くなるにしたがって，その重さを計測する作業は増し，平均値の計算にも時間がかかるようになる。

○また，テキスト 156 ページで取り上げた電化製品の耐用年数は全数調査ができないため，母集団の平均値を求めることもできない。

○このような場合は，標本を抽出してそれらの平均値を求め，求めた平均値を母集団の平均値とみなす。

○したがって，抽出された標本にかたよりがあってはいけない。見た目に大きいと思われるりんごばかりを抽出すれば，標本から得られる平均値は，母集団の平均値よりも大きくなるはずである。

○たとえば，番号が 4，6，7，18，20，28，33，37，42，48 のりんごを抽出したとする。

このとき，10 個のりんごの重さの合計は

$$320+323+316+315+316+320+313+322+313+314$$

$$=3172\ (\text{g})$$

であり，りんごの重さの平均値は

$$3172 \div 10 = 317.2\ (\text{g})$$

となる。

○この標本は，重いりんごばかりを抽出しているため，それらから得られる平均値は，母集団の平均値よりも大きい値になる。

○このようなことが起こらないようにするために，標本は無作為に抽出する。

○テキストで無作為に抽出した標本 10 個の平均値は 301.1 g となり，50 個の実際の平均値 301.5 g に近い値となっている。

○例 10 の 10 個の標本以外にも，適当に 10 個の標本を抽出して，それらの重さの平均値を計算してみるとよい。

テキスト 160 ページ

前のページの例 10 では，母集団から抽出した標本の平均値を求めた。このように，母集団から抽出した標本の平均値を **標本平均** という。

母集団の平均値と標本平均の関係について考えてみよう。

前のページの例 10 の母集団における，りんご 1 個あたりの重さの平均値は 301.5 g となる。一方，例 10 で求めた標本平均は 301.1 g である。

このとき，母集団の平均値から標本平均をひいた値は

$$301.5-301.1=0.4\ (\mathrm{g})$$

であり，標本平均は，母集団の平均値に近いことがわかる。したがって，標本平均から母集団の平均値を推定することができる。

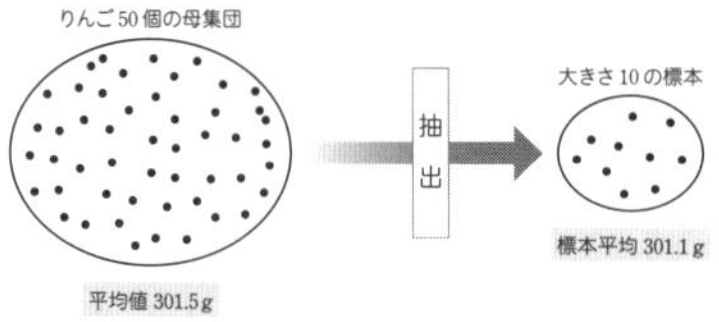

練習 27 前のページの例 10 の 50 個のりんごを母集団とし，無作為に 8 個のりんごを抽出したところ，標本のりんごの重さはそれぞれ次のようになった。(単位は g)

299　300　316　279　311　284　316　311

(1) 抽出した 8 個のりんごの標本について，標本平均を求めなさい。

(2) 母集団の平均値から標本平均をひいた値を求めなさい。

160　第 6 章　確率と標本調査

学習のめあて

母集団の平均値と標本の平均値の違いを理解して，標本の平均値を母集団の平均値の推定に利用すること。

学習のポイント

標本平均

母集団から抽出した標本の平均値を **標本平均** という。無作為に抽出した標本の標本平均は，母集団の平均値に近い値をとる。

テキストの解説

□標本平均の利用

○標本の平均値を標本平均というのに対し，母集団の平均値を母平均という。

○例 10 で求めた標本平均は 301.1 g であるのに対し，母集団の平均値は 301.5 g である。これらの差はわずかでしかない。

○たとえば，1 から 10 までの番号の標本を抽出した場合，その標本平均は

$$\frac{305+295+\cdots+302}{10}=301.2\ (\mathrm{g})$$

また，11 から 20 までの番号の標本を抽出した場合，その標本平均は

$$\frac{311+302+\cdots+316}{10}=302.2\ (\mathrm{g})$$

これらはいずれも，例 10 と同じ大きさが 10 の標本であるが，どちらも母集団の平均値との差はわずかである。

○このように，標本平均は母集団の平均値に近い値になるから，標本平均を利用して，母集団の平均値を推定することができる。

○標本調査では，標本の大きさが大きくなるほど，その状況が母集団の状況に近くなる傾向がある。したがって，標本調査では，標本の大きさをできるだけ大きくすることで，母集団の状況をよりよい精度で推定することができる。

○標本の大きさを大きくする代わりに，一定の大きさの標本をくり返し抽出してもよい。このとき，それらの標本平均の平均値は，母集団の平均値に近くなる。

□練習 27

○標本平均を計算して，母集団の平均値との差を求める。

○大きさが 8 の標本であるが，標本平均は母集団の平均値に近い値であることがわかる。

テキストの解答

練習 27 (1) 8 個のりんごの重さの合計は

$$299+300+316+279+311+284+316+311=2416\ (\mathrm{g})$$

よって，標本平均は

$$2416\div 8=\mathbf{302}\ (\mathrm{g})$$

(2) $301.5-302=\mathbf{-0.5}\ (\mathrm{g})$

学習のめあて

標本調査を利用して，母集団の比率を推定する方法を考えること。

学習のポイント

標本の比率を利用した推定

母集団から抽出した標本の比率が，母集団における比率を表すと考える。

■■テキストの解説■■

□ 例 11

○母集団の状況や特徴を表す数値として，母集団に含まれるものがある特性をもっている比率を考える。

○袋の中には白玉と黒玉が入っていて，その合計は 200 個である。しかし，白玉と黒玉がそれぞれ何個入っているのかはわからない。

○このとき，白玉と黒玉の個数を推定するために，袋の中に入っているそれぞれの色の玉の割合を考える。

○母集団の平均値を，標本平均を計算して推定したように，母集団の比率も，標本の比率を調べて推定することができる。

○例 11 では，大きさ 15 の標本における白玉の割合が $\dfrac{2}{5}$ であることから，母集団における

白玉の割合も $\dfrac{2}{5}$ であると考える。すると，母集団に含まれる白玉の個数も推定することができる。

○母集団の大きさが大きいと，全数調査は困難になる。このことは，母集団の比率の調査でも同じである。

○製品に含まれる不良品の割合の調査なども，全数調査には適していないことがある。このような場合は，標本調査によって得られる不良品の割合を，製造する製品全体の不良品の

標本調査を利用して，母集団の比率を推定する方法を考えよう。

例11 袋の中に大きさが等しい白玉と黒玉が合計 200 個入っている。この袋の中の玉をよく混ぜてから 15 個の玉を取り出したところ，白玉が 6 個，黒玉が 9 個であった。

このとき，抽出した標本における白玉の割合は

$$\frac{6}{15}=\frac{2}{5}$$

このことから，母集団における白玉の割合も $\dfrac{2}{5}$ であると推定することができる。

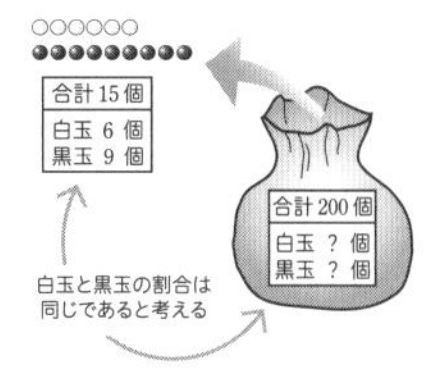

よって，最初に袋の中に入っていた白玉の個数は，およそ

$$200\times\frac{2}{5}=80 \text{（個）} \quad \text{と考えられる。}$$

合計 15 個
白玉 6 個
黒玉 9 個

白玉と黒玉の割合は
同じであると考える

合計 200 個
白玉 ？ 個
黒玉 ？ 個

標本調査では，標本の大きさが大きいほど，標本の比率と母集団の比率が近い値をとると考えられる。

よって，標本調査では，標本の大きさをできるだけ大きくすると，よりよい精度で母集団の状況を推定することができる。

練習 28 袋の中に大きさが等しい白玉と黒玉が合計 300 個入っている。この袋の中の玉をよく混ぜてから 20 個の玉を取り出したところ，白玉が 13 個，黒玉が 7 個であった。このとき，最初に袋の中に入っていた白玉の個数を推定しなさい。

割合と考える。

○標本の大きさが大きいほど，推定の精度はよくなる。このことも，母集団の平均値の推定と同じである。

□ 練習 28

○標本の比率を利用して，母集団の比率を推定する。例 11 と同じように考える。

○標本における白玉の割合が $\dfrac{13}{20}$

→　母集団における白玉の割合も $\dfrac{13}{20}$

■■テキストの解答■■

練習 28　抽出した標本における白玉の割合は

$$\frac{13}{20}$$

よって，最初に袋の中に入っていた白玉の個数は

$$\textbf{およそ } 300\times\frac{13}{20}=\textbf{195 （個）}$$

学習のめあて

標本調査を利用して，母集団の大きさを推定する方法を考えること。

学習のポイント

標本の比率を利用した推定

(標本の比率)＝(母集団の比率) と考えて，母集団の大きさを求める。

テキストの解説

□例題 12

○基本となる考えは，例 11 と同じである。標本の比率が母集団の比率に等しいと考える。

○池にいる鯉の総数が，母集団の大きさである。また，2 週間後に捕獲した 80 匹の鯉が標本である。

○標本における印がついた鯉の割合は $\dfrac{1}{5}$

一方，母集団には印をつけた鯉が 50 匹いるから，母集団の割合は $\dfrac{50}{x}$ であり

$\dfrac{50}{x}=\dfrac{1}{5}$　すなわち　$50=x\times\dfrac{1}{5}$

これを解いて，池にいる鯉の総数を推定する。

□練習 29

○例題 12 と同じように考える。[2]から，標本における印がついた魚の割合がわかる。

テキストの解答

練習 29　湖にいる魚の総数をおよそ x 匹とする。抽出した標本における印がついた魚の割合は　$\dfrac{8}{200}=\dfrac{1}{25}$

印をつけた魚は全部で 100 匹であるから

$\dfrac{100}{x}=\dfrac{1}{25}$

$x=2500$

母集団の大きさが非常に大きい場合や，全数調査を行うことが現実的でない場合は，標本調査を行って，母集団の状況を推定する。
標本調査を利用して，母集団の大きさを推定してみよう。

例題 12　ある池にいる鯉(こい)の総数を推定するために，次のような調査を行った。

[1]　池のあちこちから全部で 50 匹の鯉を捕獲し，それらに印をつけて，池に放した。
[2]　2 週間後に，同じようにして池から全部で 80 匹の鯉を捕獲したところ，そのうちの 16 匹に印がついていた。

この結果から，池にいる鯉の総数を推定しなさい。

解答　池にいる鯉の総数をおよそ x 匹とする。
抽出した標本における印がついた鯉の割合は　$\dfrac{16}{80}=\dfrac{1}{5}$
印をつけた鯉は全部で 50 匹であるから

$\dfrac{50}{x}=\dfrac{1}{5}$

$x=250$

よって，池にいる鯉の総数は　およそ 250 匹　答

練習 29　ある湖にいる魚の総数を推定するために，次のような調査を行った。

[1]　湖のあちこちから全部で 100 匹の魚を捕獲し，それらに印をつけて，湖に放した。
[2]　10 日後に，同じようにして湖から全部で 200 匹の魚を捕獲したところ，そのうちの 8 匹に印がついていた。

この結果から，湖にいる魚の総数を推定しなさい。

162　第 6 章　確率と標本調査

したがって，湖にいる魚の数は，
およそ 2500 匹

確かめの問題　解答は本書 201 ページ

1　袋の中に，白石と黒石がたくさん入っている。石の重さはすべて同じである。袋の中から石を取り出し，袋の中にある白石の個数を

$$(\boxed{a})\times\frac{(袋の中の石全部の重さ)}{(\boxed{b})}$$

を計算して推定する。
この a，b に入るのに適しているものを，下のア～カからそれぞれ 1 つ選び，記号を答えなさい。

ア　取り出した石の個数
イ　取り出した石のうちの白石の個数
ウ　取り出した石のうちの黒石の個数
エ　取り出した石全部の重さ
オ　取り出した石のうちの白石全部の重さ
カ　取り出した石のうちの黒石全部の重さ

テキスト 163 ページ

確認問題

解答は本書 193 ページ

確認問題

1 4個の数字 1，2，3，4 から異なる 3 個を取り出して 3 桁の整数をつくる。このとき 340 より大きい数はいくつできるか答えなさい。

2 ある鉄道路線では，10 か所ある駅について，乗車駅と降車駅を明記した乗車券を発行している。乗車券は全部で何種類必要か答えなさい。

3 [A]，[B]，[C]，[D]，[E] の 5 枚のカードを 1 列に並べる。
(1) 並べ方の総数を求めなさい。
(2) [A] が左端になる並べ方の総数を求めなさい。

4 次の問いに答えなさい。
(1) 24 人のクラスから，3 人の委員を選ぶ方法は何通りあるか。
(2) 10 人のグループを 6 人と 4 人に分ける方法は何通りあるか。

5 2 個のさいころを同時に投げるとき，次の場合の確率を求めなさい。
(1) 出る目の和が 5 の倍数である。　(2) 出る目の積が 12 である。

6 3 枚の硬貨を同時に投げるとき，次の場合の確率を求めなさい。
(1) 1 枚が表で，2 枚が裏となる。　(2) 少なくとも 1 枚は表が出る。

7 次のそれぞれの調査は，全数調査と標本調査のどちらが適当であるか答えなさい。
(1) 選挙における，各候補者の得票数の調査
(2) 自動車の安全性を確かめるために，実際に衝突させて行う調査

第6章

第 6 章　確率と標本調査　163

テキストの解説

□問題 1

○各位の数は 1，2，3，4 で，340 より大きい数
　→　百の位は 3 または 4

○百の位が 3 の場合と 4 の場合に分けて考える。

□問題 2

○乗車駅と降車駅のそれぞれに着目する。

○たとえば，乗車駅が A 駅，降車駅も A 駅ということはないから，1 つの乗車駅のそれぞれに対して，9 通りの降車駅がある。

○A 駅が乗車駅，B 駅が降車駅の乗車券と，B 駅が乗車駅，A 駅が降車駅の乗車券は異なる。

□問題 3

○順列を利用して，場合の数を求める。

○(2)　[A]が左端という条件がある順列。[A]以外の順列がどうなるかを考える。

□問題 4

○(1)　3 人の委員を選ぶだけで，3 人の役割に変わりはないから，方法の総数は組合せを利用して求めることができる。

○たとえば，委員長，副委員長，書記のような役割のある 3 人を選ぶ場合は，順列になることに注意する。

○(2)　10 人から 6 人を選ぶ方法の総数は，10 人から 4 人選ぶ方法の総数に等しい。

○10 人から 6 人を選んでグループをつくると，もう 1 つのグループの 4 人は自動的に決まる。したがって，4 人の選び方は 1 通りしかない。

□問題 5

○(1)　さいころの目は 1 から 6 までの整数であるから，2 つのさいころの出る目の和は 2 から 12 までの整数である。
　→　5 の倍数は　5 または 10

○(2)　2 個のさいころの出る目の積が 12
　→　それぞれの出る目は 12 の約数

□問題 6

○起こりうるすべての場合を考えてそれぞれの確率を求める。

○(2)「少なくとも～」の確率。「少なくとも 1 枚は表が出る」ことが起こらない場合をまず考えてもよい。

□問題 7

○全数調査と標本調査の意味を考える。

実力を試す問題　解答は本書 205 ページ

1　5 個の数字 1，2，3，4，5 から異なる 3 個を取り出して 3 桁の整数をつくる。このとき，奇数はいくつできるか答えなさい。

2　正八角形の対角線の本数を求めなさい。

ヒント　**1**　奇数は，一の位の数が奇数になる。

演習問題A

解答は本書 194 ページ

テキストの解説

□問題 1

○場合の数を，もれなく重複もないように数える。樹形図を用いて数えるとよい。

□問題 2

○さいころを 2 回投げた結果と点 P の位置の関係を正しく把握する。

○出る目の和と点 P の位置の関係は，次の表のようになる。

目の和	2	3	4	5	6	7	8	9	10	11	12
位置	C	D	A	B	C	D	A	B	C	D	A

□問題 3

○起こりうる場合　→　組合せ

○2 本のくじのあたりとはずれの結果は

［1］　2 本ともあたり

［2］　1 本があたり，1 本がはずれ

［3］　2 本ともはずれ

○少なくとも 1 本があたりくじであるのは，［1］と［2］の場合である。

○［3］の確率を求めて，1−(［3］の確率) の考えを利用してもよい。

□問題 4

○起こりうる場合　→　順列

○2 数の積が偶数になるのは，2 数の少なくとも一方が偶数になる場合である。

□問題 5

○2 個の玉の色が異なる

→　赤玉と白玉，赤玉と青玉，白玉と青玉のいずれか

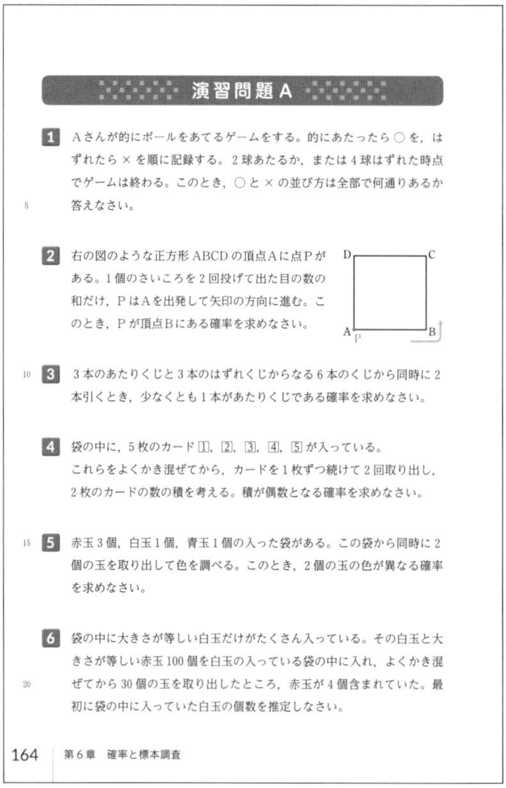

演習問題 A

1　Aさんが的にボールをあてるゲームをする。的にあたったら ○ を，はずれたら × を順に記録する。2 球あたるか，または 4 球はずれた時点でゲームは終わる。このとき，○ と × の並び方は全部で何通りあるか答えなさい。

2　右の図のような正方形 ABCD の頂点Aに点Pがある。1 個のさいころを 2 回投げて出た目の数の和だけ，P はAを出発して矢印の方向に進む。このとき，P が頂点Bにある確率を求めなさい。

3　3 本のあたりくじと 3 本のはずれくじからなる 6 本のくじから同時に 2 本引くとき，少なくとも 1 本があたりくじである確率を求めなさい。

4　袋の中に，5 枚のカード 1，2，3，4，5 が入っている。これらをよくかき混ぜてから，カードを 1 枚ずつ続けて 2 回取り出し，2 枚のカードの数の積を考える。積が偶数となる確率を求めなさい。

5　赤玉 3 個，白玉 1 個，青玉 1 個の入った袋がある。この袋から同時に 2 個の玉を取り出して色を調べる。このとき，2 個の玉の色が異なる確率を求めなさい。

6　袋の中に大きさが等しい白玉だけがたくさん入っている。その白玉と大きさが等しい赤玉 100 個を白玉の入っている袋の中に入れ，よくかき混ぜてから 30 個の玉を取り出したところ，赤玉が 4 個含まれていた。最初に袋の中に入っていた白玉の個数を推定しなさい。

164　第 6 章　確率と標本調査

○　(色が異なる確率)＋(色が同じ確率)＝1 であることを利用してもよい。色が同じになるのは，2 個とも赤玉の場合である。

□問題 6

○母集団はたくさんある白玉に 100 個の赤玉を加えた全体である。

○まず，標本における赤玉の割合を利用して，母集団における赤玉の割合を推定し，母集団の大きさを求める。

実力を試す問題

解答は本書 205 ページ

1　1 の目が 1 つ，2 の目が 2 つ，3 の目が 3 つある正六面体のさいころが 2 つある。この 2 つのさいころを投げるとき，出た目の和が奇数となる確率を求めなさい。

ヒント　**1**　表をつくって考えるとよい。

演習問題B

解答は本書 196 ページ

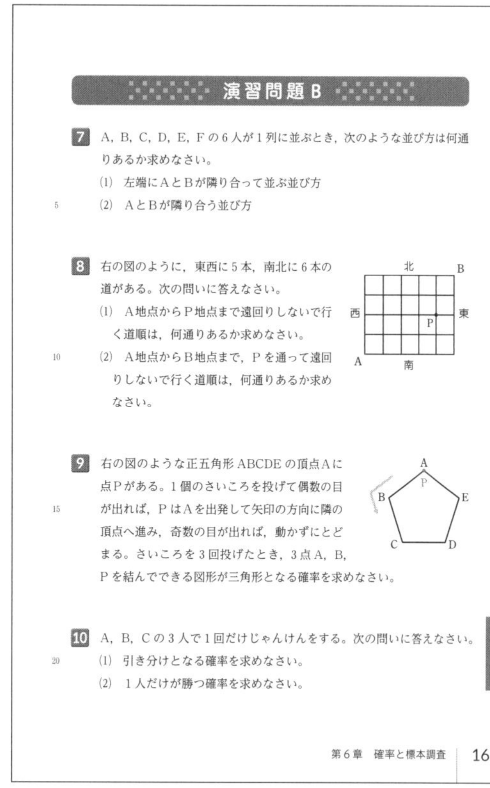

演習問題 B

7 A, B, C, D, E, F の 6 人が 1 列に並ぶとき，次のような並び方は何通りあるか求めなさい。

(1) 左端にAとBが隣り合って並ぶ並び方

(2) AとBが隣り合う並び方

8 右の図のように，東西に 5 本，南北に 6 本の道がある。次の問いに答えなさい。

(1) A地点からP地点まで遠回りしないで行く道順は，何通りあるか求めなさい。

(2) A地点からB地点まで，Pを通って遠回りしないで行く道順は，何通りあるか求めなさい。

9 右の図のような正五角形 ABCDE の頂点Aに点Pがある。1 個のさいころを投げて偶数の目が出れば，PはAを出発して矢印の方向に隣の頂点へ進み，奇数の目が出れば，動かずにとどまる。さいころを 3 回投げたとき，3 点 A，B，P を結んでできる図形が三角形となる確率を求めなさい。

10 A，B，C の 3 人で 1 回だけじゃんけんをする。次の問いに答えなさい。

(1) 引き分けとなる確率を求めなさい。

(2) 1 人だけが勝つ確率を求めなさい。

第6章

第 6 章　確率と標本調査　165

テキストの解説

□問題 7

○ 6 人が 1 列に並ぶ並び方　→　順列

○異なる n 個から r 個取る順列の総数 ${}_n\mathrm{P}_r$ は

$${}_n\mathrm{P}_r = n(n-1)(n-2)\times\cdots\cdots\times(n-r+1)$$

$r=n$ のとき

$${}_n\mathrm{P}_n = n(n-1)(n-2)\times\cdots\cdots\times3\times2\times1$$

○(1)　左端にAとBが隣り合う

→　AB ○○○○ または BA ○○○○

の場合で，○○○○は，C，D，E，F 4 人の並び方を考えればよい。

○(2)　AとBが隣り合うのは(1)と同じであるが，並ぶ位置が指定されていない。このような場合は，AとBをまとめて 1 人と考えて，5 人の順列と考える。各順列には，AとBの並び方は 2 通りずつあることに注意する。

□問題 8

○遠回りしないで行く道順の問題。

○南から北へ 1 区画動くことを↑で表し，西から東へ 1 区画動くことを → で表す。

○(1)は，南から北へ 2 区画，西から東へ 4 区画動くことになるから，↑が 2 つ，→が 4 つの組合せと考える。

○(2)　(1)の道順のそれぞれについて，P から B へ行く道順を考える。

□問題 9

○正五角形 ABCDE の頂点を動く点Pと頂点A，Bを結んでできる図形が三角形になる確率を求める。

○まず，1 個のさいころを 3 回投げたときの点Pの動きを正しく把握する。

○さいころを 1 回投げると，出る目は偶数か奇数のどちらかであるから，1 回投げたときの偶数，奇数の目の出方は 2 通りである。

よって，3 回投げたときの偶数，奇数の組合せは，全部で　$2\times2\times2=8$ (通り)

○たとえば，3 回とも偶数の目が出たときの点Pの動きは，A→B→C→D となり，点Pは頂点Dにくる。ほかの 7 通りも含めて表にするとよい。

○点Pが，頂点A，Bにくるときは三角形ができない。

□問題 10

○ 1 人の手の出し方は 3 通り。3 人では

$$3\times3\times3=27\ (\text{通り})$$

○(1)　引き分けになる場合は

[1]　全員が同じ手を出す場合

[2]　全員が異なる手を出す場合

があり，[1]の場合は，グー，チョキ，パーの 3 通り。[2]は順列を考える。

○(2)　たとえば，Aがグーで勝つ場合，B，Cはともにチョキを出すことになる。

テキスト 166 ページ

総合問題

テキストの解説

□問題 1

○(1) (ア) 次の因数分解の公式を利用する。

$$a^2-b^2=(a+b)(a-b)$$

○(イ) テキスト 24 ページで，展開や因数分解を用いて，数の計算をくふうして行うと，計算が簡単になる場合があることを学んだ。

たとえば

$$47^2+69^2-(53^2+31^2)+(123-3198)$$

の計算は，そのまま進めると手間がかかる。式の特徴をつかんで因数分解を利用したり，3198 を 3200 に変えるなどくふうすると，次のように簡単に求めることができる。

$$\begin{aligned}
&47^2+69^2-(53^2+31^2)+(123-3198)\\
&=47^2+69^2-53^2-31^2+123-3198\\
&=(47^2-53^2)+(69^2-31^2)+123-3198\\
&=(47+53)(47-53)+(69+31)(69-31)\\
&\qquad -3198+123\\
&=100\times(-6)+100\times38-3200\\
&\qquad +2+123\\
&=(-600+3800-3200)+125\\
&=125
\end{aligned}$$

○また，$\dfrac{45^2-32^2}{50^2-41^2}$ も，因数分解を利用すると，次のように簡単に計算できる。

$$\begin{aligned}
\frac{45^2-32^2}{50^2-41^2}&=\frac{(45+32)(45-32)}{(50+41)(50-41)}\\
&=\frac{77\times13}{91\times9}\\
&=\frac{7\times11\times13}{7\times13\times9}\\
&=\frac{11}{9}
\end{aligned}$$

○このように，因数分解を利用すると計算が簡単にできる場合がある。

> **総合問題**
>
> **1** はるさんとりつさんは，次の問題について話し合っている。
>
> (ア) n^2-1 を因数分解しなさい。
>
> (イ) $A=\dfrac{2}{1}\times\dfrac{4}{3}\times\dfrac{6}{5}\times\cdots\cdots\times\dfrac{48}{47}$ とする。A と 7 の大小を不等号を用いて表しなさい。
>
> 下の会話文を読み，あとの問いに答えなさい。
>
> はるさん：(ア)は見たことがある式だよ。
> りつさん：授業で習ったから，因数分解できるよ！
>
> (1) (ア)の問題を答えなさい。
>
> はるさん：さすがりつさん！
> (イ)の問題を解くには，(ア)がヒントになるのかな？
> Aのそれぞれの分数は，1 に近い数字が多いから，それらをすべてかけても，7 より大きくはならない気がするよ。
> りつさん：まず，(ア)の式の n に具体的な数字を入れて考えてみよう。
>
> $1^2-1=(1+1)(1-1)=2\times0$
> $2^2-1=(2+1)(2-1)=3\times1$
> $3^2-1=(3+1)(3-1)=4\times2$
> $4^2-1=(4+1)(4-1)=5\times3$
> ⋮
> $47^2-1=(47+1)(47-1)=48\times46$
> $48^2-1=(48+1)(48-1)=49\times47$
>
> 166 総合問題

○(ア)は(イ)を解くためのヒントになっている。

テキストでは，(ア)の式の n に具体的な数字を入れて，解答の仕方を探っている。

$$\begin{aligned}
1^2-1&=(1+1)(1-1)=2\times0\\
2^2-1&=(2+1)(2-1)=3\times1\\
3^2-1&=(3+1)(3-1)=4\times2\\
4^2-1&=(4+1)(4-1)=5\times3\\
5^2-1&=(5+1)(5-1)=6\times4\\
6^2-1&=(7+1)(7-1)=7\times5\\
&\cdots\\
47^2-1&=(47+1)(47-1)=48\times46\\
48^2-1&=(48+1)(48-1)=49\times47
\end{aligned}$$

○これらの具体例から，A の式の特徴と結びつける。

○(2) テキスト 51 ページ例題 4 では，$2<\sqrt{a}<3.2$ を満たすような自然数 a を求めるのに，直接求めることができないため $\sqrt{2^2}<\sqrt{a}<\sqrt{(3.2)^2}$ から，$4<a<10.24$ と変形している。すなわち，各辺の平方を考えている。

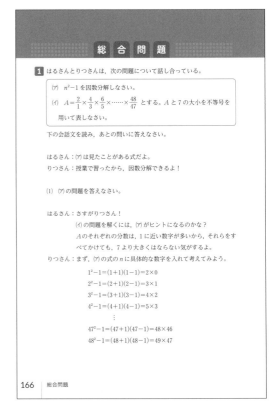

テキスト 167 ページ

りつさん：あれ，もしかして……。次に，A を 2 乗してみようか。

$$A^2=\frac{2^2}{1^2}\times\frac{4^2}{3^2}\times\frac{6^2}{5^2}\times\cdots\cdots\times\frac{48^2}{47^2}$$

はるさん：何がわかったの？

りつさん：A^2 のそれぞれの分子に注目してみると，下のような大小関係が設定できるよね。

$$2^2>2^2-1$$
$$4^2>4^2-1$$
$$6^2>6^2-1$$
$$\vdots$$

これを A^2 のすべての分子に適用すると……。

$$A^2=\frac{2^2}{1^2}\times\frac{4^2}{3^2}\times\frac{6^2}{5^2}\times\cdots\cdots\times\frac{48^2}{47^2}$$
$$>\frac{\square}{1^2}\times\frac{\square}{3^2}\times\frac{\square}{5^2}\times\cdots\cdots\times\frac{\square}{47^2}$$
$$=\boxed{①}$$

はるさん：すごい！(ア)を利用すると，［①］は簡単な数字になるね。(イ)の答えはどうなるのかな？

りつさん：A［②］7 になるよ。

(2) ［①］にあてはまる数を答えなさい。

(3) ［②］にあてはまる不等号を答えなさい。

総合問題　167

テキストの解説

□問題 1（続き）

○テキストでは，前ページの具体例の 3×1，5×3，7×5，……と，A の分数の積の分母に注目して，A^2 を考えている。

$$A^2=\frac{2^2}{1^2}\times\frac{4^2}{3^2}\times\frac{6^2}{5^2}\times\cdots\cdots\times\frac{48^2}{47^2}$$

○ここでは，A と 7 の大小を比べるため，A^2 と 7^2 の大小に注目している。

与えられた式から直接求めることが難しいとき，遠回りして求めることもある。

○A^2 の分子に注目すると

$$2^2>2^2-1$$
$$4^2>4^2-1$$
$$6^2>6^2-1$$
$$\cdots$$
$$48^2>48^2-1$$

であるから

$$A^2=\frac{2^2}{1^2}\times\frac{4^2}{3^2}\times\frac{6^2}{5^2}\times\cdots\cdots\times\frac{48^2}{47^2}$$
$$>\frac{2^2-1}{1^2}\times\frac{4^2-1}{3^2}\times\frac{6^2-1}{5^2}\times\cdots\cdots\times\frac{48^2-1}{47^2}$$
$$=\frac{(2+1)(2-1)}{1^2}\times\frac{(4+1)(4-1)}{3^2}\times\cdots\cdots\times\frac{(48+1)(48-1)}{47^2}$$
$$=\frac{3\times1}{1^2}\times\frac{5\times3}{3^2}\times\cdots\cdots\times\frac{49\times47}{47^2}=49$$

○(3) (2)の結果から　$A^2>49$

$A>0$ であるから　$A>7$

○$a>0$，$b>0$ のとき

$$a^2>b^2 \quad ならば \quad a>b$$

が成り立つ。

［証明］ $a^2>b^2$ から　$a^2-b^2>0$

よって　$(a+b)(a-b)>0$

$a>0$，$b>0$ のとき，$a+b>0$ であるから

$$a-b>0$$

したがって　$a>b$

テキストの解答

問題 1

問題 1 (1) $n^2-1=(\boldsymbol{n+1})(\boldsymbol{n-1})$

(2) $$A^2=\frac{2^2}{1^2}\times\frac{4^2}{3^2}\times\frac{6^2}{5^2}\times\cdots\cdots\times\frac{48^2}{47^2}$$
$$>\frac{(2+1)(2-1)}{1^2}\times\frac{(4+1)(4-1)}{3^2}\times\cdots\cdots\times\frac{(48+1)(48-1)}{47^2}$$
$$=\boldsymbol{49}$$

(3) (2)より，$A^2>49$ であり，$A>0$ であるから　$A>7$

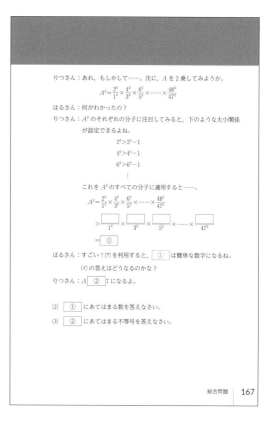

テキスト 168 ページ

テキストの解説

□問題 2

○さいころを投げて出た目を係数とする多項式が因数分解できる確率を求める。

○a, b, c のとる値は，1，2，3，4，5，6 である。

○3 個のさいころの目の出方は，全部で

(ア)　$6\times6\times6=216$（通り）

○(イ)　$a=1$，$b=4$ として $c=1$，2，…，6 としていくと

$c=3$ のとき，$x^2+4x+3=(x+1)(x+3)$

$c=4$ のとき，$x^2+4x+4=(x+2)^2$

(ウ)　$(x+p)(x+q)=x^2+(p+q)x+pq$

(エ)，(オ)　$b=p+q$，$c=pq$

○$a=2$ のとき，$2x^2+bx+c=(x+p)(2x+q)$

右辺を展開して，係数を比較すると

$b=2p+q$，$c=pq$

$c=1$ のとき，$p=q=1$　　とすると $b=3$

$c=2$ のとき，$p=1$，$q=2$ とすると $b=4$

$p=2$，$q=1$ とすると $b=5$

$c=3$ のとき，$p=3$，$q=1$ とすると $b=7$ となり，適さないことに注意する。

以下，同じようにして，次の 5 通りになる。

$(b,\ c)=(3,\ 1)$，$(4,\ 2)$，$(5,\ 2)$，$(5,\ 3)$，$(6,\ 4)$

○$a=3$ のとき，$3x^2+bx+c=(x+p)(3x+q)$，

$a=4$ のとき，$4x^2+bx+c=(x+p)(4x+q)$，

$4x^2+bx+c=(2x+p)(2x+q)$

$a=5$ のとき，$5x^2+bx+c=(x+p)(5x+q)$，

$a=6$ のとき，$6x^2+bx+c=(2x+p)(3x+q)$

これらの右辺を展開して，$a=1$，2 のときと同じように調べる。もれがないように注意する。

テキストの解答

問題 2　(1)　(ア)　**216**

(イ)　$c=3$ のとき　$x^2+4x+3=(x+1)(x+3)$

$c=4$ のとき　$x^2+4x+4=(x+2)^2$

よって　　$c=$**3，4**

2 千佳さんと汐里さんは，次の問題について話し合っている。

> 1 から 6 の目がそれぞれ 1 つずつ書かれた 3 個のさいころ A，B，C を 1 回ずつ投げて，出た目をそれぞれ a，b，c とし，多項式 $M=ax^2+bx+c$ をつくる。
> M が因数分解できる確率を求めなさい。

下の会話文を読み，あとの問いに答えなさい。

千佳さん：3 個のさいころの目の出方は，全部で［ア］通りあるから，全部を調べるのは大変です。

先生　　：たしかに大変ですね。何かよい案はありませんか？

汐里さん：まず $a=1$ の場合を調べてみたらどうでしょうか。

千佳さん：たとえば $b=4$ だったら，$M=x^2+4x+c$ だから……

$c=$［イ］のとき因数分解ができます！

先生　　：$a=1$ のとき，M が因数分解できるなら，M は $(x+p)(x+q)$ という形に変形することができます。この式を展開して，x について整理すると，［ウ］となり，もとの M の式と係数比較すると，2 つの条件式［エ］，［オ］が得られます。このように考えると，たしかに $c=$［イ］のときに因数分解ができると分かりますね。

汐里さん：a や b が他の値をとる場合も同じように考えてみます！

(1)　［ア］～［オ］にあてはまる数や式を答えなさい。

ただし，［イ］には，あてはまる数すべてが入るものとする。

(2)　M が因数分解できる確率を求めなさい。

168　総合問題

(ウ)　$x^2+px+qx+pq=\boldsymbol{x^2+(p+q)x+pq}$

(エ)　$\boldsymbol{b=p+q}$

(オ)　$\boldsymbol{c=pq}$　（エ，オは順不同）

(2)　M が因数分解できるときの，a，b，c の組合せは次の通りである。

$a=1$ のとき

$(b,\ c)=(2,\ 1)$，$(3,\ 2)$，$(4,\ 3)$，$(4,\ 4)$，$(5,\ 4)$，$(5,\ 6)$，$(6,\ 5)$ の 7 通り

$a=2$ のとき

$(b,\ c)=(3,\ 1)$，$(4,\ 2)$，$(5,\ 2)$，$(5,\ 3)$，$(6,\ 4)$ の 5 通り

$a=3$ のとき

$(b,\ c)=(4,\ 1)$，$(5,\ 2)$，$(6,\ 3)$ の 3 通り

$a=4$ のとき

$(b,\ c)=(4,\ 1)$，$(5,\ 1)$，$(6,\ 2)$ の 3 通り

$a=5$ のとき　　$(b,\ c)=(6,\ 1)$ の 1 通り

$a=6$ のとき　　$(b,\ c)=(5,\ 1)$ の 1 通り

よって，a，b，c の組合せの総数は

$7+5+3+3+1+1=20$（通り）

したがって，求める確率は　　$\dfrac{20}{216}=\boldsymbol{\dfrac{5}{54}}$

テキスト 169 ページ

テキストの解説

□**問題 3**

○(1)　平方根の整数部分を求める。

○正の数 x に対して，$m \leqq x < m+1$ を満たす整数 m を x の整数部分という。

○$3\sqrt{14}=\sqrt{3^2\times14}=\sqrt{126}$ であるから

$$n^2<126<(n+1)^2$$

を満たす正の整数 n を求める。

○(2)　たとえば，7.46…… を 10 倍すると 74.6…… であるから，7.46…… の小数第 1 位の値は，74.6…… の整数部分 74 の一の位の数になる。

○$20\sqrt{14}$ の整数部分は，(1)と同じように考える。

○テキストの枠の「みほさんの考え」は，正比例の考えを利用している。2 乗した数は正比例しないから，誤りである。

○(3)　$\dfrac{\sqrt{13}+\sqrt{15}}{2}$ と $\sqrt{14}$ をそれぞれ 2 倍した数をさらにそれぞれ 2 乗した $(\sqrt{13}+\sqrt{15})^2$ と $(2\sqrt{14})^2$ の大小を比べる。

○ $(\sqrt{13}+\sqrt{15})^2=28+\sqrt{780}$，$(2\sqrt{14})^2=56$ であるから，$28+\sqrt{780}$ の整数部分を求めて比較する。

○大小比較には，次のことを利用する。

$a>0$，$b>0$ のとき

$$a^2>b^2 \quad ならば \quad a>b$$

が成り立つ。

テキストの解答

問題 3　(1)　$3\sqrt{14}=\sqrt{3^2\times14}=\sqrt{126}$ であるから，$11^2<126<12^2$ より $11<3\sqrt{14}<12$

よって，$3\sqrt{14}$ の整数部分は　**11**

(2)　$20\sqrt{14}=\sqrt{20^2\times14}=\sqrt{5600}$ であるから，$74^2<5600<75^2$ より $74<20\sqrt{14}<75$

よって，$20\sqrt{14}$ の整数部分は　74

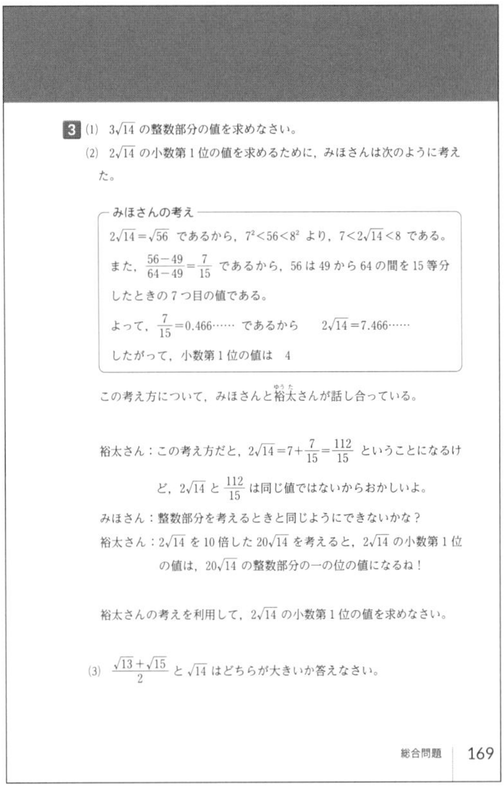

3 (1)　$3\sqrt{14}$ の整数部分の値を求めなさい。

(2)　$2\sqrt{14}$ の小数第 1 位の値を求めるために，みほさんは次のように考えた。

みほさんの考え

$2\sqrt{14}=\sqrt{56}$ であるから，$7^2<56<8^2$ より，$7<2\sqrt{14}<8$ である。

また，$\dfrac{56-49}{64-49}=\dfrac{7}{15}$ であるから，56 は 49 から 64 の間を 15 等分したときの 7 つ目の値である。

よって，$\dfrac{7}{15}=0.466\cdots\cdots$ であるから　$2\sqrt{14}=7.466\cdots\cdots$

したがって，小数第 1 位の値は　4

この考え方について，みほさんと裕太(ゆうた)さんが話し合っている。

裕太さん：この考え方だと，$2\sqrt{14}=7+\dfrac{7}{15}=\dfrac{112}{15}$ ということになるけど，$2\sqrt{14}$ と $\dfrac{112}{15}$ は同じ値ではないからおかしいよ。

みほさん：整数部分を考えるときと同じようにできないかな？

裕太さん：$2\sqrt{14}$ を 10 倍した $20\sqrt{14}$ を考えると，$2\sqrt{14}$ の小数第 1 位の値は，$20\sqrt{14}$ の整数部分の一の位の値になるね！

裕太さんの考えを利用して，$2\sqrt{14}$ の小数第 1 位の値を求めなさい。

(3)　$\dfrac{\sqrt{13}+\sqrt{15}}{2}$ と $\sqrt{14}$ はどちらが大きいか答えなさい。

総合問題　169

$20\sqrt{14}$ の整数部分の一の位の値は，$2\sqrt{14}$ の小数第 1 位の値と同じであるから，$2\sqrt{14}$ の小数第 1 位の値は　**4**

(3)　$\dfrac{\sqrt{13}+\sqrt{15}}{2}$ と $\sqrt{14}$ をそれぞれ 2 倍し，さらにそれぞれ 2 乗すると

$$(\sqrt{13}+\sqrt{15})^2=28+2\sqrt{195}$$
$$=28+\sqrt{780}$$
$$(2\sqrt{14})^2=56$$

ここで $\sqrt{780}$ について，$27<\sqrt{780}<28$ であるから

$$28+27<28+\sqrt{780}<28+28$$
$$55<28+\sqrt{780}<56$$

よって　$(\sqrt{13}+\sqrt{15})^2<(2\sqrt{14})^2$

$\sqrt{13}+\sqrt{15}>0$，$2\sqrt{14}>0$ であるから

$$\sqrt{13}+\sqrt{15}<2\sqrt{14}$$

両辺を 2 でわると

$$\frac{\sqrt{13}+\sqrt{15}}{2}<\sqrt{14}$$

したがって，$\sqrt{14}$ **の方が大きい。**

テキストの解説

□問題 4

○テキスト 102 ページで学んだように，放物線 $y=ax^2$ と直線 $y=px+q$ の共有点の x 座標は，2 次方程式 $ax^2=px+q$ すなわち，
$ax^2-px-q=0$ ……① の解である。

○ a は放物線の開きぐあいを表す。p は直線の傾きを表し，q は直線の切片を表す。

○ p^2+4aq は，2 次方程式①の判別式を表す。

○これらをもとに，図を参考にして考える。

4 放物線 $y=ax^2$ と直線 $y=px+q$ を，コンピュータのグラフ表示ソフトを用いて描画すると，下の図のようになった。a，p，q の下にある • を左に動かすと値が減少し，右に動かすと値が増加するようになっており，その値に対応してグラフの様子も変化する。どの値も 0 にしないこととし，次の問いに答えなさい。

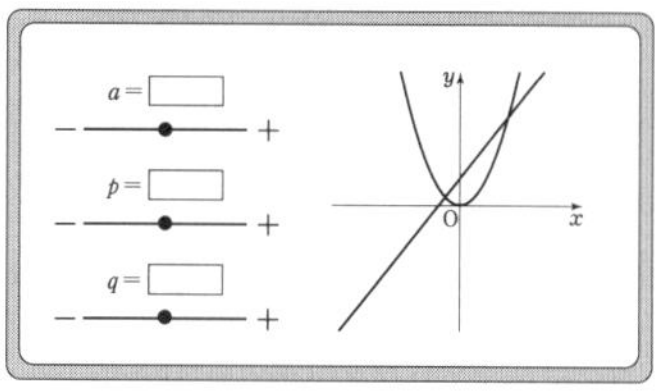

(1) 上の図のグラフのようになったとき，a，p，q，p^2+4aq の符号は正か負かそれぞれ答えなさい。

(2) a，p^2+4aq，pq の符号が，それぞれ負のときのグラフの様子を，右の図にかき入れなさい。

(3) 放物線 $y=ax^2$ と直線 $y=px+q$ の異なる 2 つの共有点が $x>0$，$y>0$ の範囲にあるとき，a，p，q，p^2+4aq の符号は正か負かそれぞれ答えなさい。

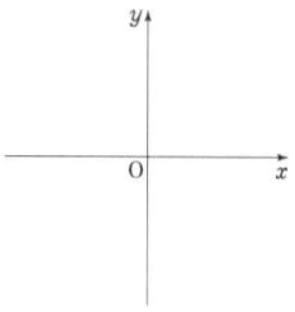

170 総合問題

テキストの解答

問題 4 (1) 放物線は下に凸であるから，a は **正**

p は直線の傾きであり，右上がりの直線であるから，p は **正**

q は直線の切片であるから，q は **正**

放物線 $y=ax^2$ と直線 $y=px+q$ は異なる 2 つの共有点をもち，これらの共有点の x 座標は，2 次方程式 $ax^2=px+q$，すなわち $ax^2-px-q=0$ の実数解である。

よって，判別式を D とすると，$D>0$ のとき，2 次方程式は異なる 2 つの実数解をもつから

$$D=(-p)^2-4a(-q)=p^2+4aq>0$$

したがって，p^2+4aq は **正**

(2) $a<0$ のとき，放物線は上に凸である。

$p^2+4aq<0$ のとき，放物線 $y=ax^2$ と直線 $y=px+q$ は共有点をもたない。

$pq<0$ のとき，次の 2 つの場合が考えられる。

[1] $p>0$，$q<0$ のとき

直線 $y=px+q$ は，右上がりの直線で，切片が y 軸の負の部分にある。ただし，この場合，

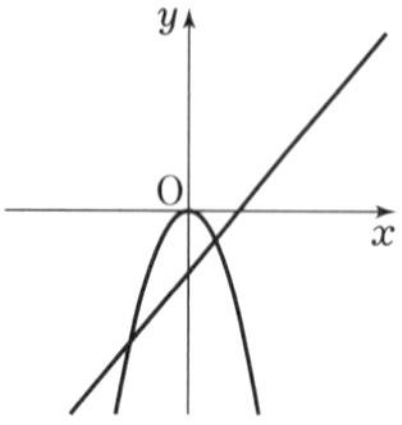

右の図のように，放物線 $y=ax^2$ と直線 $y=px+q$ が必ず共有点をもつことになるため，適さない。

[2] $p<0$，$q>0$ のとき

直線 $y=px+q$ は，右下がりの直線で，切片が y 軸の正の部分にある。この場合，右の図のように，放物線 $y=ax^2$ と直線 $y=px+q$ が共有点をもたない場合があるため，適している。

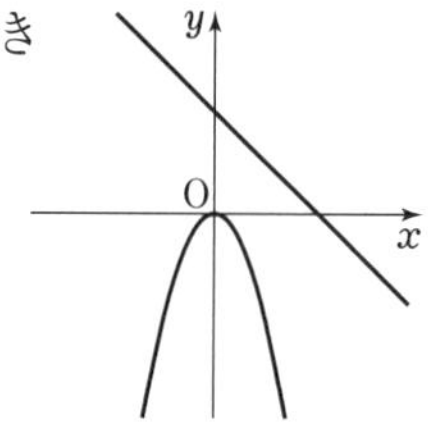

[1]，[2]より，グラフは，[2]の図のようになる。

(3) 放物線と直線の異なる 2 つの共有点が $x>0$，$y>0$ の範囲にあるのは，右の図のようなときである。

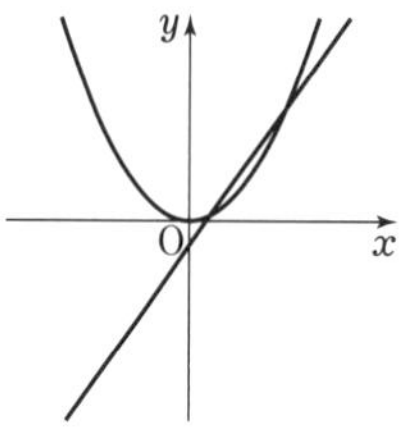

よって，a，p，q，p^2+4aq の符号は

a は **正**，p は **正**，q は **負**，p^2+4aq は **正**

テキストの解説

問題 5

○(1)　最後の階級の相対度数に注目する。

○(2), (3)　点数は整数であることに注意する。

○(4)　点数は 0, 2, 4, 6, 8 に決まる。

テキストの解答

問題 5　(1)　8 点以上 10 点未満の相対度数は

$1.000-0.800=0.200$

また，8 点以上 10 点未満の度数は 8 であるから，テストを受けた人数は

$8\div 0.200=$ **40 (人)**

(2)　表の消えた部分を埋めると，(1)から

$40\times 0.100=4$

$(4+7)\div 40=0.275$

$40\times 0.500-(4+7)=9$

$40-(4+7+9+8)=12$

階級 (点)	度数 (人)	累積相対度数
0 以上 2 未満	**4**	0.100
2 ～ 4	7	**0.275**
4 ～ 6	**9**	0.500
6 ～ 8	**12**	0.800
8 ～ 10	8	1.000

点数のデータを小さい順に並べたとき，第 1 四分位数は 10 番目と 11 番目の平均値である。表から，10 番目と 11 番目の点数は 2 点以上 4 点未満の階級にあり，点数は整数であるから，2 点または 3 点である。

よって，第 1 四分位数として考えられる値は

$\frac{2+2}{2}=2,\quad \frac{2+3}{2}=2.5,\quad \frac{3+3}{2}=3$

すなわち　　**2 点，2.5 点，3 点**

(3)　中央値は 20 番目と 21 番目の平均値である。表から，20 番目の点数は 4 点以上 6 点未満の階級にあるから，点数は 4 点または 5 点である。また，21 番目の点数は 6 点以上 8 点未満の階級にあるから，点数は 6 点または 7 点である。

よって，中央値として考えられる値は

$\frac{4+6}{2}=5,\quad \frac{4+7}{2}=5.5,$

$\frac{5+6}{2}=5.5,\quad \frac{5+7}{2}=6$

すなわち　　**5 点，5.5 点，6 点**

(4)　全員の点数が偶数であり，10 点満点の生徒はいないから，表にまとめると次のようになる。

点数 (点)	0	2	4	6	8
人数 (人)	4	7	9	12	8

第 1，第 2，第 3 四分位数は，順に

$\frac{2+2}{2}=2,\quad \frac{4+6}{2}=5,\quad \frac{6+6}{2}=6$

よって，箱ひげ図は次のようになる。

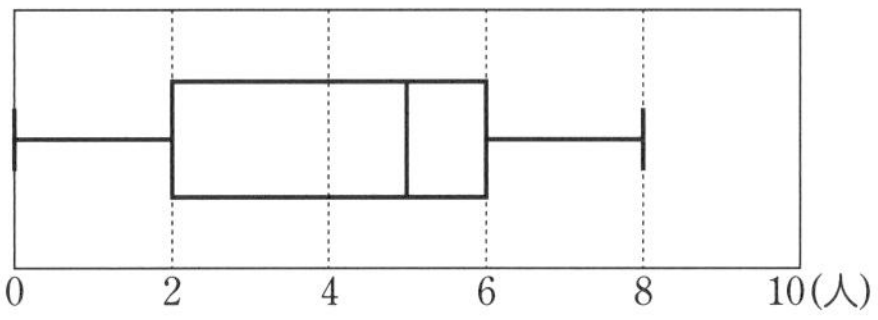

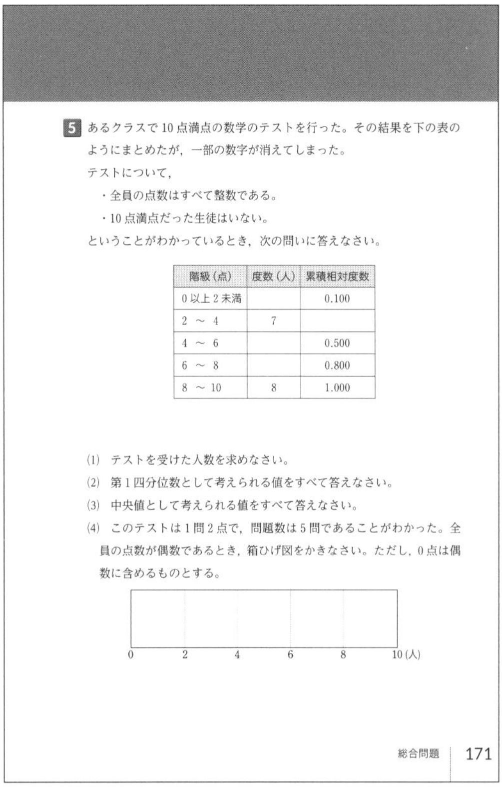

5 あるクラスで 10 点満点の数学のテストを行った。その結果を下の表のようにまとめたが，一部の数字が消えてしまった。

テストについて，

・全員の点数はすべて整数である。

・10 点満点だった生徒はいない。

ということがわかっているとき，次の問いに答えなさい。

階級 (点)	度数 (人)	累積相対度数
0 以上 2 未満		0.100
2 ～ 4	7	
4 ～ 6		0.500
6 ～ 8		0.800
8 ～ 10	8	1.000

(1)　テストを受けた人数を求めなさい。

(2)　第 1 四分位数として考えられる値をすべて答えなさい。

(3)　中央値として考えられる値をすべて答えなさい。

(4)　このテストは 1 問 2 点で，問題数は 5 問であることがわかった。全員の点数が偶数であるとき，箱ひげ図をかきなさい。ただし，0 点は偶数に含めるものとする。

0　2　4　6　8　10 (人)

総合問題　171

テキストの解説

□問題 6

○山の形を放物線と見なし，トンネルを直線と見なして，山にトンネルを作るための条件を，放物線と直線の共有点の関係におきかえて考える。

○山の形は放物線 $y=-x^2$ の一部で表され，トンネルは直線 $y=-\dfrac{1}{4}x+b$ の一部で表されるから，トンネルを作るための条件は，放物線 $y=-x^2$ と直線 $y=-\dfrac{1}{4}x+b$ が 2 つの共有点をもつ条件として求められる。
ただし，トンネルには入り口と出口の 2 つが必要であるから，直線 $y=-\dfrac{1}{4}x+b$ が，放物線 $y=-x^2$ 上の点 A から点 B（テキストで示した A と B の位置）の間で 2 つの共有点をもつ必要がある。

○(1)　点 P が放物線 $y=-x^2$ の頂点，すなわち座標平面上では原点 O と一致する。次に，放物線 $y=-x^2$ の定義域を求める。
山の高さが 1 であるから，点 A と点 B の y 座標は -1 となる。
よって，$-x^2=-1$ から　$x^2=1$
$x=\pm1$
したがって，定義域は　$-1\leqq x\leqq1$

○放物線 $y=-x^2$ と直線 $y=-\dfrac{1}{4}x+b$ が，共有点をもつ場合を考えると，b の値により，条件を満たすのは図の②，③の場合である。

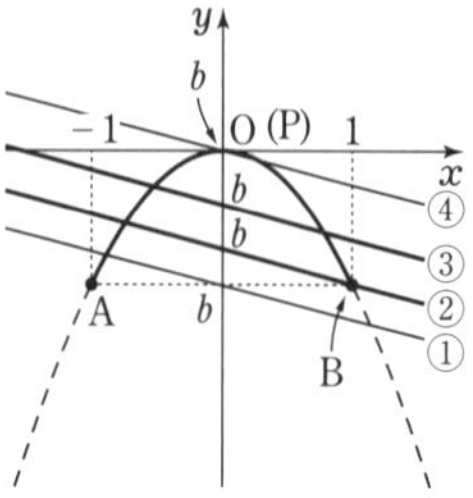

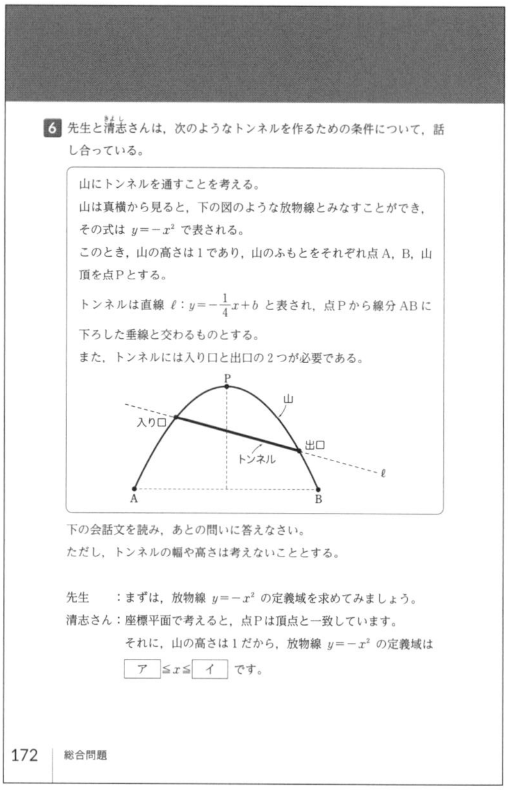
6 先生と清志（きよし）さんは，次のようなトンネルを作るための条件について，話し合っている。

山にトンネルを通すことを考える。
山は真横から見ると，下の図のような放物線とみなすことができ，その式は $y=-x^2$ で表される。
このとき，山の高さは 1 であり，山のふもとをそれぞれ点 A，B，山頂を点 P とする。
トンネルは直線 $\ell: y=-\dfrac{1}{4}x+b$ と表され，点 P から線分 AB に下ろした垂線と交わるものとする。
また，トンネルには入り口と出口の 2 つが必要である。

下の会話文を読み，あとの問いに答えなさい。
ただし，トンネルの幅や高さは考えないこととする。

先生　：まずは，放物線 $y=-x^2$ の定義域を求めてみましょう。
清志さん：座標平面で考えると，点 P は頂点と一致しています。
それに，山の高さは 1 だから，放物線 $y=-x^2$ の定義域は
［ア］$\leqq x\leqq$［イ］です。

172　総合問題

□問題 6（続き）

○放物線 $y=ax^2$ と直線 $y=px+q$ の共有点の x 座標は，2 次方程式 $ax^2=px+q$ すなわち $ax^2-px-q=0$ の解である。

○(2)(ウ)　$-x^2=-\dfrac{1}{4}x+b$ から

$$x^2-\frac{1}{4}x+b=0$$

○2 次方程式 $ax^2+bx+c=0$ の判別式 D は，

$$D=b^2-4ac$$

である。

○(エ)　2 次方程式 $x^2-\dfrac{1}{4}x+b=0$ の判別式 D は

$$D=\left(-\frac{1}{4}\right)^2-4\times1\times b$$
$$=\frac{1}{16}-4b$$

○(3)(オ)　2 次方程式は，$D>0$ のとき，異なる 2 つの実数解をもつ。
したがって，$D>0$ のとき，放物線と直線 ℓ は 2 つの共有点をもつ。

> 先生　：では次に，トンネルを作るための条件は何でしょうか？
> 清志さん：「トンネルには入り口と出口の 2 つが必要である」とあります。つまり，放物線と直線 ℓ は，放物線の定義域内で 2 つの共有点をもつということです。
> 先生　：その通りです。では，その条件を数式に表してみましょう。放物線 $y=-x^2$ と直線 $y=-\frac{1}{4}x+b$ の共有点について考えるときには，2 次方程式 x^2- ［ウ］ $=0$ の解を考えると解くことができますね。
> 清志さん：はい。その 2 次方程式の判別式 D は ［エ］ です。だから，D ［オ］ 0 のとき，放物線と直線 ℓ は 2 つの共有点をもちます。
> 先生　：それだけでは，正しい条件とはいえません。それに加えて，放物線の定義域内で 2 つの共有点をもつ必要がありますよ。
> 清志さん：そうですね…。ということは，トンネルを作るための条件は，［カ］ $\leqq b<$ ［キ］ です。
>
> (1) ［ア］，［イ］ にあてはまる数を答えなさい。
> (2) ［ウ］，［エ］ にあてはまる式を答えなさい。
> (3) ［オ］ にあてはまるものを＞，＝，＜から選びなさい。
> (4) ［カ］，［キ］ にあてはまる数を答えなさい。
>
> 総合問題　173

テキストの解説

□問題 6（続き）

○(4)　$D>0$ の条件は，放物線と直線 ℓ が 2 つの共有点をもつための条件であり，前ページの図で示した①の場合も含む。

○そこで，①のような場合を除くため，出口が作れる境界を考える。

○②が境界であり，直線 ℓ が，点 B$(1,\ -1)$ を通る場合である。

○直線 ℓ が，点 B$(1,\ -1)$ を通るときの b の値を求めて，$D>0$ の条件と合わせて，b の値の範囲を決める。

テキストの解答

問題 6　(1)　点 A，B の y 座標は -1 であるから，$y=-x^2$ に $y=-1$ を代入すると

$$-1=-x^2$$

これを解くと　　$x=-1,\ 1$

よって，定義域は　　$-1\leqq x\leqq 1$

したがって　(ア)　**-1**，　(イ)　**1**

(2)　(ウ)　$-x^2=-\frac{1}{4}x+b$ より

$$x^2-\boldsymbol{\frac{1}{4}x+b}=0$$

(エ)　2 次方程式 $x^2-\frac{1}{4}x+b=0$ の判別式

D は

$$D=\left(-\frac{1}{4}\right)^2-4\times1\times b$$

$$=\boldsymbol{\frac{1}{16}-4b}$$

(3)　放物線と直線 ℓ が 2 つの共有点をもつのは，$D>0$ のときである。

したがって　　(オ)　**＞**

(4)　(2)，(3)から　　$\frac{1}{16}-4b>0$

$$b<\frac{1}{64}$$

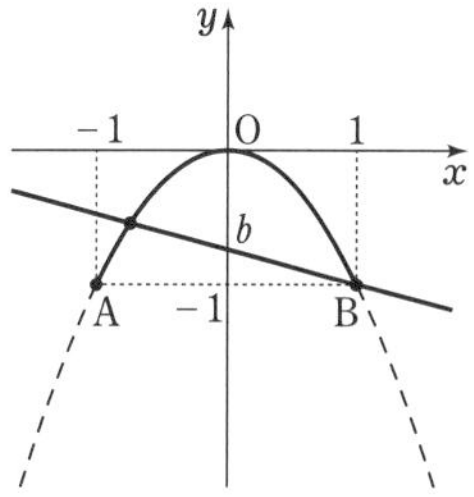

また，定義域 $-1\leqq x\leqq 1$ で放物線と直線 ℓ が 2 つの共有点をもつとき，b の値が最も小さいのは，直線 ℓ が点 B を通るときである。

点 B の座標は $(1,\ -1)$ であるから，b の値は

$$-1=-\frac{1}{4}+b$$

$$b=-\frac{3}{4}$$

よって，トンネルを作るための条件は

$$-\frac{3}{4}\leqq b<\frac{1}{64}$$

したがって　(カ)　**$-\frac{3}{4}$**　　(キ)　**$\frac{1}{64}$**

7 勇樹（ゆうき）さんと飛鳥（あすか）さんは，次の問題について，それぞれ下のように解答した。

> 8人を，区別できない2つのテントに分けるとき，分け方は何通りあるか答えなさい。ただし，どちらのテントにも少なくとも1人は入るものとする。

勇樹さんの解答

> それぞれのテントに入る人数は，次の通りである。
> （1人，7人）（2人，6人）（3人，5人）（4人，4人）
> 片方のテントに入る人を選ぶことで，もう1つのテントに入る人が決まる。
> よって　${}_8C_1+{}_8C_2+{}_8C_3+{}_8C_4=8+28+56+70=162$（通り）

飛鳥さんの解答

> 2つのテントをA，Bと区別する。
> 8人がテントA，Bのどちらかに入る総数は　$2^8=256$（通り）
> ただし，誰も入らないテントがあってはいけないので，
> 「Aが0人」，「Bが0人」の場合の2通りをひくと
> $256-2=254$（通り）
> また，A，Bの区別をなくすと　$254\div2=127$（通り）

勇樹さんと飛鳥さんの解答は，どちらかが正解である。どちらが正解しているか答えなさい。また，間違っている方の解答について誤りを指摘し，なぜ間違っているのかを説明しなさい。

174　総合問題

テキストの解説

□問題7

○勇樹さんの解答

8人をA，B，C，D，E，F，G，Hとする。
（1人，7人）の場合は，たとえば，Aが1つのテントに入ると，BCDEFGHはもう1つのテントに入る。
テントは区別できないが，1人と7人のグループに分かれるから，分け方は${}_8C_1$通り。
同じように考えて
（2人，6人）の場合は，${}_8C_2$通り。
（3人，5人）の場合は，${}_8C_3$通り。
このように，2つのテントは区別できないが，テントに入る人数が異なれば，2つのグループは区別できる。
しかし，（4人，4人）の場合は，人数は同じ4人で区別できないから，テントが区別できなければ，8人から4人を選ぶ場合の数${}_8C_4$を2でわらなければならない。

○飛鳥さんの解答

2つのテントをA，Bとすると，1人がA，Bのどちらかのテントに入る方法は2通り。
8人いるから，全部で$2^8=256$通り。
このうち，8人全員がどちらか一方に入る場合を除いて，A，Bの区別なくすため2でわっているから，飛鳥さんの解答は正しい。

テキストの解答

問題7　正解しているのは　**飛鳥さん**

勇樹さんの解答について，それぞれのテントに入る人数が4人の場合の分け方を${}_8C_4$通りとしてしまったことが誤りである。
4人と4人の2つのグループが区別できるときの分け方が${}_8C_4$通りであるから，区別できない2つのテントに，4人ずつに分ける分け方は　${}_8C_4\div2=35$（通り）
よって，求める分け方は
${}_8C_1+{}_8C_2+{}_8C_3+{}_8C_4\div2=127$（通り）

実力を試す問題　解答は本書206ページ

1　1から6までの番号がそれぞれ書かれた6個の玉をA，Bの2つの箱に分けて入れる。空箱ができてよい場合，その分け方は[ア]通りである。そのうち，空箱ができない分け方は[イ]通りである。次に，これら6個の玉をA，B，Cの3つの箱に分けて入れる。空箱ができてよい場合，その分け方は[ウ]通りであり，このうち，1つの箱だけが空となる分け方は[エ]通り，また，2つの箱が空となる場合は[オ]通りである。したがって，1つも空箱ができないようにA，B，Cの3つの箱に玉を分ける方法は[カ]通りである。

確認問題，演習問題の解答

第1章　式の計算

確認問題（テキスト29ページ）

問題1　(1)　$-2x(x-3y+2xz)$

$=\boldsymbol{-2x^2+6xy-4x^2z}$

(2)　$(a^2-2x+5)\times(-3ay)$

$=\boldsymbol{-3a^3y+6axy-15ay}$

(3)　$(2x-6x^2y-8xz^2)\div 2x$

$=\boldsymbol{1-3xy-4z^2}$

(4)　$(2a^2+6ab-abc)\div\left(-\dfrac{a}{3}\right)$

$=(2a^2+6ab-abc)\times\left(-\dfrac{3}{a}\right)$

$=\boldsymbol{-6a-18b+3bc}$

問題2　(1)　$(a+b)(a-2b+3)$

$=a(a-2b+3)+b(a-2b+3)$

$=a^2-2ab+3a+ab-2b^2+3b$

$=\boldsymbol{a^2-ab-2b^2+3a+3b}$

(2)　$(a+2b-c)(3a-b+4c)$

$=a(3a-b+4c)+2b(3a-b+4c)$
$\qquad -c(3a-b+4c)$

$=3a^2-ab+4ca+6ab-2b^2+8bc$
$\quad -3ca+bc-4c^2$

$=\boldsymbol{3a^2-2b^2-4c^2+5ab+9bc+ca}$

問題3　(1)　$(x-3y)(x-7y)$

$=\boldsymbol{x^2-10xy+21y^2}$

(2)　$(2x+3y)^2=\boldsymbol{4x^2+12xy+9y^2}$

(3)　$\left(\dfrac{2}{3}x-\dfrac{3}{2}y\right)^2$

$=\left(\dfrac{2}{3}x\right)^2-2\times\dfrac{3}{2}y\times\dfrac{2}{3}x+\left(\dfrac{3}{2}y\right)^2$

$=\boldsymbol{\dfrac{4}{9}x^2-2xy+\dfrac{9}{4}y^2}$

(4)　$(5x+8y)(5x-8y)=\boldsymbol{25x^2-64y^2}$

(5)　$\left(\dfrac{2}{5}a-\dfrac{3}{4}b\right)\left(\dfrac{2}{5}a+\dfrac{3}{4}b\right)$

$=\left(\dfrac{2}{5}a\right)^2-\left(\dfrac{3}{4}b\right)^2$

$=\boldsymbol{\dfrac{4}{25}a^2-\dfrac{9}{16}b^2}$

問題4　(1)　$-5x^2yz-15xy^2z+10xy$

$=\boldsymbol{-5xy(xz+3yz-2)}$

(2)　$a^2-8ab-20b^2=\boldsymbol{(a+2b)(a-10b)}$

(3)　$x^2+3xy-88y^2=\boldsymbol{(x-8y)(x+11y)}$

(4)　$3x^2-6ax-45a^2=3(x^2-2ax-15a^2)$

$=\boldsymbol{3(x+3a)(x-5a)}$

(5)　$x^2-20xy+100y^2=\boldsymbol{(x-10y)^2}$

(6)　$49a^2+56ab+16b^2=\boldsymbol{(7a+4b)^2}$

(7)　$36a^2-25b^2=\boldsymbol{(6a+5b)(6a-5b)}$

(8)　$18x^2-98y^2=2(9x^2-49y^2)$

$=\boldsymbol{2(3x+7y)(3x-7y)}$

問題5　(1)　$3x^2+11xy+10y^2$

$=\boldsymbol{(x+2y)(3x+5y)}$

(2)　$6a^2+ab-2b^2$

$=\boldsymbol{(2a-b)(3a+2b)}$

(3)　$15x^2-26xy+8y^2$

$=\boldsymbol{(3x-4y)(5x-2y)}$

(4)　$16x^4-81$

$=(4x^2+9)(4x^2-9)$

$=\boldsymbol{(4x^2+9)(2x+3)(2x-3)}$

(5)　$9a^2-42ab+49b^2-25c^2$

$=(3a-7b)^2-(5c)^2$

$=\{(3a-7b)+5c\}\{(3a-7b)-5c\}$

$=\boldsymbol{(3a-7b+5c)(3a-7b-5c)}$

(6)　$(x-2y)^2+4(x-2y)-12$

$=\{(x-2y)-2\}\{(x-2y)+6\}$

$=\boldsymbol{(x-2y-2)(x-2y+6)}$

(7)　$xz-xw+yz-yw$

$=x(z-w)+y(z-w)$

$=\boldsymbol{(x+y)(z-w)}$

(8)　$xac-abc-xad+abd$

$=a(xc-bc-xd+bd)$

$=a\{c(x-b)-d(x-b)\}$

$=\boldsymbol{a(c-d)(x-b)}$

問題 6　$x^2+2xy+y^2=(x+y)^2$

$(x+y)^2$ に $x=1.2,\ y=0.8$ を代入して

$$(x+y)^2=(1.2+0.8)^2$$
$$=2^2=4$$

演習問題A（テキスト 30 ページ）

問題 1　(1)　$(x-3)(x+3)(x^2+9)$

$$=(x^2-9)(x^2+9)$$
$$=(x^2)^2-9^2$$
$$=\boldsymbol{x^4-81}$$

(2)　$(x-2)(x+2)(x^2+4)(x^4+16)$

$$=(x^2-4)(x^2+4)(x^4+16)$$
$$=(x^4-16)(x^4+16)$$
$$=\boldsymbol{x^8-256}$$

(3)　$(a+1)(a+4)(a+2)(a+3)$

$$=(a^2+5a+4)(a^2+5a+6)$$
$$=\{(a^2+5a)+4\}\{(a^2+5a)+6\}$$
$$=(a^2+5a)^2+10(a^2+5a)+24$$
$$=a^4+10a^3+25a^2+10a^2+50a+24$$
$$=\boldsymbol{a^4+10a^3+35a^2+50a+24}$$

(4)　$(x+1)(x-6)(x-2)(x+5)$

$$=\{(x+1)(x-2)\}\{(x-6)(x+5)\}$$
$$=(x^2-x-2)(x^2-x-30)$$
$$=\{(x^2-x)-2\}\{(x^2-x)-30\}$$
$$=(x^2-x)^2-32(x^2-x)+60$$
$$=x^4-2x^3+x^2-32x^2+32x+60$$
$$=\boldsymbol{x^4-2x^3-31x^2+32x+60}$$

問題 2　(1)　x^4-16y^4

$$=(x^2)^2-(4y^2)^2$$
$$=(x^2+4y^2)(x^2-4y^2)$$
$$=\boldsymbol{(x^2+4y^2)(x+2y)(x-2y)}$$

(2)　a^4-13a^2+36

$$=(a^2-4)(a^2-9)$$
$$=\boldsymbol{(a+2)(a-2)(a+3)(a-3)}$$

(3)　$x^2+2xy+y^2-5x-5y+6$

$$=(x+y)^2-5(x+y)+6$$
$$=\{(x+y)-2\}\{(x+y)-3\}$$
$$=\boldsymbol{(x+y-2)(x+y-3)}$$

問題 3　(1)　$2(2x-y)\left(x+\dfrac{1}{2}y\right)-(x+y)(4x-y)$

$$=(2x-y)(2x+y)-(x+y)(4x-y)$$
$$=(4x^2-y^2)-(4x^2+3xy-y^2)$$
$$=\boldsymbol{-3xy}$$

(2)　$2x-y=A$ とおくと

$$(2x-y+1)^2-(2x-y)(2x-y+5)$$
$$=(A+1)^2-A(A+5)$$
$$=A^2+2A+1-A^2-5A$$
$$=-3A+1$$
$$=-3(2x-y)+1$$
$$=\boldsymbol{-6x+3y+1}$$

(3)　$\left(\dfrac{x-y}{3}+x+y\right)^2-\left(x-y+\dfrac{x+y}{3}\right)^2$

$$=\left(\frac{4x+2y}{3}\right)^2-\left(\frac{4x-2y}{3}\right)^2$$
$$=\left(\frac{4x+2y}{3}+\frac{4x-2y}{3}\right)\times\left(\frac{4x+2y}{3}-\frac{4x-2y}{3}\right)$$
$$=\frac{8}{3}x\times\frac{4}{3}y$$
$$=\boldsymbol{\frac{32}{9}xy}$$

(4)　$(a+b+c)(-a+b+c)$
$\qquad+(a-b+c)(a+b-c)$

$$=\{(b+c)+a\}\{(b+c)-a\}+\{a-(b-c)\}\{a+(b-c)\}$$
$$=\{(b+c)^2-a^2\}+\{a^2-(b-c)^2\}$$
$$=(b+c)^2-(b-c)^2$$
$$=(b^2+2bc+c^2)-(b^2-2bc+c^2)$$
$$=\boldsymbol{4bc}$$

別解　$(b+c)^2-(b-c)^2$ までは同じ。

$$(b+c)^2-(b-c)^2$$
$$=\{(b+c)+(b-c)\}\{(b+c)-(b-c)\}$$
$$=\boldsymbol{4bc}$$

問題 4　$2x^2-5xy-3y^2=(2x+y)(x-3y)$

右辺に $2x+y=-9,\ x-3y=11$ を代入して

$$2x^2-5xy-3y^2=-9\times11$$
$$=\boldsymbol{-99}$$

問題 5　$a^2-2ab+b^2-6a+6b+3$
$=(a-b)^2-6(a-b)+3$
右辺に $a-b=5$ を代入して
$a^2-2ab+b^2-6a+6b+3=5^2-6\times5+3$
$=\mathbf{-2}$

問題 6　n を整数とする。中央の数を $2n$（n は整数）とすると，連続する 3 つの偶数は
$2n-2$，$2n$，$2n+2$ と表される。
中央の数の 3 乗から，3 つの数の積をひくと
$(2n)^3-(2n-2)\times2n\times(2n+2)$
$=8n^3-2(n-1)\times2n\times2(n+1)$
$=8n^3-2^3\times n(n+1)(n-1)$
$=8n^3-8n(n^2-1)$
$=8n^3-8n^3+8n$
$=8n$
よって，中央の数の 3 乗から，3 つの数の積をひくと，8 の倍数になる。

演習問題B（テキスト 31 ページ）

問題 7　(1)　$(x^2+2x)^2-2x^2-4x-3$
$=(x^2+2x)^2-2(x^2+2x)-3$
$=\{(x^2+2x)+1\}\{(x^2+2x)-3\}$
$=(x^2+2x+1)(x^2+2x-3)$
$=\boldsymbol{(x+1)^2(x-1)(x+3)}$

(2)　$x^2-y^2-z^2+2x+2yz+1$
$=(x^2+2x+1)-(y^2-2yz+z^2)$
$=(x+1)^2-(y-z)^2$
$=\{(x+1)+(y-z)\}\{(x+1)-(y-z)\}$
$=\boldsymbol{(x+y-z+1)(x-y+z+1)}$

問題 8　$\left(1-\dfrac{1}{2^2}\right)\left(1-\dfrac{1}{3^2}\right)\left(1-\dfrac{1}{4^2}\right)\left(1-\dfrac{1}{5^2}\right)$
$\times\cdots\cdots\times\left(1-\dfrac{1}{99^2}\right)$
$=\left(1-\dfrac{1}{2}\right)\left(1+\dfrac{1}{2}\right)\left(1-\dfrac{1}{3}\right)\left(1+\dfrac{1}{3}\right)$
$\times\left(1-\dfrac{1}{4}\right)\left(1+\dfrac{1}{4}\right)\left(1-\dfrac{1}{5}\right)\left(1+\dfrac{1}{5}\right)$
$\times\cdots\cdots$
$\times\left(1-\dfrac{1}{98}\right)\left(1+\dfrac{1}{98}\right)\times\left(1-\dfrac{1}{99}\right)\left(1+\dfrac{1}{99}\right)$
$=\dfrac{1}{2}\times\dfrac{3}{2}\times\dfrac{2}{3}\times\dfrac{4}{3}\times\dfrac{3}{4}\times\dfrac{5}{4}\times\dfrac{4}{5}\times\dfrac{6}{5}$
$\times\cdots\cdots\times\dfrac{97}{98}\times\dfrac{99}{98}\times\dfrac{98}{99}\times\dfrac{100}{99}$
$=\dfrac{1}{2}\times\dfrac{100}{99}$
$=\boldsymbol{\dfrac{50}{99}}$

問題 9　$xy=3$ であるから
$x^2y+xy^2-x-y=xy(x+y)-(x+y)$
$=(xy-1)(x+y)$
$=(3-1)(x+y)$
$=2(x+y)$
よって　$2(x+y)=8$
すなわち　$x+y=4$
また　$x^2+y^2=(x+y)^2-2xy$
右辺に $x+y=4$，$xy=3$ を代入して
$x^2+y^2=4^2-2\times3=\mathbf{10}$

問題 10　$x-\dfrac{1}{x}=\dfrac{8}{3}$ の両辺を 2 乗すると
$\left(x-\dfrac{1}{x}\right)^2=\left(\dfrac{8}{3}\right)^2$
$x^2-2\times\dfrac{1}{x}\times x+\left(\dfrac{1}{x}\right)^2=\dfrac{64}{9}$
$x^2-2+\dfrac{1}{x^2}=\dfrac{64}{9}$
よって　$x^2+\dfrac{1}{x^2}=\dfrac{64}{9}+2=\boldsymbol{\dfrac{82}{9}}$

問題 11　(1)　$(x^2-3x+4)(x+5)$ を展開した式において，x^2 を含む項は
$x^2\times5$ と $-3x\times x$
よって，x^2 の係数は
$1\times5+(-3)\times1=\mathbf{2}$

(2)　$(5a^2-ab+b^2)(2a-4b)$ を展開した式において，ab^2 を含む項は
$-ab\times(-4b)$ と $b^2\times2a$
よって，ab^2 の係数は
$(-1)\times(-4)+1\times2=\mathbf{6}$

問題 12　$n^2-m^2=64>0$ より　　$n>m$

m, n は連続する 2 つの正の奇数であるから

$n-m=2$　……①

ゆえに　　$n^2-m^2=(n-m)(n+m)$

$=2(n+m)$

よって　　$2(n+m)=64$

すなわち　　$n+m=32$　……②

①, ②より　　$\boldsymbol{m=15}$, $\boldsymbol{n=17}$

これは問題に適している。

問題 13　n は 0 以上の整数とする。

小さい方の整数で 5 でわったときの商を n とすると

小さい方の整数は　$5\times n+2=5n+2$

大きい方の整数は　$5n+3$

と表される。

この 2 つの整数の積は

$$(5n+2)(5n+3)=25n^2+25n+6$$
$$=25n^2+25n+5+1$$
$$=5(5n^2+5n+1)+1$$

$5n^2+5n+1$ は整数であるから，2 つの整数の積 $(5n+2)(5n+3)$ を 5 でわったときの余りは 1 である。

第 2 章　平方根

確認問題（テキスト 59 ページ）

問題 1　(1)　$64=8^2$ であるから　$\boldsymbol{\pm 8}$

(2)　$324=(18)^2$ であるから　$\boldsymbol{\pm 18}$

(3)　$\dfrac{49}{225}=\left(\dfrac{7}{15}\right)^2$ であるから　$\boldsymbol{\pm\dfrac{7}{15}}$

(4)　$2.56=(1.6)^2$ であるから　$\boldsymbol{\pm 1.6}$

(5)　$\boldsymbol{\pm\sqrt{17}}$

問題 2　(1)　$\sqrt{100}=\sqrt{10^2}=\boldsymbol{10}$

(2)　$-\sqrt{16}=-\sqrt{4^2}=\boldsymbol{-4}$

(3)　$\sqrt{\dfrac{169}{49}}=\sqrt{\left(\dfrac{13}{7}\right)^2}=\boldsymbol{\dfrac{13}{7}}$

(4)　$-\sqrt{0.04}=-\sqrt{0.2^2}=\boldsymbol{-0.2}$

(5)　$\sqrt{121}=\sqrt{11^2}=\boldsymbol{11}$

問題 3　(1)　$\sqrt{7}\times\sqrt{10}=\sqrt{7\times 10}=\boldsymbol{\sqrt{70}}$

(2)　$5\sqrt{6}=\sqrt{5^2\times 6}=\boldsymbol{\sqrt{150}}$

(3)　$\dfrac{2\sqrt{5}}{3}=\dfrac{\sqrt{2^2\times 5}}{\sqrt{3^2}}=\sqrt{\dfrac{2^2\times 5}{3^2}}$

$=\boldsymbol{\sqrt{\dfrac{20}{9}}}$

(4)　$\dfrac{5\sqrt{7}}{2\sqrt{3}}=\dfrac{\sqrt{5^2\times 7}}{\sqrt{2^2\times 3}}=\sqrt{\dfrac{5^2\times 7}{2^2\times 3}}$

$=\boldsymbol{\sqrt{\dfrac{175}{12}}}$

問題 4　(1)　$\dfrac{2}{\sqrt{5}}=\dfrac{2\times\sqrt{5}}{\sqrt{5}\times\sqrt{5}}$

$=\boldsymbol{\dfrac{2\sqrt{5}}{5}}$

(2)　$\dfrac{6\sqrt{7}}{\sqrt{3}}=\dfrac{6\sqrt{7}\times\sqrt{3}}{\sqrt{3}\times\sqrt{3}}=\dfrac{6\sqrt{21}}{3}$

$=\boldsymbol{2\sqrt{21}}$

(3)　$\dfrac{1}{\sqrt{5}-\sqrt{2}}=\dfrac{\sqrt{5}+\sqrt{2}}{(\sqrt{5}-\sqrt{2})(\sqrt{5}+\sqrt{2})}$

$=\dfrac{\sqrt{5}+\sqrt{2}}{5-2}=\boldsymbol{\dfrac{\sqrt{5}+\sqrt{2}}{3}}$

(4)　$\dfrac{4}{\sqrt{7}-3}=\dfrac{4(\sqrt{7}+3)}{(\sqrt{7}-3)(\sqrt{7}+3)}$

$$=\frac{4(\sqrt{7}+3)}{7-9}=\frac{4(\sqrt{7}+3)}{-2}$$
$$=\mathbf{-2(\sqrt{7}+3)}$$

問題 5 (1) $\sqrt{32}-\sqrt{8}+\sqrt{72}$
$=4\sqrt{2}-2\sqrt{2}+6\sqrt{2}$
$=\mathbf{8\sqrt{2}}$

(2) $\sqrt{48}-2\sqrt{8}+5\sqrt{27}-\sqrt{50}$
$=4\sqrt{3}-4\sqrt{2}+15\sqrt{3}-5\sqrt{2}$
$=\mathbf{19\sqrt{3}-9\sqrt{2}}$

(3) $\left(\frac{10}{\sqrt{5}}-\frac{3}{\sqrt{2}}\right)\times\sqrt{8}$
$=\left(\frac{10\sqrt{5}}{5}-\frac{3\sqrt{2}}{2}\right)\times 2\sqrt{2}$
$=2\sqrt{5}\times 2\sqrt{2}-\frac{3\sqrt{2}}{2}\times 2\sqrt{2}$
$=\mathbf{4\sqrt{10}-6}$

(4) $(4\sqrt{3}+3\sqrt{2}-6)\div 2\sqrt{6}$
$=\frac{4\sqrt{3}}{2\sqrt{6}}+\frac{3\sqrt{2}}{2\sqrt{6}}-\frac{6}{2\sqrt{6}}$
$=\frac{2}{\sqrt{2}}+\frac{3}{2\sqrt{3}}-\frac{3}{\sqrt{6}}$
$=\frac{2\sqrt{2}}{2}+\frac{3\sqrt{3}}{2\times 3}-\frac{3\sqrt{6}}{6}$
$=\mathbf{\sqrt{2}+\frac{\sqrt{3}}{2}-\frac{\sqrt{6}}{2}}$

(5) $(3\sqrt{5}-2)(2\sqrt{5}+3)$
$=3\times 2\times(\sqrt{5})^2+\{3\times 3+(-2)\times 2\}\sqrt{5}$
$\qquad +(-2)\times 3$
$=30+5\sqrt{5}-6$
$=\mathbf{24+5\sqrt{5}}$

(6) $(5\sqrt{2}-4\sqrt{3})^2$
$=(5\sqrt{2})^2-2\times 4\sqrt{3}\times 5\sqrt{2}+(4\sqrt{3})^2$
$=50-40\sqrt{6}+48$
$=\mathbf{98-40\sqrt{6}}$

問題 6 $\sqrt{28a}=\sqrt{2^2\times 7\times a}$ である。
$\sqrt{28a}$ が自然数となるのは，$28a$ が自然数の2乗の形になるときである。
よって，条件を満たす自然数 a のうち，最も小さいものは
$\mathbf{a=7}$

問題 7 $\sqrt{4}<\sqrt{7}<\sqrt{9}$ であるから
$2<\sqrt{7}<3$
よって，$\sqrt{7}$ の整数部分は　2
ゆえに，$\sqrt{7}$ の小数部分 x は　$x=\sqrt{7}-2$
したがって
$x^2+4x=x(x+4)$
$=(\sqrt{7}-2)\{(\sqrt{7}-2)+4\}$
$=(\sqrt{7}-2)(\sqrt{7}+2)$
$=7-4$
$=\mathbf{3}$

別解　$x=\sqrt{7}-2$ より　$x+2=\sqrt{7}$
両辺を2乗すると　$(x+2)^2=7$
左辺を展開して　$x^2+4x+4=7$
したがって　$x^2+4x=\mathbf{3}$

問題 8 (1) 小数第3位を四捨五入して得られる $\frac{4}{9}$ の近似値は 0.44
$\frac{4}{9}$ と近似値 0.44 との誤差は
$0.44=\frac{44}{100}=\frac{11}{25}$，$25\times 9=225$ より
$$0.44-\frac{4}{9}=\frac{99}{225}-\frac{100}{225}=\mathbf{-\frac{1}{225}}$$

(2) 小数第3位を四捨五入して得られる $\frac{10}{7}$ の近似値は　1.43
$\frac{10}{7}$ と近似値 1.43 との誤差は
$1.43\times 7=10.01$ より
$$1.43-\frac{10}{7}=\frac{1001}{700}-\frac{1000}{700}=\mathbf{\frac{1}{700}}$$

演習問題A（テキスト60ページ）

問題 1 $4\sqrt{5}=\sqrt{80}$ より　$8<4\sqrt{5}<9$
$2\sqrt{6}=\sqrt{24}$ より　$4<2\sqrt{6}<5$
よって　$4+4<2\sqrt{6}+4<5+4$
$8<2\sqrt{6}+4<9$
$5\sqrt{2}=\sqrt{50}$ より　$7<5\sqrt{2}<8$
よって　$7+2<5\sqrt{2}+2<8+2$
$9<5\sqrt{2}+2<10$

$3\sqrt{7}=\sqrt{63}$ より　$7<3\sqrt{7}<8$

よって　$7+1<3\sqrt{7}+1<8+1$

$$8<3\sqrt{7}+1<9$$

したがって，最も大きい数は　$\mathbf{5\sqrt{2}+2}$

問題 2　(1)　$\dfrac{3}{\sqrt{3}}+2\sqrt{48}-\sqrt{75}-\dfrac{10\sqrt{6}}{\sqrt{2}}$

$=\sqrt{3}+8\sqrt{3}-5\sqrt{3}-10\sqrt{3}$

$=\mathbf{-6\sqrt{3}}$

(2)　$\dfrac{2}{\sqrt{2}}(\sqrt{8}-1)+\dfrac{2\sqrt{6}}{\sqrt{3}}-4$

$=\sqrt{2}(2\sqrt{2}-1)+2\sqrt{2}-4$

$=4-\sqrt{2}+2\sqrt{2}-4$

$=\mathbf{\sqrt{2}}$

(3)　$\dfrac{3+\sqrt{2}}{\sqrt{3}}-\dfrac{2+\sqrt{8}}{\sqrt{6}}$

$=\dfrac{\sqrt{3}(3+\sqrt{2})}{3}-\dfrac{\sqrt{6}(2+\sqrt{8})}{6}$

$=\dfrac{3\sqrt{3}+\sqrt{6}}{3}-\dfrac{2\sqrt{6}+4\sqrt{3}}{6}$

$=\dfrac{3\sqrt{3}+\sqrt{6}-\sqrt{6}-2\sqrt{3}}{3}$

$=\mathbf{\dfrac{\sqrt{3}}{3}}$

(4)　$(\sqrt{3}-\sqrt{18})(\sqrt{3}-\sqrt{2})+\dfrac{24}{\sqrt{6}}$

$=(\sqrt{3}-3\sqrt{2})(\sqrt{3}-\sqrt{2})+\dfrac{24\sqrt{6}}{6}$

$=3-4\sqrt{6}+6+4\sqrt{6}$

$=\mathbf{9}$

(5)　$\left(\dfrac{\sqrt{5}+3}{\sqrt{6}}\right)^2-\left(\dfrac{\sqrt{5}-3}{\sqrt{6}}\right)^2$

$=\left(\dfrac{\sqrt{5}+3}{\sqrt{6}}+\dfrac{\sqrt{5}-3}{\sqrt{6}}\right)$

$\times\left(\dfrac{\sqrt{5}+3}{\sqrt{6}}-\dfrac{\sqrt{5}-3}{\sqrt{6}}\right)$

$=\dfrac{2\sqrt{5}}{\sqrt{6}}\times\dfrac{6}{\sqrt{6}}$

$=\mathbf{2\sqrt{5}}$

(6)　$(2+\sqrt{3}+\sqrt{7})(2+\sqrt{3}-\sqrt{7})$

$=\{(2+\sqrt{3})+\sqrt{7}\}\{(2+\sqrt{3})-\sqrt{7}\}$

$=(2+\sqrt{3})^2-(\sqrt{7})^2$

$=4+4\sqrt{3}+3-7$

$=\mathbf{4\sqrt{3}}$

問題 3　$\sqrt{2}x-\sqrt{2}<2-x$

$$\sqrt{2}x+x<2+\sqrt{2}$$

$$(\sqrt{2}+1)x<2+\sqrt{2}$$

$\sqrt{2}+1$ は正の数であるから，不等式の両辺を $\sqrt{2}+1$ でわっても不等号の向きは変わらない。

よって　$x<\dfrac{2+\sqrt{2}}{\sqrt{2}+1}$

$$\frac{2+\sqrt{2}}{\sqrt{2}+1}=\frac{(2+\sqrt{2})(\sqrt{2}-1)}{(\sqrt{2}+1)(\sqrt{2}-1)}$$

$$=\frac{2\sqrt{2}-2+2-\sqrt{2}}{2-1}$$

$$=\sqrt{2}$$

したがって　$\mathbf{x<\sqrt{2}}$

注意　$\dfrac{2+\sqrt{2}}{\sqrt{2}+1}$ から $\sqrt{2}$ への変形は

$$\frac{2+\sqrt{2}}{\sqrt{2}+1}=\frac{\sqrt{2}(\sqrt{2}+1)}{\sqrt{2}+1}=\sqrt{2}$$

としてもよい。

問題 4　$(a+b)^2=a^2+2ab+b^2$

$a-b=2\sqrt{3}$ の両辺を 2 乗すると

$$(a-b)^2=(2\sqrt{3})^2$$

$$a^2-2ab+b^2=12$$

$ab=3$ であるから

$$a^2-6+b^2=12$$

すなわち　$a^2+b^2=18$

よって　$(a+b)^2=a^2+2ab+b^2$

$=18+2\times3$

$=\mathbf{24}$

参考　$(a+b)^2=(a-b)^2+4ab$

と変形することもできる。

この式に $a-b=2\sqrt{3}$，$ab=3$ を代入してもよい。

問題 5　$4=\sqrt{16}$，$6=\sqrt{36}$ であるから

$$\sqrt{16}<\sqrt{5n}<\sqrt{36}$$

よって　$16<5n<36$

すなわち　$3.2<n<7.2$

したがって　$\boldsymbol{n=4,\ 5,\ 6,\ 7}$

問題 6　(1)　②

(2)　①

(3)　①

(4)　④

(5)　$\sqrt{49}=7$　よって　③

(6)　$\sqrt{12}=2\sqrt{3}$　よって　④

(7)　$\sqrt{(-6)^2}=6$　よって　③

(8)　$-\sqrt{\dfrac{64}{25}}=-\dfrac{8}{5}$　よって　①

(9)　①

問題 7　(1)　小数第 2 位を四捨五入して得られる $\dfrac{25712}{7}$ の近似値は　3673.1

よって　$\boldsymbol{3.6731\times10^3}$

(2)　小数第 4 位を四捨五入して得られる $\dfrac{9}{130}$ の近似値は　0.069

よって　$\boldsymbol{6.9\times\dfrac{1}{10^2}}$

演習問題B（テキスト 61 ページ）

問題 8　(1)　**正しい**

(2)　**正しくない**

$[\{-\sqrt{(-3)^2}\}^2=(-\sqrt{9})^2=9$ となる$]$

(3)　**正しい**

(4)　**正しくない**

[7 の平方根は $\sqrt{7}$ と $-\sqrt{7}$ の 2 つ]

(5)　**正しくない**

[負の数の平方根は考えない]

(6)　**正しくない**

$[-\sqrt{(-13)^2}=-13$，-13 は有理数$]$

(7)　**正しい**

$[\sqrt{2.25}=\sqrt{1.5^2}=1.5]$

(8)　**正しくない**

$[\sqrt{50}=\sqrt{5}\sqrt{10}$ より $\sqrt{10}$ 倍$]$

問題 9　(1)　$x+y=(\sqrt{7}+\sqrt{5})+(\sqrt{7}-\sqrt{5})$

$=\boldsymbol{2\sqrt{7}}$

(2)　$xy=(\sqrt{7}+\sqrt{5})(\sqrt{7}-\sqrt{5})$

$=7-5=\boldsymbol{2}$

(3)　$x^2+y^2=(x+y)^2-2xy$

$=(2\sqrt{7})^2-2\times2$

$=28-4=\boldsymbol{24}$

(4)　$\dfrac{y}{x}+\dfrac{x}{y}=\dfrac{y^2+x^2}{xy}=\dfrac{24}{2}=\boldsymbol{12}$

問題 10　n は自然数であるから

$0\leqq10-n\leqq9$

よって　$0\leqq\sqrt{10-n}\leqq3$

$\sqrt{10-n}=0$ のとき，根号の中が 0 であればよいから　$10-n=0$

$n=10$

同様に　$\sqrt{10-n}=1$ のとき　$10-n=1^2$

$n=9$

$\sqrt{10-n}=2$ のとき　$10-n=2^2$

$n=6$

$\sqrt{10-n}=3$ のとき　$10-n=3^2$

$n=1$

したがって，n の値は　**1，6，9，10**

問題 11　整数部分が 4 となる数は，4 以上 5 未満の数であるから

$4\leqq\sqrt{3x-5}<5$

よって　$4^2\leqq3x-5<5^2$

$21\leqq3x<30$

したがって　$\boldsymbol{7\leqq x<10}$

問題 12　$\dfrac{1}{2-\sqrt{3}}=\dfrac{2+\sqrt{3}}{(2-\sqrt{3})(2+\sqrt{3})}$

$=\dfrac{2+\sqrt{3}}{4-3}=2+\sqrt{3}$

$1<\sqrt{3}<2$ であるから

$3<2+\sqrt{3}<4$

よって　$a=3$

$b=(2+\sqrt{3})-a$

$=(2+\sqrt{3})-3=\sqrt{3}-1$

したがって

$a+b^2+2b+1=a+(b+1)^2$

$=3+\{(\sqrt{3}-1)+1\}^2$

$=6$

問題 13 (1) $\begin{cases}\sqrt{2}x+y=-1 & \cdots\cdots ①\\ x-\sqrt{2}y=4\sqrt{2} & \cdots\cdots ②\end{cases}$

②×$\sqrt{2}$ より

$\sqrt{2}x-2y=8$ ……③

①－③より　$3y=-9$

ゆえに　$y=-3$

これを②に代入して

$x+3\sqrt{2}=4\sqrt{2}$

よって　$x=\sqrt{2}$

したがって　$\boldsymbol{x=\sqrt{2},\ y=-3}$

(2) $\begin{cases}\sqrt{3}x+\sqrt{5}y=8 & \cdots\cdots ①\\ \sqrt{5}x-\sqrt{3}y=8 & \cdots\cdots ②\end{cases}$

①×$\sqrt{3}$ より

$3x+\sqrt{15}y=8\sqrt{3}$ ……③

②×$\sqrt{5}$ より

$5x-\sqrt{15}y=8\sqrt{5}$ ……④

③＋④より　$8x=8\sqrt{3}+8\sqrt{5}$

ゆえに　$x=\sqrt{3}+\sqrt{5}$

これを①に代入して

$\sqrt{3}(\sqrt{3}+\sqrt{5})+\sqrt{5}y=8$

$3+\sqrt{15}+\sqrt{5}y=8$

$\sqrt{5}y=5-\sqrt{15}$

よって　$y=\sqrt{5}-\sqrt{3}$

したがって

$\boldsymbol{x=\sqrt{3}+\sqrt{5},\ y=\sqrt{5}-\sqrt{3}}$

問題 14 (1) 126166948 人を 10000000 人を単位とした概数で表すためには，1000000 すなわち百万の位を四捨五入すればよい。

よって，百万の位の数は 6 であるから，求める概数は　130000000 人

したがって，有効数字は　**1，3**

(2) (1)から　$\boldsymbol{1.3\times10^8}$ **人**

第3章　2次方程式

確認問題（テキスト 81 ページ）

問題 1 (1) $x^2=144$

$\boldsymbol{x=\pm12}$

(2) $3x^2=108$

$x^2=36$

よって　$\boldsymbol{x=\pm6}$

(3) $t^2-4t-21=0$

$(t+3)(t-7)=0$

よって　$\boldsymbol{t=-3,\ 7}$

(4) $4x^2-39x+27=0$

$(x-9)(4x-3)=0$

よって　$\boldsymbol{x=9,\ \frac{3}{4}}$

(5) $3x^2-24x+45=0$

$x^2-8x+15=0$

$(x-3)(x-5)=0$

よって　$\boldsymbol{x=3,\ 5}$

(6) $x^2+9=-6x$

$x^2+6x+9=0$

$(x+3)^2=0$

よって　$\boldsymbol{x=-3}$

(7) $(x-3)^2=100$

$x-3=\pm10$

よって　$\boldsymbol{x=13,\ -7}$

(8) $(2p+5)^2=16$

$2p+5=\pm4$

$2p=-1,\ -9$

よって　$\boldsymbol{p=-\frac{1}{2},\ -\frac{9}{2}}$

(9) $-x^2+x+7=0$

$x^2-x-7=0$

解の公式により

$$x=\frac{-(-1)\pm\sqrt{(-1)^2-4\times1\times(-7)}}{2\times1}$$

$$=\boldsymbol{\frac{1\pm\sqrt{29}}{2}}$$

(10) $x^2+5x+2=0$

解の公式により

$$x=\frac{-5\pm\sqrt{5^2-4\times1\times2}}{2\times1}$$

$$=\mathbf{\frac{-5\pm\sqrt{17}}{2}}$$

(11) $a^2+4a-1=0$

a の係数は偶数で，解の公式により

$$\boldsymbol{a}=\frac{-2\pm\sqrt{2^2-1\times(-1)}}{1}$$

$$=\mathbf{-2\pm\sqrt{5}}$$

(12) $2x^2-14x-49=0$

x の係数は偶数で，解の公式により

$$\boldsymbol{x}=\frac{-(-7)\pm\sqrt{(-7)^2-2\times(-49)}}{2}$$

$$=\frac{7\pm\sqrt{49\times3}}{2}$$

$$=\mathbf{\frac{7\pm7\sqrt{3}}{2}}$$

(13) $(x+4)(x-4)=6x$

$x^2-16=6x$

$x^2-6x-16=0$

$(x+2)(x-8)=0$

よって　　$\boldsymbol{x}=\mathbf{-2,\ 8}$

(14) $x(x-4)=12-5x$

$x^2-4x=12-5x$

$x^2+x-12=0$

$(x-3)(x+4)=0$

よって　　$\boldsymbol{x}=\mathbf{3,\ -4}$

(15) $x(3x+2)=x^2-4x$

$3x^2+2x=x^2-4x$

$x^2+3x=0$

$x(x+3)=0$

よって　　$\boldsymbol{x}=\mathbf{0,\ -3}$

(16) $3(x+1)(x-2)=2(x^2-2)$

$3(x^2-x-2)=2x^2-4$

$x^2-3x-2=0$

解の公式により

$$x=\frac{-(-3)\pm\sqrt{(-3)^2-4\times1\times(-2)}}{2\times1}$$

$$=\mathbf{\frac{3\pm\sqrt{17}}{2}}$$

問題 2　方程式 $a+4x=6ax$ の解が $x=\frac{1}{3}a$ であるから，$x=\frac{1}{3}a$ を方程式に代入すると

$$a+4\times\frac{1}{3}a=6a\times\frac{1}{3}a$$

$$a+\frac{4}{3}a=2a^2$$

$$3a+4a=6a^2$$

$$6a^2-7a=0$$

$$a(6a-7)=0$$

よって　　$\boldsymbol{a}=\mathbf{0,\ \frac{7}{6}}$

問題 3　(1)　2 次方程式 $x^2+6x+1=0$ の判別式を D とすると

$$D=6^2-4\times1\times1=32>0$$

よって，実数解の個数は　　**2 個**

(2)　2 次方程式 $2x^2-3x+5=0$ の判別式を D とすると

$$D=(-3)^2-4\times2\times5=-31<0$$

よって，実数解の個数は　　**0 個**

問題 4　条件から

$$(x+4)^2-53=4(x+2)$$

$$x^2+8x+16-53=4x+8$$

$$x^2+4x-45=0$$

$$(x+9)(x-5)=0$$

よって　　$x=-9,\ 5$

x は正の整数であるから，$x=-9$ はこの問題には適さない。

$x=5$ は問題に適している。

したがって，求める正の整数は　　**5**

問題 5　三角形の底辺の長さを x cm とすると，高さは $(x+3)$ cm と表される。

$x>0$，$x+3>0$ であるから　　$x>0$

三角形の面積について

$$\frac{1}{2}\times x\times(x+3)=20$$

$$x^2+3x-40=0$$

$$(x+8)(x-5)=0$$

よって　$x=-8,\ 5$

$x>0$ であるから，$x=-8$ はこの問題には適さない。

$x=5$ は問題に適している。

したがって，底辺の長さは　**5 cm**

問題 6　長方形の縦の長さを x cm とすると，長方形の周囲の長さは 40 cm であるから，横の長さは $(20-x)$ cm と表される。

$x>0$，$20-x>0$ であるから　$0<x<20$

2 つの正方形と長方形の面積の関係から

$$x^2+(20-x)^2=2x(20-x)+16$$
$$2x^2-40x+400=-2x^2+40x+16$$
$$x^2-20x+96=0$$
$$(x-8)(x-12)=0$$

よって　$x=8,\ 12$

$0<x<20$ であるから，これらは，ともに問題に適している。

したがって，長方形の縦と横の長さは 8 cm と 12 cm であるから，その面積は

$$8\times12=\mathbf{96}\ (\mathbf{cm^2})$$

演習問題 A（テキスト 82 ページ）

問題 1　(1)　$\dfrac{1}{6}x^2-\dfrac{1}{2}(x-1)-\dfrac{1}{3}=0$

$$x^2-3(x-1)-2=0$$
$$x^2-3x+1=0$$

解の公式により

$$x=\frac{-(-3)\pm\sqrt{(-3)^2-4\times1\times1}}{2\times1}$$
$$=\boldsymbol{\frac{3\pm\sqrt{5}}{2}}$$

(2)
$$\frac{2x-1}{3}-\left(\frac{x+1}{3}\right)^2=-1$$
$$\frac{2x-1}{3}-\frac{x^2+2x+1}{9}=-1$$
$$3(2x-1)-(x^2+2x+1)=-9$$
$$x^2-4x-5=0$$
$$(x+1)(x-5)=0$$

よって　$\boldsymbol{x=-1,\ 5}$

(3)　$1.5x(2-0.5x)-0.25(x+4)=0.25x+1$

$$\frac{3}{2}x\left(2-\frac{1}{2}x\right)-\frac{1}{4}(x+4)=\frac{1}{4}x+1$$
$$3x-\frac{3}{4}x^2-\frac{1}{4}x-1=\frac{1}{4}x+1$$
$$12x-3x^2-x-4=x+4$$
$$3x^2-10x+8=0$$
$$(x-2)(3x-4)=0$$

よって　$\boldsymbol{x=2,\ \frac{4}{3}}$

別解　もとの式の両辺に 100 をかけて

$$15x(20-5x)-25(x+4)=25x+100$$

として解いてもよい。

(4)　$2(x-\sqrt{3})^2-3(x-\sqrt{3})-2=0$

$x-\sqrt{3}=t$ とおくと，方程式は次のように表される。

$$2t^2-3t-2=0$$
$$(t-2)(2t+1)=0$$

よって　$t=2,\ -\dfrac{1}{2}$

$x=t+\sqrt{3}$ であるから

$$\boldsymbol{x=2+\sqrt{3},\ -\frac{1}{2}+\sqrt{3}}$$

問題 2　2 次方程式 $x^2-4x+4=0$ を解くと

$$x^2-4x+4=0$$
$$(x-2)^2=0$$
$$x=2$$

解 $x=2$ が 2 次方程式①の解でもあるから

$$3x^2+ax-24=0\quad\cdots\cdots①$$

に $x=2$ を代入すると

$$3\times2^2+a\times2-24=0$$
$$2a=12$$

よって　$\boldsymbol{a=6}$

$a=6$ を①に代入すると

$$3x^2+6x-24=0$$
$$x^2+2x-8=0$$
$$(x-2)(x+4)=0$$
$$x=2,\ -4$$

したがって，方程式①のもう 1 つの解は

$$\boldsymbol{x=-4}$$

問題3　2次方程式 $x^2-6x-16=0$ の2つの解から，それぞれ2をひいた数が，2次方程式 $x^2+ax+b=0$ の2つの解である

$x^2-6x-16=0$ を解くと

$$(x+2)(x-8)=0$$

$$x=-2,\ 8$$

よって，$x^2+ax+b=0$ ……① の2つの解は　$x=-4,\ 6$

① に $x=-4$ を代入すると

$$(-4)^2+a\times(-4)+b=0$$

すなわち　$4a-b=16$ ……②

① に $x=6$ を代入すると

$$6^2+a\times6+b=0$$

すなわち　$6a+b=-36$ ……③

②，③より　$\boldsymbol{a=-2,\ b=-24}$

問題4　$x^2-2x-1=0$ を解くと

$$x=\frac{-(-1)\pm\sqrt{(-1)^2-1\times(-1)}}{1}$$

$$=1\pm\sqrt{2}$$

よって　$a=1+\sqrt{2}$

また　$2a^2-3a+1=(a-1)(2a-1)$

この右辺に $a=1+\sqrt{2}$ を代入すると

$$2a^2-3a+1$$

$$=(1+\sqrt{2}-1)\{2(1+\sqrt{2})-1\}$$

$$=\sqrt{2}(2\sqrt{2}+1)=\boldsymbol{4+\sqrt{2}}$$

別解　$x=1\pm\sqrt{2}$　より　$a=1+\sqrt{2}$

a は方程式 $x^2-2x-1=0$ の解である。

よって　$a^2-2a-1=0$

すなわち　$a^2=2a+1$

ゆえに　$2a^2-3a+1$

$$=2(2a+1)-3a+1$$

$$=4a+2-3a+1$$

$$=a+3$$

$a+3$ に $a=1+\sqrt{2}$ を代入すると

$$2a^2-3a+1=1+\sqrt{2}+3=\boldsymbol{4+\sqrt{2}}$$

問題5　x は自然数とする。

連続する3つの自然数を

$$x,\ x+1,\ x+2$$

とおくと，$x<x+1<x+2$ で，条件から

$$x(x+1)=(x+2)+79$$

$$x^2+x=x+81$$

$$x^2=81$$

$$x=\pm9$$

x は自然数であるから，$x=-9$ はこの問題には適さない。

$x=9$ は問題に適している。

よって，求める3つの数は　**9，10，11**

問題6　もとの長方形の縦の長さを x cm とすると，横の長さは $4x$ cm と表され，条件から

$$(x+1)(4x+3)=x\times4x\times1.25$$

$$4x^2+7x+3=5x^2$$

$$x^2-7x-3=0$$

解の公式により

$$x=\frac{-(-7)\pm\sqrt{(-7)^2-4\times1\times(-3)}}{2\times1}$$

$$=\frac{7\pm\sqrt{61}}{2}$$

$x>0$ であるから，$x=\dfrac{7-\sqrt{61}}{2}$ はこの問題には適さない。

$x=\dfrac{7+\sqrt{61}}{2}$ は問題に適している。

よって　$\boldsymbol{\dfrac{7+\sqrt{61}}{2}}$ **cm**

問題7　道の幅を x m とすると

$0<x<20$

右のように，道（白い部分）を移動すると，花だんの面積について

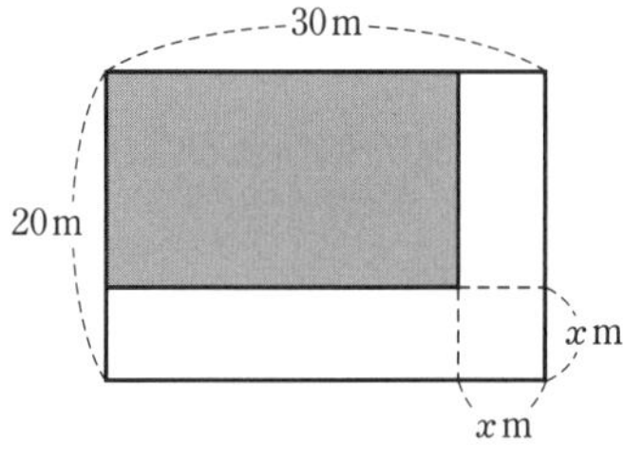

$$(20-x)(30-x)=336$$

$$x^2-50x+264=0$$

$$(x-6)(x-44)=0$$

よって　$x=6,\ 44$

$0<x<20$ であるから，$x=44$ はこの問題には適さない。

$x=6$ は問題に適している。

したがって　　**6 m**

演習問題B（テキスト83ページ）

問題8　2次方程式 $x^2-6x+4=0$ の2つの解が a，b であるから，$x^2-6x+4=0$ に $x=a$，$x=b$ をそれぞれ代入すると

$$a^2-6a+4=0,\ b^2-6b+4=0$$

よって

$$a^2-6a=-4,\ b^2-6b+1=-3$$

したがって

$$(a^2-6a)(b^2-6b+1)=(-4)\times(-3)$$
$$=\mathbf{12}$$

問題9　2次方程式 ① の判別式を D とすると

$$D=(-2)^2-4\times1\times m=4-4m$$

(1)　① が異なる2つの実数解をもつのは，$D>0$ のときである。

すなわち　　$4-4m>0$

よって　　$\boldsymbol{m<1}$

(2)　① がただ1つの実数解をもつのは，$D=0$ のときである。

すなわち　　$4-4m=0$

よって　　$\boldsymbol{m=1}$

問題10　(1)　20％の食塩水100gの中には，

$100\times\dfrac{20}{100}=20$(g) の食塩が含まれる。

1回目の操作後の食塩の量は，最初の食塩の量の $\dfrac{100-x}{100}$ 倍であるから

$$20\times\frac{100-x}{100}=\boldsymbol{\frac{100-x}{5}}\ \textbf{(g)}$$

(2)　2回目の操作後の容器Aの中の食塩の量は

$$\frac{100-x}{5}\times\frac{100-x}{100}=\frac{(100-x)^2}{500}\ \text{(g)}$$

この量の食塩を含む100gの食塩水の濃度が5％であるから

$$\frac{(100-x)^2}{500}=100\times\frac{5}{100}$$

$$(100-x)^2=2500$$
$$100-x=\pm50$$
$$x=50,\ 150$$

$0\leqq x\leqq100$ であるから，$x=150$ はこの問題には適さない。

$x=50$ は問題に適している。

したがって　　$\boldsymbol{x=50}$

問題11　(1)　点Bの x 座標が2であるから，点Aの x 座標も2である。

このとき，Aの y 座標は　$2a+2$

また，BC=AB=$2a+2$ であるから，点Cの x 座標は

$$2+(2a+2)=2a+4$$

したがって，点Eの x 座標も　$\boldsymbol{2a+4}$

(2)　点Eの y 座標は，(1)より

$$a(2a+4)+2=2a^2+4a+2$$

また，CG=EC=$2a^2+4a+2$ であるから，点Gの x 座標は

$$(2a+4)+(2a^2+4a+2)=2a^2+6a+6$$

点Gの x 座標が42であるから

$$2a^2+6a+6=42$$
$$a^2+3a-18=0$$
$$(a+6)(a-3)=0$$
$$a=-6,\ 3$$

$a>0$ であるから，$a=-6$ はこの問題には適さない。

$a=3$ は問題に適している。

したがって　　$\boldsymbol{a=3}$

第4章　関数 $y=ax^2$

確認問題（テキスト 109 ページ）

問題1　y は x^2 に比例するから，比例定数を a とすると，$y=ax^2$ と表すことができる。

$x=-2$ のとき $y=-10$ であるから

$$-10=a\times(-2)^2$$

$$a=-\frac{5}{2}$$

よって，関数は　$y=-\frac{5}{2}x^2$　……①

(ア)　$x=-1$ を①に代入すると

$$y=-\frac{5}{2}\times(-1)^2=\boldsymbol{-\frac{5}{2}}$$

(イ)　$x=2$ を①に代入すると

$$y=-\frac{5}{2}\times 2^2=\boldsymbol{-10}$$

別解　$y=-\frac{5}{2}x^2$ のグラフは，y 軸に関して対称であるから，$x=2$ のときの y の値は，$x=-2$ のときの y の値と同じである。

よって　　$y=\boldsymbol{-10}$

(ウ)　$y=-40$ を①に代入すると

$$-40=-\frac{5}{2}x^2$$

$$x^2=16$$

(ウ)にあてはまる数は正の数であるから

$x=\boldsymbol{4}$

問題2　(1)　$x=1$ のとき　　$y=2\times1^2=2$

$x=3$ のとき　　$y=2\times3^2=18$

よって，変化の割合は

$$\frac{18-2}{3-1}=\frac{16}{2}=\boldsymbol{8}$$

(2)　$x=-1$ のとき　$y=2\times(-1)^2=2$

$x=\frac{3}{2}$ のとき

$$y=2\times\left(\frac{3}{2}\right)^2$$

$$=\frac{9}{2}$$

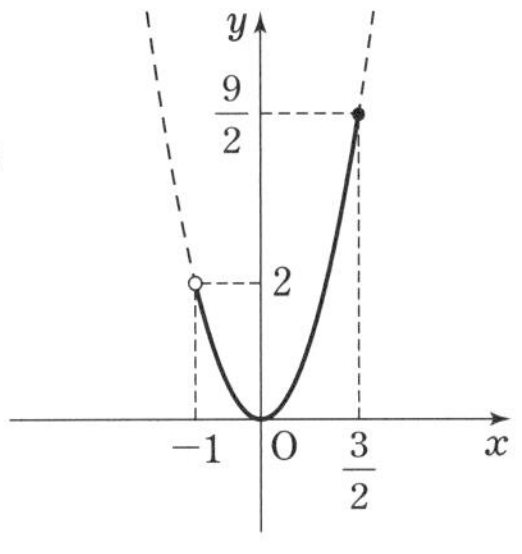

よって，グラフは，図の実線部分であるから

$x=\frac{3}{2}$ のとき **最大値** $\boldsymbol{\frac{9}{2}}$

$x=0$ のとき **最小値 0**

問題3　関数 $y=x^2$ の $n\leqq x\leqq 2$ に対応する部分は，右の図の実線部分である。

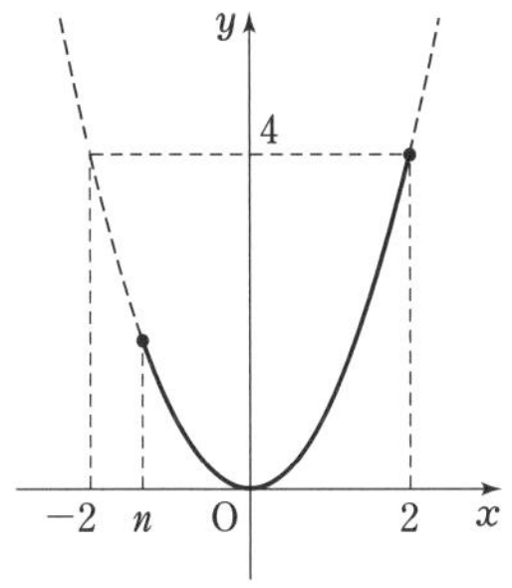

よって，値域が $0\leqq y\leqq 4$ となるような n の値の範囲は　　$-2\leqq n\leqq 0$

n は整数であるから　　$\boldsymbol{n=-2,\ -1,\ 0}$

問題4　$x=-1$ のとき　$y=a\times(-1)^2=a$

$x=3$ のとき　　$y=a\times3^2=9a$

よって，x の値が -1 から 3 まで増加するときの変化の割合は

$$\frac{9a-a}{3-(-1)}=\frac{8a}{4}=2a$$

であるから　　$2a=-6$

したがって　　$\boldsymbol{a=-3}$

問題5　(1)　点Aは放物線 $y=ax^2$ 上の点であるから　　$8=a\times(-4)^2$

よって　　$\boldsymbol{a=\frac{1}{2}}$

(2)　直線ABの式を $y=px+q$ とおくと

$$\begin{cases}8=-4p+q\\2=2p+q\end{cases}$$

これを解くと　　$p=-1,\ q=4$

よって，直線ABの式は

$$\boldsymbol{y=-x+4}$$

(3)　(2)より OC$=4$ であるから

$$\triangle\mathrm{AOC}=\frac{1}{2}\times4\times4=\boldsymbol{8}$$

(4)　$\triangle\mathrm{BOC}=\frac{1}{2}\times4\times2=4$

よって　　$\triangle\mathrm{OAB}=\triangle\mathrm{AOC}+\triangle\mathrm{BOC}$

$=8+4=\boldsymbol{12}$

(5)　点Aを通り，△AOCの面積を2等分す

る直線は，線分 OC の中点を通る。

線分 OC の中点の座標は　　(0, 2)

よって，2 点 (−4, 8)，(0, 2) を通る直線の式を求めると

$$y=\frac{2-8}{0-(-4)}x+2=-\frac{3}{2}x+2$$

演習問題A（テキスト 110 ページ）

問題 1　$-1 \leqq x \leqq 2$ のとき，関数 $y=x^2$ の値域は

$0 \leqq y \leqq 4$

$a>0$ であるから，関数 $y=ax+b$ のグラフは右上がりの直線となる。

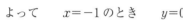

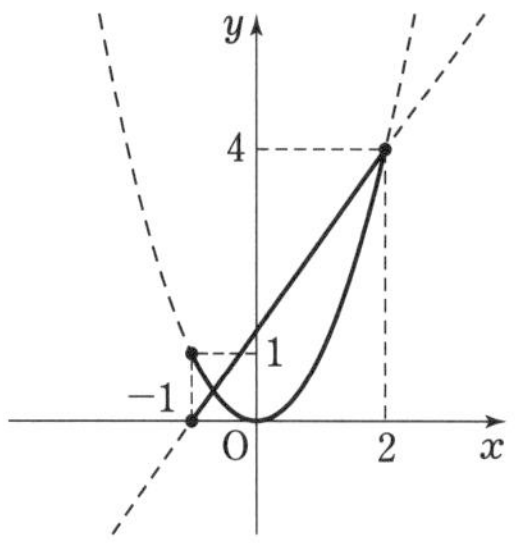

よって　　$x=-1$ のとき　　$y=0$

$x=2$ のとき　　$y=4$

となればよい。

したがって　　$0=-a+b$　……①

$4=2a+b$　……②

①，②より　　$\boldsymbol{a=\frac{4}{3},\ b=\frac{4}{3}}$

問題 2　x の値が a から $a+2$ まで増加するときの変化の割合は

$$\frac{(a+2)^2-a^2}{(a+2)-a}=\frac{4a+4}{2}=2a+2$$

であるから　$2a+2=4$

よって　　　$\boldsymbol{a=1}$

問題 3　(1)　点 C は関数 $y=x^2$ のグラフ上の点であるから，点 C の y 座標は

$y=4^2=16$

よって　　$\triangle \mathrm{OCB}=\frac{1}{2}\times 6\times 16=\boldsymbol{48}$

(2)　点 A は関数 $y=x^2$ のグラフ上の点であるから，点 A の y 座標は

$y=(-3)^2=9$

△OAB と△OPB は辺 OB が共通であるから，辺 OB を 2 つの三角形の底辺とすると，△OPB＝2△OAB になるのは，△OPB の高さが△OAB の高さの 2 倍になるときである。

点 P の y 座標は正であるから，点 P の y 座標が点 A の y 座標の 2 倍になればよい。

よって，点 P の y 座標は

$y=9\times 2=18$

点 P は関数 $y=x^2$ のグラフ上の点であるから，$y=18$ を $y=x^2$ に代入すると

$18=x^2$

$x=\pm 3\sqrt{2}$

したがって，求める点 P の x 座標は

$\boldsymbol{-3\sqrt{2},\ 3\sqrt{2}}$

問題 4　(1)　点 A の y 座標は　　$4a^2$

よって，点 D の y 座標も $4a^2$ となる。

点 D の x 座標は　　$4a^2=x^2$

を解いて　　$x=\pm 2a$

$a>0$ で，点 D の x 座標は正であるから

$x=2a$

したがって，点 D の座標は

$\boldsymbol{(2a,\ 4a^2)}$

(2)　点 B の y 座標は　　a^2

よって　　$\mathrm{AB}=4a^2-a^2=3a^2$

また　　$\mathrm{AD}=2a-a=a$

したがって，四角形 ABCD の面積は

$3a^2\times a=\boldsymbol{3a^3}$

(3)　四角形 ABCD が正方形となるとき，AB＝AD となればよい。

(2)より　$\mathrm{AB}=3a^2$，$\mathrm{AD}=a$ であるから

$3a^2=a$

$3a^2-a=0$

$a(3a-1)=0$

$a>0$ であるから　　$\boldsymbol{a=\frac{1}{3}}$

演習問題B（テキスト 111 ページ）

問題 5　放物線と直線の共有点がただ 1 つとな

るためには，放物線の式と直線の式を連立方程式と考えて，この連立方程式から y を消去した x の 2 次方程式が

$$(ax+b)^2=0$$

の形になればよい。

$y=x^2$ と $y=8x+m$ から y を消去すると

$$x^2=8x+m$$

よって　$x^2-8x-m=0$　……①

一方，$(x-4)^2=x^2-8x+16$ である。

すなわち　$x^2-8x=(x-4)^2-16$

これを利用して ① の左辺を変形すると

$$(x-4)^2-16-m=0$$

ゆえに，$-16-m=0$ となればよい。

したがって　$\boldsymbol{m=-16}$

別解　テキスト 77 ページの判別式の考えを使って，次のように解いてもよい。

2 次方程式 ① の判別式を D とすると

$$D=(-8)^2-4\times1\times(-m)$$
$$=64+4m$$

① の実数解がただ 1 つであるとき

$$D=0$$

すなわち　$64+4m=0$

これを解いて　$\boldsymbol{m=-16}$

問題 6　(1)　2 点 B，C は，ともに放物線 $y=\frac{1}{4}x^2$ 上の点であるから

点 B の y 座標は　$y=\frac{1}{4}\times(-4)^2=4$

点 C の y 座標は　$y=\frac{1}{4}\times8^2=16$

よって，2 点 B，C の座標はそれぞれ

$$(-4,\ 4),\ (8,\ 16)$$

直線 ℓ の式を $y=ax+b$ とおくと

$$\begin{cases}4=-4a+b\\16=8a+b\end{cases}$$

これを解くと　$a=1,\ b=8$

したがって，直線 ℓ の式は

$$\boldsymbol{y=x+8}$$

(2)　直線 ℓ と y 軸との交点を D とする。

直線 ℓ の切片は 8 であるから

$$\mathrm{OD}=8$$

よって，△BOC の面積は

$$\triangle\mathrm{BOC}=\triangle\mathrm{BOD}+\triangle\mathrm{COD}$$
$$=\frac{1}{2}\times8\times4+\frac{1}{2}\times8\times8$$
$$=\boldsymbol{48}$$

(3)　点 A の y 座標は 0 であるから，x 座標は，$y=x+8$ に $y=0$ を代入すると

$$0=x+8$$
$$x=-8$$

よって，x 軸を回転の軸として，△AOC を 1 回転させてできる立体は，「半径 16 の円を底面とする，高さ 16 の円錐」から「半径 16 の円を底面とする，高さ 8 の円錐」を除いたものである。

したがって，求める体積は

$$\frac{1}{3}\times\pi\times16^2\times16-\frac{1}{3}\times\pi\times16^2\times8$$
$$=\frac{1}{3}\times\pi\times16^2\times(16-8)$$
$$=\frac{1}{3}\times\pi\times16^2\times8$$
$$=\boldsymbol{\frac{2048}{3}\pi}$$

問題 7　(1)　[1]　点 P が辺 AB 上にあるとき，x の値の範囲は　$0\leqq x\leqq2$

このとき，点 Q は辺 DA 上にある。

△DPQ は底辺が $2x$ cm，高さが $3x$ cm であるから，その面積は

$$y=\frac{1}{2}\times2x\times3x\quad(\mathrm{cm}^2)$$

よって　$y=3x^2$　(cm^2)

[2]　点 P が辺 BC 上にあるとき，x の値の範囲は　$2\leqq x\leqq6$

このとき，点 Q は辺 DA 上にある。

△DPQ は底辺が $2x$ cm，高さが 6 cm であるから，その面積は

$$y=\frac{1}{2}\times2x\times6\quad(\mathrm{cm}^2)$$

よって　$y=6x$　(cm^2)

[3] 点Pが辺CD上にあるとき，xの値の範囲は　$6 \leqq x \leqq 8$

このとき，点Qは辺AB上にある。

△DPQは底辺が$(24-3x)$ cm，高さが12 cmであるから，面積は

$$y=\frac{1}{2}\times(24-3x)\times12 \quad (\text{cm}^2)$$

よって　$y=144-18x$　(cm^2)

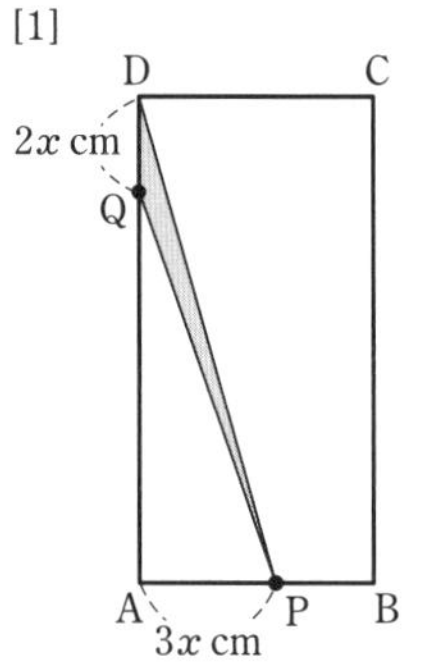

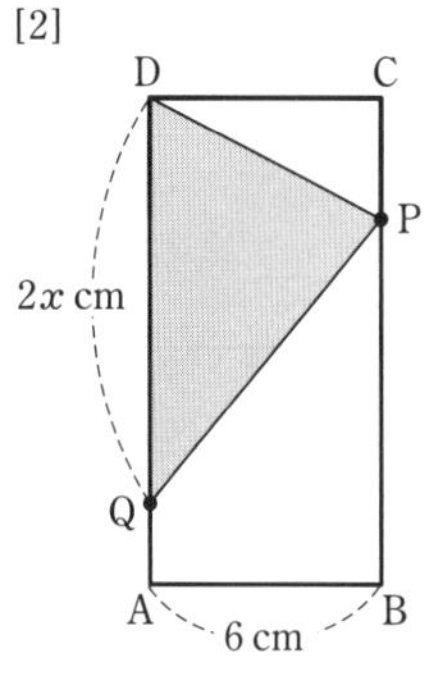

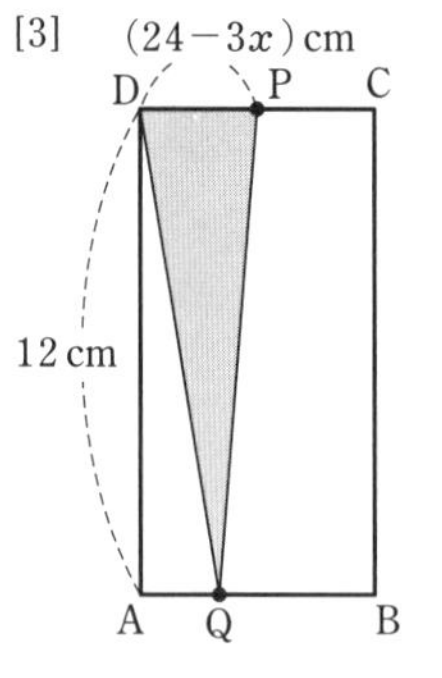

[1]～[3]から

$$\boldsymbol{y=\begin{cases} 3x^2 & (0 \leqq x \leqq 2) \\ 6x & (2 \leqq x \leqq 6) \\ 144-18x & (6 \leqq x \leqq 8) \end{cases}}$$

グラフは下の図のようになる。

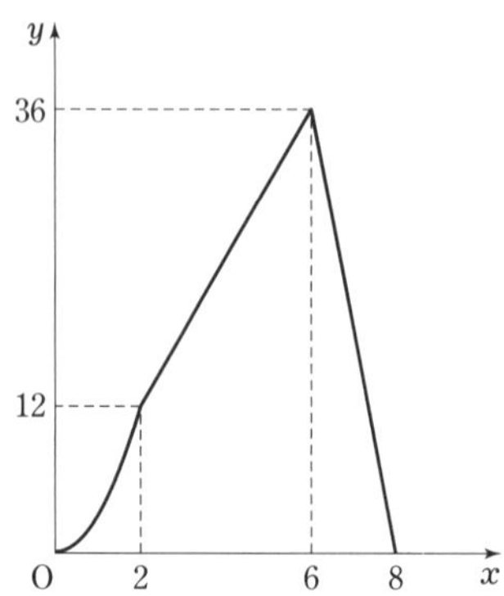

(2) (1)のグラフから，△DPQの面積が$9\ \text{cm}^2$になるのは，

$0 \leqq x \leqq 2$のときと$6 \leqq x \leqq 8$

のときである。

$0 \leqq x \leqq 2$のとき　$3x^2=9$

これを解くと　$x=\pm\sqrt{3}$

$0 \leqq x \leqq 2$であるから　$x=\sqrt{3}$

$6 \leqq x \leqq 8$のとき　$144-18x=9$

これを解くと　$x=\frac{15}{2}$

$6 \leqq x \leqq 8$であるから，これは問題に適している。

よって　**$\sqrt{3}$秒後と$\frac{15}{2}$秒後**

(3) (1)のグラフから，面積が減っているようなxの値の範囲は

$6 \leqq x \leqq 8$

ゆえに，$6 \leqq a+2 \leqq 8$と考えられる。

よって，$4 \leqq a \leqq 6$であるから，a秒後と$(a+2)$秒後の△DPQの面積について

$6a=\{144-18(a+2)\}\times3$

$2a=-18a+108$

$5a=27$

$a=\frac{27}{5}$

$4 \leqq a \leqq 6$であるから，これは問題に適している。

したがって　**$a=\frac{27}{5}$**

第5章　データの活用

確認問題（テキスト 129，130 ページ）

問題 1　(1)

記録(m)	度数(人)
10 以上 12 未満	1
12 ～ 14	3
14 ～ 16	8
16 ～ 18	10
18 ～ 20	3
20 ～ 22	5
計	30

(2)

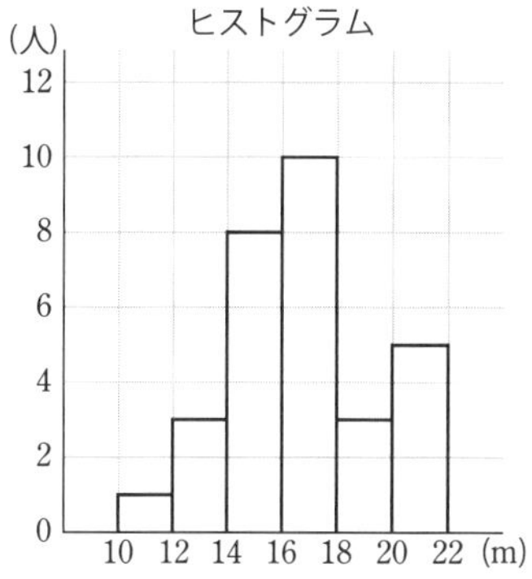

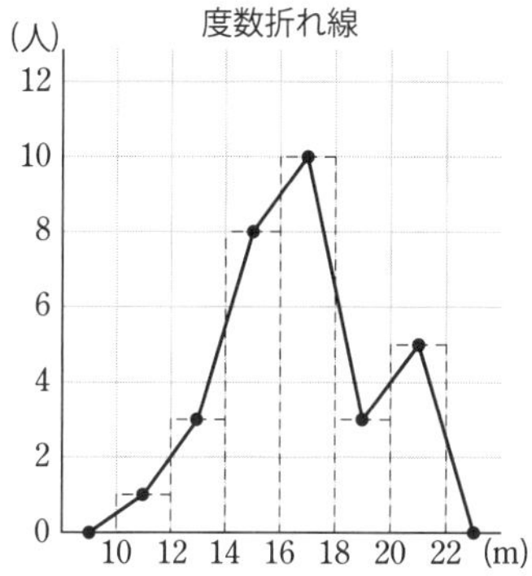

(3)　$\dfrac{8}{30}=0.266\cdots\cdots$ より，小数第 2 位までの小数で表すと　**0.27**

問題 2　(1)　次の表のようになる。

階級(kg)	度数(人)	相対度数	累積度数(人)	累積相対度数
15 以上 20 未満	6	0.12	**6**	**0.12**
20 ～ 25	8	0.16	**14**	**0.28**
25 ～ 30	12	0.24	**26**	**0.52**
30 ～ 35	13	0.26	**39**	**0.78**
35 ～ 40	7	0.14	**46**	**0.92**
40 ～ 45	4	0.08	**50**	**1.00**
計	50	1.00		

(2)　(1)の表から，記録が 30 kg 未満の生徒は，生徒全体の　**52%**

問題 3　(1)　データを小さい順に並べると

31　34　35　37　40　40　41　42　43　44

45　45　46　47　47　48　49　49　51　52

よって，$52-31=21$ より　**21 cm**

(2)　10 番目と 11 番目の記録の平均値が中央値であるから

$\dfrac{44+45}{2}=44.5$ より　**44.5 cm**

(3)

階級(cm)	度数(人)
30 以上 34 未満	1
34 ～ 38	3
38 ～ 42	3
42 ～ 46	5
46 ～ 50	6
50 ～ 54	2
計	20

(4)　最頻値は　**48 cm**

平均値は

$$\frac{32\times1+36\times3+40\times3+44\times5+48\times6+52\times2}{20}$$

$=\dfrac{872}{20}=43.6$

よって　**43.6 cm**

参考　データの値から平均値を直接求めると

$$\frac{1}{20}(47+35+42+45+46+51+48+40$$
$$+52+34+40+49+43+31$$
$$+37+45+44+49+41+47)$$

$=\dfrac{866}{20}=43.3\text{(cm)}$

データの値から求めた平均値（43.3 cm）

と，度数分布表から求めた平均値（43.6 cm）が近い値になることがわかる。

問題 4　データは 13 個（奇数）であるから，小さい方から 7 番目のデータを除いて，小さい方と大きい方の 2 つのブロックに分ける。これらのブロックには 6 個ずつのデータが入るから，それぞれの中央値は 3 番目と 4 番目のデータの平均値である。

(1)　第 1 四分位数は

$$\frac{17+22}{2}=\mathbf{19.5}\text{ **（個）**}$$

第 3 四分位数は　$\frac{28+33}{2}=\mathbf{30.5}$ **（個）**

(2)　第 1 四分位数は　$\frac{11+15}{2}=\mathbf{13}$ **（個）**

第 3 四分位数は　$\frac{33+35}{2}=\mathbf{34}$ **（個）**

(3)　(1)，(2)から

商品Ａの四分位範囲は

$$30.5-19.5=\mathbf{11}\text{ **（個）**}$$

商品Ｂの四分位範囲は

$$34-13=\mathbf{21}\text{ **（個）**}$$

(4)　(3)より，商品Ｂのデータの四分位範囲の方が大きいから，データの散らばりの程度が大きいのは　**商品 B**

演習問題 A（テキスト 131 ページ）

問題 1　[1]　図から，男子の総運動時間で最も多い階級は 10〜15 時間である。

よって，①は正しくない。

[2]　女子で 10 時間未満と答えた生徒の人数の相対度数をたすと

$$0.375+0.075=0.45$$

よって，10 時間以上と答えた生徒の人数の相対度数は　$1-0.45=0.55$

したがって，②は正しい。

[3]　男子で 20 時間以上と答えた生徒の人数の相対度数をたすと

$$0.15+0.075=0.225$$

15〜20 時間と答えた生徒の人数の相対度数は 0.25 であるが，このうち 18 時間以上であった生徒の人数の相対度数がどれだけかはわからない。

よって，③は正しいといえない。

[4]　図から，女子は男子より 0 〜 5 時間の生徒の割合が大きく，他の時間数においてはすべて男子の方が割合が大きい。

よって，④は正しい。

以上より，この図から読みとれることは

②，④

問題 2　データは 12 個（偶数）であるから，第 1 四分位数は，3 番目と 4 番目のデータの平均である。すなわち

第 1 四分位数は　$\frac{9.5+10.6}{2}=10.05$（°C）

同様に

第 2 四分位数は　$\frac{14.6+20.7}{2}=17.65$（°C）

第 3 四分位数は　$\frac{23.7+26.5}{2}=25.1$（°C）

これらをすべて満たす箱ひげ図は　②

演習問題 B（テキスト 132 ページ）

問題 3　(1)　平均値は

$$\frac{35\times1+45\times2+55\times6+65\times4+75\times3+85\times3}{19}$$

$$=\frac{1195}{19}=62.89\cdots\cdots$$

よって　**62.9 点**

(2)　19 人の点数の中央値が 62 点であるから，テストの点数のデータを小さい順に並べたとき，10 番目の値が 62 点である。

欠席していた生徒の点数は 89 点であるから，20 人の点数のデータを小さい順に並べても，10 番目の値は 62 点である。

また，20 人の点数の中央値は，データの小さい方から 10 番目と 11 番目の値の平均値である。

11 番目の値は，60 点以上 70 点未満の階級

にあり，62 点以上であるから，11 番目のとりうる値の範囲は 62 点以上 69 点以下である。

よって，20 人の点数の中央値のとりうる値の範囲は

$$\frac{62+62}{2}\text{点以上}\ \frac{62+69}{2}\text{点以下}$$

すなわち　**62 点以上 65.5 点以下**

問題 4　[1]　範囲は最大値から最小値をひいた値であるから，範囲が最も小さいのはC店である。

よって，①は正しくない。

[2]　四分位範囲は第 3 四分位数から第 1 四分位数をひいた値であるから，四分位範囲が最も大きいのはB店である。

よって，②は正しい。

[3]　中央値が 140 人を超えていれば，15 日間以上にわたって，1 日ごとの来客数が 140 人を超えたということである。

よって，中央値が 140 人を超えているのは，A店とD店であるから，③は正しい。

[4]　A店，C店，D店のいずれも最小値は 120 人以下である。

よって，来客数が 120 人以下の日が 4 日間以上だったのはB店のみであるとはいい切れない。

したがって，④は正しいといえない。

以上より，箱ひげ図から読みとれることは

②，③

第 6 章　確率と標本調査

確認問題（テキスト 163 ページ）

問題 1　340 より大きい数は，次の通りである。

341，342，

412，413，421，423，431，432

したがって　**8 個**

問題 2　乗車駅が 10 か所ある。

それぞれについて，降車駅は乗車駅を除いた 9 か所ある。

よって，乗車券の種類は

$10\times9=$**90（種類）**

問題 3　(1)　並べ方の総数は 5! 通りある。

$5!=5\times4\times3\times2\times1=120$

したがって　**120 通り**

(2)　Ａの位置は固定されているから，Ａ以外の 4 枚の並べ方を考えればよい。

4 枚の並べ方の総数は 4! 通りある。

$4!=4\times3\times2\times1=24$

したがって　**24 通り**

問題 4　(1)　${}_{24}C_3=\dfrac{24\times23\times22}{3\times2\times1}=2024$

したがって　**2024 通り**

(2)　10 人の中から，4 人の組の方に入る 4 人を選ぶ方法の総数を求めればよい。

$${}_{10}C_4=\frac{10\times9\times8\times7}{4\times3\times2\times1}=210$$

したがって　**210 通り**

注意　6 人の組の方に入る 6 人を選ぶ方法の総数 ${}_{10}C_6$ の値も 210 になる。

問題 5　2 個のさいころの目の出方は，全部で

$6\times6=36$（通り）

(1)　出る目の和が 5 の倍数になるのは，出る目の数 a，b の組を $(a,\ b)$ で表すと

(1，4)，(2，3)，(3，2)，(4，1)，

(4，6)，(5，5)，(6，4)

の 7 通り。

よって，求める確率は　$\boldsymbol{\dfrac{7}{36}}$

(2) 出る目の積が 12 になる目の組は

(2, 6), (3, 4), (4, 3), (6, 2)

の 4 通り。

よって，求める確率は　$\frac{4}{36}=\mathbf{\frac{1}{9}}$

問題 6　3 枚の硬貨の表，裏の出方は，全部で

表表表，表表裏，表裏表，
表裏裏，裏表表，裏表裏，
裏裏表，裏裏裏

の 8 通りある。

参考　1 枚の硬貨について，表，裏の出方は 2 通りずつあるから，3 枚の硬貨の表，裏の出方は

$2\times2\times2=8$（通り）

(1)　1 枚が表で，2 枚が裏となる場合は，3 通りある。

よって，求める確率は　$\mathbf{\frac{3}{8}}$

(2)　少なくとも 1 枚は表が出る場合は，7 通りある。

よって，求める確率は　$\mathbf{\frac{7}{8}}$

別解　1 枚も表が出ない，すなわち，すべて裏が出る場合は 1 通りある。

よって，すべて裏が出る確率は　$\frac{1}{8}$

少なくとも 1 枚は表が出る確率は，1 からすべて裏が出る確率をひいた値になるから

$1-\frac{1}{8}=\mathbf{\frac{7}{8}}$

問題 7　(1)　**全数調査**

(2)　**標本調査**

演習問題A（テキスト 164 ページ）

問題 1　樹形図をかくと，次の図のようになる。

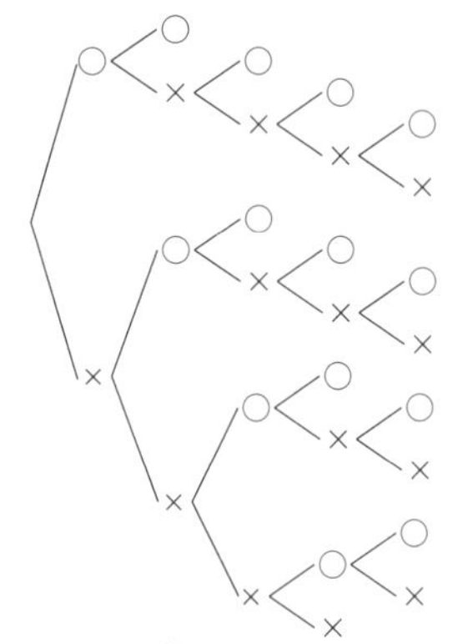

よって　**15 通り**

問題 2　2 個のさいころの目の出方は，全部で

$6\times6=36$（通り）

そのうち，点 P が頂点 B に移る場合は，

出る目の和が 5 のときと 9 のとき

である。

出る目の和が 5 のとき

(1, 4), (2, 3), (3, 2), (4, 1)

出る目の和が 9 のとき

(3, 6), (4, 5), (5, 4), (6, 3)

の合計 8 通りある。

よって，求める確率は　$\frac{8}{36}=\mathbf{\frac{2}{9}}$

問題 3　6 本のくじから 2 本のくじを引く方法の総数は　${}_6C_2=\frac{6\times5}{2\times1}=15$（通り）

少なくとも 1 本があたりくじである場合は

[1]　2 本ともあたりくじを引く

[2]　1 本はあたりくじ，もう 1 本ははずれくじを引く

の 2 通りある。

[1]　3 本のあたりくじから 2 本引く方法の総数は

${}_3C_2=\frac{3\times2}{2\times1}=3$（通り）

[2]　3 本のあたりくじ，3 本のはずれくじから，それぞれ 1 本ずつ引く方法の総数は

${}_3C_1\times{}_3C_1=3\times3=9$（通り）

[1]，[2]から，少なくとも1本はあたりくじである引き方の総数は　$3+9=12$（通り）

したがって，求める確率は

$$\frac{12}{15}=\mathbf{\frac{4}{5}}$$

別解　3本のはずれくじから2本引く方法の総数は　${}_3C_2=\frac{3\times2}{2\times1}=3$（通り）

よって，2本ともはずれくじである確率は

$$\frac{3}{15}=\frac{1}{5}$$

少なくとも1本があたりくじである確率は，確率1から2本ともはずれくじである確率をひいた値になるから

$$1-\frac{1}{5}=\mathbf{\frac{4}{5}}$$

問題4　5枚のカードから2枚のカードを取り出し，並べる方法の総数は

${}_5P_2=5\times4=20$（通り）

取り出した2枚のカードの数字がともに奇数のとき，積は奇数になる。

奇数のカードは3枚あるから，奇数のカードを2枚取り出し，並べる方法の総数は

${}_3P_2=3\times2=6$（通り）

よって，積が奇数となる確率は

$$\frac{6}{20}=\frac{3}{10}$$

積が偶数となる確率は，1から積が奇数となる確率をひいた値となるから

$$1-\frac{3}{10}=\mathbf{\frac{7}{10}}$$

別解　取り出したカードのうち，少なくとも1枚のカードの数字が偶数のときに，積は偶数になる。

偶数のカードは2枚，奇数のカードは3枚あるから，偶数のカード，奇数のカードの順に取り出す方法の総数は

$2\times3=6$（通り）

奇数のカード，偶数のカードの順に取り出す方法の総数は

$3\times2=6$（通り）

偶数のカード，偶数のカードの順に取り出す方法の総数は

${}_2P_2=2\times1=2$（通り）

よって，積が偶数になるカードの取り出し方の総数は

$6+6+2=14$（通り）

したがって，求める確率は

$$\frac{14}{20}=\mathbf{\frac{7}{10}}$$

問題5　5個の玉から2個の玉を取り出す方法の総数は　${}_5C_2=\frac{5\times4}{2\times1}=10$（通り）

赤玉を1個，白玉を1個取り出す方法の総数は　$3\times1=3$（通り）

赤玉を1個，青玉を1個取り出す方法の総数は　$3\times1=3$（通り）

白玉を1個，青玉を1個取り出す方法の総数は　$1\times1=1$（通り）

よって，2個の玉の色が異なるような取り出し方の総数は

$3+3+1=7$（通り）

したがって，求める確率は　$\mathbf{\frac{7}{10}}$

別解　取り出した2個がともに赤玉であるような取り出し方の総数は

${}_3C_2=\frac{3\times2}{2\times1}=3$（通り）

よって，2個とも赤玉である確率は

$$\frac{3}{10}$$

2個の玉の色が同じになるのは，2個とも赤である場合に限られる。

したがって，2個の玉の色が異なる確率は，1から2個の玉の色が同じになる確率をひいた値になるから

$$1-\frac{3}{10}=\mathbf{\frac{7}{10}}$$

問題6　取り出した30個の玉に含まれる赤玉の割合は　$\frac{4}{30}=\frac{2}{15}$

玉を取り出す前に，袋の中に入っていた白玉と赤玉の個数の合計を x 個にすると，赤玉は 100 個入っていたから

$$\frac{100}{x}=\frac{2}{15}$$

$$x=750$$

よって，袋の中に入っていた白玉と赤玉の個数は　およそ 750 個

したがって，最初に袋の中に入っていた白玉の個数は，**およそ** 750－100＝**650（個）**

演習問題B（テキスト 165 ページ）

問題 7　(1)　左端がA，左から 2 番目がBとなる並び方は，A，Bの位置が固定されているから，C，D，E，Fの 4 人の並び方を考えればよい。

よって　$4!=4\times3\times2\times1=24$（通り）

左端がB，左から 2 番目がAとなる並び方も，同様に 24 通りある。

よって，求める並び方の総数は

$24+24=$**48（通り）**

(2)　まず，AとBをまとめて 1 人と考えて，並び方の総数を求める。

すると，5 人の並び方の総数と同じであるから，その総数は

$5!=5\times4\times3\times2\times1=120$（通り）

120 通りのおのおのについて，「Aが左，Bが右」，「Bが左，Aが右」の 2 通りがあるから，求める並び方の総数は

$120\times2=$**240（通り）**

問題 8　南から北へ 1 区画動くことを↑，西から東へ 1 区画動くことを→で表す。

(1)　A地点からP地点まで遠回りしないで行く道順は 2 つの↑と，4 つの→の組合せで表される。この組合せの総数は，6 回の動きのうち，どの 2 回が↑であるかを選ぶ方法の総数であるから

$${}_6C_2=\frac{6\times5}{2\times1}=\textbf{15（通り）}$$

(2)　A地点からP地点まで遠回りしないで行く道順は(1)で求めたから，P地点からB地点まで遠回りしないで行く道順を考える。

その道順は，2 つの↑と，1 つの→の組合せで表される。

この組合せの総数は，3 回の動きのうち，どの 2 回が↑であるかを選ぶ方法の総数であるから

${}_3C_2=3$（通り）

よって，(1)で求めた道順のおのおのに対して，3 通りずつの道順があるから，求める道順の総数は

$15\times3=$**45（通り）**

問題 9　さいころを 1 回投げたときの偶数，奇数の目の出方は 2 通りあるから，3 回投げたときのさいころの目の偶数，奇数の組合せは，全部で $2\times2\times2=8$ 通りあり，点Pの動き方は，次の表のようになる。

1 回目	2 回目	3 回目	Pの動き
偶数	偶数	偶数	A→B→C→D
偶数	偶数	奇数	A→B→C→C
偶数	奇数	偶数	A→B→B→C
偶数	奇数	奇数	A→B→B→B
奇数	偶数	偶数	A→A→B→C
奇数	偶数	奇数	A→A→B→B
奇数	奇数	偶数	A→A→A→B
奇数	奇数	奇数	A→A→A→A

このうち，3 点A，B，Pを結んでできる図形が三角形となるのは，P が A，B 以外の頂点にいるときであるから，4 通りある。

よって，求める確率は　$\frac{4}{8}=\boldsymbol{\frac{1}{2}}$

問題 10　A，B，Cの手の出し方はそれぞれ 3 通りあるから，3 人の手の出し方は

全部で　$3\times3\times3=27$（通り）

(1)　引き分けとなるのは，次の場合である。

[1]　全員が同じ手を出す場合

全員がグー，全員がチョキ，全員がパーの 3 通りある。

[2]　全員が異なる手を出す場合

Aの手の出し方は3通りある。
BはAの出した手以外の手を出さなくてはならないから，Bの手の出し方は2通りある。
CはA，Bの出した手以外の手をださなくてはならないから，Cの手の出し方は1通りある。
よって，全員が異なる手を出すのは

$$3\times2\times1=6\ (\text{通り})$$

[1]，[2]から，求める確率は

$$\frac{3+6}{27}=\mathbf{\frac{1}{3}}$$

(2) たとえば，Aがグーで勝つとすると，B，Cはチョキを出すことになる。
Aが他の手で勝つ場合も同様であるから，Aだけが勝つような手の出し方は3通りある。
同様に，Bだけが勝つ，Cだけが勝つような手の出し方も，それぞれ3通りある。
よって，求める確率は

$$\frac{3+3+3}{27}=\mathbf{\frac{1}{3}}$$

確かめの問題の解答

第1章　式の計算

（本書 13 ページ）

問題1　(1)　$(x-6)(x+8)$

$=x^2+(-6+8)x+(-6)\times 8$

$=\boldsymbol{x^2+2x-48}$

(2)　$(a+3)(a-7)$

$=a^2+(3-7)a+3\times(-7)$

$=\boldsymbol{a^2-4a-21}$

(3)　$(2a+1)(2a+3)$

$=(2a)^2+(1+3)\times 2a+1\times 3$

$=\boldsymbol{4a^2+8a+3}$

(4)　$(4x-5)(4x-1)$

$=(4x)^2+(-5-1)\times 4x+(-5)\times(-1)$

$=\boldsymbol{16x^2-24x+5}$

(5)　$(a+10)^2=a^2+2\times 10\times a+10^2$

$=\boldsymbol{a^2+20a+100}$

(6)　$(3x-5y)^2=(3x)^2-2\times 5y\times 3x+(5y)^2$

$=\boldsymbol{9x^2-30xy+25y^2}$

(7)　$(t+6)(t-6)=t^2-6^2$

$=\boldsymbol{t^2-36}$

(8)　$(x+4y)(4y-x)=(4y+x)(4y-x)$

$=(4y)^2-x^2$

$=\boldsymbol{16y^2-x^2}$

（本書 28 ページ）

問題1　(1)　$(x+7)(x-9)$

$=x^2+(7-9)x+7\times(-9)$

$=\boldsymbol{x^2-2x-63}$

(2)　$(4x+3)(3x-5)$

$=4\times 3\times x^2+\{4\times(-5)+3\times 3\}x$

$+3\times(-5)$

$=\boldsymbol{12x^2-11x-15}$

(3)　$(a+b+2c)(a+b-2c)$

$=\{(a+b)+2c\}\{(a+b)-2c\}$

$=(a+b)^2-(2c)^2$

$=\boldsymbol{a^2+2ab+b^2-4c^2}$

(4)　$(2x-3)^2-(x+5)(x-5)$

$=(4x^2-12x+9)-(x^2-25)$

$=\boldsymbol{3x^2-12x+34}$

問題2　(1)　$4m^2a-6ma^2+2ma$

$=\boldsymbol{2ma(2m-3a+1)}$

(2)　$x^2-x-42=\boldsymbol{(x+6)(x-7)}$

(3)　$15x^2+7x-4=\boldsymbol{(3x-1)(5x+4)}$

(4)　$2x^2-18xy-20y^2=2(x^2-9xy-10y^2)$

$=\boldsymbol{2(x+y)(x-10y)}$

第2章　平方根

（本書 59 ページ）

問題1　(1)　$\sqrt{42}\div\sqrt{8}=\sqrt{\dfrac{42}{8}}$

$=\sqrt{\dfrac{21}{4}}$

$=\dfrac{\sqrt{21}}{\sqrt{4}}$

$=\boldsymbol{\dfrac{\sqrt{21}}{2}}$

(2)　$\dfrac{\sqrt{5}}{10}-\sqrt{\dfrac{9}{5}}=\dfrac{\sqrt{5}}{10}-\dfrac{\sqrt{9}}{\sqrt{5}}$

$=\dfrac{\sqrt{5}}{10}-\dfrac{3}{\sqrt{5}}$

$=\dfrac{\sqrt{5}}{10}-\dfrac{3\sqrt{5}}{5}$

$=-\dfrac{5\sqrt{5}}{10}$

$=\boldsymbol{-\dfrac{\sqrt{5}}{2}}$

(3)　$\sqrt{24}-9\sqrt{\dfrac{2}{3}}=\sqrt{24}-9\times\dfrac{\sqrt{2}}{\sqrt{3}}$

$=2\sqrt{6}-\dfrac{9\sqrt{6}}{3}$

$=2\sqrt{6}-3\sqrt{6}$

$=\boldsymbol{-\sqrt{6}}$

第3章　2次方程式

(本書62ページ)

問題1　(1)　$x-1=5$

$x=5+1$

よって　$\boldsymbol{x=6}$

(2)　$3x=-12$

両辺を3でわって

$\boldsymbol{x=-4}$

(3)　$2x+3=7$

$2x=4$

よって　$\boldsymbol{x=2}$

(4)　$x=4x+9$

$-3x=9$

よって　$\boldsymbol{x=-3}$

(5)　$3x-4=2x+6$

$3x-2x=6+4$

よって　$\boldsymbol{x=10}$

(6)　$7x+3=4x-21$

$3x=-24$

よって　$\boldsymbol{x=-8}$

(7)　$x+7=1-2x$

$3x=-6$

よって　$\boldsymbol{x=-2}$

(8)　$2x+5=-4x+17$

$6x=12$

よって　$\boldsymbol{x=2}$

(本書63ページ)

問題1　(1)　$\begin{cases} 4x-3y=22 & \cdots\cdots ① \\ 2x-5y=4 & \cdots\cdots ② \end{cases}$

①　$4x-3y=22$

②×2　$-)\ 4x-10y=8$

$7y=14$

$y=2$

$y=2$ を②に代入すると

$2x-10=4$

$x=7$

よって　$\boldsymbol{x=7,\ y=2}$

(2)　$\begin{cases} 3x+4y=8 & \cdots\cdots ① \\ 2x-5y=13 & \cdots\cdots ② \end{cases}$

①×2　$6x+8y=16$

②×3　$-)\ 6x-15y=39$

$23y=-23$

$y=-1$

$y=-1$ を②に代入すると

$2x+5=13$

$x=4$

よって　$\boldsymbol{x=4,\ y=-1}$

(3)　$\begin{cases} 2x+y=5 & \cdots\cdots ① \\ y=4x-1 & \cdots\cdots ② \end{cases}$

②を①に代入すると

$2x+(4x-1)=5$

$6x=6$

$x=1$

$x=1$ を②に代入すると

$y=4\times1-1=3$

よって　$\boldsymbol{x=1,\ y=3}$

(本書78ページ)

問題1　中央の数を x とおくと，連続する3つの自然数は　$x-1,\ x,\ x+1$

中央の数の9倍が，最も小さい数と最も大きい数の積より9小さいから

$9x=(x-1)(x+1)-9$

$9x=x^2-1-9$

$x^2-9x-10=0$

$(x+1)(x-10)=0$

よって　$x=-1,\ 10$

x は自然数であるから，$x=-1$ はこの問題には適さない。

$x=10$ は問題に適している。

したがって，求める自然数は　**10**

第 4 章　関数 $y=ax^2$

（本書 99 ページ）

問題 1　$a>\frac{1}{2}$ であるから，$y=ax^2$ のグラフは，上に開いた放物線である。

その開きぐあいは，$y=\frac{1}{2}x^2$，$y=\frac{1}{3}x^2$ のグラフより小さい。

よって，$y=ax^2$ のグラフは　**ア**

また，$y=\frac{1}{2}x^2$ のグラフはイ，$y=\frac{1}{3}x^2$ のグラフはウで，エは $y=-\frac{1}{2}x^2$ のグラフ，オは $y=-\frac{1}{3}x^2$ のグラフである。

$-\frac{1}{3}<b<0$ であるから，$y=bx^2$ のグラフは，下に開いた放物線で，その開きぐあいは，$y=-\frac{1}{3}x^2$ のグラフより大きい。

よって，$y=bx^2$ のグラフは　**カ**

（本書 110 ページ）

問題 1　点 A は，関数 $y=2x$ のグラフ上にあるから，その y 座標は　$y=2\times3=6$

点 A $(3,\ 6)$ は関数 $y=ax^2$ のグラフ上にもあるから　$6=a\times3^2$

よって　$\boldsymbol{a=\frac{2}{3}}$

第 5 章　データの活用

（本書 126 ページ）

問題 1

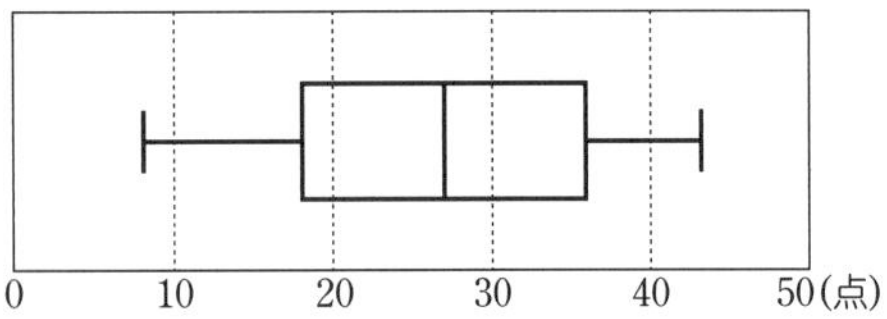

（本書 130 ページ）

問題 1　(1)　平均値は

$$\frac{1+3+7+2+4+0+5+5+2+4}{10}=3.3$$

よって　**3.3 冊**

(2)　資料を小さい順に並べると

0，1，2，2，3，4，4，5，5，7

ゆえに，中央値は　$\frac{3+4}{2}=3.5$

よって　**3.5 冊**

(3)　範囲は $7-0=7$

よって　**7 冊**

第6章　確率と標本調査

(本書 147 ページ)

問題1　表が出る相対度数は，表において

$\dfrac{(\text{表が出た回数})}{(\text{投げた回数})}$ であるから，順に

0.600，0.596，0.652，0.6276，0.6284

よって　**0.63**

(本書 155 ページ)

問題1　あたりくじを$\boxed{1}$，3本のはずれくじを①，②，③で表すと，2人のくじの引き方は，右の樹形図のようになる。

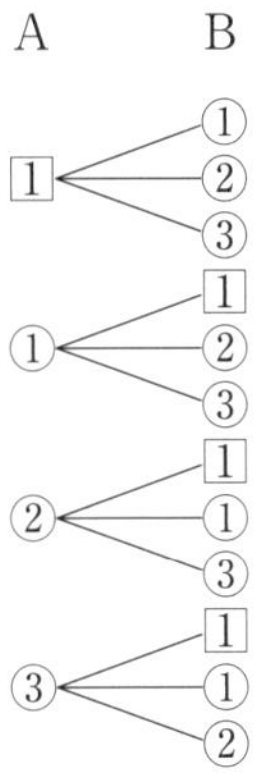

樹形図から，Aがあたる確率は　$\dfrac{1}{4}$

また，Bの引き方は12通りで，そのうちBがあたる場合は3通りある。

よって，Bがあたる確率は

$\dfrac{3}{12}=\dfrac{1}{4}$

したがって，2人があたりくじを引く確率はともに $\dfrac{1}{4}$ である。

(本書 162 ページ)

問題1　袋の中にある白石の個数は

(取り出した石のうちの白石の個数)

$\times\dfrac{(\text{袋の中の石全部の重さ})}{(\text{取り出した石全部の重さ})}$

を計算することによって推定することができる。

よって，a に適するものは　**イ**

b に適するものは　**エ**

実力を試す問題の解答

第1章　式の計算

(本書 16 ページ)

問題1　(1)　$(a-b+c)(a+b-c)$

$=\{a-(b-c)\}\{a+(b-c)\}$

$=a^2-(b-c)^2$

$=a^2-(b^2-2bc+c^2)$

$=\boldsymbol{a^2-b^2-c^2+2bc}$

(2)　$(3x+2y+z)(3x-2y-z)$

$=\{3x+(2y+z)\}\{3x-(2y+z)\}$

$=(3x)^2-(2y+z)^2$

$=9x^2-(4y^2+4yz+z^2)$

$=\boldsymbol{9x^2-4y^2-z^2-4yz}$

(本書 31 ページ)

問題1　(1)　$(2x-3)(x+4)-(x-3)^2-6x-3$

$=(2x^2+5x-12)-(x^2-6x+9)-6x-3$

$=x^2+5x-24$

$=\boldsymbol{(x+8)(x-3)}$

(2)　$2a(a+2b)-2b(2b+3a)$

$-(a+b)(a-b)$

$=2a^2+4ab-4b^2-6ab-a^2+b^2$

$=a^2-2ab-3b^2$

$=\boldsymbol{(a+b)(a-3b)}$

(3)　a^2-ac-b^2+bc

$=a^2-b^2-ac+bc$

$=(a+b)(a-b)-c(a-b)$

$=\boldsymbol{(a-b)(a+b-c)}$

(4)　$x^2+xy-4x-y+3$

$=x^2-4x+3+xy-y$

$=(x-1)(x-3)+y(x-1)$

$=(x-1)(x-3+y)$

$=\boldsymbol{(x-1)(x+y-3)}$

(5)　$a^3b-ab^3-a^2bc-ab^2c$

$=ab(a^2-b^2-ac-bc)$

$=ab\{(a+b)(a-b)-c(a+b)\}$

$=\boldsymbol{ab(a+b)(a-b-c)}$

(6)　$(a-1)x^2-(2a^2-a-1)x+2a^2-2a$

$=(a-1)x^2-(a-1)(2a+1)x+2a(a-1)$

$=(a-1)\{x^2-(2a+1)x+2a\}$

$=\boldsymbol{(a-1)(x-1)(x-2a)}$

第2章　平方根

(本書 61 ページ)

問題1　(1)　$(\sqrt{2}+\sqrt{3}+\sqrt{5})(\sqrt{2}+\sqrt{3}-\sqrt{5})$

$=\{(\sqrt{2}+\sqrt{3})+\sqrt{5}\}\{(\sqrt{2}+\sqrt{3})-\sqrt{5}\}$

$=(\sqrt{2}+\sqrt{3})^2-(\sqrt{5})^2$

$=2+2\sqrt{6}+3-5$

$=\boldsymbol{2\sqrt{6}}$

(2)　(1)から

$$\frac{1}{\sqrt{5}+\sqrt{3}+\sqrt{2}}+\frac{1}{\sqrt{5}-\sqrt{3}-\sqrt{2}}$$

$$=\frac{1}{\sqrt{2}+\sqrt{3}+\sqrt{5}}-\frac{1}{\sqrt{2}+\sqrt{3}-\sqrt{5}}$$

$$=\frac{(\sqrt{2}+\sqrt{3}-\sqrt{5})-(\sqrt{2}+\sqrt{3}+\sqrt{5})}{(\sqrt{2}+\sqrt{3}+\sqrt{5})(\sqrt{2}+\sqrt{3}-\sqrt{5})}$$

$$=\frac{-2\sqrt{5}}{2\sqrt{6}}$$

$$=\boldsymbol{-\frac{\sqrt{30}}{6}}$$

問題2　$48(17-2n)\geqq 0$ より　$17-2n\geqq 0$

また，n は自然数であるから

$$0\leqq 17-2n\leqq 15$$

$\sqrt{48(17-2n)}=\sqrt{2^4\times 3(17-2n)}$

であるから，これが整数となるのは

$17-2n=3$ または $17-2n=2^2\times 3$

のときである。

$17-2n=3$ のとき　　$n=7$

$17-2n=2^2\times 3$ のとき　　$n=\dfrac{5}{2}$

n は自然数であるから　　$\boldsymbol{n=7}$

第3章　2次方程式

(本書83ページ)

問題1　33が解であるから

$$33^2+a\times 33=2013$$
$$33a=924$$
$$a=28$$

よって，方程式は　$x^2+28x=2013$

すなわち　$x^2+28x-2013=0$

$2013=33\times 61$，$61-33=28$ であるから，方程式は　$(x-33)(x+61)=0$

したがって，他の解は　$\boldsymbol{x=-61}$

問題2　(1)　1日目に売れた個数は

$$x\times 0.2=\frac{1}{5}x\ (個)$$

2日目に売れた個数は

$$\left(x-\frac{1}{5}x\right)\times\frac{3}{8}=\frac{3}{10}x\ (個)$$

このとき，売れ残った個数は

$$x-\frac{1}{5}x-\frac{3}{10}x=\frac{1}{2}x\ (個)$$

であるから　$\frac{1}{2}x=75$

よって　$\boldsymbol{x=150}$

(2)　(1)より，仕入れ値の総額は

$$375\times 150=56250\ (円)$$

定価は　$375\times(1+0.6)=600$ (円)

1日目の売上個数は

$$150\times\frac{1}{5}=30\ (個)$$

よって，1日目の売上は

$$600\times 30=18000\ (円)$$

2日目の売上個数は

$$150\times\frac{3}{10}=45\ (個)$$

2日目の売値は

$$600\left(1-\frac{y}{10}\right)\ (円)$$

よって，2日目の売上は

$$600\left(1-\frac{y}{10}\right)\times 45=27000-2700y\ (円)$$

3日目の売上個数は　75個

3日目の売値は

$$600\left(1-\frac{y}{10}\right)\left(1-\frac{2y}{10}\right)\ (円)$$

よって，3日目の売上は

$$600\left(1-\frac{y}{10}\right)\left(1-\frac{2y}{10}\right)\times 75$$
$$=(600-180y+12y^2)\times 75$$
$$=900y^2-13500y+45000\ (円)$$

したがって，売上の合計は

$$18000+(27000-2700y)$$
$$+(900y^2-13500y+45000)$$
$$=900y^2-16200y+90000\ (円)$$

3日間で得た利益が4950円であるから

$$900y^2-16200y+90000-56250=4950$$
$$900y^2-16200y+28800=0$$
$$y^2-18y+32=0$$
$$(y-2)(y-16)=0$$
$$y=2,\ 16$$

$0<y<10$ であるから，$y=16$ はこの問題には適さない。

$y=2$ は問題に適している。

したがって　$\boldsymbol{y=2}$

第4章　関数 $y=ax^2$

(本書111ページ)

問題1　(1)　直線ABの傾きは $\frac{1}{2}$ であるから，

その式を $y=\frac{1}{2}x+b$ とおく。

直線ABは点 (4，8) を通るから

$$8=\frac{1}{2}\times 4+b$$
$$b=6$$

よって，直線ABの式は　$y=\frac{1}{2}x+6$

2点A，Bの座標は，放物線の式と直線の式を連立させた連立方程式の解で表される。

2つの式から y を消去すると

$$\frac{1}{2}x^2=\frac{1}{2}x+6$$

$$x^2-x-12=0$$
$$(x+3)(x-4)=0$$
$$x=-3,\ 4$$

Bの x 座標は負の数であるから，

$$x=-3$$

Bの y 座標は　$y=\frac{1}{2}\times(-3)+6=\frac{9}{2}$

したがって，求めるBの座標は

$$\left(-3,\ \frac{9}{2}\right)$$

(2)　直線ABと y 軸の交点の座標は (0, 6)
ゆえに，y 軸上に2点D(0, 9)，D′(0, 3)をとり，点Dまたは点D′を通り直線ABに平行な直線を ℓ とすると，直線 ℓ 上の点とA，Bを結んでできる三角形の面積は△OABの面積の半分になる。よって，直線 ℓ と放物線の交点をCとすると，△ABCの面積は△OABの面積の半分になる。

点Cの，x 座標が最も大きいものは，直線 ℓ が点Dを通る場合で，x 座標が正のものである。

このとき，直線 ℓ の式は　$y=\frac{1}{2}x+9$

方程式 $\frac{1}{2}x^2=\frac{1}{2}x+9$ を解くと，

$x^2-x-18=0$ から，解の公式により

$$x=\frac{-(-1)\pm\sqrt{(-1)^2-4\times1\times(-18)}}{2\times1}$$
$$=\frac{1\pm\sqrt{73}}{2}$$

ゆえに，点Cの x 座標は　$x=\frac{1+\sqrt{73}}{2}$

よって，点Cの y 座標は

$$y=\frac{1}{2}\times\frac{1+\sqrt{73}}{2}+9=\frac{37+\sqrt{73}}{4}$$

したがって，求める点Cの座標は

$$\left(\frac{1+\sqrt{73}}{2},\ \frac{37+\sqrt{73}}{4}\right)$$

第5章　データの活用

(本書 131 ページ)

問題1　度数の合計について

$$1+2+6+x+y+6=28$$

よって　$x+y=13$　……①

平均点について

$$\frac{0\times1+1\times2+2\times6+3\times x+4\times y+5\times6}{28}$$
$$=3.25$$

よって　$3x+4y+44=91$
$$3x+4y=47\quad\cdots\cdots②$$

②　$3x+4y=47$
①×3　$-)\ 3x+3y=39$
$$y=8$$

$y=8$ を①に代入して　$x=5$

したがって　$\boldsymbol{x=5,\ y=8}$

(本書 132 ページ)

問題1　①　点数が60点より高く，中央値より低い生徒が6人以上いる可能性があるから，$50-6=44<45$ のように，60点以下の生徒が44人以下になることは考えられる。
よって，①は確実に正しいとはいえない。

②　第3四分位数が70点を超えているから，少なくとも，70点以上の生徒は，
$100\times\frac{1}{4}=25$ (人) 以上いることが確実にいえる。

③　第1四分位数が50点より低いから，③は確実に正しいとはいえない。

以上から　②

第6章　確率と標本調査

(本書163ページ)

問題1　奇数の一の位は奇数であるから，一の位は1，3，5の　3通り

百の位と十の位は，一の位の数を除いた4個の数から2個を選んで並べればよいから

$${}_4P_2=4\times3=12\ (通り)$$

3通りの一の位の数に対して，残りの位の数の並び方がそれぞれ12通りずつあるから，求める奇数の個数は

$$3\times12=\mathbf{36}\ (\textbf{個})$$

問題2　正八角形の2個の頂点を結んでできる線分の本数は

$${}_8C_2=\frac{8\times7}{2\times1}=28\ (本)$$

このうち，8本の線分は正八角形の辺である。

したがって，対角線の本数は

$$28-8=\mathbf{20}\ (\textbf{本})$$

(本書164ページ)

問題1　出た目の和を表にすると，右のようになる。

	1	2	2	3	3	3
1	2	3	3	4	4	4
2	3	4	4	5	5	5
2	3	4	4	5	5	5
3	4	5	5	6	6	6
3	4	5	5	6	6	6
3	4	5	5	6	6	6

よって，目の和が奇数になる場合は

16通り

したがって，目の和が奇数になる確率は　$\frac{16}{36}=\mathbf{\frac{4}{9}}$

総合問題

(本書 174 ページ)

問題 1　6 個の玉を，A，B 2 つの箱のどちらかに入れる方法は　　$2^6=$ ア**64** (通り)

そのうち，A，B の一方だけに入れる方法は

2 通り

よって，空箱ができない分け方は

$64-2=$ イ**62** (通り)

次に，6 個の玉を，A，B，C 3 つの箱のいずれかに入れる方法は　$3^6=$ ウ**729** (通り)

このうち，1 つの箱だけが空となるのは，箱の選び方が 3 通りあり，そのおのおのについて，残りの 2 つの箱に 6 個の玉をそれぞれ 1 個以上入れる方法が 62 通りずつあるから

$3\times 62=$ エ**186** (通り)

また，2 つの箱が空となる場合は，空箱でない残りの 1 箱を選ぶと考えて　　オ**3** 通り

したがって，1 つも空箱ができないように玉を分ける方法は

$729-(186+3)=$ カ**540** (通り)

新課程

実力をつける，実力をのばす

体系数学２　代数編
パーフェクトガイド

初版
第１刷　2017年５月１日　発行
新課程
第１刷　2021年４月１日　発行
第２刷　2023年２月１日　発行

ISBN978-4-410-14417-2

編　者　数研出版編集部
発行者　星野 泰也
発行所　**数研出版株式会社**
〒101-0052　東京都千代田区神田小川町２丁目３番地３
〔振替〕00140-4-118431
〒604-0861　京都市中京区烏丸通竹屋町上る大倉町205番地
〔電話〕代表（075）231-0161
ホームページ　https://www.chart.co.jp
印刷　株式会社太洋社